수능특강

사회탐구영역 세계지리

KB214069

기획 및 개발

박　민(EBS 교과위원)
김은미(EBS 교과위원)
박빛나리(EBS 교과위원)

감수

한국교육과정평가원

책임 편집

김지현

정답과 해설은 EBS*i* 사이트(www.ebsi.co.kr)에서 다운로드 받으실 수 있습니다.

교재 내용 문의
교재 및 강의 내용 문의는
EBS*i* 사이트(www.ebsi.co.kr)의 학습 Q&A 서비스를
활용하시기 바랍니다.

교재 정오표 공지
발행 이후 발견된 정오 사항을
EBS*i* 사이트 정오표 코너에서 알려 드립니다.
교재 → 교재 자료실 → 교재 정오표

교재 정정 신청
공지된 정오 내용 외에 발견된 정오 사항이 있다면
EBS*i* 사이트를 통해 알려 주세요.
교재 → 교재 정정 신청

어제의
대학과
언팔하라!

 용인예술과학대학교
YONG-IN ARTS & SCIENCE UNIVERSITY

수능특강

사회탐구영역 세계지리

이 책의 차례 Contents

V 건조 아시아와 북부 아프리카

VI 유럽과 북부 아메리카

VII 사하라 이남 아프리카와 중·남부 아메리카

VIII 평화와 공존의 세계

부록

이 책의 **구성과 특징** Structure

핵심 내용 정리

교과서의 핵심 내용을 쉽게 이해할 수 있도록 체계적이고 일목요연하게 정리하였습니다.

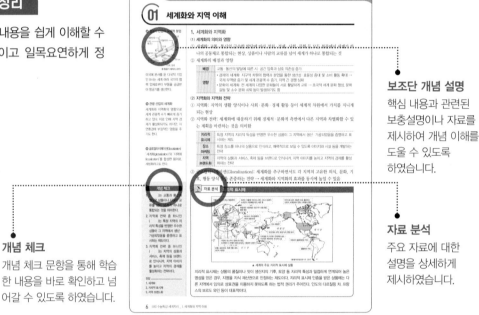

보조단 개념 설명

핵심 내용과 관련된 보충설명이나 자료를 제시하여 개념 이해를 도울 수 있도록 하였습니다.

개념 체크

개념 체크 문항을 통해 학습한 내용을 바로 확인하고 넘어갈 수 있도록 하였습니다.

자료 분석

주요 자료에 대한 설명을 상세하게 제시하였습니다.

수능 기본 문제

기본 개념 및 원리나 간단한 분석 수준의 문항들로 구성하여 교과 내용에 대한 기본 이해 능력을 향상시킬 수 있도록 하였습니다.

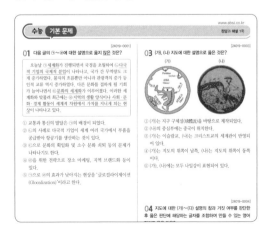

수능 실전 문제

보다 세밀한 분석 및 해석력을 요구하는 다양한 유형의 문항들을 수록하여 응용력과 탐구력 및 문제 해결 능력을 향상시킬 수 있도록 하였습니다.

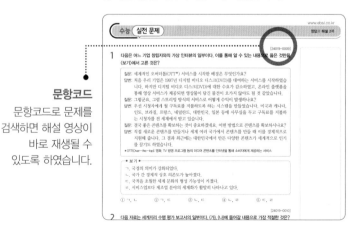

문항코드

문항코드로 문제를 검색하면 해설 영상이 바로 재생될 수 있도록 하였습니다.

[부록] 기출 자료 집중 탐구 / 대표 기출 확인하기

주요 기출 문제의 자료를 집중 분석하고, 이와 같은 주제 다른 문항을 신규 출제하여 실전력을 보다 향상시킬 수 있도록 하였습니다.

대표 기출 문제 분석을 통해 수능 경향을 확인해 볼 수 있도록 하였습니다.

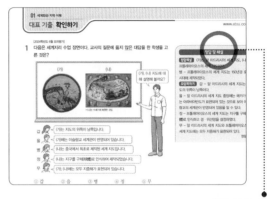

정답 및 해설

대표 기출 문항 정답과 해설을 쉽게 확인할 수 있도록 하였습니다.

정답과 해설

정답과 오답에 대한 자세한 설명을 통해 문제에 대한 이해를 높이고, 유사 문제 및 응용 문제에 대한 대비가 가능하도록 하였습니다.

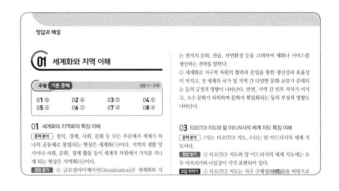

학생

인공지능 DANCHOQ
푸리봇 문|제|검|색

EBS*i* 사이트와 **EBS*i* 고교강의 APP** 하단의 **AI 학습도우미 푸리봇**을 통해 문항코드를 검색하면 푸리봇이 해당 문제의 해설과 해설 강의를 찾아 줍니다. **사진 촬영으로도 검색**할 수 있습니다.

문제별 문항코드 확인   문항코드 검색

[24019-0001]

1. 아래 그래프를 이해한 내용으로 가장 적절한 것은?

[24019-0001]
사진 촬영 검색

24019-0001

선생님

EBS 교사지원센터
교재 관련 자|료|제|공

교재의 문항 한글(HWP) 파일과 교재이미지, 강의자료를 무료로 제공합니다.

📥 한글다운로드   🖼 교재이미지   📊 강의자료

• 교사지원센터(teacher.ebsi.co.kr)에서 '교사인증' 이후 이용하실 수 있습니다.
• 교사지원센터에서 제공하는 자료는 교재별로 다를 수 있습니다.

01 세계화와 지역 이해

왼쪽 여백

❖ 항공기 산업의 국제적 분업

(B 항공기 제작사, 2017)

미국에 본사를 둔 다국적 기업인 B사는 세계 여러 국가의 협력 업체로부터 부품을 공급받아 항공기를 생산한다.

❖ 관광 산업의 세계화

세계화와 지역화의 영향으로 세계 관광객 수가 빠르게 증가하고 있다. 이로 인해 지역 경제가 활성화되기도 하지만, 자연환경에 부정적인 영향을 주기도 한다.

❖ 글로컬라이제이션(Glocalization)

'세계화(globalization)'와 '지역화(localization)'를 합성한 용어로, 세방화라고도 한다.

개념 체크

1. ( )는 교통과 통신의 발달로 상품이나 사람의 교류를 넘어 세계가 하나로 통합되는 것을 의미한다.
2. 지역화 전략 중 하나인 ( )는 특정 지역의 지리적 특성을 반영한 우수한 상품이 그 지역에서 생산·가공되었음을 증명하고 표시하는 제도이다.
3. 지역화 전략 중 하나인 ( )는 지역의 상품과 서비스, 축제 등을 브랜드로 인식시켜, 지역 이미지를 높이고 지역의 경제를 활성화하는 전략이다.

정답
1. 세계화
2. 지리적 표시제
3. 지역 브랜드화

본문

1. 세계화와 지역화

(1) 세계화의 의미와 영향

① 세계화: 교통·통신의 급속한 발달에 따라 정치·경제·사회·문화 등 모든 부문에서 세계가 하나의 공동체로 통합되는 현상, 상품이나 사람의 교류를 넘어 세계가 하나로 통합되는 것

② 세계화의 배경과 영향

배경	교통·통신의 발달에 따른 시·공간 압축과 상호 의존성 증가
영향	• 경제의 세계화: 지구적 차원의 협력과 분업을 통한 생산성·효율성 증대 및 소비 활동 확대 → 국제 무역량 증가 및 세계 관광객 수 증가, 지역 간 경쟁 심화 • 문화의 세계화: 전 세계의 다양한 문화들이 서로 활발하게 교류 → 초국적 세계 문화 형성, 문화 갈등 및 소수 문화 쇠퇴 등이 발생하기도 함

(2) 지역화와 지역화 전략

① 지역화: 지역의 생활 양식이나 사회·문화·경제 활동 등이 세계적 차원에서 가치를 지니게 되는 현상

② 지역화 전략: 세계화에 대응하기 위해 경제적·문화적 측면에서 다른 지역과 차별화할 수 있는 계획을 마련하는 것을 의미함

지리적 표시제	특정 지역의 지리적 특성을 반영한 우수한 상품이 그 지역에서 생산·가공되었음을 증명하고 표시하는 제도
장소 마케팅	특정 장소를 하나의 상품으로 인식하고, 매력적으로 보일 수 있도록 이미지와 시설 등을 개발하는 전략
지역 브랜드화	지역의 상품과 서비스, 축제 등을 브랜드로 인식시켜, 지역 이미지를 높이고 지역의 경제를 활성화하는 전략

③ 글로컬라이제이션(Glocalization): 세계화를 추구하면서도 각 지역의 고유한 의식, 문화, 기호, 행동 양식 등을 존중하는 전략 → 세계화와 지역화의 효과를 동시에 높일 수 있음

자료 분석 지리적 표시제

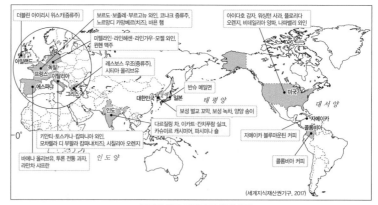

▲ 세계의 주요 지리적 표시제 상품

지리적 표시제는 상품의 품질이나 맛이 생산지의 기후, 토양 등 지리적 특성과 밀접하게 연계되어 높은 명성을 얻은 경우, 지명을 지식 재산권으로 인정하는 제도이다. 지리적 표시제 인증을 받은 상품에는 다른 지역에서 임의로 상표권을 이용하지 못하도록 하는 법적 권리가 주어진다. 인도의 다르질링 차, 프랑스의 보르도 와인 등이 대표적이다.

2. 지리 정보와 공간 인식

(1) 서양의 세계 지도와 세계관

① 고대의 세계 지도

- 바빌로니아의 점토판 지도: 기원전 6세기경에 제작된 현존하는 가장 오래된 세계 지도, 바빌론과 그 주변 지역 및 미지의 세계를 표현함

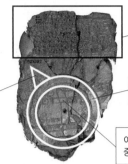

고대에 사용되던 쐐기 문자가 적혀 있다.

원 밖의 삼각형은 바빌로니아인들이 바다 저편에 존재한다고 상상한 가상의 지역을 표현하고 있다.

두 개의 원 사이는 바다이다.

여러 도시 국가를 의미하는 작은 원들이 있으며, 세계의 중심부에 바빌로니아 왕국이 표현되어 있다.

- 프톨레마이오스의 세계 지도: 150년경 로마 시대에 제작되었다고 알려져 있으며 15세기에 복원한 지도가 남아 있음, 경선·위선의 개념과 투영법이 사용되었음, 유럽·아시아·아프리카가 표현되어 있음

자료 분석 프톨레마이오스의 세계 지도

* 이 지도는 15세기에 복원한 것임.

프톨레마이오스의 세계 지도는 지구를 구체(球體)로 인식하고 경위선망을 설정하였으며, 이를 평면에 투영하는 과학적인 방식으로 제작되었다. 프톨레마이오스의 세계 지도는 로마 시대에 제작되었다고 알려져 있으며, 르네상스 시대에 복원되어 근대 지도 발달의 바탕이 되었다. 이 지도는 인도양이 내해로 표현되어 있으며, 유럽과 북부 아프리카뿐만 아니라 인도와 말레이반도 등 아시아의 일부 지역이 그려져 있으나 아메리카 대륙은 표현되어 있지 않다.

② 중세의 세계 지도

- 종교적 세계관이 담긴 세계 지도가 많이 제작됨
- 지중해를 통한 해상 무역의 중요성이 커지면서 해도 제작이 활성화됨

티오(TO) 지도	알 이드리시의 세계 지도	포르톨라노 해도
(그림)	(그림)	(그림)
• 지도의 중심에 예루살렘이 있음 → 크리스트교 세계관 반영 • 지도의 위쪽이 동쪽이며, 에덴동산(Paradise)이 표현되어 있음	• 지도의 중심에 메카가 있음 → 이슬람교 세계관 반영 • 지도의 위쪽이 남쪽임 • 프톨레마이오스의 세계 지도와 이슬람 문명의 광범위한 지리 지식을 토대로 제작됨	• 13세기경부터 유럽에서 제작한 항해용 지도로, 항구 도시들이 자세히 표현되어 있음 • 항해 요충지마다 나침반의 방향을 알려 주는 방사상의 선이 직선으로 나타남

☆ 지도의 의미와 특징

지도는 지표상의 다양한 지리 정보를 그래픽 형태로 표현한 것으로, 지형지물의 위치와 공간적 관련성, 지리적 속성의 공간적 분포를 나타낸 것이다. 문자보다 먼저 사용된 소통 수단으로, 지도에는 지도 제작 당시의 시대적 상황, 지도 제작자의 세계관 등이 반영되어 있다.

☆ 이시도루스의 티오(TO) 지도

세계를 둘러싼 외부의 'O'는 대양을 의미하고, 세계를 아시아, 아프리카, 유럽 대륙으로 구분하였으며, 대륙의 가운데에는 'T' 모양의 바다가 있다.

☆ 포르톨라노 해도

포르톨라노(portolano)는 이탈리아어로 '항구와 관련된'을 의미한다. 12세기 후반 나침반이 유럽에 전해지면서 지중해 일대의 해상 무역을 위한 항해 지도 제작이 활발해졌다.

개념 체크

1. (　　　)의 점토판 지도는 현존하는 가장 오래된 세계 지도로, 세계를 평평한 원반 모양으로 묘사하였다.

2. (　　　)의 세계 지도는 150년경 로마 시대에 제작되었다고 알려졌으며, 경위선의 개념과 투영법을 사용하였다.

3. 티오(TO) 지도는 (　　　)의 세계관을, 알 이드리시의 세계 지도는 (　　　)의 세계관을 반영하고 있다.

정답
1. 바빌로니아
2. 프톨레마이오스
3. 크리스트교, 이슬람교

✪ 화이도(華夷圖)

화이도는 검은 돌에 음각으로 새겨진 시노로서, 중국과 주변국을 나타낸 지도이다. 중국은 자국을 세계의 중심이라는 의미로 '중화(中華)'라 부르고, 주변 민족들을 야만인이란 뜻으로 '이(夷)'라 낮추어 불렀다.

✪ 대명혼일도(14세기 후반)

중국을 지도의 중심에 두고, 한반도, 인도, 유럽, 서남아시아, 아프리카 등을 주변에 표현하였다.

✪ 천원지방(天圓地方)

동양인들의 전통적 천하관 또는 우주관으로, 하늘은 둥글고 땅은 네모나고 평평하다고 보는 사상이다.

③ 근대의 세계 지도

• 대항해 시대가 열리고 콜럼버스의 신대륙 발견(1492년), 마젤란의 세계 일주(1519~1522년)가 이루어지면서 지리 지식 확대 → 지도에 아메리카 등 신대륙이 표현되기 시작함

• 인쇄술이 발달하고 지도 제작 기술이 급속도로 발전함

• 나침반을 이용한 항해에 편리한 메르카토르 도법이 개발되어 지도 제작에 이용됨

🌐 탐구 활동 | 메르카토르의 세계 지도는 어떤 특징이 있을까?

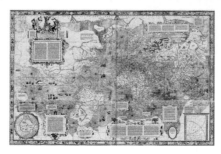

➡ **메르카토르의 세계 지도가 나침반을 이용한 항해에 편리한 이유를 설명해 보자.**

1569년에 제작된 메르카토르의 세계 지도는 경선과 위선이 직선으로 그려져 있고 수직으로 교차하는데, 경선 간격을 고정하고 위선 간격을 조정하여 어느 지점에서든지 목적지까지의 정확한 각도를 파악할 수 있다. 따라서 메르카토르의 세계 지도를 이용하면 지도에 직선으로 나타나는 항로를 따라 항해하기 편리하다.

➡ **메르카토르의 세계 지도의 단점을 면적 표현과 관련하여 설명해 보자.**

메르카토르의 세계 지도는 적도 주변의 저위도 지역은 면적이 비교적 정확하게 표현되지만 고위도 지역으로 갈수록 면적이 지나치게 확대되는 단점이 있다.

(2) 동양의 세계 지도와 세계관

① 중국의 세계 지도와 세계관

• 송나라의 화이도, 명나라의 대명혼일도: 천원지방 사상, 중국 중심의 세계관인 중화사상 반영

• 17세기 이후 곤여만국전도 소개: 세계에 대한 인식 범위가 넓어지고, 마테오 리치 등 유럽의 선교사들이 제작한 서구식 세계 지도가 보급되기 시작함

▲ 화이도(1136년): 탁본판으로, 현존하는 중국 전역 지도 중 가장 오래되었다.　　▲ 곤여만국전도(1602년): 경도와 위도를 사용하였으며, 아시아, 유럽, 아프리카, 아메리카 등을 표현하였다.

② 우리나라의 세계 지도와 세계관

혼일강리역대국도지도	천하도	지구전후도
조선 전기(1402년) 국가 주도로 제작된 세계 지도, 우리나라가 상대적으로 크게 표현됨	주로 조선 중기 이후 민간에서 제작된 세계 지도, 중화사상·도교 사상의 영향을 받음	조선 후기(1834년) 실학자 최한기·김정호가 목판본으로 제작, 지구전도와 지구후도로 구성, 경위선망을 사용, 중국 중심의 세계관을 극복하는 계기가 됨

(3) 지리 정보 기술의 활용

① 지리 정보의 수집과 표현

- 지리 정보: 어떤 장소나 지역에 대한 정보 → 지리 정보를 통해 지역의 특성 및 변화를 파악
- 지리 정보의 종류

공간 정보	장소나 현상의 위치 및 형태에 대한 정보
속성 정보	장소나 현상의 인문적·자연적 특성을 나타내는 정보
관계 정보	한 장소와 다른 장소 간의 관계를 나타내며 인접성, 계층성, 연결성 등으로 표현됨

- 지리 정보의 수집

수집 방법	특징
직접 조사	조사 지역을 방문하여 지리 정보 수집
간접 조사	지도, 문헌 등을 통한 지리 정보 수집
원격 탐사	인공위성·항공기 등을 이용하여 관측 대상과의 접촉 없이 먼 거리에서 측정을 통해 지리 정보를 수집, 넓은 지역의 정보를 실시간·주기적으로 수집 가능

- 지리 정보의 표현: 그래프, 종이 지도, 컴퓨터로 제작한 지도 등을 활용

② 지리 정보 시스템(GIS: Geographic Information System)

의미	지리 정보를 수치화하여 컴퓨터에 입력·저장하고, 사용자의 요구에 따라 분석·가공·처리하여 필요한 결과물을 얻는 지리 정보 기술
특징	• 컴퓨터를 활용하여 지표의 복잡한 지리 정보를 다양한 유형 및 크기로 지도화할 수 있음 • 지리 정보의 통합과 분석이 용이하고, 공간의 이용과 관리에 대한 신속하고 합리적인 의사 결정이 가능함
활용	• 초기에 공공 기관을 중심으로 지도 제작과 환경 분야 등에 주로 사용 • 컴퓨터, 위성 위치 확인 시스템(GPS) 등의 발달로 사용 범위가 확대됨 → 웹 기술, 사물 인터넷(IoT), 증강 현실 분야 등과 결합하여 이용 분야가 더욱 넓어짐

자료 분석 | 중첩 분석을 통한 적합 지역 선정

▲ 중첩 분석과 적합 지역 선정

지리 정보 시스템에서는 서로 다른 자연환경 및 인문 환경에 대한 다양한 지리 정보를 여러 개의 데이터 층(레이어)으로 구분하여 컴퓨터 시스템으로 관리한다. 이를 통해 지리 정보를 체계적으로 관리하고 변화된 정보를 신속 정확하게 수정하여 반영할 수 있다. 수집된 지리 정보 데이터 층을 토대로 입지에 고려해야 할 여러 조건들을 중첩하여 가장 적합한 지역을 빠르고 합리적으로 선정할 수 있는데, 이를 중첩 분석이라고 한다.

③ 옛 세계 지도와 오늘날 세계 지도의 지리 정보 차이

옛 세계 지도	• 주로 종이에 간단한 지형지물의 위치 및 형태 등 제한된 양의 정보만 기록 • 소수 지식인의 세계관이 반영되는 경우가 많음
오늘날의 세계 지도	• 컴퓨터를 이용한 정교한 전자 지도 제작으로 다양한 속성 정보를 지도에 기록할 수 있음 • 정보를 추출하거나 통합할 수 있으며, 확대와 축소가 자유롭고 거리와 면적을 구하기 쉬움 → 다양한 형태로 가공 가능 • 다양한 저장 매체를 통해 복사나 배포가 쉽고, 파일 형태로 제작되어 보관이 편리함

⊙ 지리 정보 시스템과 일상생활
지리 정보 시스템을 통해 일상생활을 보다 편리하게 만들 수 있다. 낯선 곳을 갈 때 빠른 길을 선택해 주는 차량용 내비게이션은 지리 정보 시스템을 활용한 대표적인 사례이다. 최근에는 스마트폰의 애플리케이션을 통해 목적지의 위치뿐만 아니라 그 특성까지 알려 주는 프로그램이 제공되고 있다.

⊙ 위성 위치 확인 시스템 (GPS: Global Positioning System)
인공위성을 활용하여 사용자나 특정 사물의 현재 위치, 이동 방향, 속도 등을 알려 주는 시스템이다.

⊙ 사물 인터넷(IoT: Internet of Things)
각종 사물에 감지 기능과 통신 기능을 내장하여 인터넷에 연결하는 기술이다.

개념 체크

1. 지리 정보 중 장소의 위치와 형태를 나타낸 것은 (　　) 정보이고, 장소가 가진 자연적·인문적 특성을 나타낸 것은 (　　) 정보이다.
2. (　　)는 인공위성, 항공기 등을 이용하여 관측 대상과의 접촉 없이 먼 거리에서 측정을 통해 지리 정보를 수집하는 방법이다.
3. (　　)은 지리 정보를 수치화하여 컴퓨터에 입력 및 저장하고 분석·가공·처리하여 필요한 결과물을 얻는 지리 정보 기술을 말한다.

정답
1. 공간, 속성
2. 원격 탐사
3. 지리 정보 시스템

✪ 지역성

다른 지역과 구분되는 지역의 독특한 특성으로, 지역성은 고정되지 않고 변화한다. 교통·통신의 발달 및 지역 간 교류의 활성화로 지역성이 약화될 수 있다.

✪ 점이 지대

지역은 지역의 특성이 강하게 나타나는 중심부의 핵심 지역과 지역의 특성이 점차 약해지는 외곽의 주변 지역으로 나눌 수 있다. 점이 지대는 두 지역의 경계에 위치해 두 지역의 특성이 함께 나타나는 지역이다.

✪ 아메리카의 지역 구분

아메리카를 문화적으로 구분하면 리오그란데강을 경계로 앵글로아메리카 문화권과 라틴 아메리카 문화권으로 나뉜다. 반면, 지리적으로 구분하면 파나마 운하 또는 파나마와 콜롬비아 간 국경을 경계로 북아메리카와 남아메리카로 나뉜다.

개념 체크

1. (　　　)는 두 지역의 경계에 위치해 두 지역의 특성이 함께 나타나는 지역을 말한다.

2. 아메리카는 리오그란데강을 경계로 앵글로아메리카 문화권과 (　　　) 아메리카 문화권으로 나뉜다.

정답
1. 점이 지대
2. 라틴

---

3. 세계의 지역 구분

(1) 세계의 권역 구분

① 지역과 권역의 의미
- 지역: 지리적 특성이 다른 곳과 구분되는 지표상의 공간 범위, 자연적·문화적·사회적·경제적 기준 등을 어떻게 정하는지에 따라 지역의 경계가 달라짐
- 권역: 세계를 나누는 가장 큰 규모의 공간적 단위 ⑩ 북반구·남반구, 선진국·개발 도상국 등

② 세계 권역 구분의 주요 지표

자연적 지표	위치, 지형, 기후, 식생, 수륙 분포 등 자연환경과 관련된 요소
문화적 지표	의식주, 언어, 종교 등 인간이 자연환경에 적응하며 만들어 낸 생활 양식과 관련된 요소
기능적 지표	기능의 중심이 되는 핵심지와 그 배후지로 이루어지는 권역을 설정할 수 있는 요소

③ 세계 각 권역의 특성: 자연적·인문적 특성이 어우러져 나타남, 같은 권역 안에서도 다양한 특성이 나타날 수 있으며, 권역의 경계에서는 점이 지대가 나타남

(2) 세계의 다양한 권역 구분

① 관점에 따른 권역 구분: 기준에 따라 다양한 권역으로 구분됨

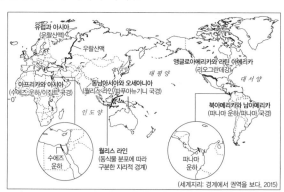
▲ 다양한 대륙의 경계 구분

- 대륙 중심: 아시아, 유럽, 아프리카, 오세아니아, 아메리카 등으로 구분 → 넓은 지역의 총체적인 지리 정보 파악에 유용
- 인문적 요소 중심: 문화, 정치 등과 같은 인문적 요소에 따라 구분 → 어떤 지표를 중요시하는가에 따라 경계가 달라짐
- 지구적 쟁점 중심: 쟁점과 관련된 지역을 한 권역으로 묶는 방식 → 쟁점이 뚜렷하지 않거나 사라지면 구분 근거가 모호해짐

② 규모에 따른 권역 구분: 지역 연구 주제에 따라 적절한 규모로 지역을 구분해야 함

🌐 **탐구 활동**　**다양한 지표에 의해 세계의 권역은 어떻게 구분될까?**

(가) 문화적 권역 구분	(나) 세계지리 교과서의 단원 구성에 나타난 권역 구분

➡ **(가), (나) 세계 권역 구분의 기준과 각각의 장단점을 설명해 보자.**

(가)는 종교, 언어 등 문화를 기준으로 권역을 구분한 것이다. 이는 권역별 문화적 특색을 파악하는 데 유리하지만, 기후와 지형 등 자연적 요소를 파악하기는 어렵다. (나)는 지역별 쟁점을 기준으로 권역을 구분한 것이다. 이는 지리적 관점에서 세계 시민으로서의 안목을 키울 수 있는 장점이 있지만, 쟁점이 뚜렷하지 않거나 사라지면 권역 구분의 근거가 모호해지는 단점이 있다.

수능 기본 문제

[24019-0001]
01 다음 글의 ㉠~㉣에 대한 설명으로 옳지 않은 것은?

오늘날 ㉠세계화가 진행되면서 국경을 초월하여 ㉡다국적 기업의 국제적 분업이 나타나고, 국가 간 무역량도 크게 증가하였다. 물자의 흐름뿐만 아니라 관광객의 증가 등 인적 교류 역시 증가하였다. 다른 문화를 접하게 될 기회가 늘어나면서 ㉢문화의 세계화가 이루어졌다. 이러한 세계화와 맞물려 최근에는 ㉣지역의 생활 양식이나 사회·문화·경제 활동이 세계적 차원에서 가치를 지니게 되는 현상이 나타나고 있다.

① 교통과 통신의 발달은 ㉠의 배경이 되었다.
② ㉡의 사례로 다국적 기업이 세계 여러 국가에서 부품을 공급받아 항공기를 생산하는 것이 있다.
③ ㉢으로 문화의 획일화 및 소수 문화 쇠퇴 등의 문제가 나타나기도 한다.
④ ㉣을 위한 전략으로 장소 마케팅, 지역 브랜드화 등이 있다.
⑤ ㉠으로 ㉣의 효과가 낮아지는 현상을 '글로컬라이제이션(Glocalization)'이라고 한다.

[24019-0002]
02 다음 자료의 학습 주제로 가장 적절한 것은?

독일의 뮌헨은 지리적 표시제로 등록된 맥주로 유명하다. 뮌헨은 맥주를 활용한 관광 상품으로 옥토버페스트를 개최하고 있으며, 옥토버페스트는 매년 600만 명 이상의 방문객이 찾는 축제로 성장하였다. 또한 뮌헨은 복잡한 사회 속에서 단순함을 강조하는 'simply MUNICH'라는 브랜드를 만들어 사회 관계망 서비스(SNS)를 통해 홍보하고 있다.

▲ 뮌헨의 지역 브랜드

① 세계화의 의미와 배경
② 세계의 다양한 권역 구분
③ 다국적 기업의 현지화 전략
④ 세계화 시대의 다양한 지역화 전략
⑤ 세계화의 긍정적 영향과 부정적 영향

[24019-0003]
03 (가), (나) 지도에 대한 설명으로 옳은 것은?

① (가)는 지구 구체설(球體說)을 바탕으로 제작되었다.
② (나)의 중심부에는 중국이 위치한다.
③ (가)는 이슬람교, (나)는 크리스트교의 세계관이 반영되어 있다.
④ (가)는 지도의 위쪽이 남쪽, (나)는 지도의 위쪽이 동쪽이다.
⑤ (가), (나)에는 모두 나일강이 표현되어 있다.

[24019-0004]
04 지도에 대한 (가)~(다) 설명의 참과 거짓 여부를 판단한 후 옳은 판단에 해당하는 글자를 조합하여 만들 수 있는 영어 단어로 옳은 것은?

▲ 메르카토르의 세계 지도

구분	설명	판단 참	거짓
(가)	아메리카 대륙이 표현되어 있다.	G	C
(나)	경선과 위선이 수직으로 교차되어 있다.	I	E
(다)	저위도에서 고위도로 갈수록 실제 면적보다 축소되어 나타난다.	O	S

① CEO　② CIO　③ CIS　④ GEO　⑤ GIS

[24019-0005]

05 (가), (나) 지도에 대한 설명으로 옳은 것은?

(가)

(나)

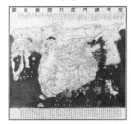

＊이 지도는 15세기에 복원한 것임.

① (가)는 중세 유럽에서 제작되었다.
② (가)는 지구 구체설(球體說)을 바탕으로 제작되었다.
③ (나)에는 경선과 위선의 개념이 적용되었다.
④ (나)에는 이슬람교의 세계관이 반영되어 있다.
⑤ (가)와 (나)에는 모두 아메리카 대륙이 표현되어 있다.

[24019-0006]

06 다음 자료의 ㉠~㉢에 대한 설명으로 옳은 것만을 〈보기〉에서 고른 것은?

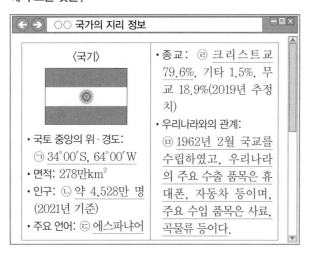

- 종교: ㉣ 크리스트교 79.6%, 기타 1.5%, 무교 18.9%(2019년 추정치)
- 우리나라와의 관계: ㉤ 1962년 2월 국교를 수립하였고, 우리나라의 주요 수출 품목은 휴대폰, 자동차 등이며, 주요 수입 품목은 사료, 곡물류 등이다.

- 〈국기〉
- 국토 중앙의 위·경도: ㉠ 34°00′S, 64°00′W
- 면적: 278만km²
- 인구: ㉡ 약 4,528만 명 (2021년 기준)
- 주요 언어: ㉢ 에스파냐어

(The World Factbook, 국제 연합, Pew Research Center)

● 보기 ●

ㄱ. ㉠을 통해 이 국가는 우리나라와 계절이 정반대임을 알 수 있다.
ㄴ. ㉠은 속성 정보, ㉡은 공간 정보이다.
ㄷ. ㉢, ㉣은 모두 에스파냐의 식민 지배와 관련 있다.
ㄹ. ㉣, ㉤은 모두 원격 탐사를 통해 얻은 지리 정보이다.

① ㄱ, ㄴ ② ㄱ, ㄷ ③ ㄴ, ㄷ ④ ㄴ, ㄹ ⑤ ㄷ, ㄹ

[24019-0007]

07 다음 글의 ㉠으로 얻을 수 있는 지리 정보의 사례로 적절한 것만을 〈보기〉에서 고른 것은?

2021년 3월 22일, 우리나라의 ㉠차세대 중형 위성 1호가 카자흐스탄에 위치한 우주 센터에서 발사되었다. 차세대 중형 위성은 고해상도(흑백 0.5m급, 컬러 2.0m급)의 전자광학 카메라를 탑재하였다. 위성의 중량은 500kg 내외, 임무 수명은 4년이며, 탑재체의 관측 폭은 12km, 전송 속도는 640Mbps이다.

▲ 차세대 중형 위성 1호가 촬영한 이집트 피라미드(좌)와 미국 후버댐(우)

● 보기 ●

ㄱ. 브라질의 민족(인종) 구성 비율
ㄴ. 중국에서 발원한 황사의 이동 경로
ㄷ. 소말리아의 기아 인구 비율과 기대 수명
ㄹ. 인도네시아 화산 폭발로 인한 화산재의 이동 범위

① ㄱ, ㄴ ② ㄱ, ㄷ ③ ㄴ, ㄷ ④ ㄴ, ㄹ ⑤ ㄷ, ㄹ

[24019-0008]

08 다음 글의 ㉠~㉤에 대한 설명으로 옳지 않은 것은?

권역은 세계를 나누는 가장 큰 규모의 공간 단위이며, 이를 구분하는 지표에는 ㉠자연적 지표, 문화적 지표, ㉡기능적 지표 등이 있다. 하지만 ㉢서로 다른 권역 사이의 경계에는 양쪽의 특성이 혼재되어 나타나는 경우가 많아 권역의 경계를 명확히 설정하기는 쉽지 않다. 또한 같은 지역이라도 관점에 따라 권역 구분이 달라진다. 실례로 아메리카는 ㉣ 을/를 경계로 앵글로아메리카와 라틴 아메리카로 구분되며, 파나마 지협을 경계로 ㉤북아메리카와 남아메리카로 구분된다.

① ㉠에는 지형, 기후, 식생 등이 포함된다.
② ㉡은 기능의 중심지와 그 배후지로 이루어진다.
③ ㉢에 해당하는 지역을 점이 지대라 한다.
④ ㉣에는 '안데스산맥'이 들어간다.
⑤ ㉤은 ㉠에 따른 권역 구분이다.

수능 실전 문제

[24019-0009]

1 다음은 어느 기업 창립자와의 가상 인터뷰의 일부이다. 이를 통해 알 수 있는 내용으로 옳은 것만을 〈보기〉에서 고른 것은?

> 질문: 세계적인 오버더톱(OTT*) 서비스를 시작한 배경은 무엇인가요?
> 답변: 처음 우리 기업은 1997년 디지털 비디오 디스크(DVD)를 대여하는 서비스를 시작하였습니다. 하지만 디지털 비디오 디스크(DVD)에 대한 수요가 감소하였고, 온라인 플랫폼을 통해 영상 서비스가 제공되면, 영상물이 담긴 물건이 오지 않아도 될 것 같았습니다.
> 질문: 그렇군요. 그럼 스트리밍 방식의 서비스로 어떻게 수익이 발생하나요?
> 답변: 우선 시청자에게 월 구독료를 지불하도록 하는 시스템을 만들었습니다. 미국과 캐나다, 인도, 브라질, 프랑스, 네덜란드, 대한민국, 일본 등에 사무실을 두고 구독료를 지불하는 시청자를 전 세계에서 받고 있습니다.
> 질문: 결국 좋은 콘텐츠를 확보하는 것이 중요하겠네요. 어떤 방법으로 콘텐츠를 확보하시나요?
> 답변: 직접 새로운 콘텐츠를 만들거나 세계 여러 국가에서 콘텐츠를 만들 때 이를 경제적으로 지원해 줍니다. 그 결과 최근에는 대한민국에서 만든 다양한 콘텐츠가 세계적으로 인기를 끌기도 하였습니다.
> *OTT(Over-the-top): 영화, TV 방영 프로그램 등의 미디어 콘텐츠를 인터넷을 통해 소비자에게 제공하는 서비스

● 보기 ●
ㄱ. 국경의 의미가 강화되었다.
ㄴ. 국가 간 경제적 상호 의존도가 높아졌다.
ㄷ. 국적을 초월한 세계 문화의 형성 가능성이 커졌다.
ㄹ. 서비스업보다 제조업 분야의 세계화가 활발히 나타나고 있다.

① ㄱ, ㄴ   ② ㄱ, ㄷ   ③ ㄴ, ㄷ   ④ ㄴ, ㄹ   ⑤ ㄷ, ㄹ

[24019-0010]

2 다음 자료는 세계지리 수행 평가 보고서의 일부이다. (가), (나)에 들어갈 내용으로 가장 적절한 것은?

〈지역화 전략의 주요 사례〉

지역화 전략 1: (가)

프랑스의 리옹은 'ONLY LYON'이라는 로고로 유명하다. 'ONLY LYON'은 오직을 뜻하는 'ONLY'와 도시 이름인 'LYON'이 알파벳 두 자씩 대칭을 이루고 있다. 그리고 리옹은 프랑스어 발음으로 사자를 뜻하며, 리옹이라 발음되는 사자도 그림으로 함께 표현하였다.

지역화 전략 2: (나)

이탈리아의 시칠리아 레드 오렌지는 화산이 만든 비옥한 토양, 건조하고 기온 변화가 큰 기후 조건에서 재배되는 붉은 과육의 오렌지이다. 이러한 독특한 지리적 특성이 농산물에 반영되어 유럽 연합(EU)으로부터 고유의 상표를 인증받았다.

	(가)	(나)
①	지리적 표시제	지역 브랜드화
②	지리적 표시제	다국적 기업의 현지화
③	지역 브랜드화	지리적 표시제
④	지역 브랜드화	다국적 기업의 현지화
⑤	다국적 기업의 현지화	지리적 표시제

[24019-0011]

3 다음은 교내 세계 지도 전시회를 준비하는 장면의 일부이다. 교사의 질문에 옳게 대답한 학생만을 있는 대로 고른 것은?

○○고등학교 옛 세계 지도 전시회

▲ 알 이드리시의 세계 지도

▲ 티오(TO) 지도

▲ 천하도

지도의 방향을 잘못 전시한 지도들이 있네요. 지도 제작자가 그린 원본대로 지도의 방향을 수정해 볼까요?

갑: 알 이드리시의 세계 지도를 시계 방향으로 180° 회전시켜야 합니다.

을: 티오(TO) 지도를 반시계 방향으로 90° 회전시켜야 합니다.

병: 천하도를 시계 방향으로 180° 회전시켜야 합니다.

① 갑　　② 병　　③ 갑, 을　　④ 을, 병　　⑤ 갑, 을, 병

[24019-0012]

4 다음 자료의 세계 지도에 대한 설명으로 옳은 것만을 〈보기〉에서 고른 것은?

▲ 발트제뮐러의 세계 지도(1507년)

피렌체 출신의 탐험가 아메리고 베스푸치는 1499~1501년 남아메리카의 북부 해안을 따라 아마존강 하구에서 남아메리카 대륙의 끝 티에라델푸에고 제도까지 항해했다. 그리고 아메리카를 아시아로 착각한 콜럼버스와 달리 자신이 발견한 것이 신대륙임을 깨달았다.

유럽의 지도 제작자인 마르틴 발트제뮐러는 아메리고 베스푸치의 의견을 수용하여 '프톨레마이오스의 전통과 아메리고 베스푸치의 발견에 근거한 세계 지도'를 제작하였다. 지도에 신대륙을 표현하고 그 대륙의 이름을 '아메리카'라고 하였다. 이 지도는 '아메리카'라는 이름이 들어간 세계 최초의 지도이며, 지도의 위쪽에는 프톨레마이오스와 아메리고 베스푸치의 초상이 함께 그려져 있다.

● 보기 ●

ㄱ. 경선과 위선이 모두 표현되었다.
ㄴ. 대서양이 지도의 중심에 위치한다.
ㄷ. 지구 구체설(球體說)을 바탕으로 제작되었다.
ㄹ. 남아메리카가 아프리카보다 넓게 표현되었다.

① ㄱ, ㄴ　　② ㄱ, ㄷ　　③ ㄴ, ㄷ　　④ ㄴ, ㄹ　　⑤ ㄷ, ㄹ

[24019-0013]

5 다음 자료는 세계 지도를 범례에 따라 그림으로 분류한 것이다. A~C 지도가 다음과 같이 분류될 때 (가), (나)에 들어갈 조건으로 옳은 것만을 〈보기〉에서 고른 것은?

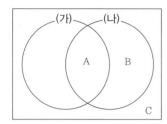

〈 범례 〉
- A: (가)와 (나)에 모두 해당하는 지도임.
- B: (나)에만 해당하는 지도임.
- C: (가)와 (나)에 모두 해당하지 않는 지도임.

A

B

C

*이 지도는 15세기에 복원한 것임.

● 보기 ●
ㄱ. 아메리카가 표현된 지도
ㄴ. 지도의 위쪽이 북쪽인 지도
ㄷ. 중화사상이 반영되어 제작된 지도
ㄹ. 경선과 위선의 개념이 적용된 지도

	(가)	(나)
①	ㄱ	ㄷ
②	ㄱ	ㄹ
③	ㄴ	ㄷ
④	ㄴ	ㄹ
⑤	ㄷ	ㄴ

[24019-0014]

6 다음 글의 ㉠~㉣에 대한 설명으로 옳은 것만을 〈보기〉에서 고른 것은?

2023년 2월 튀르키예(터키) 남부에서 지진이 발생하여 많은 사상자가 발생하였다. 미국 지질 조사국(USGS)에 따르면 발생 위치는 ㉠북위 37°14′, 동경 37°01′이며, ㉡7.8 규모의 지진에 진원 깊이가 얕아 실제 파괴력이 컸다. 이로 인해 ㉢2023년 3월 14일 기준 사망자 수가 약 52,000명에 이르렀다. 튀르키예(터키) 남부와 시리아의 건물은 대부분 내진 설계가 되어있지 않았으며, 시리아의 경우 오랜 내전으로 건물이 이미 손상된 상태여서 피해가 더 컸다. 한편, 우리나라 항공우주연구원은 ㉣인공위성으로 관측한 자료를 튀르키예(터키) 정부에 제공하여 지진 복구 활동을 지원하기로 하였다.

● 보기 ●
ㄱ. ㉠은 장소의 위치를 나타낸 공간 정보이다.
ㄴ. ㉡은 인접성, 계층성, 연결성 등으로 표현되는 관계 정보이다.
ㄷ. ㉣을 통해 접근이 어려운 지역의 지리 정보를 주기적으로 얻을 수 있다.
ㄹ. ㉢은 주로 ㉣을 통해 수집되는 정보이다.

① ㄱ, ㄴ   ② ㄱ, ㄷ   ③ ㄴ, ㄷ   ④ ㄴ, ㄹ   ⑤ ㄷ, ㄹ

[24019-0015]

7 다음 자료를 토대로 하나의 국가를 선정하여 위생 시설 개선 사업을 지원하고자 한다. 가장 적합한 국가를 지도의 A~E에서 고른 것은? (단, 합산 점수가 가장 높은 국가를 선정함.)

〈점수 산정 기준〉

점수	최소한의 기본적인 식수 서비스를 제공받는 인구 비율(%)	최소한의 기본 위생 서비스를 제공받는 인구 비율(%)	노상에서 배변을 보는 인구 비율(%)
1점	75 이상	50 이상	25 미만
2점	50~75	25~50	25~50
3점	50 미만	25 미만	50 이상
지도	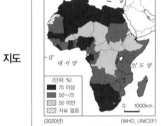	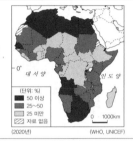	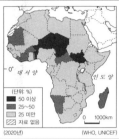

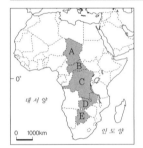

① A
② B
③ C
④ D
⑤ E

[24019-0016]

8 다음 자료는 (가)~(다) 국가의 지리 정보를 나타낸 것이다. 이에 대한 설명으로 옳은 것은?

국가	(가)	(나)	(다)
국토 모양			
㉠국토 중심의 위도, 경도	8°0′N, 2°0′W	33°0′S, 56°0′W	39°30′N, 8°0′W
㉡인구(만 명)	3,218	343	1,030
국토 면적(만 km²)	23.9	17.6	9.2
국내 총생산(억 달러)	685	536	2,285

(2020년)   (The World Factbook, 국제 연합)

① ㉠은 관계 정보, ㉡은 공간 정보이다.
② (가)는 (나)보다 ㉠ 지점에서 기온의 연교차가 크다.
③ (나)는 (다)보다 인구 밀도가 높다.
④ (다)는 (가)보다 1인당 국내 총생산이 적다.
⑤ (가)는 아프리카, (나)는 남아메리카, (다)는 유럽에 위치한다.

02 세계 기후 구분과 열대 기후

1. 기후 요소와 기후 요인

(1) 기후와 기후 요소

① 기후: 특정한 지역에서 오랜 기간에 걸쳐 나타나는 대기의 평균적인 상태

② 기후 요소: 기온, 강수, 바람, 습도, 일사량 등

(2) 기후 요인: 기후 요소의 지역적 차이를 가져오는 요인

⑨ 위도, 해발 고도, 수륙 분포, 격해도, 지형, 해류, 대기 대순환, 기단, 전선 등

① 위도와 기후 요소

- 위도와 기온: 저위도에서 고위도로 갈수록 단위 면적당 태양 에너지(일사량)가 감소하고 기온이 낮아짐, 고위도는 저위도에 비해 여름과 겨울의 일사량 차이가 커 기온의 연교차가 큼

- 위도와 강수: 적도 부근은 적도(열대) 수렴대의 영향으로 연 강수량이 많고, 남·북위 60° 부근은 한대 전선의 영향으로 연 강수량이 많은 편이며, 남·북회귀선 부근은 아열대 고압대의 영향, 극지방은 극 고압대의 영향으로 연 강수량이 적은 지역이 많음

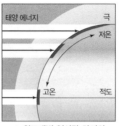

▲ 위도대별 일사량 차이와 기온 분포

자료 분석 | 대기 대순환

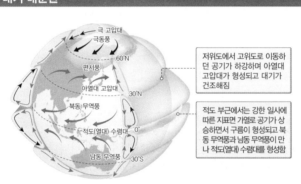

저위도에서 고위도로 이동하던 공기가 하강하며 아열대 고압대가 형성되고 대기가 건조해짐

적도 부근에서는 강한 일사에 따른 지표면 가열로 공기가 상승하면서 구름이 형성되고 북동 무역풍과 남동 무역풍이 만나 적도(열대) 수렴대를 형성함

대기 대순환은 지구적 규모에서 일어나는 공기의 흐름으로, 위도별 태양 에너지의 불균형 등이 원인이 되어 나타난다. 대기 대순환은 적도 지방의 더운 공기가 상승하고 극지방의 찬 공기가 하강하는 대류에 의해 시작된다. 대기 대순환과 지구 자전의 영향으로 극동풍, 편서풍, 무역풍이 부는데, 무역풍은 북반구에서는 북동 무역풍, 남반구에서는 남동 무역풍으로 나타난다. 상승 기류가 발달하는 적도(열대) 수렴대에서는 강수량이 많으며, 하강 기류가 발달하는 아열대 고압대에서는 연 강수량보다 연 증발량이 많아 세계적인 사막이 분포한다.

② 해발 고도: 해발 고도가 100m 높아질 때마다 기온은 약 0.5~1.0℃ 낮아짐, 적도 부근의 특정 고지대에서는 연중 봄과 같은 날씨가 나타남(열대 고산 기후)

③ 수륙 분포: 육지는 바다보다 비열이 작아 대륙은 해양보다 기온 변화가 큼, 동위도상에서 내륙 지역이 해안 지역보다 기온의 연교차가 큼

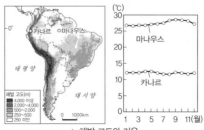

▲ 해발 고도와 기온

✪ 기후 요인과 기후 요소

위도, 해발 고도 등 다양한 기후 요인의 영향으로 지역마다 기온, 강수, 바람, 등의 기후 요소가 다르게 나타난다.

✪ 한대 전선

극 주변의 차가운 기단과 중위도 지역의 상대적으로 따뜻한 기단이 만나 형성되는 전선이며, 극동풍과 편서풍이 만나는 고위도 저압대를 따라 분포한다.

✪ 비열(cal/g·℃)

어떤 물질 1g의 온도를 1℃ 올리는 데 필요한 열량(cal)이다. 물은 암석보다 비열이 크기 때문에 해양은 대륙보다 기온 변화가 작다.

개념 체크

1. 저위도에서 고위도로 갈수록 기온의 연교차는 대체로 (작아진다 / 커진다).

2. 적도 부근은 적도(열대) 수렴대의 영향으로 연 강수량이 (적고 / 많고), 남·북회귀선 부근은 아열대 고압대의 영향으로 연 강수량이 (적다 / 많다).

3. 해발 고도가 100m 높아질 때마다 기온은 약 0.5~1.0℃ (낮아진다 / 높아진다).

정답
1. 커진다
2. 많고, 적다
3. 낮아진다

④ 지형: 바람받이(풍상측) 사면이 비그늘(풍하측)
사면보다 강수량이 많음, 비그늘(풍하측) 지역에
서는 사막이 형성되기도 함 ⑩ 파타고니아 사막

⑤ 해류: 난류가 흐르는 해안은 한류가 흐르는 해안
에 비해 기온이 높고 강수량이 많음, 남·북회귀
선 부근의 한류가 흐르는 대륙 서안은 대기가 안
정되어 사막이 형성됨 ⑩ 아타카마 사막, 나미브 사막 등

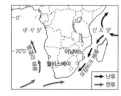

▲ 해류와 기온: 연안에 한류가 흐르는 월비스베이는 난류
가 흐르는 이냠바느보다 기온이 낮다.

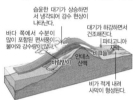
탐구 활동 | 세계의 연평균 기온과 연 강수량 분포의 특징은 무엇일까?

▲ 연평균 기온과 연 강수량

➡ 비슷한 위도대인 (가), (나) 지역
의 연 강수량 차이가 나타나는 이유
를 설명해 보자.

(가), (나) 지역은 모두 북회귀선 인근
에 위치하지만 (가)는 연중 아열대 고
압대의 영향을 받아 연 강수량이 적
고, (나)는 여름 계절풍의 영향으로 연
강수량이 많은 편이다.

➡ 비슷한 위도대인 (다), (라) 지역
의 연평균 기온과 연 강수량 차이가
발생하는 요인을 설명해 보자.

대륙 서안에 위치하며 인근 해역에 흐르는 한류의 영향을 받는 (다) 지역은 동위도상의 대륙 동안에 위치한 (라) 지역에
비해 연평균 기온이 낮으며, 대기가 안정되어 해안선을 따라 사막을 형성할 정도로 강수량이 적다.

2. 세계의 기후 지역

(1) **세계의 기후 분포**: 세계 여러 지역을 기후 요소가 비슷하게 나타나는 범위로 묶어 기후 지역으
로 구분함, 쾨펜의 기후 구분이 널리 이용됨

(2) **쾨펜의 기후 구분**: 기후 환경을 잘 반영하는 자연 식생을 지표로 세계의 기후 지역을 구분함,
식생에 따라 수목 기후(열대·온대·냉대 기후)와 무수목 기후(건조·한대 기후)로 구분함

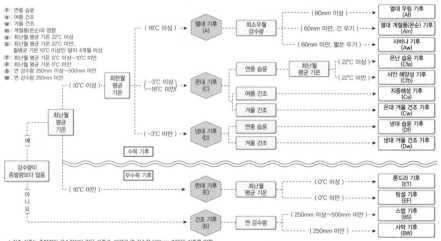

3. 열대 기후

(1) 열대 기후의 분포와 특징

① 열대 기후: 최한월 평균 기온이 18℃ 이상임

② 분포: 적도를 중심으로 남·북회귀선 사이의 저위도 지역에 주로 분포함

③ 특징

• 연중 기온이 높으며, 기온의 일교차보다 기온의 연교차가 작음

• 강한 일사로 상승 기류가 탁월하게 발달하여 대류성 강수가 빈번함

• 적도(열대) 수렴대가 형성됨, 적도(열대) 수렴대는 태양 회귀의 영향으로 계절에 따라 남북으로 이동함

④ 구분: 강수량과 강수 시기에 따라 열대 우림 기후, 사바나 기후, 열대 계절풍(몬순) 기후로 구분함

▲ 열대 계절풍(몬순) 기후

▲ 사바나 기후

▲ 열대 기후의 분포

▲ 열대 우림 기후

(2) 열대 우림 기후(Af)

① 구분: 강수량이 가장 적은 달의 강수량이 60mm 이상임

② 분포: 아프리카의 콩고 분지, 동남아시아의 적도 부근, 남아메리카의 아마존 분지 등

③ 특징

• 연중 기온이 높고 열대 기후 중에서 기온의 연교차가 가장 작은 편임

• 연중 적도(열대) 수렴대의 영향을 받아 일 년 내내 강수량이 많음

• 강한 일사로 인한 대류성 강수인 '스콜'이 자주 내림

(3) 사바나 기후(Aw)

① 구분: 강수량이 가장 적은 달의 강수량이 60mm 미만으로 건기와 우기가 뚜렷함

② 분포

• 열대 우림 기후 지역 주변에 나타나며, 열대 기후 중에서 분포 면적이 가장 넓음

• 아프리카·남부 아시아·남아메리카 일부 지역, 오스트레일리아 북부 등

③ 특징

• 연중 기온이 높으나, 열대 우림 기후에 비해 기온의 연교차가 약간 큰 편임

• 연 강수량은 보통 열대 우림 기후, 열대 계절풍(몬순) 기후보다 적음

• 아열대 고압대의 영향을 받는 시기에 건기, 적도(열대) 수렴대의 영향을 받는 시기에 우기가 나타남

✪ 기온의 연교차

최난월 평균 기온과 최한월 평균 기온의 차이이다. 저위도보다는 고위도에서, 해안보다는 내륙에서 대체로 크게 나타난다. 여름보다는 겨울에 기온의 지역 차이가 크기 때문에 겨울에 기온이 낮은 곳은 대체로 기온의 연교차가 크다.

✪ 대류성 강수

강한 복사열로 대류 현상이 발생하여 나타나는 강수 현상으로, 열대 기후 지역에서 빈번하게 발생하며, 지면이 충분히 가열된 오후 시간대에 비가 집중된다.

✪ 사바나

열대 기후 지역 중 건기와 우기가 뚜렷한 지역에서 나타나는 열대 초원 지대이다.

개념 체크

1. 열대 기후는 기온의 연교차가 기온의 일교차보다 (크다 / 작다).

2. 사바나 기후 지역에서는 아열대 고압대의 영향을 받는 시기에 (건기 / 우기), 적도(열대) 수렴대의 영향을 받는 시기에 (건기 / 우기)가 나타난다.

정답
1. 작다
2. 건기, 우기

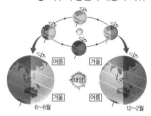

➕ 지구의 공전과 태양의 회귀

➕ 몬순(계절풍)

아랍어로 계절을 뜻하는 몬순(monsoon)은 주로 대륙과 해양의 비열 차이에 의해 계절에 따라 풍향이 바뀌는 현상을 말한다. 계절풍은 여름에는 해양에서 대륙으로 불고, 겨울에는 대륙에서 해양으로 분다.

➕ 상춘(常春) 기후

저위도의 해발 고도가 높은 산지의 특정 고도에서는 항상 봄과 같은 기온이 유지되는데, 이를 상춘 기후라고 한다.

자료 분석 | **적도(열대) 수렴대의 이동과 저위도 지역의 강수 특색**

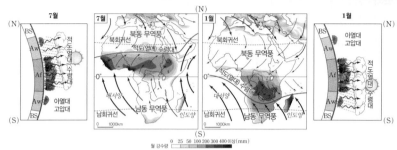

적도(열대) 수렴대는 북동 무역풍과 남동 무역풍이 수렴하는 지역으로, 상승 기류가 발달하여 연

강수량이 많다. 적도 일대에서 상승한 대기가 남·북위 30° 부근에서 하강하면서 아열대 고압대가 형성된다. 적도(열대) 수렴대와 아열대 고압대는 지구 공전에 따라 남북으로 이동하는데, 이로 인해 사바나 기후 지역은 적도(열대) 수렴대와 아열대 고압대의 영향을 번갈아 받는다. 7월에 북반구의 사바나 기후 지역은 북상한 적도(열대) 수렴대의 영향을 받아 우기가 되고, 남반구의 사바나 기후 지역은 북상한 아열대 고압대의 영향을 받아 건기가 된다. 1월에는 이와 반대의 상황이 전개되어 건기와 우기가 뒤바뀐다.

(4) 열대 계절풍(몬순) 기후(Am)

① 구분: 강수량이 가장 적은 달의 강수량이 60mm 미만이지만 몬순의 영향으로 우기에 강수량이 많아 사바나 기후에 비해 연 강수량이 많은 편임

② 분포: 동남 및 남부 아시아 일대, 남아메리카의 북동부 지역 등

③ 특징: 열대 우림 기후와 사바나 기후의 중간형

- 적도(열대) 수렴대와 계절풍의 영향으로 긴 우기와 짧은 건기가 나타남
- 우기의 강수량은 같은 기간 열대 우림 기후보다 대체로 많은 편임

탐구 활동 | **열대 우림 기후 지역과 사바나 기후 지역의 식생은 어떤 특색이 있을까?**

▲ 열대 우림

▲ 사바나

▶ **열대 우림 기후 지역의 식생 특징을 설명해 보자.**
연중 고온 다습하여 늘 푸르고 잎이 넓은 나무가 대부분이다. 키가 50~60m에 이르는 큰 나무부터 적은 양의 햇빛으로도 자랄 수 있는 작은 나무까지 여러 층의 나무가 우거진 숲을 이룬다.

▶ **사바나 기후 지역의 식생 특징을 야생 동물과 관련지어 설명해 보자.**
사바나 기후 지역에는 키가 작고 가지가 많은 나무가 드문드문 분포하고, 키가 큰 풀이 자라는 넓은 초원이 잘 형성된다. 초식 동물들은 이러한 식생 환경에서 풍부한 먹이를 얻고 육식 동물의 공격을 피해 무리를 이루며 생활한다.

(5) 열대 고산 기후(AH)

① 분포: 열대 기후가 나타나는 저위도의 고산 지역에 분포
예 안데스 산지, 아프리카 동부의 아비시니아고원 등

② 특징

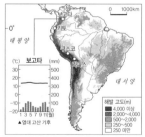
▲ 고산 도시의 분포

- 해발 고도가 높아 열대 우림 기후 및 사바나 기후보다 기온이 낮음, 연중 우리나라의 봄과 같은 기후가 나타남(상춘 기후)
- 기온의 연교차는 작고, 기온의 일교차는 큼
- 연중 온화한 기후가 나타나는 고산 지역은 일찍부터 삶터로 이용됨 예 보고타, 키토, 쿠스코, 라파스, 아디스아바바(아프리카 에티오피아) 등

개념 체크

1. 대륙과 해양의 비열 차이에 의해 발생하는 계절풍은 (   )에는 해양에서 대륙으로, (   )에는 대륙에서 해양으로 바람이 분다.

2. 열대 기후가 나타나는 저위도의 고산 지역은 연중 봄과 같은 (   ) 기후가 나타나 일찍부터 인간의 삶터로 이용되었다.

정답
1. 여름, 겨울
2. 상춘

4. 열대 기후 지역의 주민 생활

(1) 가옥의 특징

① 열대 우림 및 열대 계절풍(몬순) 기후: 나무를 주요 재료로 함

- 개방적인 구조의 고상 가옥 발달: 지면의 열기와 습기를 피하고 해충의 침입을 막기 위함
- 지붕의 경사가 급함: 많은 강수에 대비하여 빗물이 쉽게 흘러내리도록 함

② 사바나 기후: 주로 풀과 진흙으로 집을 지음

(2) 전통 산업

① 이동식 경작: 아프리카와 동남아시아의 열대 기후 지역에서 주로 이루어짐, 화전 농업으로 카사바·얌 등 식량 작물이 재배됨

② 유목: 주로 아프리카의 사바나 기후 지역에서 소, 양, 염소 등의 유목이 이루어짐

③ 벼농사: 주로 아시아의 열대 계절풍(몬순) 기후 지역에서 벼의 2~3기작이 이루어짐

(3) 산업의 발달

① 플랜테이션: 열대의 기후 환경에서 선진국의 자본과 기술, 원주민의 노동력이 결합된 형태의 상업적 농업 → 기호 작물, 원료 작물을 대규모로 재배하여 수출함

구분	주요 플랜테이션 작물
열대 우림 기후	카카오, 천연고무, 바나나 등
사바나 기후	커피, 사탕수수, 목화 등

② 관광 산업: 열대림 트레킹, 사바나 지역의 사파리 관광, 전통 생활 체험 관광 등

(4) 열대림 생태 환경

① 가치: 생물 종 다양성을 지키는 유전자의 창고임, 대기 중 이산화 탄소를 흡수하고 산소를 공급하는 지구의 허파 역할을 함

② 개발: 도시화, 경지 개간, 방목지 조성 등을 위한 무분별한 벌채

③ 문제점: 지구 온난화 심화, 생물 종 다양성 감소, 토양 침식 증가, 원주민의 삶터 파괴 등

🌐 **탐구 활동** | **보르네오섬의 열대림 파괴 원인은 무엇일까?**

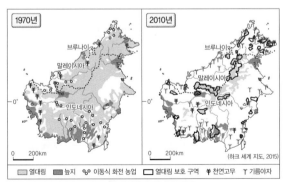

▲ 보르네오섬의 열대림 파괴

➤ **과거 이동식 경작(화전 농업)이 활발했던 요인을 설명해 보자.**

보르네오섬은 적도가 지나는 곳으로, 열대 우림 기후가 나타난다. 연중 비가 많아 흙 속의 양분이 빗물에 녹아 빠져나가므로 농사 짓기에 불리하여 이동식 경작(화전 농업)이 발달하였다.

➤ **팜나무 농장이 늘어난 원인과 운영되는 방식을 설명해 보자.**

최근 팜나무 열매인 기름야자의 과육과 씨앗으로 만든 기름이 식용유, 비누, 화장품, 바이오 연료 등에 두루 활용되면서 수요가 급증하였기 때문이다. 팜나무 농장은 대기업의 자본과 기술력을 토대로 현지 원주민의 노동력을 이용하여 단일 작물을 재배하는 플랜테이션 방식으로 운영된다.

➤ **팜나무 농장 조성에 따른 환경적 영향을 설명해 보자.**

기존의 열대 우림을 제거한 후 팜나무 플랜테이션이 행해지기 때문에 지하수 오염, 토양 침식, 삼림 파괴에 따른 멸종 위기 종 증가 등의 문제점이 나타나고 있다.

⭐ **열대 고상 가옥**

연중 습한 열대 기후 지역에서는 지면에서 올라오는 열기와 습기를 차단하고 해충의 침입을 막기 위해 가옥의 바닥을 지면에서 띄워 짓는다.

⭐ **이동식 경작(화전 농업)**

숲이나 초지를 불태워 경작지를 만든 후에 농사를 짓다가, 2~3년 후에 토양의 비옥도가 떨어지면 다른 지역으로 이동하여 새롭게 경작지를 조성하는 농업 방식이다.

⭐ **카사바**

아메리카 열대 기후 지역이 기원지로, 고구마 모양의 덩이뿌리가 있는 식물이다.

개념 체크

1. 열대 기후 지역에서는 지면의 습기를 줄이고 해충의 침입을 막기 위해 ( ) 가옥이 발달한다.

2. 열대 기후 지역에서 선진국의 자본과 기술, 원주민의 노동력이 결합된 상업적 농업을 ( )이라고 한다.

정답
1. 고상
2. 플랜테이션

[24019-0017]

01 다음은 (가), (나) 시기의 대기 대순환을 나타낸 것이다. 이에 대한 설명으로 옳은 것은? (단, (가), (나)는 각각 6월, 12월 중 하나임.)

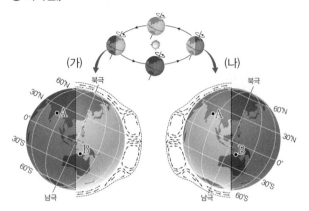

① (가) 시기 적도에서는 남풍 계열보다 북풍 계열의 바람이 우세하다.
② (나) 시기에는 남극권에서 북극권으로 갈수록 낮의 길이가 길어진다.
③ (가) 시기 A는 B보다 아열대 고압대의 영향을 크게 받는다.
④ (나) 시기 B는 A보다 대류성 강수의 발생 빈도가 높다.
⑤ A는 (가) 시기보다 (나) 시기에 강수량이 많다.

[24019-0018]

02 다음 자료의 ㉠, ㉡에 들어갈 기후 요인으로 가장 적절한 것은?

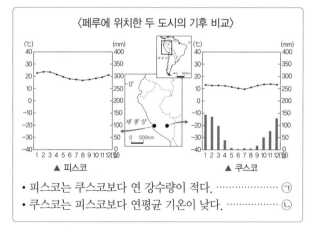

• 피스코는 쿠스코보다 연 강수량이 적다. ················ ㉠
• 쿠스코는 피스코보다 연평균 기온이 낮다. ············· ㉡

	㉠	㉡		㉠	㉡
①	위도	해류	②	위도	해발 고도
③	해류	위도	④	해류	해발 고도
⑤	해발 고도	해류			

[24019-0019]

03 그림의 (가)~(마) 기후 지역에 대한 설명으로 옳은 것은? (단, (가)~(마)는 각각 열대 기후, 건조 기후, 온대 기후, 냉대 기후, 한대 기후 중 하나임.)

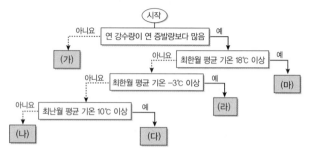

① (가)는 빙설 기후와 툰드라 기후로 구분된다.
② (나)는 (가)보다 아프리카 내에서 분포하는 면적이 넓다.
③ (다)는 (마)보다 기온의 연교차가 크다.
④ (라)는 (마)보다 대체로 저위도에서 나타난다.
⑤ (나), (다), (라)는 모두 수목 기후이다.

[24019-0020]

04 지도의 A, B 기후 지역에 대한 설명으로 옳은 것은?

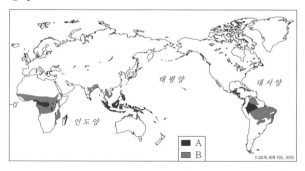

① A는 연 증발량이 연 강수량보다 많다.
② B는 연중 우리나라의 봄과 같은 기후가 나타난다.
③ A는 B보다 적도(열대) 수렴대의 영향을 많이 받는다.
④ A는 B보다 우기와 건기의 구분이 뚜렷하다.
⑤ B는 A보다 연 강수량이 대체로 많다.

[24019-0021]

05 그래프는 세 지역의 월평균 기온과 누적 강수량을 나타낸 것이다. (가)~(다)에 해당하는 지역을 지도의 A~C에서 고른 것은?

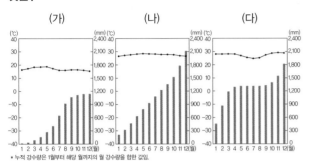

* 누적 강수량은 1월부터 해당 월까지의 월 강수량을 합한 값임.

	(가)	(나)	(다)		(가)	(나)	(다)
①	A	B	C	②	A	C	B
③	B	A	C	④	B	C	A
⑤	C	B	A				

[24019-0022]

06 그래프는 지도에 표시된 세 지역의 월 강수량을 나타낸 것이다. (가)~(다) 지역에 대한 설명으로 옳은 것만을 〈보기〉에서 고른 것은?

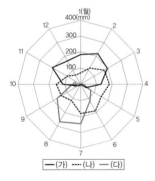 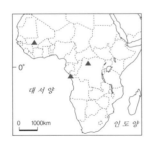

— 〈가〉······ 〈나〉 — 〈다〉

• 보 기 •
ㄱ. (가)는 남반구, (다)는 북반구에 위치한다.
ㄴ. (가)는 (나)보다 6~8월에 아열대 고압대의 영향을 크게 받는다.
ㄷ. (나)는 (다)보다 건기와 우기가 뚜렷하다.
ㄹ. (다)는 (가)보다 1월 낮 길이가 길다.

① ㄱ, ㄴ ② ㄱ, ㄷ ③ ㄴ, ㄷ ④ ㄴ, ㄹ ⑤ ㄷ, ㄹ

[24019-0023]

07 그림은 어느 기후 지역의 가옥 경관을 표현한 것이다. 이 기후 지역의 전통적 농업 형태에 대한 설명으로 옳은 것은?

① 수목 농업을 통해 올리브, 포도 등을 재배한다.
② 순록의 먹이를 찾아 이동하는 유목이 행해진다.
③ 오아시스 농업을 통해 대추야자, 밀 등을 재배한다.
④ 이동식 화전 농업을 통해 카사바, 얌 등을 재배한다.
⑤ 곡물 재배와 가축 사육을 함께 하는 혼합 농업이 행해진다.

[24019-0024]

08 다음 자료의 ㉠에 들어갈 그래프로 옳은 것은?

▲ ○○나무와 열매

○○나무의 열매 하나에는 20~50개의 씨앗이 들어 있다. 씨앗을 발효시켜 말리면 갈색빛을 띠고 독특한 향기를 풍기는데, 이는 초콜릿의 원료가 된다. ○○나무는 주로 □□ 기후에서 플랜테이션을 통해 재배된다.

〈○○의 국가별 생산 비율〉

㉠

(2021년)   (FAO)

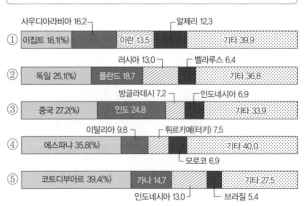

① 이집트 18.1(%)	사우디아라비아 16.2	이란 13.5		알제리 12.3	기타 39.9	
② 독일 25.1(%)		폴란드 18.7	러시아 13.0	벨라루스 6.4	기타 36.8	
③ 중국 27.2(%)		인도 24.8	방글라데시 7.2	인도네시아 6.9	기타 33.9	
④ 에스파냐 35.8(%)	이탈리아 9.8		튀르키예(터키) 7.5	모로코 6.9	기타 40.0	
⑤ 코트디부아르 39.4(%)		가나 14.7	인도네시아 13.0	브라질 5.4	기타 27.5	

[24019-0025]

1 다음은 세계지리 학습지의 일부이다. (가)~(다)에 들어갈 기후 요인으로 옳은 것은?

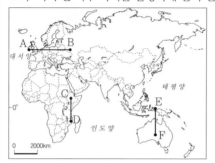

※ 두 지역 간 기후 차이를 발생하게 한 주된 기후 요인을 찾아보자.

기후 비교	주된 기후 요인
A는 B보다 기온의 연교차가 작다.	(가)
C는 D보다 연평균 기온이 낮다.	(나)
E는 F보다 연 강수량이 많다.	(다)

	(가)	(나)	(다)
①	위도	수륙 분포	해발 고도
②	위도	해발 고도	수륙 분포
③	수륙 분포	대기 대순환	해발 고도
④	수륙 분포	해발 고도	대기 대순환
⑤	해발 고도	수륙 분포	대기 대순환

[24019-0026]

2 다음 자료의 A~E 지역에 대한 설명으로 옳은 것만을 〈보기〉에서 고른 것은?

체 게바라(Che Guevara)의 인생을 바꾼 것은 1952년 1월 4일 시작한 남아메리카 대륙 종단 여행이었다. 의대 졸업을 앞둔 체 게바라는 친구와 함께 오토바이에 간단한 물건만을 챙겨 아르헨티나에서 출발해 칠레, 페루, 콜롬비아, 베네수엘라 볼리바르에 이르기까지 270일 동안 18,865km의 여행길에 오른다.

● 보기 ●
ㄱ. A는 B보다 지형과 바람의 영향으로 연 강수일수가 많다.
ㄴ. C는 B보다 해류의 영향으로 연 강수량이 적다.
ㄷ. C는 D보다 위도의 영향으로 1월 평균 기온이 낮다.
ㄹ. D는 E보다 해발 고도의 영향으로 연평균 기온이 낮다.

① ㄱ, ㄴ ② ㄱ, ㄷ ③ ㄴ, ㄷ ④ ㄴ, ㄹ ⑤ ㄷ, ㄹ

[24019-0027]

3 그래프는 각 기후의 대륙별 분포 면적을 나타낸 것이다. (가)~(마) 기후에 대한 설명으로 옳은 것은? (단, (가)~(마)는 각각 열대 기후, 건조 기후, 온대 기후, 냉대 기후, 한대 기후 중 하나임.)

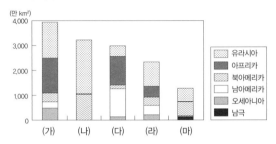

① (가)는 적도를 포함한 저위도 지역에 주로 분포한다.
② (나)는 연 강수량보다 연 증발량이 많다.
③ (다)는 기온의 연교차가 기온의 일교차보다 크다.
④ (라) 지역은 (마) 지역보다 인구 밀도가 높다.
⑤ (마)는 (다)보다 대체로 저위도에 분포한다.

[24019-0028]

4 그래프는 세 지역의 월평균 기온과 월 강수량을 나타낸 것이다. (가)~(다) 지역에 대한 설명으로 옳은 것만을 〈보기〉에서 고른 것은?

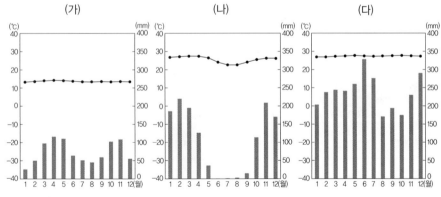

┌─ 보기 ────────────────────────────────────┐
│ ㄱ. (가)는 계절풍의 영향으로 벼농사가 활발히 이루어진다. │
│ ㄴ. (나)는 남반구에 위치한다.   │
│ ㄷ. (가)는 (다)보다 해발 고도가 높다.   │
│ ㄹ. (가)~(다)는 모두 기온의 연교차가 기온의 일교차보다 크다. │
└──┘

① ㄱ, ㄴ   ② ㄱ, ㄷ   ③ ㄴ, ㄷ   ④ ㄴ, ㄹ   ⑤ ㄷ, ㄹ

[24019-0029]

5 그래프는 지도에 표시된 세 지역의 누적 강수량을 나타낸 것이다. (가)~(다) 지역에 대한 설명으로 옳은 것은?

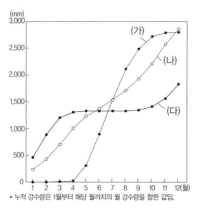

* 누적 강수량은 1월부터 해당 월까지의 월 강수량을 합한 값임.

① (가)는 상춘(常春) 기후가 나타난다.
② (다)에서는 벼농사가 활발히 이루어진다.
③ (가)는 (나)보다 적도(열대) 수렴대의 영향을 받는 기간이 길다.
④ (나)는 (다)보다 건기와 우기의 구분이 뚜렷하다.
⑤ (가)는 북반구, (다)는 남반구에 위치한다.

[24019-0030]

6 지도는 (가), (나) 시기의 강수 분포를 나타낸 것이다. 이에 대한 설명으로 옳은 것은? (단, (가), (나)는 각각 1월, 7월 중 하나임.)

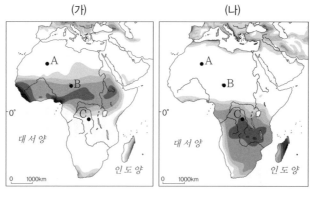

월 강수량 0 25 50 100 200 300 400 이상(mm)

① A는 연중 적도(열대) 수렴대의 영향을 크게 받는다.
② B에서는 1월에 우기, 7월에 건기가 나타난다.
③ C는 (나) 시기보다 (가) 시기에 남동 무역풍이 우세하다.
④ (가) 시기에 B는 C보다 아열대 고압대의 영향을 크게 받는다.
⑤ (나) 시기에 A는 B보다 낮 길이가 길다.

[24019-0031]

7 다음 자료의 ㉠에 해당하는 지역을 지도의 A~E에서 고른 것은?

▲ □□ 마을 건기의 모습   ▲ □□ 마을 우기의 모습

○○ 호수는 계절풍의 영향으로 건기에는 호수 면적이 약 2,500km², 평균 수심은 2m 정도이지만, 우기에는 하천의 물이 호수로 역류하여 호수 면적이 약 13,000km²로 넓어지고, 평균 수심은 약 14m로 깊어진다. ㉠이 호숫가에 위치한 □□은 호수의 수위 변화 때문에 6~9m의 기둥 위에 집을 지은 마을이다. 건기에 해당하는 12~2월에는 집과 집 사이에 도로가 만들어지고 차가 지나다니지만, 우기에 해당하는 6~8월에는 도로가 물에 잠기고 사람들은 배를 타고 이동한다.

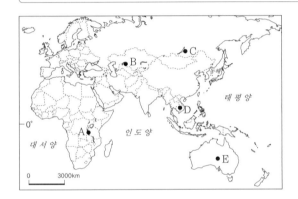

① A
② B
③ C
④ D
⑤ E

[24019-0032]

8 그래프는 사하라 이남 아프리카를 적도 기준으로 (가), (나)로 구분한 후 두 지역의 월별 산불(들불) 발생 면적을 나타낸 것이다. 이에 대한 설명으로 옳은 것만을 〈보기〉에서 고른 것은? (단, (가), (나)는 각각 적도 이북 지역, 적도 이남 지역 중 하나임.)

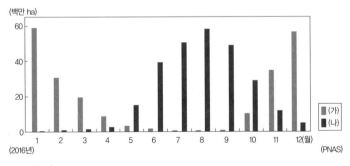

● 보기 ●
ㄱ. (가)는 남반구, (나)는 북반구에 속한다.
ㄴ. (가)는 7월에 아열대 고압대의 영향을 주로 받는다.
ㄷ. (나)는 (가)보다 1월에 우기가 나타나는 지역의 면적이 넓다.
ㄹ. 적도(열대) 수렴대는 1월에서 6월까지 대체로 (나)에서 (가) 방향으로 이동한다.

① ㄱ, ㄴ   ② ㄱ, ㄷ   ③ ㄴ, ㄷ   ④ ㄴ, ㄹ   ⑤ ㄷ, ㄹ

1. 온대 기후의 분포와 특징

(1) 온대 기후

① 최난월 평균 기온이 10℃ 이상이면서 최한월 평균 기온이 −3℃ 이상~18℃ 미만임

② 연 강수량이 대체로 500mm 이상이고, 연 강수량이 연 증발량보다 많음

(2) 분포: 대체로 중위도에 분포함

(3) 특징

① 계절에 따른 일사량의 차이가 커서 사계절이 뚜렷하게 나타남

② 기후가 대체로 온화하여 농경과 인간 생활에 유리함

③ 낙엽 활엽수와 침엽수의 혼합림이 많으며, 겨울이 온난한 지역에는 상록 활엽수가 분포함

2. 온대 기후의 구분

(1) 대륙 서안의 온대 기후와 대륙 동안의 온대 기후

① 편서풍의 영향이 큰 대륙 서안과 계절풍의 영향이 큰 대륙 동안은 기후 특성이 다르게 나타남

② 대륙 서안: 비열이 큰 해양의 영향을 받아 기온의 연교차가 작음

③ 대륙 동안: 비열이 작은 대륙의 영향을 받아 기온의 연교차가 큼

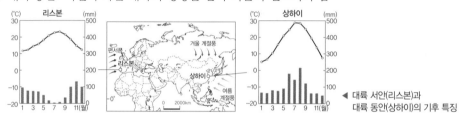

▲ 대륙 서안(리스본)과 대륙 동안(상하이)의 기후 특징

🌐 탐구 활동 　북반구 중위도 온대 기후 지역의 기온 분포는 어떤 특성이 있을까?

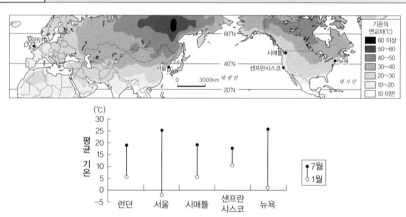

➡ **런던과 서울의 1월과 7월 평균 기온 특성을 설명해 보자.**

런던은 서울보다 위도가 높지만 대륙 서안에 위치하여 연중 대서양으로부터 불어오는 편서풍의 영향을 받아 대륙 동안에 위치한 서울보다 1월 평균 기온이 높고, 7월 평균 기온이 낮다. 반면, 서울은 편서풍이 대륙 내부를 지나면서 영향력이 약해지고, 대륙과 해양의 비열 차이로 발생하는 계절풍의 영향을 크게 받아 런던보다 1월 평균 기온이 낮고 7월 평균 기온이 높다.

➡ **시애틀, 샌프란시스코, 뉴욕을 기온의 연교차가 큰 지역부터 순서대로 쓰고, 기온의 연교차 분포 특성을 설명해 보자.**

기온의 연교차는 뉴욕>시애틀>샌프란시스코 순으로 크다. 대륙 동안은 비슷한 위도의 대륙 서안보다 기온의 연교차가 크며, 대체로 저위도에서 고위도로 갈수록 최한월 평균 기온이 낮아지고 기온의 연교차가 커진다.

(2) 구분

구분	특색	분포
서안 해양성 기후(Cfb)	기온의 연교차가 작고 연중 강수량이 고름	편서풍의 영향을 받는 대륙 서안의 남·북위 30°~60°에 주로 분포
지중해성 기후(Cs)	여름에 고온 건조하고 겨울에 온난 습윤함	
온대 겨울 건조 기후(Cw)	여름에 고온 다습하고 겨울에 건조함	계절풍의 영향을 받는 대륙 동안의 남·북위 20°~40°에 주로 분포
온난 습윤 기후(Cfa)	연중 습윤, 여름에 무더움, 건기가 뚜렷하지 않음	

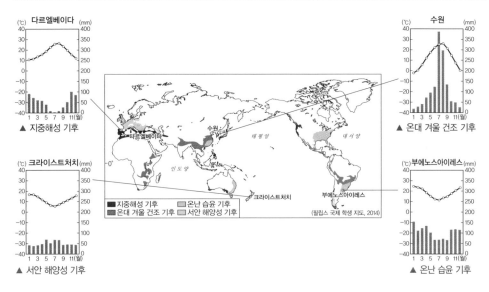

3. 대륙 서안의 온대 기후

(1) 서안 해양성 기후
① 구분: 온대 기후 중에서 연중 강수량이 비교적 고르고, 최난월 평균 기온이 22℃ 미만인 기후
② 분포: 서부 및 북부 유럽, 북아메리카 북서 해안, 칠레 남부, 오스트레일리아 남동부와 뉴질랜드 등
③ 특징
- 연중 바다에서 불어오는 편서풍의 영향을 받음
- 동위도의 다른 지역에 비해 대체로 여름이 서늘하고 겨울이 온화하여 기온의 연교차가 작음
- 해안을 따라 산지가 있는 편서풍의 바람받이 지역은 연 강수량이 많음 예 노르웨이 서부 해안, 뉴질랜드 남섬 서부 해안, 칠레 남부 서안 등
④ 주민 생활
- 여름이 서늘하여 목초지 조성에 유리함
- 가축 사육과 식량 작물 및 사료용 작물 재배가 함께 이루어지는 혼합 농업 발달
- 대도시가 발달한 북해 연안은 낙농업과 화훼 농업 발달
- 연중 강수가 고르기 때문에 하천의 유량 변동이 작아 수운 교통에 유리함 → 대륙 서안에 위치한 하천은 대륙 동안에 위치한 하천보다 하상계수가 작음(하상계수는 하천의 최소 유량에 대한 최대 유량의 비율임)
- 고위도에 위치해 있는 일부 해안 지역에서는 난류의 영향으로 부동항이 발달함
- 여름철 날씨가 맑은 날에는 해변이나 공원에서 일광욕을 즐기는 사람들이 많음
- 편서풍이 연중 강하게 부는 지역에는 풍력 발전 단지가 있음

◆ 지중해성 기후
'지중해 주변 지역에서 나타나는 기후'라는 의미에서 붙여진 이름이다. 우리나라와 비슷한 위도의 대륙 서안은 대체로 지중해성 기후가 나타난다.

◆ 뉴질랜드의 강수 분포

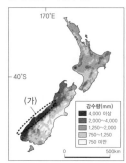

남반구 중위도에 위치한 뉴질랜드는 연중 편서풍의 영향을 받는다. 지도의 (가) 지역은 연 강수량이 많은데, 이는 편서풍이 뉴질랜드 남알프스산맥에 부딪쳐 상승하는 과정에서 나타나는 지형성 강수 때문이다.

◆ 부동항
일 년 내내 바닷물의 표면이 얼지 않는 항구를 말한다. 러시아나 캐나다처럼 고위도에 위치한 국가는 겨울에 춥기 때문에 바닷물이 얼어 배가 다니기 어렵다. 따라서 이들 국가는 난류의 영향으로 바닷물이 얼지 않는 부동항의 중요성이 크다.

개념 체크
1. 온대 기후 중 ( ) 기후는 연중 강수량이 비교적 고르고, 최난월 평균 기온이 22℃ 미만이다.
2. 가축 사육과 식량 작물 및 사료용 작물 재배가 함께 이루어지는 농업 형태는 ( ) 농업이다.
3. 서안 해양성 기후 지역은 하천의 연중 유량 변동이 (커 / 작아) 수운 교통에 (유리 / 불리)하다.

정답
1. 서안 해양성
2. 혼합
3. 작아, 유리

♻ **아열대 고압대**
남·북반구의 위도 30° 부근에 형성된 기압이 높은 지역을 말한다.

♻ **올리브의 국가별 생산량 비율**

(2021년)   (FAO)

올리브는 단단한 잎을 가진 경엽수에서 자라는 열매로, 지중해성 기후가 나타나는 지중해 연안 국가의 올리브 생산량 비율이 높다.

♻ **알프스 산지의 이목**

여름에는 서늘한 고지대의 초지에서 가축을 방목하고, 겨울에는 온난한 저지대로 이동하여 가축을 사육한다.

(2) 지중해성 기후

① 구분: 온대 기후 중에서 여름에 건조한 기후
② 분포: 남·북위 30°~40°의 대륙 서안에 주로 나타남 ⑩ 지중해 연안, 미국 캘리포니아, 칠레 중부, 오스트레일리아 남서부, 아프리카 남단 등
③ 특징: 여름에 건조하고 겨울에 습윤함

여름	아열대 고압대의 영향을 받아 기온이 높고 강수량이 적어 건조함
겨울	전선대와 편서풍의 영향을 받아 온난하고 강수량이 많음

④ 주민 생활

- 가옥은 여름에 외부의 열기가 집 안으로 들어오는 것을 막기 위해 벽을 두껍게, 창문을 작게 만들며, 일부 지역에서는 햇빛을 반사시키기 위해 벽면을 하얗게 칠하기도 함
- 골목에 그늘이 지도록 가옥을 배치함
- 풍부한 일사량을 이용한 태양광·태양열 발전에 유리함
- 여름철에 고온 건조하여 산불 피해가 큼

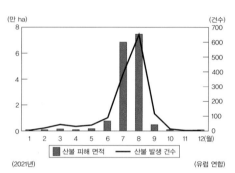

▲ 이탈리아의 월별 산불 피해 면적과 산불 발생 건수: 여름이 건조한 지중해성 기후 지역에서는 여름에 산불이 자주 발생하고 산불 피해 면적이 넓다.

- 농목업

구분	특색
수목 농업	고온 건조한 여름 → 올리브, 오렌지, 포도 등을 재배함
곡물 농업	온난하고 강수량이 비교적 많은 겨울 → 밀, 보리, 귀리 등 곡물을 재배함
이목	여름에는 산지로 이동하여 방목하고 겨울에는 저지대로 이동하여 가축을 사육함, 알프스 산지의 남사면에서 주로 이루어짐

🖱 **자료 분석** **지중해성 기후 지역과 서안 해양성 기후 지역의 1월, 7월 강수량 분포 특성**

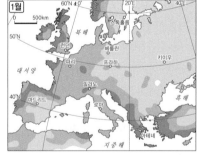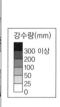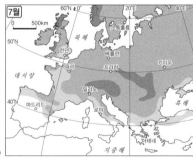

(디르케 세계 지도, 2015)

유럽의 지중해 연안에는 지중해성 기후가 나타나고, 이보다 고위도 지역에는 대체로 서안 해양성 기후가 나타난다. 북반구가 겨울인 1월에는 아열대 고압대가 남하하여, 지중해성 기후 지역과 서안 해양성 기후 지역이 모두 편서풍과 전선대의 영향으로 강수량이 비교적 많다. 그러나 7월에는 지중해성 기후 지역은 북상한 아열대 고압대의 영향으로 건조해지지만, 서안 해양성 기후 지역은 편서풍과 전선대의 영향으로 강수량이 비교적 많다. 이처럼 지중해성 기후 지역은 여름철에 건조한 반면, 서안 해양성 기후 지역은 계절별 강수량 분포가 비교적 고르게 나타난다.

━━ **개념 체크** ━━

1. 지중해성 기후 지역은 여름에 (   )의 영향을 받아 강수량이 적다.

2. 지중해성 기후 지역의 고온 건조한 여름에는 (   ) 농업이, 온난하고 강수량이 비교적 많은 겨울에는 (   )농업이 이루어진다.

정답
1. 아열대 고압대
2. 수목, 곡물

4. 대륙 동안의 온대 기후

(1) 대륙 동안에 분포하는 온대 기후

구분	특색
온대 겨울 건조 기후	• 온대 기후 중에서 겨울에 건조한 기후 • 온난 습윤 기후 지역에 비해 겨울 강수량이 적음 • 중국 내륙, 인도차이나반도 북부, 아프리카 및 남아메리카의 사바나 기후 주변 지역에 주로 분포함
온난 습윤 기후	• 온대 겨울 건조 기후에 비해 강수량의 계절 분포가 비교적 고름 • 여름에 매우 덥고, 여름 강수량이 겨울 강수량보다 많음 • 중국 남동부, 일본 남서부, 미국 남동부, 남아메리카 남동부 등지에 주로 분포함

(2) 특징

① 대륙의 영향을 받아 기온의 연교차가 큼

② 여름과 겨울에 풍향이 바뀌는 계절풍의 영향이 큼

겨울	• 대륙이 해양보다 빨리 냉각되어 대륙에서 하강 기류 발생, 대륙에 고기압 발달 • 바람은 건조한 대륙에서 해양 쪽으로 붊 → 강수량이 적음
여름	• 대륙이 해양보다 빨리 가열되어 대륙에서 상승 기류 발생, 해양에 고기압 발달 • 바람은 습윤한 해양에서 대륙 쪽으로 붊 → 강수량이 많음

③ 계절별 강수량 차가 큼 → 하천의 유량 변동이 커 수운 교통에 불리함

④ 낙엽 활엽수와 침엽수의 혼합림이 많으나, 상록 활엽수로 이루어진 조엽수림도 분포함

🌐 탐구 활동 계절풍은 유라시아 대륙 동안의 온대 기후 지역에 어떤 영향을 미칠까?

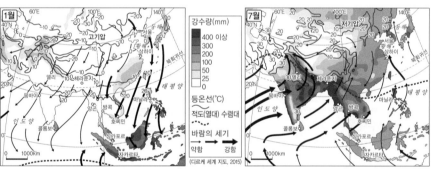

(디르케 세계 지도, 2015)

➡ **계절풍의 발생 원리와 유라시아 대륙 동안 온대 기후 지역의 1월과 7월의 평균 기온과 강수량 분포에 대해 설명해 보자.**
계절풍은 대륙과 해양의 비열 차로 발생하며, 계절에 따라 풍향이 바뀐다. 대륙 동안의 온대 기후 지역은 기온의 연교차가 큰 대륙성 기후가 나타나며, 계절풍의 영향을 크게 받는다. 1월에는 대륙이 해양보다 많이 냉각되어 대륙에서 고기압이 발달하고, 한랭 건조한 계절풍이 대륙에서 해양으로 분다. 7월에는 대륙이 해양보다 많이 가열되어 해양에 고기압이 발달하고, 고온 다습한 계절풍이 해양에서 대륙으로 분다. 따라서 1월은 기온이 낮고 강수량이 적으며, 7월은 기온이 높고 강수량이 많다.

(3) 주민 생활

① 여름에는 열대 저기압 등의 영향으로 풍수해, 해일 등의 피해가 발생함

② 지역에 따라 농목업의 차이가 나타남

구분	농목업 특색
몬순 아시아	• 여름이 고온 다습하여 벼농사가 발달함 • 중국, 인도, 스리랑카 등에서는 차(茶) 재배가 활발함
북아메리카 남동부	미국 남동부를 중심으로 목화가 재배됨
남아메리카 남동부	아르헨티나(팜파스)에서는 기업적 목축과 밀 농사가 이루어짐

☀ 조엽수림

아열대 삼림의 일종으로, 주로 윤기와 광택이 있는 나뭇잎을 가진 나무로 이루어져 있다.

☀ 풍수해

강한 바람과 홍수에 의한 피해를 동시에 가리키는 말이다. 강풍과 폭우를 동반하는 열대 저기압은 풍수해를 발생시키는 주요 요인이다.

☀ 팜파스

'평원'을 뜻하는 아메리카 원주민의 언어에서 유래하였으며, 남아메리카 중위도의 저지대에 있는 초원을 말한다. 대서양 연안에 가까운 동부는 습윤 팜파스, 서부는 건조 팜파스라고 한다.

개념 체크

1. 대륙 동안에 분포하는 온대 기후 중 온난 습윤 기후 지역에 비해 겨울 강수량이 적은 기후는 (   ) 기후이다.

2. 대륙 동안의 온대 기후는 여름과 겨울에 풍향이 바뀌는 (   )의 영향을 크게 받는다.

정답
1. 온대 겨울 건조
2. 계절풍

[24019-0033]

01 다음 자료의 (가), (나) 지역에 대한 설명으로 옳은 것만을 〈보기〉에서 고른 것은?

구분＼지역	(가)	(나)
수리적 위치	38°43′N, 9°9′W	37°34′N, 126°57′E
1월 평균 기온(℃)	11.6	−1.9
연 강수량(mm)	762.6	1,417.8
6~8월 강수량(mm)	26.2	892.4

• 보기 •
ㄱ. (가)는 여름에 고온 건조하다.
ㄴ. (나)는 겨울에 대륙으로부터 불어오는 계절풍의 영향을 많이 받는다.
ㄷ. (가)는 (나)보다 기온의 연교차가 크다.
ㄹ. (나)는 (가)보다 경엽수림 분포 면적 비율이 높다.

① ㄱ, ㄴ ② ㄱ, ㄷ ③ ㄴ, ㄷ ④ ㄴ, ㄹ ⑤ ㄷ, ㄹ

[24019-0034]

02 다음 글의 ㉠~㉤에 대한 설명으로 옳은 것만을 〈보기〉에서 고른 것은?

온대 기후 지역은 기온이 온화하고 연 강수량이 대체로 500mm 이상으로, 다양한 형태의 농목업 활동이 이루어진다. 대륙 서안에 나타나는 지중해성 기후 지역은 고온 건조한 여름 기후에 적응력이 높은 작물을 재배하는 ㉠ 이 활발하고, 일부 산지 지역에서는 ㉡이목이 이루어진다. 서안 해양성 기후 지역은 ㉢연중 강수량이 고른 편이며, 곡물 재배와 가축 사육을 함께하는 ㉣ 이 활발하다. 한편, 대륙 동안에 나타나는 온대 기후 지역은 대륙 서안에 비해 기온의 연교차가 크고 ㉤여름철에 강수가 집중되어 벼농사가 활발하다.

• 보기 •
ㄱ. ㉠에는 혼합 농업, ㉣에는 수목 농업이 들어간다.
ㄴ. ㉡은 건조한 여름철에는 고지대의 초지에서 가축을 방목하는 목축 형태이다.
ㄷ. ㉢의 주요 원인은 대륙에서 불어오는 바람 때문이다.
ㄹ. ㉤은 내륙 수운 교통 발달에 불리한 조건이다.

① ㄱ, ㄴ ② ㄱ, ㄷ ③ ㄴ, ㄷ ④ ㄴ, ㄹ ⑤ ㄷ, ㄹ

[24019-0035]

03 다음은 세계지리 수업 장면의 일부이다. (가)에 들어갈 내용으로 가장 적절한 것은?

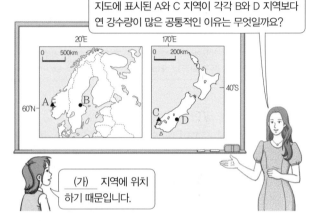

지도에 표시된 A와 C 지역이 각각 B와 D 지역보다 연 강수량이 많은 공통적인 이유는 무엇일까요?

(가) 지역에 위치하기 때문입니다.

① 위도가 높은
② 해발 고도가 낮은
③ 아열대 고압대 주변
④ 한류가 흐르는 해안
⑤ 편서풍이 산맥에 부딪치는

[24019-0036]

04 다음은 방송 프로그램 대본의 일부이다. 밑줄 친 '이 지역'의 특성으로 가장 적절한 것은?

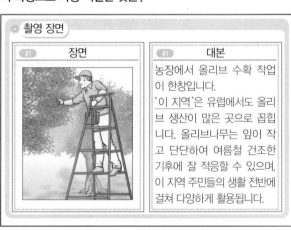

◎ 촬영 장면

#1 장면

#1 대본
농장에서 올리브 수확 작업이 한창입니다.
'이 지역'은 유럽에서도 올리브 생산이 많은 곳으로 꼽힙니다. 올리브나무는 잎이 작고 단단하여 여름철 건조한 기후에 잘 적응할 수 있으며, 이 지역 주민들의 생활 전반에 걸쳐 다양하게 활용됩니다.

① 최한월 평균 기온이 18℃ 이상이다.
② 벼농사가 연중 활발하게 이루어진다.
③ 일 년 내내 강수가 비교적 고르게 내린다.
④ 겨울보다 여름에 아열대 고압대의 영향을 많이 받는다.
⑤ 대륙 동안에 비해 열대 저기압의 영향을 빈번하게 받는다.

05 그래프의 (가)~(다) 지역을 지도의 A~C에서 고른 것은?

[24019-0037]

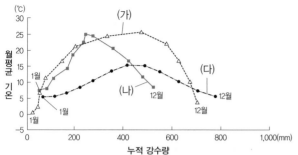

* 누적 강수량은 1월부터 해당 월까지의 강수량을 합한 값임.

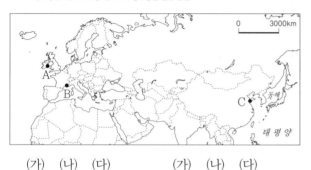

	(가)	(나)	(다)		(가)	(나)	(다)
①	A	B	C	②	A	C	B
③	B	C	A	④	C	A	B
⑤	C	B	A				

06 지도에 표시된 (가)~(라) 기후 지역에 대한 설명으로 옳은 것만을 〈보기〉에서 고른 것은?

[24019-0038]

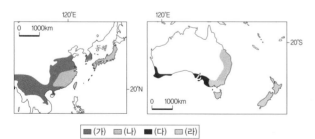

● 보 기 ●
ㄱ. (가)에서는 혼합 농업이 활발하다.
ㄴ. (라)는 지중해 연안에 널리 분포한다.
ㄷ. (나)는 (라)보다 최난월 평균 기온이 높다.
ㄹ. (다)는 (나)보다 여름 강수 집중률이 낮다.

① ㄱ, ㄴ ② ㄱ, ㄷ ③ ㄴ, ㄷ ④ ㄴ, ㄹ ⑤ ㄷ, ㄹ

07 (가) 시기 A, B 지역의 평균 기온과 강수량을 나타낸 그래프로 옳은 것은? (단, (가) 시기는 6월, 12월 중 하나임.)

[24019-0039]

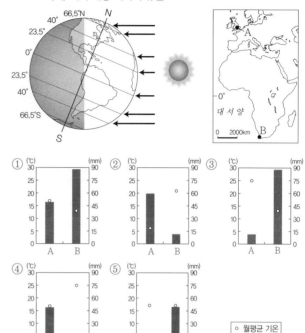

08 표는 지도에 표시된 네 지역의 기후 특성을 나타낸 것이다. (가)~(라)에 해당하는 지역을 지도의 A~D에서 고른 것은?

[24019-0040]

지역	(가)	(나)	(다)	(라)
1월 평균 기온(℃)	4.6	24.9	24.7	−1.9
7월 평균 기온(℃)	20.4	11.2	13.0	25.3
12~2월 강수량(mm)	150.4	382.9	41.1	68.2
6~8월 강수량(mm)	173.8	207.9	382.4	892.4

	(가)	(나)	(다)	(라)		(가)	(나)	(다)	(라)
①	A	C	D	B	②	A	D	C	B
③	B	A	D	C	④	B	D	C	A
⑤	C	A	B	D					

[24019-0041]

1 다음은 세계지리 수업 장면의 일부이다. 교사의 질문에 옳게 대답한 학생만을 고른 것은?

세 그림은 각각 서안 해양성 기후, 지중해성 기후, 온난 습윤 기후의 특성이 나타난 작품 중 하나입니다. (가)~(다) 기후 지역의 특성에 대해 설명해 볼까요?

(가) 여름이 무더운 지역에서 비를 맞으며 달려가는 사람들이 표현됨.

(나) 연중 비가 자주 내리는 지역의 강 주변 풍경이 묘사됨.

(다) 여름이 덥고 건조한 지역에서 자라는 올리브나무가 그려짐.

갑: (다)는 겨울보다 여름에 아열대 고압대의 영향을 많이 받아요.

을: (나)는 (가)보다 계절풍의 영향을 크게 받아요.

병: (나)는 (다)보다 혼합 농업이 활발해요.

정: (가)는 주로 대륙 서안, (다)는 주로 대륙 동안에 분포해요.

① 갑, 을 ② 갑, 병 ③ 을, 병 ④ 을, 정 ⑤ 병, 정

[24019-0042]

2 지도에 표시된 A~C 지역의 상대적 특성으로 옳은 것만을 〈보기〉에서 있는 대로 고른 것은?

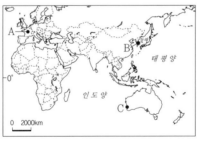

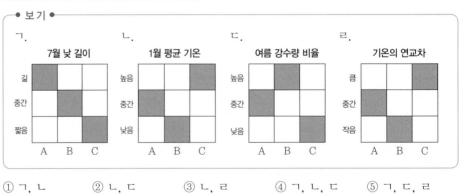

• 보기 •

ㄱ. 7월 낮 길이

ㄴ. 1월 평균 기온

ㄷ. 여름 강수량 비율

ㄹ. 기온의 연교차

① ㄱ, ㄴ ② ㄴ, ㄷ ③ ㄴ, ㄹ ④ ㄱ, ㄴ, ㄷ ⑤ ㄱ, ㄷ, ㄹ

3 그래프는 지도에 표시된 세 지역의 기후 특성을 나타낸 것이다. (가)~(다) 지역에 대한 설명으로 옳은 것만을 〈보기〉에서 고른 것은?

[24019-0043]

〈월평균 기온〉　　　　〈누적 강수량〉

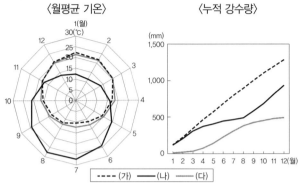 

* 누적 강수량은 1월부터 해당 월까지의 강수량을 합한 값임.

● 보기 ●

ㄱ. (가)는 아프리카에 위치한다.
ㄴ. (다)는 여름보다 겨울에 강수량이 많다.
ㄷ. 남회귀선과의 최단 거리는 (나)가 (가)보다 멀다.
ㄹ. (가)~(다) 중 (다)가 7월에 아열대 고압대의 영향을 가장 많이 받는다.

① ㄱ, ㄷ　　　② ㄱ, ㄷ　　　③ ㄴ, ㄷ　　　④ ㄴ, ㄹ　　　⑤ ㄷ, ㄹ

4 그래프는 세 지역의 기후 특성을 나타낸 것이다. (가)~(다)에 해당하는 지역을 지도의 A~C에서 고른 것은?

[24019-0044]

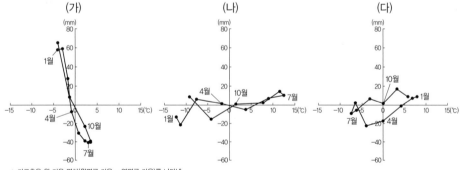

* 가로축은 월 기온 편차(월평균 기온 − 연평균 기온)를 나타냄.
** 세로축은 월 강수 편차[월 강수량 − (연 강수량 ÷ 12)]를 나타냄.

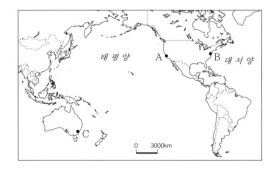

	(가)	(나)	(다)
①	A	B	C
②	A	C	B
③	B	A	C
④	C	A	B
⑤	C	B	A

[24019-0045]

5 그래프는 지도에 표시된 세 지역의 강수량과 낮 길이를 나타낸 것이다. A~C 지역에 대한 설명으로 옳은 것은? (단, (가), (나) 시기는 각각 1월, 7월 중 하나임.)

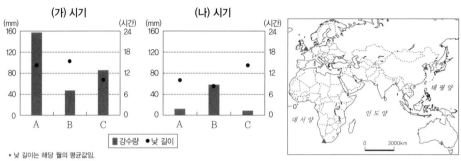

* 낮 길이는 해당 월의 평균값임.

① A는 수목 농업이 활발하다.
② C는 (가) 시기보다 (나) 시기에 평균 기온이 높다.
③ B는 A보다 열대 저기압으로 인한 풍수해가 빈번하다.
④ C는 A보다 계절풍의 영향을 많이 받는다.
⑤ A~C 중 1월의 낮 길이는 B가 가장 길다.

[24019-0046]

6 그래프는 지도에 표시된 네 지역의 기후 특성을 나타낸 것이다. (가)~(라) 지역에 대한 설명으로 옳은 것은?

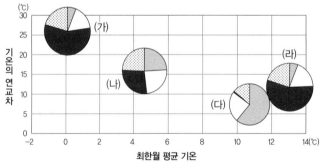

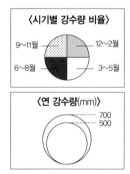

* 최한월 평균 기온과 기온의 연교차는 원그래프의 중심값임.

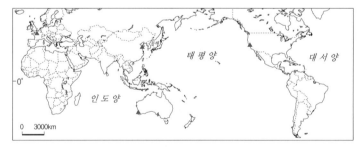

① (가)는 (라)보다 겨울 강수 집중률이 높다.
② (나)는 (가)보다 계절에 따른 하천 수위의 변동 폭이 크다.
③ (다)는 (라)보다 북회귀선과의 최단 거리가 가깝다.
④ (가)와 (다)는 모두 1월이 7월보다 평균 기온이 높다.
⑤ (나)와 (라)는 모두 유라시아 대륙에 위치한다.

04 건조 및 냉·한대 기후와 지형

1. 건조 기후

(1) 특징

① 나무가 자랄 수 없는 기후(무수목 기후)로, 연 강수량이 500mm 미만임

② 기온의 일교차가 매우 크고, 연 강수량보다 연 증발량이 많음

(2) 구분: 연 강수량에 따라 사막 기후와 스텝 기후로 구분함

구분	사막 기후(BW)	스텝 기후(BS)
특징	• 연 강수량 250mm 미만 • 식생이 매우 빈약함 • 유기물이 적고 표토층에 염분이 많은 사막토가 분포함 • 아열대 고압대 지역, 대륙 내부 등에 분포함	• 연 강수량 250mm 이상~500mm 미만 • 짧은 우기에 키 작은 풀이 자라 초원을 형성함 • 유기물이 풍부한 흑색토인 체르노젬 등이 분포함 • 사막 기후 지역 주변에 분포함

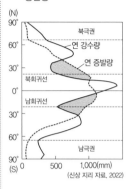

○ 위도대별 연 강수량 및 연 증발량

(신상 지리 자료, 2022)

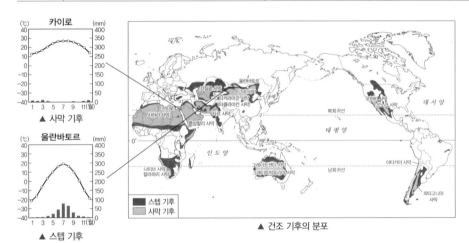

▲ 사막 기후

▲ 스텝 기후

▲ 건조 기후의 분포

○ 사막토
사막 기후 지역에서 발달하는 토양으로, 유기물의 집적이 적어 척박하다.

○ 체르노젬
스텝 기후 지역에서 발달하는 토양으로, 지표의 풀이 유기물을 공급하여 흑색을 띤다. 토양이 비옥하여 농경에 유리하다.

🌐 탐구 활동 | 사막은 어떻게 형성될까?

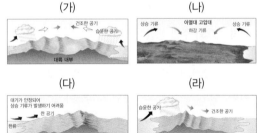

(가) / (나) / (다) / (라)

➡ **지도의 A~D 사막 형성 원인을 그림 (가)~(라)를 이용하여 설명해 보자.**

사막은 다양한 원인에 의하여 형성되며, 여러 가지 원인이 복합적으로 작용하여 형성되기도 한다. A는 (가)처럼 바다로부터 멀리 떨어진 중위도 대륙 내부에 위치하여 해양의 습윤한 바람이 미치지 못해 형성된 사막이다. 고비 사막, 타커라마간(타클라마칸) 사막이 대표적이다. 남·북회귀선 주변에 위치한 B는 (나)처럼 대기 대순환에 의해 하강 기류가 형성되는 아열대 고압대의 영향을 받아 형성된 사막이다. 사하라 사막, 그레이트빅토리아 사막이 대표적이다. C는 (다)처럼 한류의 영향으로 대기가 안정되어 상승 기류가 발달하기 어려운 대륙 서안에 발달한 사막이다. 나미브 사막, 아타카마 사막이 대표적이다. D는 (라)처럼 지형성 강수의 발생 이후 건조해진 공기가 산지를 넘어오면서 형성된 사막이다. 탁월풍(편서풍)이 부는 안데스 산지의 비그늘에 위치한 파타고니아 사막이 대표적이다.

개념 체크

1. 건조 기후는 연 강수량보다 연 증발량이 (적다 / 많다).

2. 스텝 기후 지역에서 잘 발달하는 (   )은 흑색을 띠는 비옥한 토양이다.

3. (아타카마 사막 / 파타고니아 사막)은 탁월풍이 부는 산지의 비그늘에 위치한 사막이다.

정답
1. 많다
2. 체르노젬
3. 파타고니아 사막

❂ 암석의 물리적 풍화 작용
암석이 성질 변화 없이 잘게 부
서지는 현상이다. 건조 기후 지
역은 큰 기온의 일교차로 암석
의 팽창과 수축이 활발하게 일
어나기 때문에 화학적 풍화 작
용에 비해 물리적 풍화 작용이
활발하다.

❂ 포상홍수
건조 기후 지역에서 많은 비가
짧은 시간 동안 내릴 때 빗물
이 지표면을 덮는 형태로 넓게
퍼져 흘러내리게 되며, 이로 인
한 홍수를 포상홍수라 한다.

❂ 메사와 뷰트
수평 지층의 대지나 고원이 침
식, 해체되는 과정을 통해 탁자
모양으로 형성된 지형을 메사
라고 한다. 뷰트는 메사가 점차
침식, 풍화되면서 정상부가 좁
아져 고립 구릉으로 변한 것을
말한다.

❂ 외래 하천
다른 기후 지역에서 발원하여
사막 등 건조한 지역을 통과해
흐르는 하천으로, 나일강 등이
대표적이다.

개념 체크

1. 건조 기후는 연 강수량이
   적고 기온의 일교차가 커서
   (물리적 / 화학적) 풍화 작
   용이 활발하다.

2. (   )은 초승달 모양의
   사구이며, (   )는 여러
   개의 선상지가 연속적으로
   분포하는 복합 선상지이다.

3. 이란의 건조 기후 지역에서
   는 지 하 관 개 수 로 인
   (   )를 이용하여 용수
   를 확보하였다.

정답
1. 물리적
2. 바르한, 바하다
3. 카나트

2. 건조 기후 지역의 지형

(1) 지형 형성 작용

① 강수량이 적고 기온의 일교차가 커서 화학적 풍화 작용보다 물리적 풍화 작용이 활발함

② 바람에 의한 침식, 운반, 퇴적 작용이 활발함

③ 간헐적으로 내리는 비에 의해 포상홍수 침식과 퇴적 작용이 일어남

(2) 주요 지형

① 바람에 의해 형성되는 지형

구분	특징
사구	바람에 날린 모래가 쌓여 형성된 모래 언덕으로, 초승달 모양의 사구를 바르한이라 함
버섯바위	바람에 날린 모래가 바위의 아랫부분을 깎아서 형성된 버섯 모양의 바위
삼릉석	바람에 날린 모래의 침식을 받아 형성된 여러 개의 평평한 면(面)과 모서리가 생긴 돌

② 유수(流水)에 의해 형성되는 지형

구분	특징
와디	비가 내릴 때만 일시적으로 물이 흐르는 골짜기 혹은 하천(건천) → 평상시 교통로로 이용
플라야호	비가 많이 내렸을 때 건조 분지의 평탄한 저지대(플라야)에 일시적으로 물이 고이는 염호
선상지	산지를 흐르던 하천이 평지를 만나면서 하천 운반물이 부채 모양으로 퇴적된 지형
바하다	여러 개의 선상지가 연속적으로 분포하는 복합 선상지

③ 메사와 뷰트: 경암과 연암의 차별적 풍화와 침식 작용으로 형성됨

▲ 건조 기후 지역에 발달하는 여러 지형들

3. 건조 기후 지역의 주민 생활

(1) 사막 기후와 주민 생활

① 전통 가옥: 벽이 두껍고 창이 작으며 지붕은 평평한 흙벽돌집 → 기온의 일교차가 매우 크고, 일사가 강하며, 강수량이 매우 적기 때문임

② 의복: 강한 일사와 모래바람으로부터 몸을 보호하기 위해 전신을 가리는 옷을 입음

③ 농업: 오아시스 농업, 관개 농업(지하수, 외래 하천, 관개 시설 등을 이용)을 통해 밀, 대추야자 등을 재배함

④ 에너지 개발: 일사량이 풍부하여 태양광 및 태양열 발전 시설의 건설이 활발함

▲ 지하 관개 시설 카나트*

* 지역마다 부르는 이름이 다름.

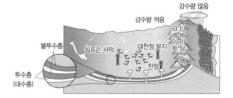

▲ 대찬정 분지의 구조(오스트레일리아)

(2) 스텝 기후와 주민 생활

① 전통 가옥: 이동식 생활에 적합하도록 설치와 해체가 쉬운 천막집이 발달함 예 몽골의 게르

② 구대륙의 농목업

• 유목: 양, 염소, 낙타 등 가축과 함께 풀과 물을 찾아 가족 단위로 집단을 이루어 이동함

• 농업: 관개 농업을 통한 밀, 대추야자 등의 재배가 이루어짐

③ 신대륙의 농목업

• 대규모의 상업적 농업(밀), 기업적 방목(소, 양)이 이루어짐

• 오스트레일리아의 목양: 찬정 개발을 통한 용수 공급

4. 냉 · 한대 기후

(1) 냉대 기후

① 기온: 최한월 평균 기온이 −3℃ 미만이고 최난월 평균 기온이 10℃ 이상임, 겨울 강수가 눈으로 쌓여 있는 경우가 많음

② 식생: 침엽수림(타이가)이 넓게 분포하며, 일부 지역에는 혼합림이 분포함

③ 토양: 산성도가 높고 척박한 회백색의 포드졸이 분포함

④ 냉대 기후의 구분

구분	특징
냉대 습윤 기후 (Df)	• 겨울이 춥고 길며, 여름이 짧음 • 강수는 연중 고른 편임 • 동부 유럽~시베리아 중 · 서부, 캐나다 등에 분포함
냉대 겨울 건조 기후 (Dw)	• 대륙의 영향으로 겨울 기온이 매우 낮고, 기온의 연교차가 매우 큼 • 강수는 주로 여름에 집중됨 • 시베리아 동부, 중국 북동부 등에 분포함

(2) 한대 기후: 최난월 평균 기온이 10℃ 미만으로 무수목 기후임

구분	특징
툰드라 기후 (ET)	• 최난월 평균 기온이 0~10℃로, 짧은 여름에 지의류 등의 식생이 자람 • 지표면에 활동층이 발달하고, 그 아래는 영구 동토층이 분포함 • 북극해 주변 및 일부 고산 지대에 분포함
빙설 기후 (EF)	• 최난월 평균 기온이 0℃ 미만으로, 지표면이 연중 눈과 얼음으로 덮여 있음 • 그린란드 내륙, 남극 대륙 등에 분포함

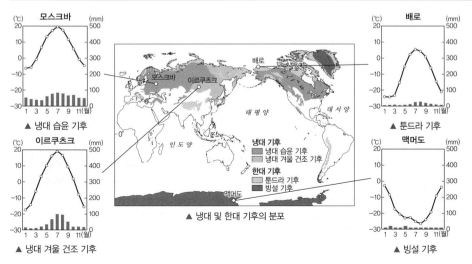

▲ 냉대 및 한대 기후의 분포

모스크바 ▲ 냉대 습윤 기후

이르쿠츠크 ▲ 냉대 겨울 건조 기후

배로 ▲ 툰드라 기후

맥머도 ▲ 빙설 기후

냉대 기후
냉대 습윤 기후
냉대 겨울 건조 기후

한대 기후
툰드라 기후
빙설 기후

♦ 대추야자

서남아시아와 북부 아프리카 사막 기후 지역의 오아시스 주변에서 흔히 볼 수 있다. 열매는 거의 주식에 가까울 정도로 해당 지역에서 애용되며, 나무는 목재와 땔감으로 사용된다.

♦ 타이가

원래는 시베리아에 발달한 침엽수림을 의미하였으나, 오늘날에는 냉대 기후 지역에 분포하는 침엽수림을 뜻한다.

♦ 포드졸

한랭 습윤한 냉대 기후의 침엽수림 분포 지역에서 잘 발달하는 회백색 토양이다. 강한 산성을 띠고 있어 농업 활동에는 적합하지 않다.

개념 체크

1. 건조 아시아와 북부 아프리카의 스텝 기후 지역에서는 풀과 물을 찾아 이동하면서 가축을 키우는 (　　)이 행해졌다.

2. 냉대 기후 지역에는 산성도가 높고 척박한 회백색의 (　　)이 분포한다.

3. (　　) 기후는 최난월 평균 기온이 0~10℃로, 북극해 주변 및 일부 고산 지역에 분포한다.

정답
1. 유목
2. 포드졸
3. 툰드라

❄ 빙식곡과 피오르 형성

거대한 빙하가 골짜기를 따라 중력이 작용하는 방향으로 이동하면서 침식을 함

⬇

기온 상승으로 빙하가 녹으면서 U자 모양의 골짜기가 나타남

⬇

해수면 상승으로 골짜기에 바닷물이 들어와 좁고 길며 수심이 깊은 만이 발달함

❄ 영구 동토층의 분포

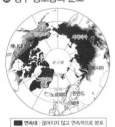

■ 연속대: 끊어지지 않고 연속적으로 분포
■ 단속대: 조금씩 끊어지면서 분포
□ 분산대: 산발적으로 분포

(영구동토층협회, 2010)

영구 동토층은 연중 얼어 있는 땅으로, 빙설 기후 지역뿐만 아니라 툰드라 기후 지역과 일부 냉대 기후 지역 등에도 분포한다.

개념 체크

1. 본류 빙식곡에 합류하는 지류 빙식곡을 (　　　)이라 한다.

2. (　　　)는 융빙수에 의해 형성된 제방 모양의 지형이며, (　　　)은 빙하에 의해 퇴적된 숟가락을 엎어 놓은 모양의 언덕이다.

3. (　　　) 현상은 여름에 녹아서 수분을 많이 포함하고 있는 활동층이 경사면을 따라 흘러내리는 현상이다.

정답

1. 현곡
2. 에스커, 드럼린
3. 솔리플럭션

---

5. 빙하 지형과 주빙하 지형

(1) 빙하 지형

① 분포 지역: 신생대 제4기에 빙하의 영향을 받은 중·고위도 지역 및 해발 고도가 높은 고산 지역 등

② 형성 과정: 빙하의 침식 작용과 퇴적 작용으로 형성됨

▲ 빙하 침식 지형

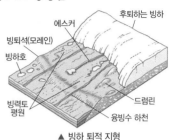

▲ 빙하 퇴적 지형

구분		특징
빙하 침식 지형	빙식곡(U자곡)	빙하의 침식으로 형성된 U자 모양의 골짜기로, 골짜기의 양쪽 사면은 급경사를 이룸
	피오르	빙식곡이 해수면 상승으로 바닷물에 잠겨 형성된 좁고 길며 수심이 깊은 만
	호른	빙하의 침식으로 형성된 산 정상부의 뾰족한 봉우리
	권곡	빙식곡의 상류부에 형성된 반원형의 와지
	현곡	본류 빙식곡으로 합류하는 지류 빙식곡 → 폭포 발달
빙하 퇴적 지형	빙력토 평원	빙하의 후퇴로 빙퇴석이 남아 형성된 평원으로, 유기물이 부족함
	빙퇴석(모레인)	자갈, 모래, 점토로 구성된 빙하 퇴적물 → 분급* 불량
	에스커	융빙수에 의해 형성된 제방 모양의 퇴적 지형 → 모레인에 비해 퇴적물의 분급 양호
	드럼린	빙하의 이동에 의해 퇴적된 지형으로, 숟가락을 엎어 놓은 모양 또는 긴 화살촉 모양의 언덕

*분급: 입자의 크기, 모양 등의 특성에 따라 분리되는 현상

(2) 주빙하 지형

① 분포 지역: 빙하 주변 지역(툰드라 기후 지역 및 고산 지역)에 주로 분포함

• 영구 동토층: 일 년 내내 녹지 않고 얼어 있는 층

• 활동층: 여름에 일시적으로 녹는 층

🖥 **자료 분석** **주빙하 지형의 주요 형성 과정**

▲ 활동층의 동결과 융해　　　▲ 얼음의 쐐기 작용　　　▲ 솔리플럭션 현상

주빙하 지형은 여름에 낮과 밤을 주기로 기온이 영상과 영하로 오르내리는 툰드라 기후 지역 및 고산 지역에서 잘 발달한다. 이 지역의 지형은 활동층의 동결과 융해, 얼음의 쐐기 작용 등의 영향을 받아 형성된다. 지표면에 형성되어 있는 활동층에서는 동결 시 자갈, 모래 등의 구성 물질이 지표면의 수직 방향으로 들어 올려지고, 융해 시 내려앉거나 중력 방향으로 이동한다. 얼음의 쐐기 작용은 암석의 틈에 스며든 수분이 동결과 융해를 반복하면서 주변에 힘을 가해 암석에 균열을 발생시키는 물리적 풍화 작용의 일종이다. 솔리플럭션 현상은 여름에 녹아서 수분을 많이 포함하고 있는 활동층이 경사면을 따라 흘러내리는 현상이다.

② 주요 지형

구분	구조토		툰드라 기후 지역의 습지와 호소	
특징		토양의 동결과 융해에 따라 지표면에서 물질의 분급이 일어나 형성된 다각형의 지형		여름에 활동층의 얼음이 녹으면서 지표면에 많은 습지가 나타남

6. 냉·한대 기후와 주민 생활

(1) 냉대 기후 지역

① 가옥: 전통 가옥은 주변에서 쉽게 구할 수 있는 통나무를 재료로 하여 지어짐

② 농목업: 냉대 기후 지역의 남부에서는 보리, 밀, 옥수수 등 곡물 재배와 함께 가축 사육이 이루어짐

③ 임업: 타이가라 불리는 침엽수림이 넓게 나타나 임업이 활발함

▲ 타이가의 분포 (디르케 세계 지도, 2010)

(2) 한대 기후 지역

① 툰드라 기후 지역

• 가옥: 토양층의 융해로 건축물이 붕괴되는 것을 막기 위해 가옥 밑에 콘크리트를 깔고 그 위에 자갈을 덮어 열을 차단하거나, 기둥을 세워 지표면으로부터 일정한 높이로 띄워 지음

• 농목업: 기온이 낮아 농업이 거의 불가능하며, 북극해 연안에 거주하는 이누이트·라프족 등은 순록 유목이나 수렵·어업 활동을 함

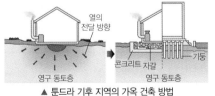
▲ 툰드라 기후 지역의 주민들

② 빙설 기후 지역

• 식생이 자랄 수 없으며, 인간 거주에 매우 불리함

• 최근 자원 개발, 항공 및 해상 교통, 과학 및 군사 기지 건설 등 극지방의 개발과 이용에 대한 관심이 높아지고 있음

🌐 **탐구 활동** | **툰드라 기후 지역에서는 인공 구조물을 어떻게 만들까?**

▲ 툰드라 기후 지역의 고상 가옥

▲ 툰드라 기후 지역의 가옥 건축 방법

▲ 지면에서 띄운 송유관(알래스카)

▶ **툰드라 기후 지역에서 위와 같이 인공 구조물을 만드는 이유를 설명해 보자.**

툰드라 기후 지역은 0℃ 이상으로 상승하는 여름철에 가옥에서 방출되는 인공열로 인해 가옥의 바닥면과 맞닿은 지반 부분의 토양이 녹기도 한다. 이러한 현상은 건축물의 기초를 불안정하게 만들거나 붕괴를 유발할 수 있다. 그래서 툰드라 기후 지역에서는 건축 시 기둥을 활동층 아래의 영구 동토층까지 깊게 박거나, 바닥에 자갈을 두껍게 깔아 열로 인한 토양층의 요동을 막는 건축 방식이 발달하였다. 한편, 토양의 동결과 융해의 반복으로 인한 파손을 방지하기 위해 송유관을 지면에서 띄워서 설치하기도 한다.

✪ **북극해의 유목민과 순록**

툰드라 기후 지역의 유목민들은 의식주의 대부분을 순록에 의지하고 있다. 순록의 고기는 주요 식량으로 이용되고, 가죽은 천막집 외투, 신발, 장갑 등의 재료로 이용된다.

✪ **위치에 따른 낮과 밤의 길이 변화**

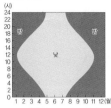
▲ 북반구 고위도 지역

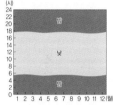
▲ 적도 부근 저위도 지역

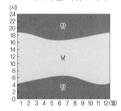
▲ 남반구 중위도 지역

각 지역의 낮과 밤의 길이는 위도와 시기에 따라 다르다. 특히 고위도 지역은 여름에 해가 지지 않는 백야 현상이 나타나기도 한다.

개념 체크

1. (　　)는 토양의 동결과 융해로 물질의 분급이 일어나 형성된 다각형의 지형이다.

2. 북극해 연안에 거주하는 이누이트, 라프족 등은 (　　)을 유목하거나 수렵·어업 활동을 한다.

3. 툰드라 기후 지역에서는 가옥에서 방출된 인공열이 지표면으로 전달되는 것을 막기 위해 (　　) 가옥이 발달했다.

정답

1. 구조토 　　2. 순록

3. 고상

[24019-0047]

01 지도는 두 기후 지역의 분포를 니디낸 것이다. A, B 기후 지역에 대한 설명으로 옳은 것은?

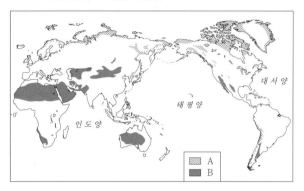

① A에서는 복합 선상지인 바하다가 잘 발달한다.
② B에서는 순록의 유목이 활발하게 이루어진다.
③ A는 B보다 외래 하천을 이용한 관개 농업이 활발하게 이루어진다.
④ B는 A보다 연 강수량 대비 연 증발량이 많다.
⑤ A, B는 모두 수목 기후에 해당한다.

[24019-0048]

02 그림은 건조 기후 지역에 발달하는 지형을 나타낸 것이다. A~D에 대한 설명으로 옳은 것만을 〈보기〉에서 고른 것은? (단, A~D는 각각 버섯바위, 사구, 선상지, 플라야호 중 하나임.)

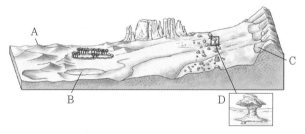

● 보 기 ●
ㄱ. B의 물은 주로 농업용수로 이용된다.
ㄴ. D가 여러 개 모여 있으면 바르한이라 한다.
ㄷ. C는 A보다 구성 물질의 평균 입자 크기가 크다.
ㄹ. A, D는 모두 지형 형성에 바람이 끼친 영향이 크다.

① ㄱ, ㄴ ② ㄱ, ㄷ ③ ㄴ, ㄷ ④ ㄴ, ㄹ ⑤ ㄷ, ㄹ

[24019-0049]

03 다음 글의 (가)에 들어갈 내용으로 가장 적절한 것은?

아침 일찍 일어나 고나바드에 있는 카나트에 갔다. 오래전에 건설되어서 그런지 보수할 곳이 많았다. 카나트는 땅속에 만들어진 수로이기 때문에 작업이 매우 힘들었다. 오전 작업이 끝나고 점심을 먹으러 식당으로 갔다. ____(가)____ 전통 가옥을 개조한 식당에서 양고기 요리와 밀로 만든 납작한 빵을 먹었다. 요리에 사용된 양은 인근 지역에서 유목으로 키웠다고 한다.

① 지붕의 경사가 급한
② 창문이 작고 벽이 두꺼운
③ 침엽수를 주요 재료로 만든
④ 바닥을 지면에서 높이 띄운
⑤ 라테라이트로 만든 벽돌로 지은

[24019-0050]

04 다음 자료와 같은 원인으로 형성된 사막을 지도의 A~D에서 고른 것은?

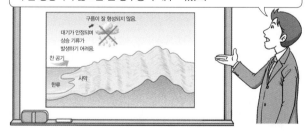

한류의 영향으로 사막이 형성되기도 해요. 그림처럼 한류의 영향으로 상승 기류가 발달하기 어려운 경우 구름이 잘 형성되지 않습니다. 구름이 잘 형성되지 않으면 연 강수량이 매우 적겠죠.

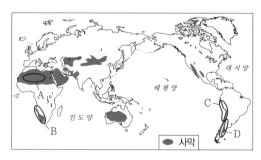

① A, B ② A, C ③ B, C ④ B, D ⑤ C, D

[24019-0051]

05 그래프는 두 지역의 기후 특성을 나타낸 것이다. (가), (나) 지역을 지도의 A~D에서 고른 것은?

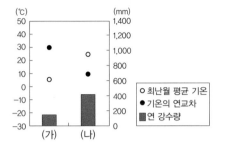

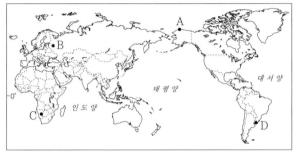

	(가)	(나)			(가)	(나)
①	A	B		②	A	C
③	B	C		④	B	D
⑤	C	D				

[24019-0052]

06 다음 자료의 (가)에 들어갈 내용으로 가장 적절한 것은?

〈○○ 기후 지역의 지형 및 주민 생활 특성〉
• 기획 의도: 기후와 관련된 지형 및 주민 생활 소개
• 촬영 기간: 2024년 ○월~□월
• 촬영 내용

지형	농목업	가옥
	(가)	

① 순록을 유목하는 장면
② 논에서 모내기하는 장면
③ 불을 질러 밭을 만드는 장면
④ 상록 활엽수를 벌목하는 장면
⑤ 밀밭에서 관개 시설을 수리하는 장면

[24019-0053]

07 다음 자료의 (가)에 들어갈 내용으로 옳은 것은?

※ 〈설명 1, 2〉에 해당하는 지형 용어를 〈글자판〉에서 모두 지운 후, 남은 글자를 모두 사용한 지형에 대한 설명을 (가)에 쓰시오.
〈설명 1〉 좁고 긴 만, 빙식곡이 해수면 상승으로 바닷물에 잠겨 형성
〈설명 2〉 제방 모양의 지형, 융빙수의 퇴적 작용으로 형성

〈글자판〉

피	드	에
스	오	커
르	람	린

(가): _____

① 본류 빙식곡에 합류하는 지류 빙식곡
② 빙식곡 상류부에 형성된 반원형의 와지
③ 빙하의 침식으로 형성된 뾰족한 봉우리
④ 빙하의 후퇴로 빙퇴석이 남아 형성된 평원
⑤ 숟가락을 엎어 놓은 모양의 빙하 퇴적 지형

[24019-0054]

08 다음 자료의 ㉠~㉣에 대한 설명으로 옳은 것만을 〈보기〉에서 있는 대로 고른 것은?

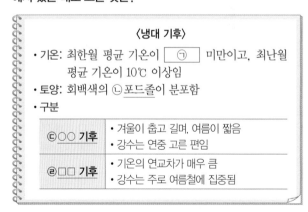

〈냉대 기후〉
• 기온: 최한월 평균 기온이 [㉠] 미만이고, 최난월 평균 기온이 10℃ 이상임
• 토양: 회백색의 ㉡포드졸이 분포함
• 구분

㉢○○ 기후	• 겨울이 춥고 길며, 여름이 짧음 • 강수는 연중 고른 편임
㉣□□ 기후	• 기온의 연교차가 매우 큼 • 강수는 주로 여름철에 집중됨

● 보기 ●
ㄱ. ㉠에는 '-3℃'가 들어갈 수 있다.
ㄴ. ㉡은 유기물이 풍부하여 비옥하다.
ㄷ. ㉢에는 경엽수림이 넓게 분포한다.
ㄹ. ㉢은 ㉣보다 북아메리카에서 분포 면적이 넓다.

① ㄱ, ㄴ   ② ㄱ, ㄹ   ③ ㄷ, ㄹ
④ ㄱ, ㄴ, ㄷ   ⑤ ㄴ, ㄷ, ㄹ

[24019-0055]

1 그림은 지도에 표시된 네 지역의 기후 특징을 판별하는 과정을 나타낸 것이다. A~D 지역에 대한 설명으로 옳은 것은?

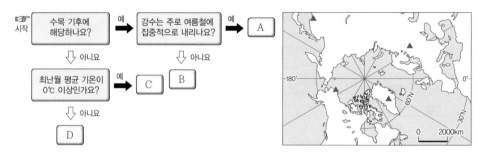

① A는 유라시아 대륙 서안에 위치한다.
② C에는 포드졸이 넓게 나타난다.
③ D에는 빙력토 평원이 넓게 분포한다.
④ A는 B보다 기온의 연교차가 크다.
⑤ B는 D보다 7월 낮 길이가 길다.

[24019-0056]

2 표의 (가)~(다) 사막에 대한 설명으로 옳은 것만을 〈보기〉에서 고른 것은? (단, (가)~(다)는 각각 나미브 사막, 사하라 사막, 타커라마간(타클라마칸) 사막 중 하나임.)

사막	특성
(가)	이름은 위구르어로 '들어가면 나올 수 없다'를 의미하며, 북부와 남부 가장자리에 실크로드가 있다. 시베리아 기단의 영향을 받는 시기에는 눈이 채 녹기도 전에 기체가 되는 현상이 나타난다.
(나)	벵겔라 해류가 흐르는 해안에 위치해 있다. 북쪽으로 가면 사바나 기후가, 남쪽으로 가면 지중해성 기후가 나타난다. 바다의 찬 공기와 육지의 더운 공기가 만나 안개가 자주 형성된다.
(다)	대부분 해발 고도 180~300m의 평탄한 대지로 되어 있으며, 10여 개 나라의 영토가 이 사막에 걸쳐 있다. 남쪽에는 사헬 지대가 있는데, 과도한 방목과 벌목, 기후 변화 등으로 사막화가 진행되고 있다.

● 보기 ●
ㄱ. (가)는 1월보다 7월 낮 길이가 길다.
ㄴ. (다)에서는 찬정 개발로 목양 지역이 확대되었다.
ㄷ. (나)는 (가)보다 사막 형성에 한류가 끼친 영향이 크다.
ㄹ. (가)~(다) 중 총면적은 (나)가 가장 넓다.

① ㄱ, ㄴ   ② ㄱ, ㄷ   ③ ㄴ, ㄷ   ④ ㄴ, ㄹ   ⑤ ㄷ, ㄹ

[24019-0057]

3 그래프는 지도에 표시된 세 지역의 기온 및 강수 특성을 나타낸 것이다. (가)~(다)를 A~C에서 고른 것은?

〈최난월 평균 기온과 기온의 연교차〉

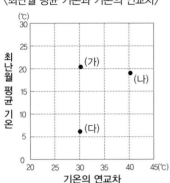

〈연 강수량과 시기별 강수량 비율〉

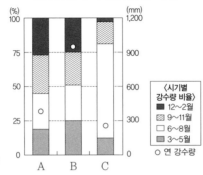

	(가)	(나)	(다)
①	A	B	C
②	B	A	C
③	B	C	A
④	C	A	B
⑤	C	B	A

[24019-0058]

4 그래프는 지도에 표시된 세 지역의 월별 낮 길이를 나타낸 것이다. A~C 지역에 대한 설명으로 옳은 것만을 〈보기〉에서 고른 것은?

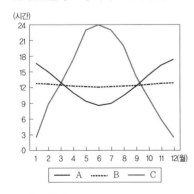

● 보기 ●
ㄱ. A는 비그늘에 위치하여 연 강수량이 적다.
ㄴ. C에서는 여름철에 솔리플럭션 현상이 나타난다.
ㄷ. B는 A보다 기온의 연교차가 크다.
ㄹ. C는 B보다 남회귀선과의 최단 거리가 가깝다.

① ㄱ, ㄴ   ② ㄱ, ㄷ   ③ ㄴ, ㄷ   ④ ㄴ, ㄹ   ⑤ ㄷ, ㄹ

[24019-0059]

5 지도의 A~D 지역에 대한 설명으로 옳은 것은? (단, A~D는 각각 빙설 기후, 사막 기후, 사바나 기후, 툰드라 기후 중 한 기후가 나타남.)

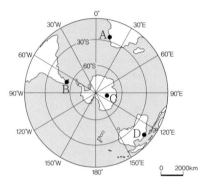

① A는 한류의 영향으로 연 강수량이 적다.
② B는 침엽수림이 넓게 분포한다.
③ C는 7월에 백야 현상이 나타난다.
④ D는 일 년 내내 편서풍의 영향을 받는다.
⑤ A는 D보다 최난월 평균 기온이 높다.

[24019-0060]

6 다음 글의 ㉠~㉤에 대한 설명으로 옳은 것만을 〈보기〉에서 있는 대로 고른 것은?

> 네네츠족이 순록과 함께 하루를 시작하고 마무리하는 땅에 도착했다. 이곳의 토양층은 여름에 일시적으로 녹는 ㉠ 와/과 일 년 내내 얼어 있는 ㉡ (으)로 이루어져 있다. 겨울에는 기온이 영하 30℃ 이하로 떨어지지만, 기온이 영상으로 올라가는 여름에는 ㉢수분을 많이 함유한 토양층이 녹아서 경사면을 따라 흘러내리기도 한다. 또한 ㉠ 의 동결과 융해에 따라 지표면에서 물질의 분급이 일어나 ㉣독특한 지형이 만들어지기도 한다. 그리고 이 지역에서는 ㉤강수량이 적은 여름에 곳곳에 습지가 나타나는 모습을 볼 수 있다.

● 보기 ●
ㄱ. ㉠은 북극해로 갈수록 평균 두께가 두껍다.
ㄴ. ㉢은 솔리플럭션 현상이다.
ㄷ. ㉣의 사례로 구조토를 들 수 있다.
ㄹ. ㉤은 ㉡의 영향으로 토양층의 수분이 땅속으로 스며들지 못하기 때문이다.

① ㄱ, ㄴ   ② ㄱ, ㄷ   ③ ㄴ, ㄹ   ④ ㄱ, ㄷ, ㄹ   ⑤ ㄴ, ㄷ, ㄹ

[24019-0061]

7 다음 자료의 A~F 지형에 대한 설명으로 옳은 것은?

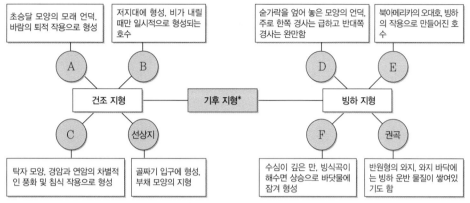

* 현재 또는 과거의 기후가 지형 발달에 많은 영향을 준 지형을 말함.

① A는 바하다이다.
② C가 지속적으로 풍화와 침식 작용을 받으면 에스커가 된다.
③ F는 오스트레일리아 북동부 해안에 잘 발달해 있다.
④ D는 A보다 구성 물질의 평균 입자 크기가 크다.
⑤ B의 물은 E의 물보다 염도가 낮다.

[24019-0062]

8 표는 네 지형의 특성을 문답식으로 정리한 것이다. A~D에 대한 설명으로 옳은 것만을 〈보기〉에서 있는 대로 고른 것은? (단, A~D는 각각 드럼린, 바하다, 에스커, 호른 중 하나임.)

질문 \ 지형	A	B	C	D
퇴적 작용으로 형성됩니까?	예	예	예	아니요
유수(流水)가 지형 형성에 끼친 영향이 큽니까?	예	예	아니요	아니요
연 증발량이 연 강수량보다 많은 지역에 잘 발달합니까?	예	아니요	아니요	아니요

┌─ 보기 ●
ㄱ. A는 여러 개의 선상지가 연속적으로 분포해 있는 지형이다.
ㄴ. C의 형태로 빙하의 이동 방향을 알 수 있다.
ㄷ. D와 동일한 작용으로 형성된 지형으로 '바르한'을 들 수 있다.
ㄹ. B는 C보다 구성 물질의 분급이 양호하다.

① ㄱ, ㄴ   ② ㄱ, ㄷ   ③ ㄷ, ㄹ   ④ ㄱ, ㄴ, ㄹ   ⑤ ㄴ, ㄷ, ㄹ

☺ 조륙 운동
넓은 범위에 걸쳐 지각이 상승(융기)하거나 하강(침강)하는 운동이다.

☺ 조산 운동
습곡 작용 또는 단층 작용 등에 의해 산맥을 형성하는 지각 운동을 말한다.

배사
향사
▲ 습곡

지루
지구
▲ 단층

☺ 판
지각과 상부 맨틀 일부가 포함된 암석권의 크고 작은 조각을 말하며, 대륙판과 해양판으로 구분된다.

1. 대지형의 형성

(1) 지형 형성 작용

① 내적 작용: 지구 내부의 힘에 의한 작용 **예** 조륙 운동(융기, 침강), 조산 운동(습곡, 단층), 화산 활동
② 외적 작용: 지구 외부의 태양 에너지에서 비롯된 작용 **예** 하천, 바람, 파랑, 빙하 등에 의한 침식·운반·퇴적 작용, 풍화 작용

(2) 판 구조 운동에 따른 대지형의 형성

① 지각은 10여 개의 판으로 구성되어 있으며, 맨틀의 대류에 의해 이동함
② 대륙판과 해양판으로 구분되며, 해양판은 대륙판보다 밀도가 높음
③ 판이 갈라지거나 충돌하는 지역은 지각이 불안정함

> **자료 분석** 판의 경계와 세계의 주요 화산 및 지진 발생 지역
>
> 북아메리카판 · 유라시아판 · 40°N · 태평양판 · 태평양판 · 필리핀판 · 코코스판 · 아프리카판 · 0° · 나스카판 · 인도·오스트레일리아판 · 남아메리카판 · ▲ 활화산 · ○ 대지진 발생지 · 판의 경계 및 이동 방향 · 40°S · 남극판 · ◀ 지진대와 화산의 분포
>
> 두 개의 판이 어긋나서 미끄러지는 경계 · 샌프란시스코 · 로스앤젤레스 · 태평양판 · 북아메리카판 · 태평양판 · 샌안드레아스 단층
>
> 해양판과 대륙판이 서로 만나는 경계 · 안데스산맥 · 화산 폭발 · 태평양 · 해구 · 나스카판(해양판) · 남아메리카판(대륙판) · 지진 발생 · 새로운 마그마 형성
>
> 판이 갈라지는 경계 동아프리카 지구대 · 단층·지괴 · 킬리만자로산 · 아프리카판 · 마그마
>
> 두 대륙판이 충돌하는 경계 · 히말라야산맥 · 시짱(티베트)고원 · 인도·오스트레일리아판 · 유라시아판
>
> ▲ 판의 경계 유형

판의 경계는 판이 상대적으로 이동하는 방향에 따라 크게 세 유형으로 구분한다.

첫째, 두 판이 서로 충돌하는 경계이다. 이 유형은 대륙판과 해양판이 충돌하는 경우와 대륙판과 대륙판이 충돌하는 경우로 나뉜다. 대륙판과 해양판이 충돌하는 경우 밀도가 높은 해양판이 대륙판 밑으로 밀려 들어가면서 지진이 발생하며, 지각이 녹아 형성된 마그마가 분출하여 화산 활동이 발생한다. 한편, 대륙판이 서로 충돌하는 경우 히말라야산맥과 같은 대규모 습곡 산맥을 형성한다. 이 경우 두 판의 밀도 차가 크지 않아 대륙판이 깊게 침강하지 못하여 마그마가 잘 생성되지 않으며, 생성되더라도 두꺼운 지각을 뚫고 올라오기 힘들어 화산 활동이 일어나기 어렵지만 지진은 활발하다.

둘째, 두 판이 서로 갈라지는 경계이다. 해양에서 판이 갈라지는 경우 갈라진 두 판 사이로 마그마가 흘러나와 해령을 형성하고 지각이 확장되며, 대륙의 내부에서 판이 갈라지는 경우 동아프리카 지구대와 같은 대규모 지구대를 형성한다.

셋째, 두 판이 서로 어긋나서 미끄러지는 경계이다. 판이 서로 미끄러질 때의 마찰로 인해 지진이 활발하게 일어난다. 태평양판과 북아메리카판 경계부의 샌안드레아스 단층이 대표적이다.

2. 세계의 주요 대지형

(1) 안정육괴

① 시·원생대에 조산 운동을 받은 후 오랜 기간 동안 침식 작용을 받아 형성됨, 철광석 매장량이 많음

② 순상지(방패 모양의 완만하고 평탄한 대규모의 지형), 구조 평야(넓은 범위에 걸쳐 수평 상태의 퇴적 지층이 나타나는 평탄한 지형) 등이 있음

③ 주로 대륙의 내부에 위치함 예 발트 순상지, 시베리아 (앙가라) 순상지, 캐나다(로렌시아) 순상지, 아프리카 순상지 등

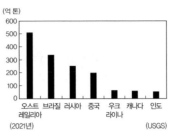

▲ 세계의 국가별 철광석 매장량

(2) 고기 습곡 산지

① 고생대에 조산 운동으로 형성됨, 석탄 매장량이 많음

② 오랜 기간 침식 작용을 받아 신기 습곡 산지에 비해 해발 고도가 낮고, 경사가 완만하며, 산지의 연속성이 약함

③ 안정육괴 주변에 주로 분포함 예 스칸디나비아산맥, 우랄산맥, 애팔래치아산맥, 그레이트디바이딩산맥, 드라켄즈버그산맥 등

(3) 신기 습곡 산지

① 중생대 말~신생대에 조산 운동으로 형성됨, 구리·주석 등의 광물 자원 풍부, 신기 습곡 산지 주변에는 석유·천연가스의 매장량이 많음

② 해발 고도가 높고 험준하며 산지의 연속성이 뚜렷, 지각이 불안정해 지진과 화산 활동 활발

③ 환태평양 조산대, 알프스–히말라야 조산대 등이 발달해 있음

탐구 활동 세계 대지형은 어떤 특성이 나타날까?

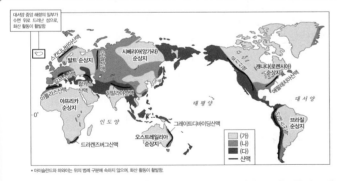

산맥	조산대
스칸디나비아산맥	
우랄산맥	
알프스산맥	
히말라야산맥	
아틀라스산맥	
드라켄즈버그산맥	
그레이트디바이딩산맥	
로키산맥	
애팔래치아산맥	
안데스산맥	

* 아이슬란드와 하와이는 위의 범례 구분에 속하지 않으며, 화산 활동이 활발함.

➡ **지도를 보고 표의 산맥이 고기 조산대에 위치해 있으면 '고기', 신기 조산대에 위치해 있으면 '신기'라고 써보자.**
• 고기: 스칸디나비아산맥, 우랄산맥, 드라켄즈버그산맥, 그레이트디바이딩산맥, 애팔래치아산맥
• 신기: 알프스산맥, 히말라야산맥, 아틀라스산맥, 로키산맥, 안데스산맥

➡ **지도의 (가)~(다)를 안정육괴, 고기 조산대, 신기 조산대로 구분하고, 특징을 설명해 보자.**
(가)는 안정육괴로, 시·원생대에 조산 운동을 받은 후 오랫동안 침식 작용을 받아 형성된 평탄한 지형이다. 안정육괴는 대륙의 내부에 위치하여 판의 경계에서 멀리 떨어져 있다. (나)는 고생대에 조산 운동으로 형성된 고기 조산대. (다)는 중생대 말~신생대에 조산 운동으로 형성된 신기 조산대이다. 신기 조산대는 판의 경계부에 위치하여 화산 활동 및 지진이 활발하다.

✪ 안정육괴
판의 중앙부를 이루는 곳으로, 시·원생대에 형성된 이후 지금까지 큰 지각 변동 없이 침식 작용을 받아 평탄해졌다.

✪ 순상지와 구조 평야
순상지는 고생대 이후 지각 변동을 겪지 않은 안정된 암석층으로 방패를 엎어놓은 모양이며, 구조 평야는 퇴적 지층이 지각 변동을 거의 받지 않아 수평 상태를 유지하고 있다.

개념 체크

1. 대륙 내부에 위치한 발트 순상지, 캐나다(로렌시아) 순상지 등은 세계의 대지형 중 (　　)에 해당한다.

2. 신기 습곡 산지는 고기 습곡 산지에 비해 평균 해발 고도가 (낮고 / 높고), 산지의 연속성이 (약하다 / 뚜렷하다).

3. 우랄산맥, 애팔래치아산맥은 (고기 / 신기) 습곡 산지이고, 아틀라스산맥, 안데스산맥은 (고기 / 신기) 습곡 산지이다.

정답 —
1. 안정육괴
2. 높고, 뚜렷하다
3. 고기, 신기

⊕ 화산 쇄설물
화산 폭발 시 분출되는 화산재, 화산 자갈 등의 크고 작은 고체 물질이다.

⊕ 성층 화산과 용암 대지

▲ 성층 화산

▲ 용암 대지

⊕ 용암 돔

점성이 큰 유문암이나 안산암질 용암이 멀리 흘러가지 못하고 굳어 경사가 가파른 용암 돔을 형성한다.

---

3. 주요 화산 활동 지역

(1) 신기 습곡 산지 지역

① 환태평양 조산대: 지진과 화산 활동이 자주 일어나서 '불의 고리(Ring of Fire)'로 불림
- 태평양 동안 지역: 로키산맥, 안데스산맥 등
- 태평양 서안 지역: 일본, 필리핀, 뉴질랜드 등

② 알프스–히말라야 조산대
- 알프스산맥(유라시아판과 아프리카판의 충돌), 히말라야산맥(유라시아판과 인도 · 오스트레일리아판의 충돌)
- 히말라야산맥은 대륙판과 대륙판의 충돌로 형성되어 지진이 자주 발생하지만, 지각이 두꺼워 화산 활동은 활발하지 않음

(2) 신기 습곡 산지 이외의 화산 지역

① 동아프리카 지구대: 대륙 내부의 판이 갈라지는 곳에 위치함
② 아이슬란드: 대서양 중앙 해령의 일부가 수면 위로 드러난 곳에 위치함
③ 하와이 제도

4. 화산 지형

(1) 형성: 지하의 마그마가 용암, 화산재 등의 형태로 지표로 분출되면서 형성

(2) 분포: 화산 활동은 주로 판의 경계부에서 발생
① 판이 갈라지는 경계: 동아프리카 지구대, 대서양 중앙 해령
② 판이 충돌하는 경계: 환태평양 조산대, 알프스–히말라야 조산대
③ 판의 경계와 무관한 경우: 하와이 제도

(3) 주요 지형

① 성층 화산: 용암, 화산재 및 암석 부스러기 등의 화산 쇄설물이 교대로 쌓여 만들어진 원뿔 모양의 화산으로, 특정 장소에서 오랜 기간에 걸쳐 화산 분화가 일어날 때 잘 발달함 **예** 일본의 후지산, 필리핀의 마욘산

② 순상 화산: 유동성이 큰 현무암질 용암이 분출하여 형성된 방패 모양의 화산으로, 경사가 완만하며 산록에 용암 동굴이 나타나기도 함 **예** 미국 하와이의 마우나케아산

③ 용암 돔: 점성이 큰 용암이 화구에서 멀리 흐르지 못하고 돔 형태로 굳어져 형성

④ 용암 대지: 유동성이 큰 현무암질 용암이 지표의 갈라진 틈을 따라 분출(열하 분출)하여 형성된 평탄한 지형 **예** 인도의 데칸고원

⑤ 칼데라: 화산이 폭발하여 마그마가 분출된 후 화구가 함몰되면 본래의 화구보다 지름이 훨씬 큰 분지가 형성됨 → 물이 고여 호수를 이루면 칼데라호가 됨 **예** 미국의 크레이터호, 뉴질랜드의 로토루아호

> 🖥 **자료 분석** 칼데라와 칼데라호의 형성 과정
>
>
>
> 화산 폭발로 마그마 분출 → 마그마의 양 감소 → 화구 함몰로 칼데라 형성 → 물이 고여 칼데라호 형성
>
> 칼데라는 보통 화구의 함몰로 형성된다. 즉, 마그마가 지표로 분출되어 화산이 형성되며, 마그마의 양이 감소하면 지하에 빈 공간이 생긴다. 이 빈 공간이 무게를 견디지 못하고 함몰되면서 만들어진 분지를 칼데라라고 한다. 그리고 칼데라에 물이 고여 만들어진 호수를 칼데라호라고 한다.

개념 체크

1. ( )는 지진과 화산 활동이 자주 일어나서 '불의 고리'로 불린다.

2. 동아프리카 지구대, 아이슬란드는 모두 판이 (갈라지는 / 충돌하는) 경계에 위치해 있다.

3. 필리핀의 마욘산, 일본의 후지산은 모두 용암, 화산 쇄설물이 교대로 쌓여 만들어진 원뿔 모양의 ( )이다.

정답
1. 환태평양 조산대
2. 갈라지는
3. 성층 화산

(4) 화산 지대의 주민 생활

① 농업: 비옥한 화산재 토양을 배경으로 농업 발달 예 이탈리아 베수비오 화산(포도, 오렌지 등 수목 농업), 인도네시아 탐보라 화산(벼농사, 커피 재배), 필리핀 피나투보 화산(열대 과일 재배)

② 광업: 화산 활동에 의해 은·유황·구리 등이 밀집된 지역이 형성됨, 안데스 산지에 있는 칠레·페루 등은 구리 생산량이 많음

③ 지열 발전: 뜨거운 지하수를 이용하여 전력을 생산하는 발전 방식으로, 신기 조산대에 위치한 미국·인도네시아·필리핀·튀르키예(터키)·뉴질랜드·멕시코, 대서양 중앙 해령에 위치한 아이슬란드, 동아프리카 지구대에 위치한 케냐 등의 국가에서 발전량이 많음

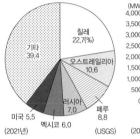

▲ 국가별 구리 매장량 비율

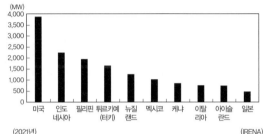

▲ 지열 발전의 국가별 설비 용량

④ 관광 산업: 온천과 간헐천을 이용한 관광 산업 발달(일본, 뉴질랜드, 아이슬란드 등), 다양한 화산 지형을 관광 자원으로 활용

5. 카르스트 지형

(1) 형성 및 분포

① 형성: 석회암이 화학적 풍화 작용(용식 작용)을 받아 형성됨

② 분포: 석회암층이 넓고 두껍게 분포하며 강수량이 풍부한 습윤 기후 지역에서 잘 발달함

(2) 주요 지형

① 돌리네: 석회암이 빗물이나 지하수의 용식 작용에 의해 형성된 와지, 작은 돌리네가 두 개 이상 합쳐져 커진 와지를 우발레(우발라)라고 함

② 탑 카르스트: 석회암이 빗물, 하천, 해수의 차별적인 용식 및 침식 작용을 받는 과정에서 남게 된 탑 모양의 봉우리, 주로 고온 다습한 지역에서 발달 예 중국의 구이린, 베트남의 할롱 베이

③ 카렌: 용식되지 않고 남은 석회암이 지표로 드러난 암석 예 마다가스카르의 그랑 칭기, 중국의 석림(石林)

④ 석회 동굴: 빗물이나 지표수가 땅속으로 흘러들면서 석회암층이 용식되어 만들어진 동굴, 석회 동굴 내부에는 종유석·석순·석주 등의 다양한 지형이 발달함 예 슬로베니아의 포스토이나 동굴

⑤ 석회화 단구: 탄산 칼슘이 함유된 물이 경사지를 따라 흐르면서 형성되는 계단 모양의 지형 예 튀르키예(터키)의 파묵칼레, 중국의 황룽

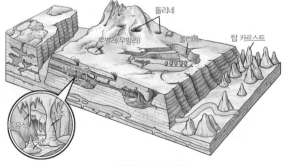

▲ 다양한 카르스트 지형

● 간헐천
증기의 압력으로 뜨거운 물과 수증기 등을 주기적으로 분출하는 온천이다.

● 용식 작용
암석의 물질이 물과 화학적으로 반응하여 녹는 과정을 말한다. 주로 탄산 칼슘($CaCO_3$)으로 구성되어 있는 석회암은 약산성의 빗물이나 지하수에 의한 용식에 민감하다. 따라서 강수량이 풍부하고 물이나 지하수의 이산화 탄소 함유량이 많은 지역에서 카르스트 지형이 잘 발달한다.

● 폴리에
우발레(우발라)가 더욱 커져서 대규모의 용식 와지인 폴리에가 형성되기도 한다.

개념 체크

1. 판의 경계에 위치한 미국, 인도네시아, 필리핀, 튀르키예(터키), 뉴질랜드 등은 (　　) 발전량이 많다.

2. 중국의 구이린, 베트남의 할롱 베이에는 탑 모양의 봉우리인 (　　)가 잘 발달해 있다.

3. (　　)은 용식되지 않고 남은 석회암이 지표로 드러난 암석 기둥이다.

정답
1. 지열
2. 탑 카르스트
3. 카렌

⭐ **테라로사**

석회암이 풍화 작용을 받아 생성되는 토양으로, 탄산 칼슘이 용식되는 과정에서 불용성 물질인 철 등이 산화되어 붉은색을 띤다.

⭐ **리아스 해안**

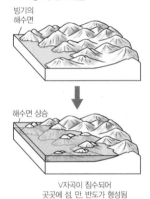

빙기의 해수면

↓

해수면 상승

V자곡이 침수되어 곳곳에 섬, 만, 반도가 형성됨

⭐ **곶과 만의 파랑 에너지**

> **자료 분석** | **탑 카르스트의 형성 과정**
>
> 석회암이 빗물이나 지하수에 용식됨 → 계속적인 용식 작용으로 지하수면이 내려감
>
> 탑 카르스트는 용식 및 침식 작용을 견디고 남은 탑 모양의 봉우리이다. 주로 고온 다습한 지역에서 석회암이 빗물, 하천, 해수 등의 차별적인 용식 및 침식 작용을 받아 형성된다. 중국의 구이린, 베트남의 할롱베이에 잘 발달해 있는데, 유네스코는 이 지역을 보호하기 위해 세계 자연 유산으로 지정하였다.

(3) 주민 생활

① 지중해 연안의 테라로사는 배수가 잘되어 포도 재배에 유리함

② 석회암을 이용한 시멘트 공업 발달, 대리석(석회암이 변성 작용을 받아 형성) 채취업 발달

③ 독특하고 아름다운 경관으로 관광 산업이 발달함

④ 최근 지나치게 많은 관광객들의 방문으로 생태계 파괴 문제, 과도한 석회석 채굴로 카르스트 지형 훼손 문제 등이 나타남

6. 해안 지형

(1) 해안 지형의 형성

① 곶과 만에서의 지형 형성

곶	파랑 에너지가 집중되어 침식 작용 활발, 암석 해안 형성
만	파랑 에너지가 분산되어 퇴적 작용 활발, 모래 해안 발달

② 해안 지형의 형성 원인

• 파랑: 바람이 해수면과 마찰하여 형성된 풍랑과 이러한 풍랑이 다른 해역까지 진행하면서 생긴 너울을 말하며, 해안 지형의 형성에 가장 기본적인 작용을 함

• 연안류: 해안선을 따라 거의 평행하게 이동하는 해수의 흐름으로, 해안의 모래나 기타 퇴적물을 운반함

• 조류: 조수 간만의 차에 의해서 움직이는 해수의 흐름

• 바람: 파랑을 일으키며, 해안의 모래를 운반 및 퇴적시키는 작용을 함

• 지반 운동 및 해수면 변동

구분		특징
지반의 융기 또는 해수면의 하강		• 단조로운 해안선 • 해안 단구 발달
지반의 침강 또는 해수면의 상승	리아스 해안	• 하천 침식 작용으로 형성된 V자곡이 침수된 해안 • 섬, 반도, 만 등이 많은 복잡한 해안선 • 분포: 에스파냐 북서 해안, 우리나라 남서 해안 등
	피오르 해안	• 빙하 침식 작용으로 형성된 U자곡이 침수된 해안 • 좁고 긴 형태의 만이 많으며, 수심이 깊음 • 분포: 노르웨이 북서 해안, 뉴질랜드 남섬 남서부 해안, 캐나다 북서부 해안, 칠레 남부 해안 등

개념 체크

1. 철 등이 산화되어 붉은색을 띠는 (　　　)는 석회암이 풍화 작용을 받아 형성되는 토양이다.

2. 에스파냐 북서 해안에 분포하는 (　　　) 해안은 하천 침식 작용으로 형성된 V자곡이 침수된 해안이다.

3. (곶 / 만)은 파랑 에너지가 집중되어 침식 작용이 활발하며, (곶 / 만)은 파랑 에너지가 분산되어 퇴적 작용이 활발하다.

정답

1. 테라로사
2. 리아스
3. 곶, 만

(2) 해안 지형의 유형

① 암석 해안: 파랑 에너지가 집중되는 곳에 발달

해식애	해안의 산지나 구릉이 파랑의 침식을 받아 형성된 해안 절벽
파식대	해식애가 후퇴하면서 해식애 앞쪽에 발달하는 평탄면
해식 동굴	해식애의 약한 부분이 침식되어 형성된 동굴
시 스택	해식애가 침식으로 후퇴할 때 차별 침식의 결과로 단단한 암석 부분이 남아 형성된 바위 기둥
시 아치	파랑의 침식 작용으로 형성된 아치 모양의 지형
해안 단구	과거의 파식대 또는 퇴적 지형이 지반의 융기나 해수면 변동으로 현재의 해수면보다 높은 곳에 위치하게 된 계단 모양의 지형

② 모래 해안: 파랑 에너지가 분산되는 만에 발달

사빈	하천이나 해안에서 공급된 모래가 파랑과 연안류에 의해 해안을 따라 퇴적된 모래밭
사주	파랑과 연안류에 의해 운반된 모래가 둑처럼 길게 퇴적된 지형
육계도	사주의 성장으로 육지와 연결된 섬
석호	후빙기 해수면 상승 이후 사주가 만의 입구를 막으면서 만들어진 호수
해안 사구	사빈의 모래가 바람에 날려 쌓인 모래 언덕

▲ 암석 해안

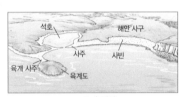

▲ 모래 해안

③ 갯벌 해안: 토사 공급량이 많은 지역, 조수 간만의 차이가 큰 지역, 파랑의 힘이 약한 만이나 섬으로 가로막힌 해안에 잘 발달
- 갯벌: 밀물 때는 바닷물에 잠기고 썰물 때는 드러나는 평탄한 해안 퇴적 지형
- 특징: 모래 해안에 비해 점토와 같은 미립 물질 비율이 높음, 다양한 생물들이 서식하는 생태계의 보고이며 오염 물질을 정화하는 능력이 뛰어남

▲ 세계적인 갯벌 해안

④ 산호초 해안
- 석회질의 산호충 유해가 퇴적되어 형성됨
- 발달 지역: 남·북위 30° 사이의 열대·아열대의 수심이 얕은 도서 및 연안 지역에 발달 예 오스트레일리아 대보초 지대, 카리브해 등
- 특징: 다양한 생물 서식, 관광 자원으로 이용, 해일이나 파랑의 침식으로부터 해안 보호

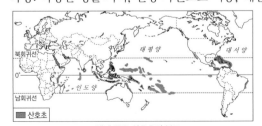

▲ 세계 주요 산호초의 분포

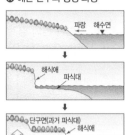

◆ 해안 단구의 형성 과정

◆ 석호 및 육계도의 형성 과정

개념 체크

1. ( )는 계단 모양의 지형으로, 과거에는 파식대 또는 퇴적 지형이었다.
2. ( )는 사빈에 있던 모래가 바람에 날려 쌓인 모래 언덕이다.
3. 우리나라 서해안, 북해 연안, 아마존강 하구에는 조류의 퇴적 작용으로 형성된 ( )이 잘 발달해 있다.

정답
1. 해안 단구
2. 해안 사구
3. 갯벌

[24019-0063]

01 그림은 판의 경계 유형을 판별하는 과정을 나타낸 것이다. (가)~(다)에 해당하는 지역을 지도의 A~C에서 고른 것은?

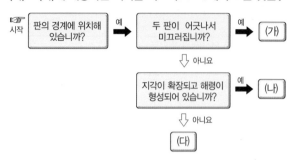

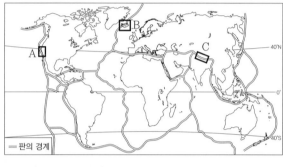

	(가)	(나)	(다)		(가)	(나)	(다)
①	A	B	C	②	A	C	B
③	B	A	C	④	B	C	A
⑤	C	B	A				

[24019-0064]

02 지도의 A~C 대지형에 대한 설명으로 옳은 것은? (단, A~C는 각각 고기 조산대, 신기 조산대, 안정육괴 중 하나임.)

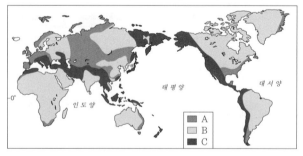

① A는 판의 경계부에 위치한다.
② B에서는 화산 활동이 활발하여 구리가 많이 생성된다.
③ A는 B보다 조산 운동을 받은 시기가 이르다.
④ C는 A보다 평균 해발 고도가 높다.
⑤ A~C 중 지열 발전 잠재력은 B가 가장 높다.

[24019-0065]

03 지도의 (가) 산맥과 비교한 (나) 산맥의 상대적 특징을 그림의 A~E에서 고른 것은?

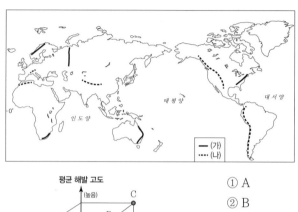

① A
② B
③ C
④ D
⑤ E

[24019-0066]

04 다음 글의 ㉠~㉢에 대한 설명으로 옳은 것만을 <보기>에서 있는 대로 고른 것은?

킬리만자로산은 ㉠동아프리카 지구대에 있다. 신생대 제3기 화산 활동으로 형성된 킬리만자로산은 키보 화산, 마웬시 화산 등으로 이루어져 있다. 가장 최근에 형성된 키보 화산은 원뿔 모양의 ㉡성층 화산으로, 정상부에 ㉢칼데라호가 있다.

┌─ 보 기 ─
ㄱ. ㉠에서는 두 판이 충돌한다.
ㄴ. ㉡은 현무암질 용암의 열하 분출로 형성되었다.
ㄷ. ㉢의 사례로 뉴질랜드의 로토루아호를 들 수 있다.

① ㄱ ② ㄷ ③ ㄱ, ㄴ ④ ㄴ, ㄷ ⑤ ㄱ, ㄴ, ㄷ

[24019-0067]

05 다음 자료의 A~D 중 촬영 주제와 관계 깊은 지역 및 주민 생활로 옳은 내용만을 고른 것은?

〈촬영 계획서〉
• 촬영 주제: 화산 지대의 주민 생활
• 촬영 기간: 2024년 ○월~□월
• 촬영 지역 및 주민 생활

A - 뜨거운 지하수를 이용하여 전기를 생산하는 모습

B - 비옥한 화산재 토양에서 벼농사 하는 모습

C - 온천과 간헐천을 찾는 관광객의 모습

D - 노천 광산에서 철광석을 채굴하는 광부의 모습

① A, B ② A, C ③ B, C ④ B, D ⑤ C, D

[24019-0068]

06 다음 자료의 (가)에 들어갈 내용으로 옳은 것은?

▲ 그랑 칭기

옛날 바짐바 족이 뾰족한 바위 때문에 발끝으로 살금살금 걸었는데, 발끝으로 걷는 모양이 바짐바족 말로 '칭기(Tsingy)'라고 해서 지금의 이름을 가지게 되었다고 합니다. 우주의 다른 행성에 와 있는 느낌을 주는 이 뾰족한 바위는 ____(가)____ 형성되었습니다.

① 빙하의 퇴적 작용으로
② 바람의 침식 작용으로
③ 석회암의 용식 작용으로
④ 점성이 큰 용암이 분출하여
⑤ 암석 속 수분의 동결과 융해로

[24019-0069]

07 그림은 해안 지형을 간략하게 나타낸 것이다. A~E 지형에 대한 설명으로 옳은 것은? (단, A~E는 각각 사주, 석호, 시스택, 파식대, 해식애 중 하나임.)

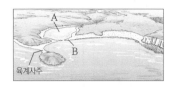

① A의 형성에 후빙기 해수면 상승이 영향을 주었다.
② B에는 주로 점토가 퇴적되어 있다.
③ C는 주로 파랑의 퇴적 작용으로 형성된다.
④ D가 육지 쪽으로 후퇴할수록 C의 면적은 축소된다.
⑤ B는 곶, E는 만에 잘 발달한다.

[24019-0070]

08 다음 자료의 (가), (나) 해안이 잘 발달해 있는 지역을 지도의 A~C에서 고른 것은?

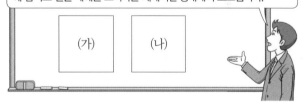

(가), (나) 해안은 모두 다양한 해양 생물의 서식처로 보존 가치가 매우 높습니다. (가) 해안은 석회질의 산호충 유해가 퇴적되어 형성됩니다. (나) 해안은 오염 물질을 정화하는 능력이 뛰어난데, 밀물 때는 바닷물에 잠기고 썰물 때에는 드러나는 세계적인 생태계의 보고입니다.

(가) (나)

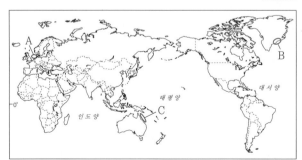

	(가)	(나)		(가)	(나)
①	A	B	②	A	C
③	B	A	④	C	A
⑤	C	B			

[24019-0071]

1 다음 자료에 대한 설명으로 옳은 것은?

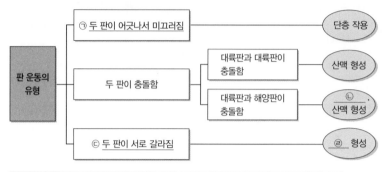

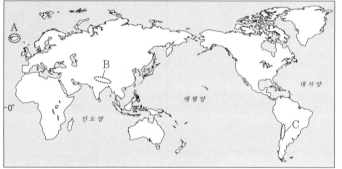

① ㉠에서는 새로운 지각이 활발하게 형성된다.
② ㉡에는 '해령'이, ㉣에는 '해구'가 들어갈 수 있다.
③ C에는 고생대에 조산 운동으로 형성된 산지가 나타난다.
④ B는 C보다 화산 활동이 활발하다.
⑤ ㉢의 사례 지역으로 A를 들 수 있다.

[24019-0072]

2 다음 자료에 대한 설명으로 옳은 것은? (단, (가)~(다)와 A~C는 각각 고기 조산대, 신기 조산대, 안정육괴 중 하나임.)

세계의 대지형은 (가) , (나) , (다) 로 구분할 수 있다. (가) 은/는 주로 대륙 내부에 위치해 있으며, 시·원생대에 조산 운동을 받은 후 오랜 기간 동안 침식 작용을 받았다. (나) 은/는 (다) 보다 지진 및 화산 활동이 빈번하게 일어나는데, 중생대 말~신생대에 조산 운동으로 형성되었다.

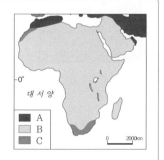

① (가)는 (나)보다 지열 발전 잠재력이 크다.
② (나)는 (가)보다 판의 경계에서 멀리 떨어져 있다.
③ A는 B보다 조산 운동을 받은 시기가 이르다.
④ C는 A보다 석탄이 많이 매장되어 있다.
⑤ B는 (다)에 해당한다.

[24019-0073]

3 표는 두 산의 특성을 정리한 것이다. 이에 대한 설명으로 옳은 것만을 〈보기〉에서 고른 것은?

특성＼산	(가)	(나)
최고 해발 고도	약 4,480m	약 8,850m
위치	45°58′35″N 7°39′30″E	27°59′17″N 86°55′31″E
기타	네 방향으로 가파른 경사면이 있는 뿔 모양의 봉우리로, ㉠○○산맥에서 가장 잘 알려진 산들 중 하나임. 스위스와 이탈리아의 국경에 있음.	세계에서 가장 높은 산으로 '세계의 어머니'라고 불리기도 함. ㉡□□산맥에 위치해 있으며, 산 이름은 영국 지리학자의 이름에서 딴 것임.

● 보기 ●

ㄱ. (가)는 빙하의 침식 작용을 받았다.
ㄴ. (나)는 인도, 방글라데시와 국경을 접하고 있다.
ㄷ. ㉡은 대륙판과 대륙판의 충돌로 형성되었다.
ㄹ. ㉠은 알프스-히말라야 조산대에, ㉡은 환태평양 조산대에 속한다.

① ㄱ, ㄴ   ② ㄱ, ㄷ   ③ ㄴ, ㄷ   ④ ㄴ, ㄹ   ⑤ ㄷ, ㄹ

[24019-0074]

4 그래프는 (가), (나) 광물 자원의 생산량을 나타낸 것이다. 이에 대한 설명으로 옳은 것만을 〈보기〉에서 있는 대로 고른 것은? (단, (가), (나)는 각각 구리, 철광석 중 하나이고, A, B는 각각 오스트레일리아, 칠레 중 하나임.)

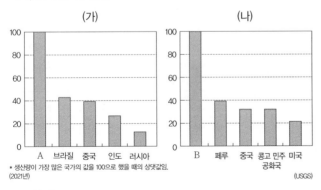

* 생산량이 가장 많은 국가의 값을 100으로 했을 때의 상댓값임.
(2021년)
(USGS)

● 보기 ●

ㄱ. (가)는 신기 조산대보다 안정육괴에 많이 매장되어 있다.
ㄴ. (나)는 (가)보다 세계 생산량이 많다.
ㄷ. A는 국토의 대부분이 신기 조산대에 위치한다.
ㄹ. A는 B보다 국토 면적이 넓다.

① ㄱ, ㄴ   ② ㄱ, ㄹ   ③ ㄴ, ㄷ   ④ ㄱ, ㄷ, ㄹ   ⑤ ㄴ, ㄷ, ㄹ

[24019-0075]

5 (가), (나)는 지도에 표시된 A, B 두 구간의 지형 단면을 간략하게 나타낸 것이다. 이에 대한 설명으로 옳은 것은?

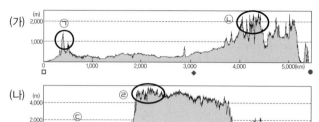

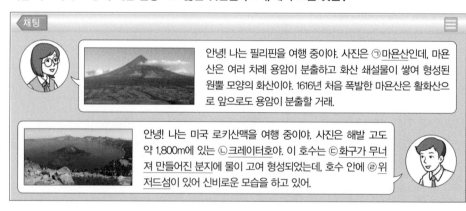

① ㉠은 '불의 고리'에 속한다.
② ㉢에는 용암 대지가 발달해 있다.
③ ㉣은 대륙판과 해양판의 충돌로 형성되었다.
④ ㉡은 ㉠보다 형성 시기가 이르다.
⑤ (가)는 A, (나)는 B의 단면을 나타낸 것이다.

[24019-0076]

6 다음 자료의 ㉠~㉣에 대한 설명으로 옳은 것만을 〈보기〉에서 고른 것은?

채팅

안녕! 나는 필리핀을 여행 중이야. 사진은 ㉠마욘산인데, 마욘산은 여러 차례 용암이 분출하고 화산 쇄설물이 쌓여 형성된 원뿔 모양의 화산이야. 1616년 처음 폭발한 마욘산은 활화산으로 앞으로도 용암이 분출할 거래.

안녕! 나는 미국 로키산맥을 여행 중이야. 사진은 해발 고도 약 1,800m에 있는 ㉡크레이터호야. 이 호수는 ㉢화구가 무너져 만들어진 분지에 물이 고여 형성되었는데, 호수 안에 ㉣위저드섬이 있어 신비로운 모습을 하고 있어.

● 보 기 ●

ㄱ. ㉠은 알프스-히말라야 조산대에 위치한다.
ㄴ. ㉡은 칼데라호이다.
ㄷ. ㉢은 용암의 열하 분출로 형성되었다.
ㄹ. ㉣은 ㉢보다 형성 시기가 늦다.

① ㄱ, ㄴ   ② ㄱ, ㄷ   ③ ㄴ, ㄷ   ④ ㄴ, ㄹ   ⑤ ㄷ, ㄹ

[24019-0077]

7 다음 글의 ㉠~㉤에 대한 설명으로 옳지 <u>않은</u> 것은? (단, ㉡~㉣은 각각 돌리네, 카렌, 탑 카르스트 중 하나임.)

> 석회암이 약산성의 빗물이나 지하수에 의해 ㉠용식 작용을 받으면 독특한 지형이 형성된 다. 석회암이 빗물이나 지하수의 용식 작용에 의해 형성된 와지를 ⎡ ㉡ ⎤(이)라 하며, ⎡ ㉡ ⎤이/가 두 개 이상 이어져 있는 와지를 우발레(우발라)라고 한다. 용식되지 않고 지표 로 드러난 암석 기둥을 ⎡ ㉢ ⎤(이)라 하며, 석회암이 빗물, 하천, 해수의 차별적인 용식 및 침식 작용을 받는 과정에서 남게 된 탑 모양의 봉우리를 ⎡ ㉣ ⎤(이)라 한다. 한편, 기반암이 석회암인 지역에는 동굴 내부에 ㉤종유석, 석순, 석주 등의 다양한 지형이 발달한 동굴이 있다.

① ㉠은 화학적 풍화 작용에 해당한다.
② ㉡에는 붉은색의 테라로사가 분포해 있다.
③ ㉣은 베트남의 할롱 베이에 잘 발달해 있다.
④ ㉤의 주요 구성 성분은 탄산 칼슘이다.
⑤ ㉡은 카렌, ㉢은 돌리네이다.

[24019-0078]

8 다음 자료는 서술형 평가지의 일부이다. A~D 지형에 대한 설명으로 옳은 것만을 〈보기〉에서 고른 것은?

> **〈세계지리 서술형 평가지〉**
>
> 3학년 ○반 이름: ◇◇◇
>
> ※ A~D 지형 특징을 설명하시오. (단, A~D는 각각 용암 돔, 우발레(우발라), 탑 카르스트, 칼데라 중 하나임.) [5점]
>
> | A | B | C | D |
>
> | 정답 | 점수 |
> | --- | --- |
> | A와 C는 모두 움푹 파인 분지 형태이며, B와 D는 모두 경사가 급한 탑 또는 돔 형태입니 다. B와 C의 기반암의 주된 구성 물질은 모두 탄산 칼슘이며, A와 D는 모두 화산 활동의 영향으로 형성되었습니다. | 5 |

● 보기 ●
ㄱ. A에는 테라로사가 분포한다.
ㄴ. B의 형성에 용식 작용이 영향을 주었다.
ㄷ. D는 주로 현무암질 용암 분출로 형성된다.
ㄹ. C는 D보다 지형 형성에 외적 작용이 끼친 영향이 크다.

① ㄱ, ㄴ   ② ㄱ, ㄷ   ③ ㄴ, ㄷ   ④ ㄴ, ㄹ   ⑤ ㄷ, ㄹ

[24019-0079]

9 다음은 세계지리 수업 장면이다. (가)에 들어갈 내용으로 가장 적절한 것은?

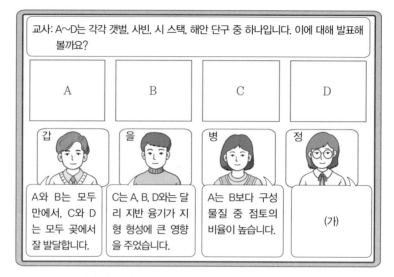

교사: A~D는 각각 갯벌, 사빈, 시 스택, 해안 단구 중 하나입니다. 이에 대해 발표해 볼까요?

| A | B | C | D |

갑: A와 B는 모두 만에서, C와 D는 모두 곶에서 잘 발달합니다.

을: C는 A, B, D와는 달리 지반 융기가 지형 형성에 큰 영향을 주었습니다.

병: A는 B보다 구성 물질 중 점토의 비율이 높습니다.

정: (가)

① A는 주로 파랑과 연안류의 퇴적 작용으로 형성됩니다.
② B는 밀물 때 대부분 바닷물에 잠깁니다.
③ C는 과거 파식대 또는 퇴적 지형이었습니다.
④ C는 A보다 오염 물질을 정화하는 기능이 뛰어납니다.
⑤ C는 시 스택, D는 해안 단구입니다.

[24019-0080]

10 지도의 A~C 호수에 대한 설명으로 옳은 것은?

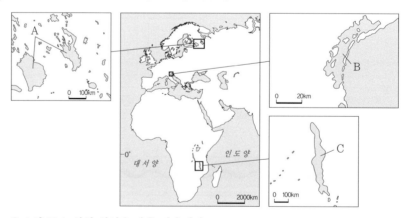

① A의 주요 형성 원인은 단층 작용이다.
② B는 사주가 만의 입구를 막아 형성되었다.
③ A는 B보다 물의 염도가 높다.
④ B는 C보다 계절에 따른 수위 변동 폭이 크다.
⑤ A~C 중 평균 수심은 C가 가장 얕다.

06 주요 종교의 전파와 종교 경관

1. 세계 주요 종교의 분포 및 특징과 주민 생활

(1) 보편 종교와 민족 종교

보편 종교	세계 모든 사람들을 포교 대상으로 삼고 교리를 전파하는 종교 ㉞ 크리스트교, 이슬람교, 불교
민족 종교	일부 특정 민족 중심으로 교리를 전파하는 종교 ㉞ 힌두교, 유대교 등

(2) 세계 주요 종교의 분포

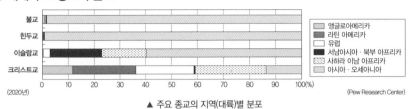

▲ 주요 종교의 지역(대륙)별 분포

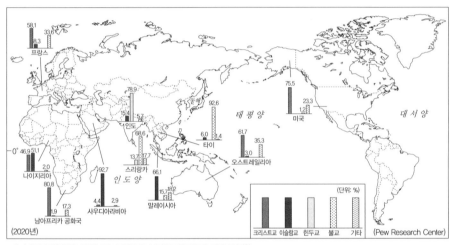

* 국가 내 신자 비율 상위 1, 2위 종교를 나타냈으며, 나머지 종교 및 무종교는 기타로 처리함.

▲ 세계 주요 국가의 종교별 신자 비율

(3) 세계 주요 종교의 특징과 주민 생활

① 크리스트교
- 세계에서 신자가 가장 많으며, 유일신교로 예수를 구원자로 믿고 가르침을 실천함
- 가톨릭교(남부 유럽, 라틴 아메리카, 필리핀), 개신교(북·서부 유럽, 앵글로아메리카, 오세아니아), 동방 정교(그리스, 러시아, 동부 유럽)로 구분함

② 이슬람교
- 유일신교로 쿠란의 가르침에 따라 신앙 실천의 5대 의무를 준수함
- 수니파와 시아파(이란, 이라크에 집중 분포)로 구분하며, 수니파 신자가 대다수임
- 할랄 식품을 먹으며, 술과 돼지고기를 금기시함
- 여성들은 얼굴이나 신체를 가리기 위해 천이나 베일로 만든 의복(니캅, 히잡, 차도르 등)을 입음

③ 불교
- 석가모니의 가르침을 실천하고, 개인의 수양 및 해탈과 자비를 강조하며, 윤회 사상을 중시함
- 상좌부 불교(남부 아시아, 동남아시아)와 대승 불교(동아시아)로 구분하며, 일부 지역(중국 내 시짱(티베트)고원, 부탄, 몽골)은 고유한 문화와 융합된 종파가 발달함
- 살생을 금하며 육식을 대체로 금기시하나, 일부 종파에서는 육식을 하기도 함

◎ 세계의 종교별 신자 비율

(2020년)　　　(Pew Research Center)

◎ 동방 정교
1054년 동서 교회 분열로 가톨릭교와 분리되어 형성되었다. 가톨릭교가 로마를 중심으로 하여 서부 유럽에서 발달한 반면, 동방 정교는 러시아 및 동부 유럽, 발칸반도 등지에서 발달하였다.

◎ 이슬람교 신앙 실천 5대 의무
신앙 고백, 예배(하루 다섯 차례), 자카트(어려운 사람에게 돈을 주는 것), 금식(라마단 기간 낮 시간), 성지 순례이다.

◎ 상좌부 불교와 대승 불교
상좌부 불교는 개인의 수양과 해탈을 중시하며, 주로 남부 아시아와 동남아시아에서 신봉된다. 대승 불교는 대중의 구제를 중시하며, 주로 동아시아에서 신봉된다.

개념 체크
1. 할랄 식품을 먹으며, 술과 돼지고기를 금기시하는 종교는 (　　　)이다.
2. 세계에서 신자가 가장 많은 종교는 (　　　)이고, 개인의 수양 및 해탈을 강조하고 윤회 사상을 중시하는 보편 종교는 (　　　)이다.

정답
1. 이슬람교
2. 크리스트교, 불교

✿ **카스트 제도**
고대 인도부터 시작된 사회 계급 제도이다. 크게 브라민, 크샤트리아, 바이샤, 수드라의 4개 계급으로 나뉜다.

④ 힌두교
- 다신교이며, 선행 및 고행(苦行)을 통한 수련을 강조하고, 윤회 사상을 중시함
- 소를 신성시하며 소고기를 금기시함
- 카스트 제도에 기반한 생활 양식이 존재함

2. 세계 주요 종교의 기원과 전파

(1) 보편 종교

크리스트교	• 유대교를 모체로 서남아시아의 팔레스타인 지역에서 발생함 • 로마 제국의 국교가 되면서 유럽 전역으로 확대됨 • 선교사들의 활동과 유럽 열강의 식민지 개척 과정을 통해 세계 각지로 전파됨
이슬람교	• 7세기 초 무함마드에 의해 서남아시아의 메카에서 발생함 • 정복 활동과 상인들의 무역 활동에 의해 아시아 및 북부 아프리카 등으로 전파됨
불교	• 기원전 6세기경 석가모니에 의해 인도 북동부 지역에서 발생함 • 카스트 제도와 브라만교에 대한 개혁 운동으로 시작됨 • 동남아시아, 동아시아 일대로 전파됨

✿ **브라만교**
고대 인도에서 브라만 계급을 주축으로 성립된 종교이다. 카스트 제도에 바탕을 두었으며, 지나친 형식주의로 비판을 받았다.

(2) 민족 종교

힌두교	• 브라만교를 바탕으로 고대 인도에서 발생함 • 민족 종교이며, 주로 인도와 인도 주변의 일부 국가(네팔 등)에서 믿음
유대교	• 유일신교로, 서남아시아에서 발생함 • 주로 유대인이 믿음

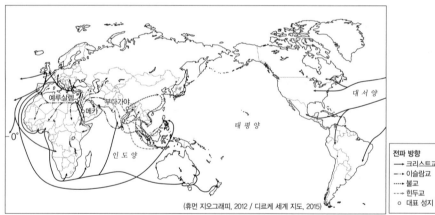

(휴먼 지오그래피, 2012 / 디르케 세계 지도, 2015)

전파 방향
→ 크리스트교
⇢ 이슬람교
⋯▸ 불교
─ ▸ 힌두교
○ 대표 성지

▲ 세계 주요 종교의 성지와 전파 경로: 크리스트교는 서남아시아의 예루살렘에서, 이슬람교는 서남아시아의 메카에서, 불교는 인도 북부에서 기원하였다.

개념 체크

1. 다신교이며 인도에서 신자가 가장 많은 종교는 (　　)이다.

2. 이슬람교의 대표 성지는 무함마드가 탄생한 사우디아라비아의 (　　)이며, 석가모니가 깨달음을 얻은 불교의 성지는 (　　)이다.

3. 크리스트교, 이슬람교는 모두 (　　) 지역에서 기원하였다.

정답
1. 힌두교
2. 메카, 부다가야
3. 서남아시아

🌐 **탐구 활동** | **세계 주요 종교의 지역(대륙)별 분포는 어떻게 나타날까?**

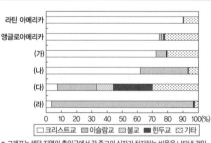

* 그래프는 해당 지역의 총인구에서 각 종교의 신자가 차지하는 비율을 나타낸 것임.
(2020년)　　　　　　　　　　　　　(Pew Research Center)

□ 크리스트교 ▨ 이슬람교 ▧ 불교 ■ 힌두교 ⬚ 기타

▸▸ **종교의 분포 특징을 토대로 (가)~(라) 지역이 어디인지 찾아보자. (단, (가)~(라)는 각각 사하라 이남 아프리카, 서남아시아·북부 아프리카, 아시아·오세아니아, 유럽 중 하나임.)**

크리스트교의 비율이 높으면서 이슬람교가 2위인 (가)는 크리스트교 문화권이면서 최근 이슬람 문화권 이민자가 증가한 유럽이다. 크리스트교와 이슬람교의 비율이 높은 (나)는 사하라 이남 아프리카이다. 다양한 종교가 골고루 나타나면서 힌두교의 비율이 높은 (다)는 아시아·오세아니아이다.

지역 내에서 이슬람교가 절대 다수인 (라)는 서남아시아·북부 아프리카이다.

3. 세계 주요 종교의 성지

크리스트교	• 예루살렘, 베들레헴 등 팔레스타인 지역: 예수의 행적이 남아 있는 장소 • 바티칸 시국(이탈리아 로마): 도시 국가로, 교황청이 입지한 가톨릭교의 중심지
이슬람교	• 메카(사우디아라비아): 무함마드의 탄생지로, 이슬람교의 대표적인 성지 • 메디나(사우디아라비아): 무함마드의 묘지가 위치 • 예루살렘(이스라엘): 무함마드가 승천했다고 알려진 바위와 바위의 돔 모스크가 있는 장소
불교	• 룸비니(네팔): 석가모니의 탄생지 • 부다가야(인도): 석가모니가 깨달음을 얻은 장소
힌두교	• 갠지스강(인도): 힌두교 신자들이 신성시하는 강 • 바라나시(인도): 힌두교의 대표적인 성지로, 갠지스강 유역에 위치

자료 분석 | 다양한 종교 경관을 가진 예루살렘

성묘 교회(크리스트교) — 통곡의 벽(유대교) — 바위의 돔(이슬람교)

예루살렘은 예수가 십자가에 못박힌 곳이고, 무함마드가 승천한 바위가 있으며, 유대인의 고난을 상징하는 곳이다. 크리스트교, 이슬람교, 유대교의 성지인 예루살렘에는 크리스트교의 성묘 교회, 과거 로마에 의해 파괴된 유대교 신전의 일부인 통곡의 벽, 이슬람교의 바위의 돔 모스크 등 다양한 종교 경관이 나타난다.

4. 세계 주요 종교의 경관

(1) 크리스트교
① 십자가와 종탑 등이 보편적으로 나타나며, 종파별 예배 건물 모습이 다양함
② 종파별 경관
  • 가톨릭교: 성당은 뾰족한 탑과 둥근 천장이 특징이며, 대체로 규모가 거대하며 장식은 정교함
  • 개신교: 가톨릭교의 성당에 비해 교회의 외관이 대체로 단순하고 규모가 작은 편임
  • 동방 정교: 돔형 지붕을 갖추고 있으며, 장식이 화려함

(2) 이슬람교
① 모스크(마스지드): 돔형 지붕과 주변의 첨탑이 특징이며, 집단 예배와 공공 행사가 거행됨
② 아라베스크 문양: 우상 숭배를 금지하는 교리에 따라 사람이나 동물 대신 꽃, 나무덩굴, 문자 등을 기하학적으로 배치한 문양

(3) 불교
① 불상을 모시는 불당, 부처의 사리가 모셔진 탑이 특징임
② 건축물은 지역에 따라 다양한 재료로 지어짐 → 석탑(대한민국), 전탑(중국), 목탑(일본)

(4) 힌두교
① 정교한 장식의 외관을 보이며, 사원 외벽과 내부에는 다양한 신들의 모습이 그림이나 조각상으로 표현되어 있음
② 가트: 영혼의 정화와 죄를 씻기 위해 목욕 의식을 준비하는 계단(갠지스강)

▲ 크리스트교(이탈리아)

▲ 이슬람교(말레이시아)

▲ 불교(대한민국)

▲ 힌두교(인도)

ⓞ 아라베스크 문양
식물의 줄기나 잎 등을 기하학적으로 배치한 문양을 아라베스크라고 한다. 이슬람교는 우상 숭배를 금지하는 교리에 따라 조각, 그림 대신 아라베스크 문양으로 모스크를 장식하였다.

ⓞ 전탑
흙을 구워 만든 벽돌로 쌓아 올린 탑을 말한다.

ⓞ 가트
갠지스강과 맞닿은 계단을 말하며, 보통 힌두교 신자들이 목욕 의식을 준비하는 장소로 이용된다.

개념 체크
1. 십자가와 종탑이 보편적으로 나타나는 종교는 (　　　)이다.
2. 돔형 지붕과 첨탑이 특징적인 이슬람교 사원을 (　　　)라고 한다.

정답
1. 크리스트교
2. 모스크

[24019-0081]

01 다음 자료는 어느 종교와 관련 있는 것이다. 이 종교에 대한 설명으로 옳은 것만을 〈보기〉에서 고른 것은?

신자들이 먹어도 되는 음식임을 나타내는 마크

무덤이 메카 방향을 향하도록 조성된 공동묘지

● 보기 ●
ㄱ. 민족 종교에 속한다.
ㄴ. 대표적 경관은 불상과 불탑이다.
ㄷ. 서남아시아에서 기원한 종교이다.
ㄹ. 신자들은 돼지고기와 술을 금기시한다.

① ㄱ, ㄴ ② ㄱ, ㄷ ③ ㄴ, ㄷ ④ ㄴ, ㄹ ⑤ ㄷ, ㄹ

[24019-0082]

02 다음 자료는 (가)~(다) 종교 경관에 대한 것이다. (가)~(다) 종교를 그림의 A~C에서 고른 것은?

(가)

▲ 십자가와 종탑

(나)

▲ 다양한 신들이 조각된 벽

(다)

▲ 돔형 지붕과 첨탑

🖙 시작 → 다신교입니까? → 예 → A

↓ 아니요

신자들이 라마단 기간 낮 시간에 금식합니까? → 예 → B

↓ 아니요

C

	(가)	(나)	(다)		(가)	(나)	(다)
①	A	B	C	②	A	C	B
③	B	A	C	④	C	A	B
⑤	C	B	A				

[24019-0083]

03 다음 자료는 (가)~(다) 종교의 성시와 각 종교의 세계 신자 비율을 나타낸 것이다. 이에 대한 설명으로 옳은 것만을 〈보기〉에서 있는 대로 고른 것은? (단, A~C는 각각 메카, 부다가야, 예루살렘 중 하나이고, (가)~(다)는 각각 불교, 이슬람교, 크리스트교 중 하나임.)

(2020년)

〈세계의 종교별 신자 비율(%)〉

(가)	31.1
(나)	24.9
힌두교	15.2
(다)	6.6
기타	22.2

(Pew Research Center)

● 보기 ●
ㄱ. A는 (가), (나) 모두의 성지이다.
ㄴ. (나)의 신자는 B를 순례할 의무가 있다.
ㄷ. C가 위치한 국가에서 신자가 가장 많은 종교는 (다)이다.

① ㄱ ② ㄷ ③ ㄱ, ㄴ ④ ㄴ, ㄷ ⑤ ㄱ, ㄴ, ㄷ

[24019-0084]

04 그래프는 네 종교의 전 세계 신자 비율을 상대적으로 나타낸 것이다. A~D 종교에 대한 설명으로 옳지 않은 것은? (단, A~D는 각각 불교, 이슬람교, 크리스트교, 힌두교 중 하나임.)

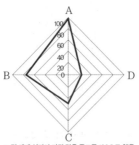

* 전 세계 신자가 가장 많은 종교를 100으로 했을 때의 상댓값임.
(2020년) (Pew Research Center)

① A는 유럽 국가의 식민지 확대 과정에서 주로 전파되었다.
② D는 민족 종교로 카스트 제도와 관련이 깊다.
③ 유럽에서 신자는 A가 B보다 많다.
④ C는 B보다 기원 시기가 이르다.
⑤ C, D는 모두 남부 아시아에서 기원하였다.

수능 실전 문제

[24019-0085]

1 그래프는 두 지역의 (가), (나) 종교별 신자 비율과 두 종교 신자의 합을 나타낸 것이다. 이에 대한 설명으로 옳은 것은? (단, (가)와 (나)는 각각 이슬람교와 크리스트교 중 하나이며, A와 B는 각각 북부 아프리카와 사하라 이남 아프리카 중 하나임.)

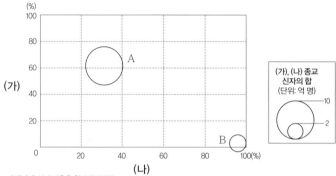

* (가), (나) 신자 비율은 원의 중심값임.
(2020년)

(Pew Research Center)

① (가)의 여성 신자들은 신체를 가리는 히잡, 차도르 등의 의복을 착용한다.
② (나)는 아메리카보다 아시아에 신자가 많이 분포한다.
③ (가)는 (나)보다 기원 시기가 늦다.
④ (나)는 (가)보다 전 세계 신자가 더 많다.
⑤ A는 북부 아프리카, B는 사하라 이남 아프리카이다.

[24019-0086]

2 다음 자료는 전 세계에서 A~C 종교의 아시아 · 오세아니아 지역 신자가 차지하는 비율 및 지도에 표시된 (가)~(다) 국가의 신자 순위를 나타낸 것이다. 이에 대한 설명으로 옳은 것은? (단, 아시아 · 오세아니아 지역에서 서남아시아는 제외하며, A~C는 각각 이슬람교, 크리스트교, 힌두교 중 하나임.)

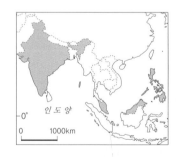

〈A~C 종교의 아시아 · 오세아니아 지역 신자 비율〉

종교	비율(%)
A	13.4
B	99.2
C	59.8

(2020년)　(Pew Research Center)

〈국가별 A~C 종교의 신자 순위〉

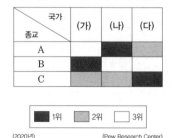

(2020년)　(Pew Research Center)

① A는 여러 신을 믿는 다신교이다.
② B는 세계에서 신자가 가장 많은 종교이다.
③ C는 A~C 중 기원한 시기가 가장 늦다.
④ (나)에는 불교가 기원한 지역이 있다.
⑤ (가)는 (다)보다 국가 내 이슬람교 신자 비율이 높다.

[24019-0087]

3 다음은 세 종교와 관련이 깊은 인도네시아의 공휴일을 나타낸 것이다. (가)~(다) 종교에 대한 설명으로 옳지 <u>않은</u> 것은? (단, (가)~(다)는 각각 불교, 이슬람교, 크리스트교 중 하나임.)

구분	명칭(인도네시아어 명칭)	2024년 날짜	설명
(가)	부처님 오신 날 (Hari Raya Waisak)	5월 23일	석가모니의 탄생을 기념
(나)	주님 승천 대축일 (Kenaikan Yesus Kristus)	5월 9일	예수의 부활 후 승천을 기념
(다)	이드 알피트르 (Hari Raya Kenaikan Tuhan)	4월 10일~11일	라마단의 종료를 기념

① (가)는 개인의 수양과 해탈을 강조한다.
② (나)는 신자의 술과 돼지고기 섭취를 금기시한다.
③ (다)는 메카로의 성지 순례를 종교적 의무로 한다.
④ (가)는 (나)보다 기원 시기가 이르다.
⑤ (나), (다) 모두 유일신교이다.

[24019-0088]

4 다음 글의 (가)~(다) 종교에 대한 설명으로 옳은 것만을 〈보기〉에서 고른 것은? (단, (가)~(다)는 각각 이슬람교, 크리스트교, 힌두교 중 하나임.)

- 인도네시아는 세계에서 ▢(가)▢ 의 신자가 가장 많은 국가이다. 그러나 관광지로 유명한 발리섬은 ▢(가)▢ 의 전파 이후에도 인도에서 가장 많은 사람들이 믿는 ▢(나)▢ 신자가 대부분이고, 곳곳에서 다양한 신의 모습을 조각한 ▢(나)▢ 의 사원 및 유적을 볼 수 있다. 그러나 발리섬의 ▢(나)▢ 는 인도의 그것과는 상당히 다른 모습으로 변화했으며, 카스트 제도 또한 단순화되었다.
- 에스파냐의 건축가 가우디가 설계한 ▢(다)▢ 의 사원인 '사그라다 파밀리아'는 십자가와 스테인드글라스, 예수의 일대기를 담은 부조 등 다양한 볼거리가 있는 바르셀로나의 대표적인 관광지이다. 그런데 몇 년 전, 사원이 100년 이상 건축 허가를 받지 않았다는 사실이 드러났다. 다행히 사원 측에서 바르셀로나 시청에 거액의 수수료 및 벌금을 내고 건축 허가를 발급받았고, 2026년 완공을 목표로 공사가 진행되고 있다.

● 보기 ●
ㄱ. (가)는 윤회 사상을 중시한다.
ㄴ. (나)는 보편 종교이다.
ㄷ. (다)는 세계에서 신자가 가장 많은 종교이다.
ㄹ. (가), (다)는 모두 서남아시아에서 기원하였다.

① ㄱ, ㄴ   ② ㄱ, ㄷ   ③ ㄴ, ㄷ   ④ ㄴ, ㄹ   ⑤ ㄷ, ㄹ

07 세계의 인구 변천과 인구 이주

1. 세계의 인구 성장과 인구 분포

(1) 세계 인구의 변화와 성장

① 세계 인구의 변화: 1800년경 약 10억 명에서 2023년 약 80억 명으로 인구가 급증함

② 세계 인구의 성장 요인: 산업 혁명 이후 생활 수준 향상·의료 기술의 발달·공공 위생 시설의 개선 등으로 인한 사망률 감소, 경제 발전에 따른 인구 부양력의 증대 등

③ 세계 인구 성장 경향: 최근 선진국보다 인구 증가율이 높은 개발 도상국이 주도, 개발 도상국의 인구 비율이 점차 높아짐

(2) 세계의 인구 분포: 세계 인구는 남반구보다 북반구에 많이 거주하며, 해안에서 가까운 지역이나 해발 고도가 낮은 지역에 많이 거주함

① 인구 밀집 지역: 농업에 유리하거나 공업과 서비스업이 발달한 지역

② 인구 희박 지역: 기후·지형 조건이 인간 거주에 불리한 지역(너무 건조하거나 추운 지역, 산악 지역 등), 경제 활동이 어렵거나 교통이 불편한 지역 등

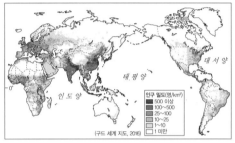

▲ 세계의 인구 밀도

2. 세계의 인구 변천과 인구 구조

(1) 지역별 인구 변천의 차이

① 인구 변천 모형: 출생률과 사망률 변화에 따라 인구 성장을 단계별로 구분함, 국가의 경제 발전 수준에 따른 인구 성장 과정을 파악하는 데 이용됨

② 인구 변천 모형의 단계별 특징

▲ 인구 변천 모형

단계	특징
1단계(고위 정체기)	출생률이 높고 질병, 자연재해, 식량 부족 등으로 사망률도 높음 → 인구 증가율이 낮음
2단계(초기 팽창기)	출생률은 높고 의학의 발달, 생활 환경 개선 등으로 사망률이 빠르게 감소함 → 인구 급성장
3단계(후기 팽창기)	출생률 감소(여성의 사회 활동 증가, 산아 제한 정책의 효과 등) → 인구 증가율 점차 둔화
4단계(저위 정체기)	낮은 수준의 출생률(출산에 대한 가치관 및 인식 변화)과 사망률 → 낮은 인구 증가율(인구 성장의 정체), 인구 고령화 현상의 심화
5단계(감소기)	저출산으로 인한 인구의 자연적 감소(출생률보다 사망률이 높게 나타남) → 일부 선진국에서는 인구 고령화와 맞물려 인구의 자연 증가율이 음(-)의 값으로 나타남

③ 선진국의 인구 변천 단계: 대부분 산업 혁명 이후 18세기 말~19세기 초에 2단계 진입으로 인구가 급증하였으며, 현재는 인구가 정체하거나 감소하는 4단계 또는 5단계에 속함

④ 개발 도상국의 인구 변천 단계: 20세기 중반 이후 산업화가 진행되면서 인구가 급증하였으며, 현재는 2단계나 3단계에 속하는 경우가 많음

(2) 지역(대륙)별 인구 변천의 차이

① 아프리카: 1970년대 이후 인구의 자연 증가율이 가장 높음

② 아시아와 라틴 아메리카: 1950년대 인구의 자연 증가율이 높았음, 이후 경제 발전 및 산아 제한 정책 등의 시행으로 출생률 감소 → 1970년대 이후 인구의 자연 증가율이 감소 추세임

❖ 인구 부양력

한 나라의 인구가 그 나라의 사용 가능한 자원에 의해 생활할 수 있는 능력으로, 어느 지역이 얼마나 많은 인구를 수용할 수 있는가를 나타내는 척도이다.

❖ 세계 인구와 지역(대륙)별 인구 비율 변화

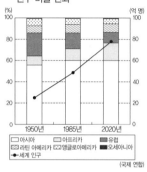

(국제 연합)

❖ 지역(대륙)별 출생률과 사망률

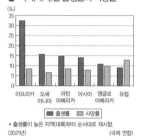

* 출생률이 높은 지역(대륙)부터 순서대로 제시함.
(2021년) (국제 연합)

✪ 중위 연령
전체 인구를 연령 순으로 나열할 때 중앙에 있는 사람의 연령으로, 경제 발전 수준이 높은 지역은 노년층 인구 비율이 높아 중위 연령이 높다.

✪ 연령층별 인구 구분
• 유소년층: 0~14세
• 청장년층: 15~64세
• 노년층: 65세 이상

✪ 인구 피라미드
인구의 성별, 연령별 분포를 피라미드 모양으로 나타낸 그래프로, 가로축은 남녀 인구수나 비율, 세로축은 연령 분포를 나타낸다.

피라미드형   종형   방추형

✪ 인구 부양비
• 유소년 부양비 = (유소년층 인구 ÷ 청장년층 인구)×100
• 노년 부양비 = (노년층 인구 ÷ 청장년층 인구)×100
• 총부양비 = 유소년 부양비 + 노년 부양비

③ 유럽과 앵글로아메리카: 출생률의 지속적인 감소로 인구의 자연 증가율이 낮아짐, 유럽의 일부 국가에서는 출생률보다 사망률이 높아 인구의 자연적 감소가 나타남 → 저출산·고령화로 인한 중위 연령 상승 및 노동력 부족

🖥 **자료 분석** **선진국과 개발 도상국의 인구 변화**

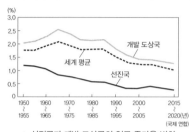

▲ 선진국과 개발 도상국의 인구 증가율 변화

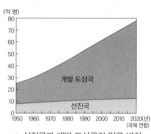

▲ 선진국과 개발 도상국의 인구 변화

세계의 인구 증가율은 점차 낮아지고 있지만, 전체 인구는 계속해서 증가하고 있다. 인구 변천 모형의 4, 5단계에 속하는 선진국은 출산에 대한 가치관 변화 등으로 출생률이 감소하여 인구의 자연 증가율이 세계 평균보다 낮다. 반면, 대부분 인구 변천 모형의 2, 3단계에 속하는 개발 도상국은 의료 기술의 보급, 생활 환경의 개선 등으로 사망률이 낮아져 인구의 자연 증가율이 높다. 이에 따라 세계 인구에서 개발 도상국이 차지하는 비율이 높아지고, 인구 성장을 개발 도상국이 주도하고 있다.

(3) 선진국과 개발 도상국의 인구 구조와 인구 문제
① 연령층별 인구 구조: 선진국은 개발 도상국보다 유소년층 인구 비율이 낮고, 노년층 인구 비율이 높음 → 높은 중위 연령, 종형이나 방추형의 인구 피라미드가 나타남
② 인구 부양비: 선진국은 노년 부양비가 높고, 개발 도상국은 유소년 부양비가 높음
③ 산업별 인구 구조: 선진국은 개발 도상국보다 1차 산업 종사자 비율이 낮고, 3차 산업 종사자 비율이 높은 경우가 많음

🌐 **탐구 활동** **개발 도상국과 선진국의 인구 문제는 어떻게 다를까?**

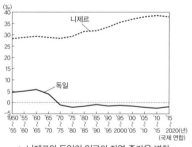 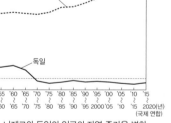

▲ 니제르와 독일의 인구의 자연 증가율 변화

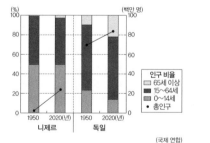

▲ 니제르와 독일의 연령층별 인구 비율과 총인구 변화

⇒ 니제르와 독일이 겪고 있는 인구 문제를 추론해 보자.
니제르(개발 도상국)는 인구의 자연 증가율과 유소년층 인구 비율이 높다. 니제르는 1950~2020년 인구가 급격히 증가하여 식량 및 자원 부족 문제가 발생하고 있다. 한편, 독일(선진국)은 인구의 자연 감소가 나타날 정도로 저출산 현상이 심화되어 노동증 고령화, 생산 연령 인구 감소 등의 문제가 나타난다.

⇒ 위에서 추론한 인구 문제의 해결책을 찾아보자.
니제르는 기아와 빈곤 문제를 해결하기 위해 산아 제한 정책 및 인구 부양력 증가를 위한 대책이 필요하다. 반면, 독일은 노동력 부족 및 고령화 문제를 해결하기 위해 출산 장려, 노년층 일자리 확충, 노인 복지를 비롯한 사회 보장 제도 강화 등의 대책이 필요하다.

개념 체크

1. 개발 도상국은 선진국보다 유소년층 인구 비율이 (낮고 / 높고), 노년층 인구 비율이 (낮아 / 높아) 중위 연령이 (낮은 / 높은) 경향이 나타난다.
2. (선진국 / 개발 도상국)은 대체로 종형이나 방추형의 인구 피라미드가 나타난다.
3. 개발 도상국은 선진국보다 (1차 / 3차) 산업 종사자 비율이 높다.

정답
1. 높고, 낮아, 낮은
2. 선진국
3. 1차

3. 세계의 인구 이주

(1) 인구 이주의 요인과 유형

① 인구 배출 요인: 특정 지역 인구를 다른 지역으로 밀어내 이주하게 만드는 요인 → 빈곤, 낮은 임금, 일자리 부족, 교육·문화·보건 등 생활 시설의 부족 등

② 인구 흡인 요인: 다른 지역으로부터 인구를 끌어들여 머무르게 하는 요인 → 높은 임금, 풍부한 일자리, 쾌적한 주거 환경 등

③ 인구 이주의 유형: 기간(일시, 영구), 동기(자발, 강제), 공간 범위(국내, 국제), 원인(경제, 종교, 정치, 환경) 등에 따라 구분

(2) 인구 이주의 특징

① 경제적 요인에 따른 국제 이주 증가

- 숙련 노동자의 이동: 더 높은 소득이나 더 나은 생활 환경을 위한 인구 이주로, 선진국에서 선진국, 신흥 공업국에서 선진국으로 이주함 ⑩ 유럽·중국·인도 → 미국 등

- 미숙련 노동자의 이동: 소득 수준이 낮고 고용 기회가 적은 저개발국에서 소득 수준이 높고 고용 기회가 많은 선진국으로 이주함 ⑩ 아프리카 → 유럽, 멕시코 → 미국, 동남 및 남부 아시아의 저개발국 → 서남아시아·대한민국·일본 등

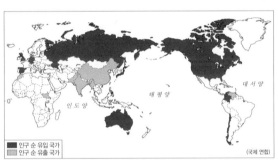

▲ 인구 순 유입 및 순 유출 국가

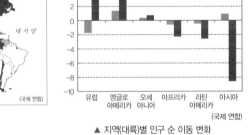

▲ 지역(대륙)별 인구 순 이동 변화

② 난민 발생: 내전, 테러 등이 발생하거나 극심한 경제난을 겪고 있는 지역에서 난민 발생 ⑩ 시리아, 아프가니스탄, 남수단, 미얀마 등

(3) 인구 이주에 따른 지역 변화

① 인구 유출 지역의 변화

- 긍정적 영향: 해외 이주 노동자들의 송금액 유입 → 지역 경제 활성화, 실업률 하락 등

- 부정적 영향: 지속적인 생산 연령 인구의 유출, 고급 기술 및 전문 인력의 해외 유출 → 산업 성장 둔화, 사회적 분위기 침체, 장기적인 고용 창출의 어려움 등

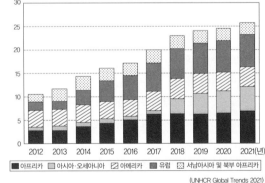

▲ 지역(대륙)별 난민 발생 현황

② 인구 유입 지역의 변화

- 긍정적 영향: 부족한 노동력 확보로 경제 활성화, 문화적 다양성 증대 등

- 부정적 영향: 문화적 차이에 따른 갈등 발생, 이주자의 집단 주거지 형성으로 지역 갈등 및 도시 문제 발생 등

❖ 인구 순 이동

유입 인구에서 유출 인구를 뺀 값으로, 지역 내 유출 인구가 유입 인구보다 많으면 인구 순 유출이라고 한다. 반면, 유입 인구가 유출 인구보다 많으면 인구 순 유입이라고 한다.

❖ 해외 이주자의 모국 송금액 유입 국가(상위 10개국)

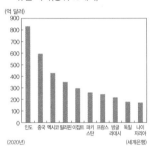

❖ 난민

박해, 전쟁, 테러, 극도의 빈곤, 기근, 자연재해 등을 피해 다른 지역으로 이동한 사람을 의미한다.

❖ 생산 연령 인구

생산 활동을 할 수 있는 연령층의 인구로, 15~64세의 청장년층 인구를 말한다.

개념 체크

1. 낮은 임금, 일자리 부족 등은 인구 (배출 / 흡인) 요인에 해당한다.

2. 2015~2020년 인구 순 유입이 가장 많은 지역(대륙)은 (   )이고, 인구 순 유출이 가장 많은 지역(대륙)은 (   )이다.

3. 인구 (유입 / 유출) 지역에서는 고급 기술 및 전문 인력의 해외 유출로 산업 성장의 둔화가 나타날 수 있다.

정답
1. 배출
2. 유럽, 아시아
3. 유출

✪ 아랍의 봄
2010년 12월, 튀니지에서 촉발되어 서남아시아 및 북부 아프리카로 확산된 반정부 시위 운동으로, 장기 독재 정부의 부패, 인권 유린, 빈곤 등에 반대하여 발생하였다.

✪ 사회 간접 자본
국민 경제 발전의 기초가 되는 도로, 항만, 철도, 통신, 전력, 상하수도 등의 공공시설을 말한다.

✪ 기간산업
다른 산업의 원자재와 건설용 자재 등 중요 생산재를 생산하는 산업으로, 전력·철강·가스·석유 산업 등이 대표적이다.

✪ 독일, 카타르에 거주하는 이주자의 출신 국가별 비율

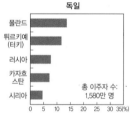

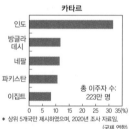

* 상위 5개국만 제시하였으며, 2020년 조사 자료임.
(국제 연합)

개념 체크

1. 유럽은 2010년 이후 서남아시아에서 (　　) 신자인 이주민의 유입이 급격히 증가하면서 원주민과 문화적, 종교적 갈등이 증가하고 있다.
2. 서남아시아에 위치한 사우디아라비아, 카타르 등의 산유국은 청장년층에서 (남초 / 여초) 현상이 나타난다.

정답
1. 이슬람교　2. 남초

자료 분석　주요 국제 난민 발생국 및 유입국

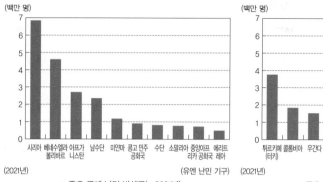

▲ 주요 국제 난민 발생국(~2021년)　　▲ 주요 국제 난민 유입국(~2021년)

난민의 발생 원인은 내전, 경제난, 종교적 차이 등이 대표적이다. 시리아·아프가니스탄·남수단의 경우는 내전, 베네수엘라 볼리바르는 극심한 경제난, 미얀마는 종교가 다른 로힝야족에 대한 탄압이 주된 원인이다. 난민들은 대체로 경제적 능력이 부족하여 발생국 인접국에 대규모로 유입되는 경향을 보인다. 시리아 인근의 튀르키예(터키), 베네수엘라 볼리바르의 이웃 나라인 콜롬비아, 아프가니스탄과 접한 파키스탄 등이 대표적이다.

4. 최근의 인구 이주 사례

(1) 유럽으로의 인구 이주

① 20세기 후반: 저출산과 고령화로 서부 및 남부 유럽의 노동력이 부족해지면서 지리적으로 인접한 지역에서의 인구 유입이 활발하게 진행됨

② 난민 유입 증가: 2010년 이후 북부 아프리카와 서남아시아에서 발생한 반정부 민주화 시위(아랍의 봄)의 확산, 내전으로 삶의 터전을 잃고 난민이 되어 유럽으로 이주함

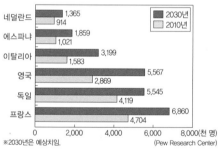

▲ 유럽 주요 국가의 이슬람교도 인구

③ 이슬람 문화 지역으로부터의 인구 유입 증가 → 크리스트교 전통이 강한 유럽에서 문화적·종교적 갈등이 고조되고 있음

(2) 서남아시아 산유국으로의 인구 유입

① 인구 유입 과정: 화석 에너지 수출을 통한 자본 유입 및 경제 성장(사우디아라비아, 아랍 에미리트, 카타르 등) → 사회 간접 자본 증설 및 기간산업 성장 → 노동 수요 증가 → 주변 아시아 국가(인도, 파키스탄 등)에서 젊은 남성 노동 인구 유입

② 최근 변화: 외국인 노동자의 이주 및 잔류 제한, 이슬람 문화 지역 출신의 노동자 비율 증가

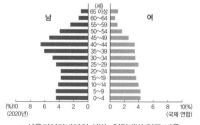

▲ 사우디아라비아의 성별·연령대별 인구 비율

[24019-0089]

01 그래프는 개별 국가의 인구 변천 모형을 나타낸 것이다. (가)~(마) 단계에 대한 설명으로 옳지 <u>않은</u> 것은? (단, 사회적 증감은 고려하지 않음.)

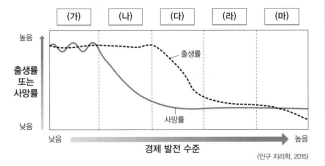

(인구 지리학, 2015)

① (가) 단계는 (나) 단계보다 인구 증가율이 낮다.
② (마) 단계는 총인구가 감소한다.
③ (나) 단계는 (라) 단계보다 출산 장려 정책의 필요성이 낮다.
④ (다) 단계는 (가) 단계보다 대체로 여성의 취학률이 높다.
⑤ (라) 단계는 (다) 단계보다 총인구가 적다.

[24019-0090]

02 그래프는 두 국가의 인구 구조를 나타낸 것이다. A, B 국가에 대한 설명으로 옳은 것은? (단, A, B는 각각 짐바브웨, 캐나다 중 하나임.)

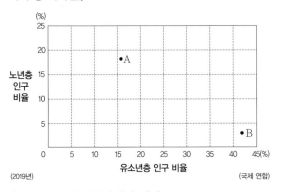

(2019년)   (국제 연합)

① A는 B보다 총부양비가 낮다.
② A는 B보다 영아 사망률이 높다.
③ A는 B보다 인구 천 명당 의사 수가 적다.
④ B는 A보다 기대 수명이 길다.
⑤ B는 A보다 1인당 국내 총생산이 많다.

[24019-0091]

03 다음은 사이버 지리 학습 화면을 나타낸 것이다. 답글 ㉠ ~㉣ 중 내용이 옳은 것만을 고른 것은? (단, A, B는 각각 니제르, 일본 중 하나임.)

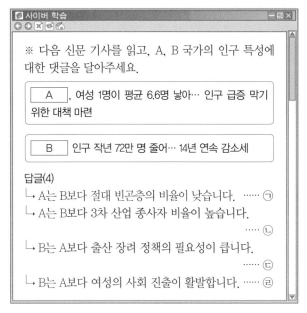

① ㉠, ㉡   ② ㉠, ㉢   ③ ㉡, ㉢   ④ ㉡, ㉣   ⑤ ㉢, ㉣

[24019-0092]

04 다음 글의 ㉠, ㉡ 국가에 대한 설명으로 옳은 것은? (단, ㉠, ㉡은 각각 인도, 프랑스 중 하나임.)

> ㉠ 가 중국을 제치고 세계 1위의 인구 대국이 되었다고 국제 연합(UN)이 보도 자료를 통해 밝혔다. 중국은 중앙 정부의 강력한 산아 제한 정책으로 출산율이 감소하여 급속한 고령화를 우려하고 있을 정도이지만, ㉠ 는 아이에 대한 전통적 인식, 높은 문맹률 등의 이유로 출산율이 높은 수준을 유지했기 때문이다.
> ㉡ 는 출산율 반등을 위해 정부에서 막대한 예산을 투입해 각종 보조금을 지급하였다. 또한 여성의 경력 단절을 막기 위한 휴직 제도 정비, 보육 시설 확충 등 제도 개선에도 적극적으로 나섰다. 이를 토대로 ㉡ 는 1994년 1.73명까지 떨어졌던 합계 출산율을 2010년 2.03명까지 끌어올리는 데 성공하였고, 2020년에도 1.83명으로 다른 선진국보다 높은 합계 출산율을 유지하고 있다.

① ㉠은 ㉡보다 중위 연령이 높다.
② ㉠은 ㉡보다 유소년 부양비가 높다.
③ ㉠은 ㉡보다 노동력 부족 문제가 심각하다.
④ ㉡은 ㉠보다 합계 출산율이 높다.
⑤ ㉡은 ㉠보다 인구의 사회적 증가율이 낮다.

[24019-0093]

05 다음 글은 (가), (나) 유형의 인구 이동 사례를 나타낸 것이다. (가), (나) 유형의 인구 이동에 대한 설명으로 옳은 것만을 〈보기〉에서 고른 것은? (단, (가), (나)는 각각 미숙련 노동자의 이동, 숙련 노동자의 이동 중 하나임.)

(가) 멕시코인인 ○○은 미국으로 떠날 준비를 하고 있다. 멕시코 내에서는 일할 곳이 충분하지 않기 때문이다. ○○은 미국의 농장에서 일하며 최소한의 생활비를 제외하고는 모두 가족에게 송금할 계획이다.

(나) 싱가포르인인 □□는 런던의 금융회사에서 일하고 있는 직장인이다. 해외 근무를 하면 보수도 많이 받을 수 있고, 승진 기회가 많아지기 때문에 □□는 혼자 지내는 생활을 감내하고 있다.

◦ 보기 ◦

ㄱ. (가) 노동자는 대부분 전문 기술직에 종사한다.
ㄴ. (가)로 인해 인구 유입 지역에서는 저임금 노동력이 확보되었다.
ㄷ. (나)는 주로 저개발국에서 선진국 또는 신흥 공업국으로의 이동이다.
ㄹ. (가) 노동자는 (나) 노동자보다 시간당 평균 임금 수준이 낮다.

① ㄱ, ㄴ ② ㄱ, ㄷ ③ ㄴ, ㄷ ④ ㄴ, ㄹ ⑤ ㄷ, ㄹ

[24019-0094]

06 그래프의 A, B 국가군에 대한 설명으로 옳은 것은?

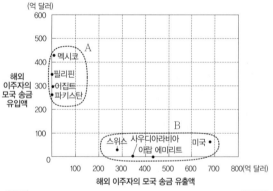

(2020년) (세계은행)

① A는 B보다 1인당 국내 총생산이 많다.
② A는 B보다 경제적 요인으로 인한 인구 유출 규모가 작다.
③ A는 B보다 국가 내 총인구 대비 외국인 노동자 비율이 높다.
④ B는 A보다 인구의 사회적 증가율이 높다.
⑤ B는 A보다 국가 내 1차 산업 종사자 비율이 높다.

[24019-0095]

07 지도는 (가), (나) 국가에 거주하는 출신 국가별 이주자 수 상위 5개국을 나타낸 것이다. (가), (나) 국가에 대한 설명으로 옳은 것만을 〈보기〉에서 고른 것은? (단, (가), (나)는 각각 독일, 사우디아라비아 중 하나임.)

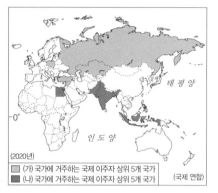

(2020년)
■ (가) 국가에 거주하는 국제 이주자 상위 5개 국가
■ (나) 국가에 거주하는 국제 이주자 상위 5개 국가
(국제 연합)

◦ 보기 ◦

ㄱ. (가)는 (나)보다 청장년층의 남초 현상이 뚜렷하다.
ㄴ. (가)는 (나)보다 국가 내 이슬람교 신자 비율이 높다.
ㄷ. (나)는 (가)보다 천연가스 수입량이 적다.
ㄹ. (나)는 (가)보다 수출액에서 자동차가 차지하는 비율이 낮다.

① ㄱ, ㄴ ② ㄱ, ㄷ ③ ㄴ, ㄷ ④ ㄴ, ㄹ ⑤ ㄷ, ㄹ

[24019-0096]

08 그래프는 지도에 표시된 두 국가의 연령층별 성비를 나타낸 것이다. (나) 국가에 대한 (가) 국가의 상대적 특징을 그림의 A~E에서 고른 것은?

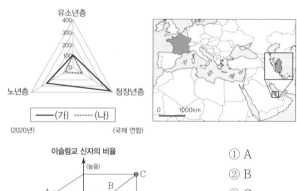

(2020년) (국제 연합)

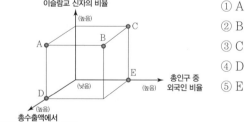

① A
② B
③ C
④ D
⑤ E

수능 실전 문제

[24019-0097]

1 그래프는 지역(대륙)별 중위 연령과 총인구 중 국제 이주자 비율을 나타낸 것이다. A~D 지역(대륙)에 대한 설명으로 옳지 **않은** 것은? (단, A~D는 각각 라틴 아메리카, 아프리카, 앵글로아메리카, 유럽 중 하나임.)

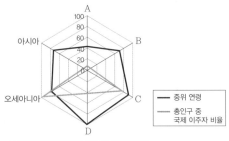

* 최댓값을 가진 지역(대륙)을 100으로 했을 때의 상댓값임.
(2019년)　　　　　　　　　　　　　　　(국제 연합)

① C의 국가들은 공통적으로 영어를 주요 언어로 사용한다.
② A는 C보다 인구의 자연 증가율이 높다.
③ B는 D보다 산업화의 시작 시기가 이르다.
④ C는 B보다 국가 수가 적다.
⑤ D는 A보다 시간당 평균 임금 수준이 높다.

[24019-0098]

2 그래프는 세 국가의 인구의 자연 증가율 변화와 산업별 종사자 비율을 나타낸 것이다. 이에 대한 설명으로 옳은 것은? (단, (가)~(다)는 각각 니제르, 중국, 프랑스 중 하나임.)

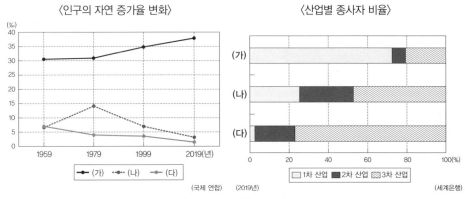

① (가)는 아프리카, (나)는 유럽, (다)는 아시아에 위치한다.
② (가)는 (나)보다 산아 제한 정책의 필요성이 낮다.
③ (나)는 (가)보다 1차 산업 종사자 수가 적다.
④ (다)는 (가)보다 노년 부양비가 높다.
⑤ (다)는 (나)보다 도시 인구가 많다.

[24019–0099]

3 그래프는 지도에 표시된 세 국가의 인구 특성을 나타낸 것이다. 이에 대한 설명으로 옳지 <u>않은</u> 것은? (단, A, B는 각각 청장년층 성비, 노년 부양비 중 하나임.)

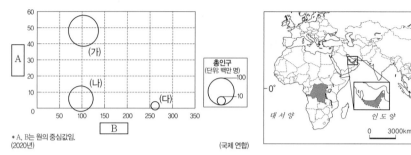

* A, B는 원의 중심값임.
(2020년)
(국제 연합)

① (가)와 (나)는 아시아, (다)는 아프리카에 위치한다.
② (가)는 (나)보다 기대 수명이 길다.
③ (나)는 (다)보다 국가 내 2차 산업 종사자 비율이 낮다.
④ (다)는 (가)보다 유입된 이주자 중 이슬람 문화권 출신이 차지하는 비율이 높다.
⑤ A는 노년 부양비, B는 청장년층 성비이다.

[24019–0100]

4 지도는 두 유형의 인구 이동을 나타낸 것이다. A, B 인구 이동에 대한 설명으로 옳은 것만을 〈보기〉에서 고른 것은? (단, A, B는 각각 경제적 이동, 정치적 이동 중 하나임.)

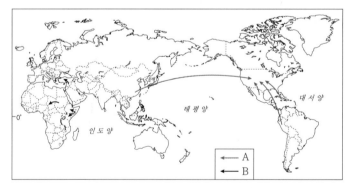

● 보기 ●
ㄱ. A는 자발적 이동, B는 강제적 이동의 성격이 강하다.
ㄴ. A의 이주민은 원 거주민보다 경제적 지위가 대체로 낮다.
ㄷ. B의 이주민은 주로 전문 기술직에 종사한다.
ㄹ. A, B 모두 인구 유입국은 노동력 부족 문제가 심화된다.

① ㄱ, ㄴ   ② ㄱ, ㄷ   ③ ㄴ, ㄷ   ④ ㄴ, ㄹ   ⑤ ㄷ, ㄹ

[24019-0101]

5 그림은 지역(대륙) 간 국제 이주 현황을 나타낸 것이다. (가)~(라)에 해당하는 지역(대륙)으로 옳은 것은? (단, (가)~(라)는 각각 라틴 아메리카, 아프리카, 앵글로아메리카, 유럽 중 하나임.)

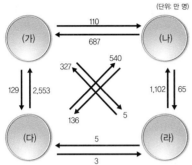

(단위: 만 명)

* 2020년 기준 각 지역(대륙)에 거주하는 다른 지역(대륙)으로
부터의 이주민 현황을 나타낸 것임.
(2020년)   (국제 연합)

	(가)	(나)	(다)	(라)
①	라틴 아메리카	아프리카	앵글로아메리카	유럽
②	앵글로아메리카	유럽	라틴 아메리카	아프리카
③	앵글로아메리카	유럽	아프리카	라틴 아메리카
④	유럽	앵글로아메리카	라틴 아메리카	아프리카
⑤	유럽	앵글로아메리카	아프리카	라틴 아메리카

[24019-0102]

6 표는 지도에 표시된 세 국가에 거주하는 이주자의 출신 국가 상위 5개를 나타낸 것이다. (가)~(다) 국가에 대한 설명으로 옳은 것만을 〈보기〉에서 고른 것은?

순위	(가)	(나)	(다)
1	폴란드	알제리	멕시코
2	인도	모로코	인도
3	파키스탄	포르투갈	중국
4	루마니아	튀니지	필리핀
5	아일랜드	튀르키예(터키)	엘살바도르

(2022년)   (국제 연합)

● 보기 ●
ㄱ. (가)와 (나)에 거주하는 국제 이주자는 대부분 정치적 요인에 의해 유입되었다.
ㄴ. (가)와 (다)는 영어를 주요 언어로 사용한다.
ㄷ. 1950년 이후 (다)는 (나)보다 유입된 이주민 수가 많다.
ㄹ. 2023년 기준 (가)는 유럽 연합(EU)의 회원국이고, (다)는 미국·멕시코·캐나다 협정(USMCA)의 가입국이다.

① ㄱ, ㄴ   ② ㄱ, ㄷ   ③ ㄴ, ㄷ   ④ ㄴ, ㄹ   ⑤ ㄷ, ㄹ

08 세계의 도시화와 세계 도시 체계

○ 도시화율

총인구 중 도시 거주 인구가 차지하는 비율로 나타낸다. 대체로 선진국에서 도시화율이 높게 나타나는 경향이 있다.

1. 도시화와 도시화 과정

(1) **도시**: 현대인들의 중요한 생활 공간이자 정치·경제·사회·문화의 중심지

(2) **도시화**: 도시 거주 인구 증가, 도시 수 증가 및 도시권 확대, 촌락에 도시적 요소가 확대되는 과정

(3) **도시화 과정**: 도시화율의 정도에 따라 초기 단계, 가속화 단계, 종착 단계로 구분함

(4) **세계의 도시화**

① 세계의 도시 발달: 1950년에는 세계 인구의 약 30%가 도시에 거주 → 2020년에는 세계 인구의 약 56%가 도시에 거주하며, 도시의 수가 증가하고 도시의 인구 규모도 커지고 있음

○ 도시화 곡선과 도시화 과정

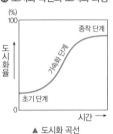

▲ 도시화 곡선

단계	특징
초기	1차 산업 중심의 농업 사회
가속화	이촌향도로 급속한 도시 인구 증가, 각종 도시 문제 발생
종착	도시화율 증가 둔화, 교외화 및 대도시권 확대

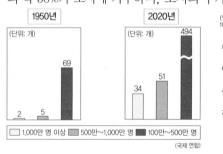

▲ 세계의 도시 규모별 도시 수의 변화

▲ 세계 및 주요 국가의 도시화율 변화

② 선진국과 개발 도상국의 도시화

선진국	• 산업 혁명 이후 점진적으로 진행됨 • 현재 종착 단계에 도달 → 도시화율 증가 둔화, 교외화 현상이 나타남
개발 도상국	• 제2차 세계 대전 이후 산업화와 함께 급속한 도시화가 진행됨 • 현재 가속화 단계를 지나고 있는 경우가 많음 → 주택 부족, 기반 시설 부족, 환경 오염 등의 도시 문제 발생

개념 체크

1. 도시화율을 구하는 식은 '[(　　　)÷총인구]×100'으로 나타내며, 대체로 선진국이 개발 도상국보다 (높다 / 낮다).

2. 2020년 기준 지역(대륙)별 도시화율은 (　　　)>라틴 아메리카>유럽>오세아니아>아시아>(　　　) 순으로 높다.

3. 2015~2020년 연평균 도시 인구 증가율이 가장 높은 지역(대륙)은 (　　　)이고, 가장 낮은 지역(대륙)은 (　　　)이다.

정답
1. 도시 거주 인구, 높다
2. 앵글로아메리카, 아프리카
3. 아프리카, 유럽

> **자료 분석** 지역(대륙)별 도시화율 변화와 도시 인구, 촌락 및 도시 인구 증가율

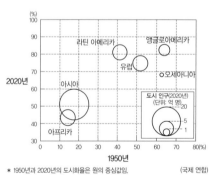
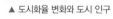

▲ 도시화율 변화와 도시 인구

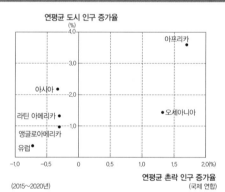

▲ 연평균 촌락 및 도시 인구 증가율

선진국의 비율이 높은 유럽과 앵글로아메리카 등은 1950년에 이미 도시화율이 50%를 넘었고, 2020년에는 70% 이상이 도시에 거주하고 있다. 라틴 아메리카는 도시화가 급격히 진행되어 1950년에는 도시화율이 50% 미만이었으나, 2020년에는 앵글로아메리카 다음으로 도시화율이 높은 지역(대륙)이 되었다. 아시아와 아프리카는 1950년에 도시화율이 20% 미만으로 인구의 대부분이 촌락에 거주하였다. 2020년에 두 지역(대륙)의 도시화율은 크게 높아졌으나, 여전히 다른 지역(대륙)들보다 도시화율이 낮은 편이다. 2015~2020년 연평균 도시 인구 증가율은 아프리카가 가장 높고, 아시아가 두 번째로 높다. 한편, 인구 성장이 도시에 집중되면서 2015~2020년 아프리카와 오세아니아를 제외한 나머지 지역(대륙)의 촌락 인구는 감소하고 있다.

2. 세계 도시

(1) **세계 도시의 의미**: 세계화 시대에 국가의 경계를 넘어 세계적인 중심지 역할을 수행하는 대도시, 전 세계의 경제 활동을 조절하고 통제할 수 있는 중심지, 세계적 교통·통신망의 핵심적인 결절지, 세계의 자본이 집적되고 축적되는 장소

(2) **세계 도시의 등장 배경**: 교통수단 및 정보 통신의 발달에 따른 경제 활동의 세계화, 각 국가의 경제 개방 및 국가 간 자유 무역 확대, 다국적 기업의 활발한 활동과 자본 및 금융의 국제화, 세계 여러 도시 간 연계와 경제적 네트워크 강화 등

(3) **세계 도시의 선정 기준**: 세계 도시는 각 도시의 경제·정치·문화·기반 시설 등의 수준을 고려하여 구체적인 지표에 따라 다양하게 선정됨

구분	주요 지표
경제적 측면	다국적 기업의 본사 수, 금융 기관 수, 법률 회사 수 등
정치적 측면	국제회의 개최 수, 국제기구의 본부 수 등
문화적 측면	세계적으로 유명한 문화·예술 기관, 영향력 있는 대중 매체, 스포츠 경기 및 시설, 교육 기관 등
도시 기반 시설 측면	국제공항, 각종 편의 시설, 첨단 정보 통신 시스템 등의 구비 정도 등

자료 분석 ▸ 조사 기관별 세계 도시 순위

조사 기관 / 순위	A.T. Kearney	Mori
1	뉴욕	런던
2	런던	뉴욕
3	파리	도쿄
4	도쿄	파리
5	베이징(+1)	싱가포르
6	로스앤젤레스(-1)	암스테르담
7	시카고(+1)	서울(+1)
8	멜버른(+4)	베를린(-1)
9	싱가포르	멜버른(+2)
10	홍콩(-3)	상하이

* ( ) 안의 수치는 전년도와 비교하여 상승 혹은 하락한 순위임.
(2022년) (각 기관)

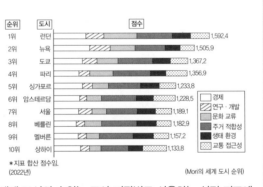

순위	도시	점수
1위	런던	1,592.4
2위	뉴욕	1,505.9
3위	도쿄	1,367.2
4위	파리	1,356.9
5위	싱가포르	1,233.8
6위	암스테르담	1,228.5
7위	서울	1,189.1
8위	베를린	1,182.9
9위	멜버른	1,157.2
10위	상하이	1,133.8

□ 경제 / 연구·개발 / 문화 교류 / 주거 적합성 / 생태 환경 / 교통 접근성

*지표 합산 점수임. (2022년) (Mori의 세계 도시 순위)

세계 도시의 순위는 조사 기관별로 사용하는 선정 지표에 따라 다르게 나타날 수 있지만, 매년 발표되는 순위를 종합적으로 분석해 보면 뉴욕, 런던, 도쿄 등이 최상위 세계 도시에 해당한다.

(4) 세계 도시의 주요 특징 및 변화

① **특징**: 다국적 기업의 본사 및 관련 업무 기능이 집중됨, 생산자 서비스업이 발달함, 고도의 정보 통신 네트워크와 최신의 교통 체계가 발달함

② **역할**: 전 세계의 경제 활동을 조절·통제할 수 있는 중심지, 분쟁을 조정·통제하는 국제 정치의 중심지 → 다양한 국제기구의 본부 입지, 국제회의 및 행사가 많이 개최됨

③ **최상위 세계 도시**

뉴욕	국제 연합(UN) 본부가 있으며, 생산자 서비스업을 중심으로 여러 기능이 조합된 최상위 계층의 세계 도시
런던	금융 중심지 '더 시티 오브 런던'을 중심으로 많은 다국적 기업과 금융 기업의 본사가 입지함
도쿄	주요 제조·무역 업체의 본사, 연구·개발 기능, 광고·디자인과 같은 생산자 서비스업이 집적되어 있음

❖ 세계 도시
'세계 경제를 엮는 고정핀', '세계 경제의 통제와 조절의 중심지', '국가 경제를 초월한 최상위 도시' 등으로 불리는 세계 도시는 각 대륙과 세계 도시 간의 지속적인 교류를 통하여 중심적인 위치를 더욱 공고히 하고 있다.

❖ 다국적 기업
두 국가 이상에 제조 공장, 계열 회사 등의 법인을 등록하고 세계적 범위에서 생산·판매 등 경제 활동을 하는 기업을 말한다.

❖ 생산자 서비스업
주로 기업의 생산 활동을 지원하는 서비스를 말하며, 금융·보험·부동산업·회계 서비스·연구 개발 등이 이에 해당한다.

개념 체크

1. ( )는 국가의 경계를 넘어 세계적인 중심 역할을 수행하는 대도시를 의미한다.
2. 세계 도시는 다국적 기업의 본사 등이 집중되어 있으며, 생산자 서비스업의 집중도가 (높다 / 낮다).
3. 국제 연합(UN) 본부, 월스트리트 등이 있는 최상위 세계 도시는 ( )이다.

정답
1. 세계 도시
2. 높다
3. 뉴욕

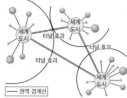

⭐ 세계 도시의 권역 간 네트워크

세계 도시는 도시의 기능을 보완하기 위해 주변 도시와 연계하여 세계 도시 권역을 형성한다. 터널 효과는 세계 도시 권역에 포함된 주변 도시들이 인접한 세계 도시를 통해 멀리 있는 세계 도시와 연결되는 것을 말한다. 주변 도시들은 이러한 터널 효과를 이용하여 세계 도시와 연결망을 구축한다.

⭐ 허브

'중심', '바퀴축' 등의 뜻을 가진 단어로, 중심이 되는 곳을 의미한다.

④ 세계 도시의 문제점
  • 도시 내 양극화 현상: 고소득층과 저소득층 간 거주지 분리 현상이 나타남
  • 도시 간 양극화 현상: 선진국과 개발 도상국의 세계 도시 간 불균형 심화

3. 세계 도시 체계와 도시 간 상호 작용

(1) 세계 도시 체계의 의미와 형성

① 의미: 도시의 규모와 기능 및 영향력에 따라 세계 도시 간 계층성이 형성되는 것 → 세계 도시들 간에 기능적으로 연계된 체계

② 형성: 교통·통신 기술의 발달로 세계 도시를 비롯한 수많은 지역이 다차원적으로 연결됨 → 세계 도시의 계층성 강화

(하크 세계 지도, 2015 / 현대 인문 지리학, 2012)

▲ 세계 도시 체계

(2) 세계 도시 체계의 구분과 계층

① 구분: 국제 금융 영향력, 다국적 기업의 본사 수, 생산자 서비스업 부문 집중 정도, 국제기구 본부 수, 국제 항공 승객 수, 인구 규모, 주요 교통·통신의 연결망 등을 종합하여 구분

② 계층: 최상위 세계 도시는 주로 전 세계적인 영향력을 갖추고 있는 선진국에 위치, 상위 및 하위 세계 도시는 선진국과 개발 도상국의 주요 도시들로 대륙 차원에서 허브 역할 수행

구분	사례	특징
최상위 세계 도시	뉴욕, 런던, 도쿄	최상위 세계 도시로 갈수록 도시 수는 적어지나, 기능이 많아지고 영향력은 커지며, 동일 계층의 도시 간 평균 거리는 멀어짐
상위 세계 도시	파리, 로스앤젤레스, 싱가포르 등	
하위 세계 도시	뮌헨, 뭄바이, 토론토 등	

🌐 탐구 활동 | **도시 간 항공 교통으로 본 세계 도시 체계는 어떤 특성이 있을까?**

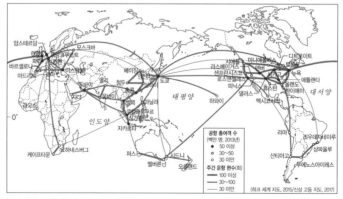

공항 총여객 수
(백만 명, 2013년)
● 50 이상
● 30~50
○ 30 미만

주간 운항 편수(회)
━━━ 100 이상
━━━ 30~100
─── 30 미만

(하크 세계 지도, 2015/신상 교통 지도, 2017)

▶ **항공 교통을 통한 세계 도시 간 상호 작용 및 세계 도시 체계의 관련성을 설명해 보자.**
뉴욕, 런던, 도쿄 등의 최상위 세계 도시는 하위 세계 도시에 비해 공항 총여객 수와 다른 도시와의 주간 운항 편수가 많은데, 이는 세계 정치·경제의 핵심적인 기능을 수행하고 있기 때문이다.

▶ **항공 교통이 발달한 지역(대륙)을 세계 도시의 분포와 관련지어 설명해 보자.**
앵글로아메리카와 유럽 및 아시아는 다른 지역(대륙)에 비해 공항 총여객 수와 주간 운항 편수가 많다. 이것은 이 지역(대륙)에 정치·경제·사회·문화면에서 영향이 큰 세계 도시들이 많이 분포하기 때문이다.

[24019-0103]

01 그래프의 (가)~(라) 지역(대륙)으로 옳은 것은?

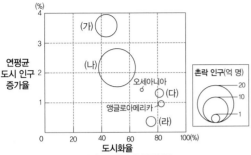

* 도시화율 및 연평균 도시 인구 증가율은 원의 중심값임.
** 도시화율과 촌락 인구는 2020년, 연평균 도시 인구 증가율은 2015~2020년 값임.
(국제 연합)

	(가)	(나)	(다)	(라)
①	아시아	아프리카	라틴 아메리카	유럽
②	아시아	아프리카	유럽	라틴 아메리카
③	아프리카	아시아	라틴 아메리카	유럽
④	아프리카	아시아	유럽	라틴 아메리카
⑤	아프리카	라틴 아메리카	아시아	유럽

[24019-0104]

02 그래프는 지도에 표시된 세 국가의 도시 및 촌락 인구의 변화를 나타낸 것이다. A~C 국가에 대한 설명으로 옳은 것은?

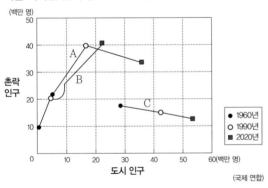

(국제 연합)

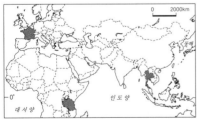

① A는 아프리카에 위치한다.
② B는 1990년에 도시화의 종착 단계에 도달하였다.
③ A는 C보다 2020년에 1인당 국내 총생산이 많다.
④ B는 A보다 1990년에 총인구가 많다.
⑤ C는 B보다 2020년에 노년층 인구 비율이 높다.

[24019-0105]

03 다음 글은 세 도시의 시티 투어 장소를 소개한 것이다. (가)~(다) 도시를 지도의 A~F에서 고른 것은?

(가) 에펠탑(시민혁명 100주년을 기념하여 세워진 철탑) → 루브르 박물관(유리 피라미드 외관과 모나리자 등 진귀한 소장품들로 유명한 박물관)

(나) 도비 가트(한 장소에서 많은 사람들이 손으로 빨래를 하는 곳으로 기네스북에 기록된 세계 최대의 노천 빨래터) → 게이트웨이 오브 인디아(1911년 영국 국왕의 방문을 기념하여 세워진 기념문)

(다) 레이크 할리우드 파크(유명한 할리우드 간판을 배경으로 사진을 남길 수 있는 곳) → 월트 디즈니 콘서트홀(물결이 치는 듯한 독특한 디자인의 음악당)

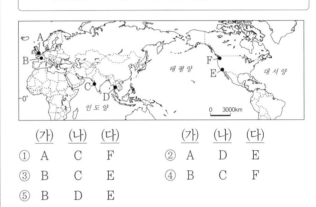

	(가)	(나)	(다)		(가)	(나)	(다)
①	A	C	F	②	A	D	E
③	B	C	E	④	B	C	F
⑤	B	D	E				

[24019-0106]

04 지도는 주요 세계 도시들을 계층에 따라 구분한 것이다. (가)에 대한 (나)의 상대적 특징을 그림의 A~E에서 고른 것은? (단, 상대적 특징은 (가), (나) 각 도시군의 평균을 기준으로 함.)

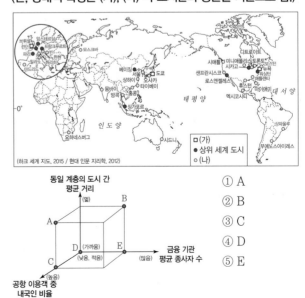

(하크 세계 지도, 2015 / 현대 인문 지리학, 2012)

① A
② B
③ C
④ D
⑤ E

[24019-0107]

1 그래프는 지역(대륙)별 도시화율 및 도시 인구와 연령층별 인구 비율을 나타낸 것이다. 이에 대한 설명으로 옳은 것은? (단, 아메리카는 라틴 아메리카와 앵글로아메리카로 구분하고, A~C는 각각 노년층, 유소년층, 청장년층 중 하나임.)

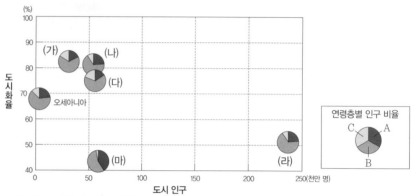

* 도시화율과 도시 인구는 원그래프의 중심값임.
(2020년)

(국제 연합)

① (가)는 (나)보다 촌락 인구가 많다.
② (나)는 (다)보다 중위 연령이 높다.
③ (다)는 (마)보다 총부양비가 높다.
④ (라)는 (가)보다 인구 밀도가 높다.
⑤ A는 노년층, C는 유소년층이다.

[24019-0108]

2 다음 자료에 대한 설명으로 옳은 것만을 〈보기〉에서 있는 대로 고른 것은? (단, (가), (나)는 각각 연평균 도시 인구 증가율, 연평균 촌락 인구 증가율 중 하나이고, A~C는 각각 지도에 표시된 세 국가 중 하나임.)

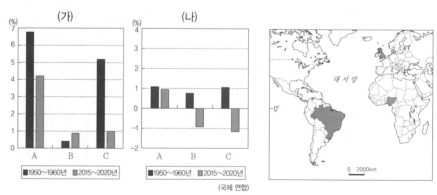

(국제 연합)

● 보 기 ●
ㄱ. (가)는 연평균 도시 인구 증가율, (나)는 연평균 촌락 인구 증가율이다.
ㄴ. A는 C보다 2020년 도시화율이 높다.
ㄷ. B는 A보다 1인당 국내 총생산이 많다.
ㄹ. 영국은 2015~2020년에 인구가 감소하였다.

① ㄱ, ㄷ   ② ㄱ, ㄹ   ③ ㄴ, ㄹ   ④ ㄱ, ㄴ, ㄷ   ⑤ ㄴ, ㄷ, ㄹ

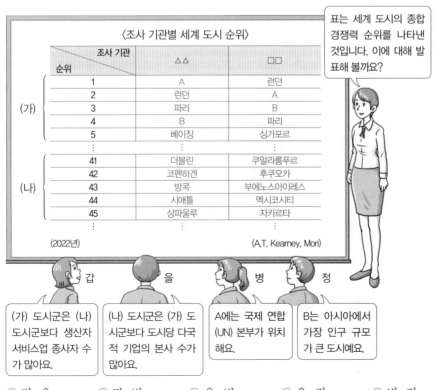

[24019-0109]

3 다음 글의 ㉠~㉣에 대한 설명으로 옳은 것만을 〈보기〉에서 있는 대로 고른 것은?

세계화 시대에 국가의 경계를 넘어 세계적인 중심지 역할을 수행하는 대도시를 세계 도시라고 한다. 세계 도시는 각 도시의 ㉠경제·정치·문화·기반 시설 등의 수준을 고려하여 도시의 영향력과 기능에 따른 계층적 연계 구조가 형성되는데, 이를 ㉡세계 도시 체계라고 한다. 세계 도시는 계층에 따라 ㉢최상위 세계 도시, 상위 세계 도시, ㉣하위 세계 도시로 구분된다. 한편, 세계 도시는 도시의 기능을 보완하기 위해 주변 도시와 연계하여 세계 도시 권역을 형성하는데, 세계 도시 권역에 포함된 주변 도시들은 인접한 세계 도시를 통해 멀리 있는 다른 세계 도시와 연결되는 현상인 터널 효과를 이용하여 세계 도시와 연결망을 구축한다.

● 보기 ●

ㄱ. ㉠을 확인하는 지표로 국제회의 개최 건수, 다국적 기업의 본사 수 등을 들 수 있다.
ㄴ. ㉡은 선진국과 개발 도상국의 경제적 격차를 줄이는 데 기여한다.
ㄷ. ㉢은 ㉣보다 도시의 수가 많다.

① ㄱ   ② ㄴ   ③ ㄱ, ㄷ   ④ ㄴ, ㄷ   ⑤ ㄱ, ㄴ, ㄷ

[24019-0110]

4 다음은 세계지리 수업 장면이다. 교사의 질문에 옳게 대답한 학생만을 고른 것은? (단, A, B는 각각 뉴욕, 도쿄 중 하나임.)

① 갑, 을   ② 갑, 병   ③ 을, 병   ④ 을, 정   ⑤ 병, 정

✪ 식량 자원

식량 자원에는 쌀, 밀, 옥수수 등의 곡물 자원과 돼지고기, 소고기, 양고기, 닭고기 등의 육류 자원(축산물) 및 각종 수산물, 임산물 등이 있다.
세계 식량 자원 생산량은 농업 기술의 발전과 육류 소비량 증가에 따른 사료용 곡물 수요 증가 등으로 인해 늘어나고 있다.

1. 식량 자원의 의미와 특성

(1) **의미**: 식용이 가능하며 인간이 생존하는 데 필요한 각종 영양소를 공급하는 것

(2) **특성**

① 종류
- 곡물 자원: 쌀, 밀, 옥수수 등
- 육류 자원: 돼지고기, 소고기, 양고기, 닭고기 등
- 기타: 각종 채소와 과실, 임산물, 수산물 등 식용 가능한 모든 동식물

② 생산량
- 곡물 자원: 생산량은 옥수수가 가장 많고, 재배 면적은 밀이 가장 넓음
- 육류 자원: 사육 두수는 소>양>돼지 순으로 많고, 육류 생산량은 돼지가 가장 많음

✪ 주요 곡물 자원의 단위 면적당 생산량 및 생산량 대비 수출량 비율

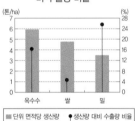

단위 면적당 생산량은 옥수수>쌀>밀 순으로 많으며, 생산량 대비 수출량 비율은 밀>옥수수>쌀 순으로 높다.

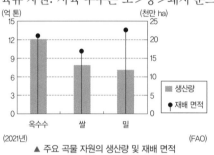

(2021년) (FAO)
▲ 주요 곡물 자원의 생산량 및 재배 면적

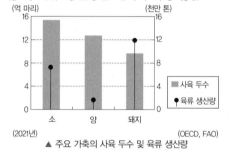

(2021년) (OECD, FAO)
▲ 주요 가축의 사육 두수 및 육류 생산량

③ 지역별 주식 재료
- 아시아의 계절풍 기후 지역 등 → 쌀
- 유럽, 북부 아프리카, 서남아시아 등 → 밀
- 중앙아메리카, 아프리카 동부 등 → 옥수수

자료 분석 | 주식의 재료와 작물의 기원지 및 전파(확산) 경로

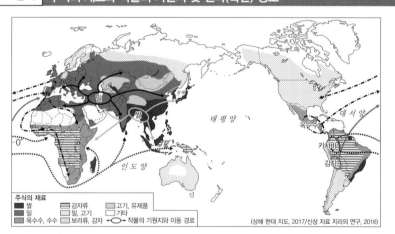

(상해 현대 지도, 2017/신상 자료 지리의 연구, 2016)

대한민국을 비롯한 중국 남부·베트남·타이 등 아시아의 계절풍 기후 지역은 쌀이 주식이지만, 영국·프랑스 등 유럽과 이집트·모로코 등 북부 아프리카, 이란·이라크 등 서남아시아는 밀이 주식이다. 미국·오스트레일리아 등은 밀과 고기가 주식이고, 가나·나이지리아 등 사하라 이남 아프리카, 멕시코·브라질 등 중·남부 아메리카는 옥수수, 수수, 감자, 카사바 등이 주식이다. 한편, 쌀은 아시아의 열대 및 아열대 지역 등에서, 밀은 서남아시아에서, 옥수수는 아메리카에서 기원하여 확산되었다.

개념 체크

1. 주요 곡물 자원 중 생산량이 가장 많은 작물은 (   ), 재배 면적이 가장 넓은 작물은 (   ), 생산량 대비 수출량 비율이 가장 낮은 작물은 (   )이다.

2. 소, 돼지, 양 중 육류 생산량은 (   )>(   )>(   ) 순으로 많다.

정답
1. 옥수수, 밀, 쌀
2. 돼지, 소, 양

2. 주요 곡물 자원의 특징과 이동

(1) 주요 곡물 자원의 국제 이동: 전 세계 곡물 수출량에서 특정 지역(대륙)이 차지하는 비율이 높음
① 수출국: 국토 면적이 넓고 인구 대비 경지 면적이 넓은 국가 **예** 미국, 아르헨티나 등
② 수입국: 인구가 많고 인구 대비 경지 면적이 좁은 국가 **예** 중국, 멕시코 등

자료 분석 주요 곡물의 지역(대륙)별 생산량과 수출량 및 수입량

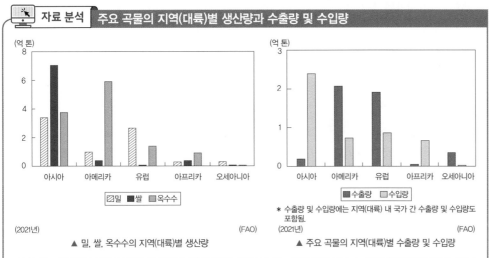

▲ 밀, 쌀, 옥수수의 지역(대륙)별 생산량

▲ 주요 곡물의 지역(대륙)별 수출량 및 수입량

* 수출량 및 수입량에는 지역(대륙) 내 국가 간 수출량 및 수입량도 포함됨.

아시아는 세계에서 쌀과 밀의 생산량이 가장 많고, 아메리카는 세계에서 옥수수 생산량이 가장 많다. 유럽은 아시아 다음으로 밀의 생산량이 많으며, 오세아니아는 인구 규모에 비해 밀의 생산량이 많다. 한편, 주요 곡물의 수입량이 수출량보다 많은 지역(대륙)은 많은 인구와 경제 성장의 영향으로 곡물 수요가 많은 아시아와 낮은 농업 기술력, 가뭄, 내전 등으로 곡물 생산량이 부족한 아프리카이다. 반면, 아메리카, 유럽, 오세아니아는 상업적 농업이 발달하여 인구 규모 대비 곡물 생산량이 많아 수출량이 수입량보다 많다.

(2) 쌀
① 기원지: 아시아의 열대 및 아열대 지역 등
② 재배 조건: 성장기에 고온 다습하고 수확기에 건조한 기후 지역의 충적 평야가 재배에 유리함
③ 주요 재배지
  • 아시아 계절풍 기후 지역 → 가족 노동력 중심의 자급적 영농
  • 미국 캘리포니아 일대, 브라질 남부 등 → 기계화된 상업적 영농
④ 특징
  • 단위 면적당 생산량이 많아 인구 부양력이 높음 → 전통적인 벼농사 지역은 인구 밀도가 높음
  • 아시아 계절풍 기후 지역은 생산지에서 주로 소비됨 → 밀, 옥수수보다 국제적 이동량이 적음

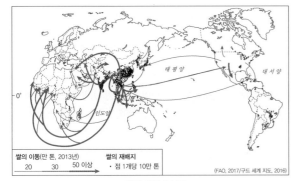

▲ 쌀의 생산과 이동

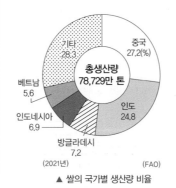

▲ 쌀의 국가별 생산량 비율

◆ 주요 곡물의 수출량·수입량 상위 5개국

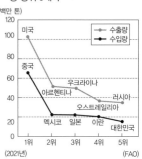

주요 수출국은 인구 대비 경지 면적이 넓은 국가들이 많고, 주요 수입국은 인구 대비 경지 면적이 좁은 국가들이 많다.

◆ 쌀의 국가별 수출량 비율

(2021년)   (FAO)

개념 체크

1. 쌀과 밀의 생산량 1위 지역(대륙)은 (   )이고, 옥수수의 생산량 1위 지역(대륙)은 (   )이다.

2. 아시아와 (   )는 주요 곡물 수입량이 수출량보다 많다.

3. 아메리카, 유럽, 오세아니아는 주요 곡물 수출량이 주요 곡물 수입량보다 (많다 / 적다).

4. 쌀 생산량 1위 국가는 (   ), 2위 국가는 (   )이다.

정답
1. 아시아, 아메리카
2. 아프리카
3. 많다
4. 중국, 인도

밀의 국가별 수출량 비율

러시아 13.8(%)
오스트레일리아 12.9
미국 12.1
캐나다 10.9
우크라이나 9.8
기타 40.5
총수출량 19,814만 톤
(2021년) (FAO)

옥수수의 국가별 수출량 비율

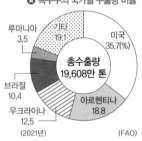

루마니아 3.5
기타 19.1
미국 35.7(%)
아르헨티나 18.8
우크라이나 12.5
브라질 10.4
총수출량 19,608만 톤
(2021년) (FAO)

바이오에탄올

바이오에탄올은 옥수수, 사탕수수, 수수, 보리, 감자 등의 작물에서 추출한 포도당을 발효시켜 생산하며, 주로 휘발유 첨가제로 사용한다.

(3) 밀

① 기원지: 서남아시아의 건조 기후 지역

② 재배 조건: 기후 적응력이 커서 비교적 기온이 낮고 건조한 기후 조건에서도 잘 자람

③ 주요 재배지: 중국 화북 · 인도 펀자브 지방 등(주로 자급적 농업), 미국 · 캐나다 · 오스트레일리아 등(기계화된 영농 방식의 상업적 농업)

④ 특징: 단위 면적당 생산량은 옥수수와 쌀에 비해 적지만 세계 생산량 대비 수출량은 옥수수와 쌀에 비해 많음, 신대륙에서 구대륙으로의 국제 이동량이 많음

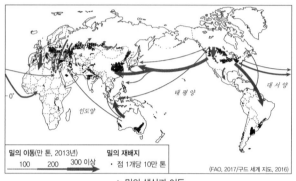

밀의 이동(만 톤, 2013년) 100 200 300 이상
밀의 재배지 · 점 1개당 10만 톤
(FAO, 2017/구드 세계 지도, 2016)

▲ 밀의 생산과 이동

중국 17.8(%)
인도 14.2
러시아 9.9
미국 5.8
프랑스 4.7
기타 47.6
총생산량 77,088만 톤
(2021년) (FAO)

▲ 밀의 국가별 생산량 비율

(4) 옥수수

① 기원지: 아메리카 지역

② 재배 조건: 기후 적응력이 커서 다양한 기후 지역에서 재배됨

③ 주요 재배지: 미국, 중국, 브라질, 아르헨티나 등

④ 특징: 육류 소비가 늘면서 가축의 사료로 많이 사용됨, 최근 바이오에탄올의 원료로 이용되며 수요가 증가함

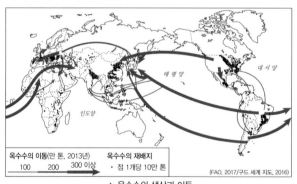

옥수수의 이동(만 톤, 2013년) 100 200 300 이상
옥수수의 재배지 · 점 1개당 10만 톤
(FAO, 2017/구드 세계 지도, 2016)

▲ 옥수수의 생산과 이동

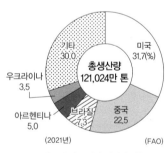

미국 31.7(%)
중국 22.5
브라질 7.3
아르헨티나 5.0
우크라이나 3.5
기타 30.0
총생산량 121,024만 톤
(2021년) (FAO)

▲ 옥수수의 국가별 생산량 비율

🌐 **탐구 활동** 밀, 쌀, 옥수수의 지역(대륙)별 수출량은 어떻게 나타날까?

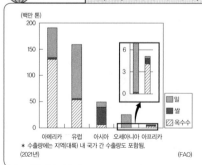

(백만 톤)
200
150
100
50
0
아메리카 유럽 아시아 오세아니아 아프리카
밀 쌀 옥수수
* 수출량에는 지역(대륙) 내 국가 간 수출량도 포함됨.
(2021년) (FAO)

▶ **밀, 쌀, 옥수수의 수출 특성을 지역(대륙)별로 비교하여 설명해 보자.**

밀은 유럽>아메리카>오세아니아 순으로 수출량이 많으며, 오세아니아는 인구 대비 밀 생산량이 많아 수출량이 많다. 쌀은 아시아의 수출량이 가장 많은데, 지역(대륙)별 수출량을 합한 세계 총수출량이 밀, 옥수수보다 적으므로 국제 이동량이 적음을 알 수 있다. 옥수수는 아메리카의 수출량이 가장 많다.

3. 주요 가축의 생산과 이동

(1) 지역(대륙)별 가축 사육과 목축업의 발달

① 돼지는 아시아, 소는 아메리카에서 가장 많이 사육됨

② 오세아니아는 가축 사육 두수는 적지만 양의 사육 두수 비율이 상대적으로 높음

③ 인구 증가와 소득 수준 향상, 식생활 변화로 축산물 소비량이 증가함

④ 최근 축산물의 국제 이동량이 증가함

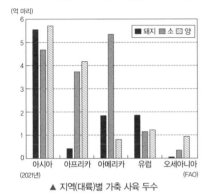

▲ 지역(대륙)별 가축 사육 두수

▲ 주요 가축(소, 돼지)의 사육 및 육류의 이동

(2) 주요 가축의 특징

① 소
- 농경 사회에서 노동력을 대신하는 동물로 일찍부터 가축화함
- 고기를 비롯하여 우유, 치즈, 버터 등과 같은 유제품을 제공함
- 아메리카, 오스트레일리아 등지에서는 기업적 방목의 형태로 사육됨

② 양
- 고기·젖을 얻기 위해 사육되며, 양털의 수요가 증가하면서 공업 원료로의 가치도 높아짐
- 아시아에서는 주로 유목, 아메리카·오스트레일리아 등지에서는 주로 방목의 형태로 사육됨

③ 돼지
- 유목 생활에 적합하지 않기 때문에 정착 생활을 하는 지역에서 주로 사육됨
- 돼지고기를 금기시하는 이슬람교 신자의 비율이 높은 서남아시아와 북부 아프리카에서는 거의 사육되지 않음

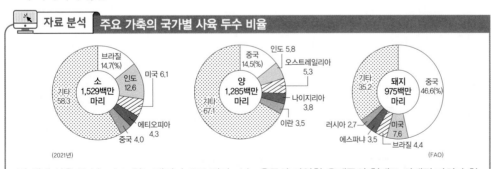

자료 분석 — 주요 가축의 국가별 사육 두수 비율

전 세계 사육 두수는 소>양>돼지 순으로 많다. 소는 육류와 다양한 유제품의 형태로 경제적 가치가 창출되기 때문에 세계 각지에서 사육되고 있으며, 대표적 사육 국가로는 브라질, 인도, 미국 등이 있다. 건조한 기후에 대한 적응력이 높은 양은 중국, 인도, 오스트레일리아 등에서 많이 사육된다. 돼지의 사육 두수는 중국이 압도적으로 많고, 아메리카와 유럽의 국가들에서 널리 사육되지만 서남아시아와 북부 아프리카의 국가들에서는 거의 사육되지 않는다.

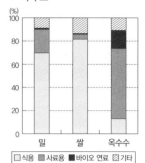

❂ 밀, 쌀, 옥수수의 용도별 소비 구조

밀과 쌀은 식용으로, 옥수수는 사료용으로 가장 많이 사용되고 있으며, 옥수수는 바이오에탄올의 원료로 이용되면서 바이오 연료용으로도 많이 사용된다.

❂ 유목과 방목

유목은 가축과 함께 물과 풀을 찾아 이동하는 목축 방식으로, 일정한 거처 없이 생활하는 모습을 볼 수 있다. 이에 반해 방목은 일정 공간에 가축을 풀어 놓고 사육하는 방식을 말한다. 특히 미국, 브라질, 오스트레일리아 등에서는 기업적 방목 형태로 운영되는 사례를 볼 수 있는데, 이 지역에서 강수량이 비교적 많은 지역에서는 소, 적은 지역에서는 양을 기르는 경우가 많다.

개념 체크

1. 브라질의 사육 두수가 가장 많고, 농경 사회에서 노동력 대체 효과가 큰 가축은 ( )이다.
2. 양은 아시아에서는 주로 ( ), 아메리카·오스트레일리아 등지에서는 주로 ( )의 형태로 사육된다.
3. 유목 생활에 적합하지 않아 정착 생활을 하는 지역에서 주로 사육되는 가축은 ( )이다.

정답
1. 소
2. 유목, 방목
3. 돼지

[24019-0111]

01 다음 글의 (가)와 비교한 (나)의 상대적 특징을 그림의 A~E에서 고른 것은? (단, (가), (나)는 세계 3대 식량 작물 중 하나임.)

〈세계의 면 요리〉

인류의 역사와 그 명맥을 같이해온 면 요리는 세계 각 지역의 식재료들과 접촉하며 다양한 형태의 요리로 재탄생하였다. 이탈리아의 파스타는 세계인들이 가장 즐기는 면 요리 중 하나로, 형태에 따라 수백 개의 다양한 요리로 발전하였다. 이 중 이탈리아 남부 지방의 건파스타는 (가) 중에서도 비교적 가뭄에 잘 견디는 품종을 주재료로 한 파스타이다. 베트남의 대표적 음식 중 하나인 '퍼'는 고기 육수에 이 지역의 주식인 (나) 로/으로 만든 면을 넣고 기호에 따라 고수, 숙주나물, 라임즙 등을 곁들여 먹는 요리이다.

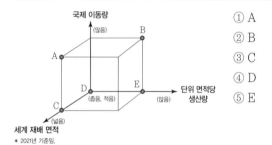

* 2021년 기준임.

① A
② B
③ C
④ D
⑤ E

[24019-0112]

02 그래프는 세 식량 작물의 아시아 대륙 내 지역별 생산량 비율을 나타낸 것이다. (가)~(다) 작물에 대한 설명으로 옳은 것은? (단, (가)~(다)는 각각 밀, 쌀, 옥수수 중 하나임.)

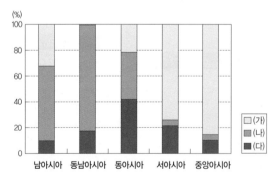

* 지역 구분은 국제 연합 식량 농업 기구(FAO) 기준에 따름.
(2021년) (FAO)

① (가)의 1인당 소비량은 아시아가 아메리카보다 많다.
② (나)는 식용보다 사료용으로 소비되는 양이 많다.
③ (다)의 세계 최대 생산국은 중국이다.
④ (가)는 (나)보다 내한성과 내건성이 강하다.
⑤ (나)는 (다)보다 세계의 재배 면적이 넓다.

[24019-0113]

03 그래프는 지도에 표시된 (가), (나) 국가군의 식량 작물 생산량 비율을 나타낸 것이다. A~C에 대한 설명으로 옳은 것은? (단, A~C는 각각 밀, 쌀, 옥수수 중 하나임.)

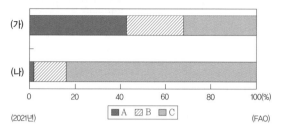

(2021년) (FAO)

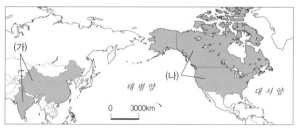

① A는 육류 소비 증대로 사료용으로의 수요가 급증하였다.
② B의 기원지는 아메리카이다.
③ B는 C보다 세계 생산량이 많다.
④ C는 A보다 세계에서 바이오 연료로 이용되는 양이 많다.
⑤ 오세아니아는 B보다 C의 수출량이 많다.

[24019-0114]

04 그래프의 (가)~(다)에 해당하는 식량 작물로 옳은 것은?

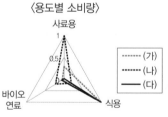

〈용도별 소비량〉　　〈세계 재배 면적 비율〉

* 작물별로 용도별 소비량이 가장 많은 값을 1로 했을 때의 상댓값임.
(2021년) (OECD, FAO)

	(가)	(나)	(다)
①	밀	쌀	옥수수
②	밀	옥수수	쌀
③	쌀	밀	옥수수
④	쌀	옥수수	밀
⑤	옥수수	밀	쌀

[24019-0115]

05 그래프의 (가)~(다)에 해당하는 식량 작물을 A~C에서 고른 것은? (단, (가)~(다), A~C는 각각 밀, 쌀, 옥수수 중 하나임.)

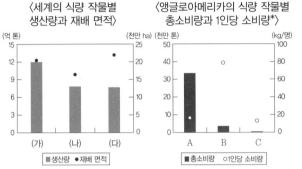

〈세계의 식량 작물별 생산량과 재배 면적〉 〈앵글로아메리카의 식량 작물별 총소비량과 1인당 소비량*〉

* 1인당 소비량은 작물별로 전체 용도 중 식용으로 이용되는 소비량을 인구로 나눈 값임.
(2021년) (OECD, FAO)

	(가)	(나)	(다)		(가)	(나)	(다)
①	A	B	C	②	A	C	B
③	B	A	C	④	B	C	A
⑤	C	A	B				

[24019-0116]

06 다음 자료의 ㉠~㉢에 대한 설명으로 옳은 것만을 〈보기〉에서 있는 대로 고른 것은?

에스파냐 여행 영상 일기

▲ 파에야　　▲ 하몽　　▲ 추로스

파에야와 하몽을 맛보았어요. 파에야는 프라이팬에 고기, 해산물, 향신료 등과 함께 ㉠쌀을 넣어서 볶은 음식이고, 하몽은 ㉡돼지의 뒷다리를 소금에 절여 건조시킨 음식이에요. 길거리에서 사 먹은 추로스는 ㉢밀가루 반죽을 막대 모양으로 만들어 기름에 튀겨낸 음식인데, 초콜릿에 찍어 먹어서 더 맛있었어요.

● 보기 ●
ㄱ. ㉠의 세계 최대 생산국은 아시아에 위치한다.
ㄴ. ㉡은 서남아시아에서 주로 유목 형태로 사육된다.
ㄷ. ㉢은 주로 논에서 재배된다.
ㄹ. ㉠은 ㉢보다 단위 면적당 생산량이 많다.

① ㄱ, ㄴ　　② ㄱ, ㄹ　　③ ㄴ, ㄷ
④ ㄱ, ㄷ, ㄹ　　⑤ ㄴ, ㄷ, ㄹ

[24019-0117]

07 그래프는 두 국가의 육류 소비량 비율을 나타낸 것이다. (가)~(다)에 대한 설명으로 옳은 것은? (단, (가)~(다)는 각각 돼지, 소, 양 중 하나임.)

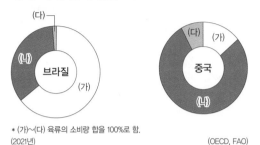

* (가)~(다) 육류의 소비량 합을 100%로 함.
(2021년) (OECD, FAO)

① (가)는 이슬람 문화권에서 식용을 금기시한다.
② (나)는 전통 농업 사회의 벼농사 지역에서 노동력 대체 효과가 크다.
③ (다)는 아시아보다 아메리카에서 많이 사육된다.
④ (다)는 (나)보다 건조한 기후에 대한 적응력이 높다.
⑤ 세계 총 사육 두수는 (다)가 (가)보다 많다.

[24019-0118]

08 지도는 세 가축의 사육 두수 상위 5개 국가를 나타낸 것이다. (가)~(다)의 특성을 그림의 A~C에서 고른 것은? (단, (가)~(다)는 각각 돼지, 소, 양 중 하나임.)

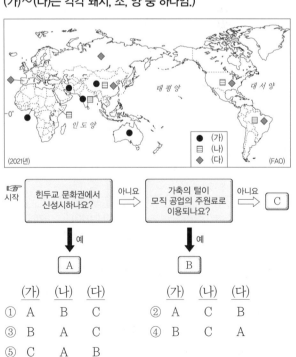

(2021년) (FAO)

	(가)	(나)	(다)		(가)	(나)	(다)
①	A	B	C	②	A	C	B
③	B	A	C	④	B	C	A
⑤	C	A	B				

[24019-0119]

1 다음 자료의 (가)~(다) 작물의 국가별 수출량 비율 그래프를 A~C에서 고른 것은? (단, (가)~(다), A~C는 각각 밀, 쌀, 옥수수 중 하나임.)

〈탐구 활동: 세계 3대 식량 작물을 이용한 여러 나라의 음식 소개하기〉

인도네시아 나시고렝	이탈리아 피자	멕시코 타코
해산물과 고기, 각종 채소 등을 넣고 다양한 향신료와 함께 센 불에 볶아낸 요리로, '나시'는 (가) , '고렝'은 볶는다는 의미이다.	(나) 가루로 만든 납작한 반죽 위에 치즈와 토마토 소스 등을 얹어서 화덕에 구워낸 요리로, 둥글넓적하게 구운 빵인 '피타(pitta)'에서 유래되었다는 설이 있다.	(다) 가루를 반죽한 뒤 밀전병처럼 구운 토르티야에 고기, 해산물, 채소 등을 넣어서 만든 요리로, 멕시코식 샌드위치로도 알려져 있다.

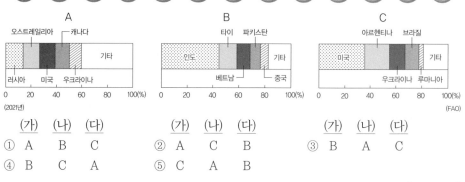

(2021년) (FAO)

	(가)	(나)	(다)		(가)	(나)	(다)		(가)	(나)	(다)
①	A	B	C	②	A	C	B	③	B	A	C
④	B	C	A	⑤	C	A	B				

[24019-0120]

2 그래프는 지도에 표시된 세 국가의 A~C 작물의 1인당 소비량을 나타낸 것이다. 이에 대한 설명으로 옳은 것은? (단, A~C는 각각 밀, 쌀, 옥수수 중 하나임.)

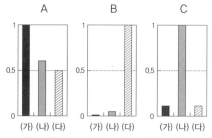

★ 1인당 소비량은 작물별로 전체 용도 중 식용으로 이용되는 소비량을 인구로 나눈 값임.
★★ 작물별 1인당 소비량이 최대인 국가의 값을 1로 했을 때의 상댓값임.
(2021년) (OECD, FAO)

① A의 세계 최대 생산국은 아메리카에 있다.
② A는 B보다 단위 면적당 생산량이 많다.
③ B는 C보다 식용 이외의 소비 비율이 낮다.
④ C는 A보다 내한성 및 내건성이 강하다.
⑤ 인도는 멕시코보다 1인당 밀 소비량이 많다.

[24019-0121]

3 그래프는 아시아의 주요 식량 작물 생산량과 생산량 비율을 나타낸 것이다. 이에 대한 설명으로 옳은 것만을 〈보기〉에서 있는 대로 고른 것은? (단, (가)~(다)는 각각 밀, 쌀, 옥수수 중 하나임.)

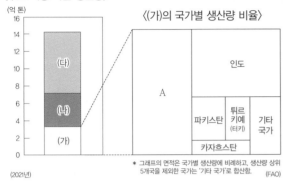

〈주요 식량 작물 생산량〉

〈(가)의 국가별 생산량 비율〉

* 그래프의 면적은 국가별 생산량에 비례하고, 생산량 상위 5개국을 제외한 국가는 '기타 국가'로 합산함.

(2021년) (FAO)

● 보기 ●

ㄱ. (가)는 (다)보다 세계 생산량 대비 수출량이 많다.
ㄴ. (나)는 (가)보다 세계 수출량에서 아메리카가 차지하는 비율이 높다.
ㄷ. (나)는 (다)보다 바이오에탄올의 원료로 많이 이용된다.
ㄹ. A는 (나)의 세계 최대 생산국이다.

① ㄱ, ㄴ   ② ㄴ, ㄹ   ③ ㄷ, ㄹ   ④ ㄱ, ㄴ, ㄷ   ⑤ ㄱ, ㄷ, ㄹ

[24019-0122]

4 그래프에 대한 설명으로 옳은 것은? (단, (가)~(라)는 각각 아메리카, 아시아, 아프리카, 유럽 중 하나이고, A~C는 각각 밀, 쌀, 옥수수 중 하나임.)

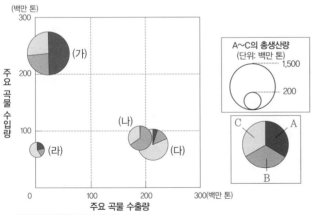

〈지역(대륙)별 식량 자원 생산량 및 수출·수입량〉

A~C의 총생산량
(단위: 백만 톤)

* 수출량 및 수입량은 원그래프의 중심값임.
** 수출량 및 수입량에는 지역(대륙) 내 국가 간 수출량 및 수입량도 포함됨.

(2021년) (FAO)

① B의 기원지는 (다)이다.
② A는 C보다 가축의 사료로 이용되는 비율이 높다.
③ B는 A보다 국제 이동량이 적다.
④ 아메리카는 아시아보다 밀 생산량이 많다.
⑤ 유럽의 옥수수 생산량은 아프리카의 쌀 생산량보다 많다.

[24019-0123]

5 그래프는 세 가축의 국가별 육류 수출량 및 소비량을 나타낸 것이다. (가)~(다)에 대한 설명으로 옳은 것은? (단, (가)~(다)는 각각 돼지, 소, 양 중 하나임.)

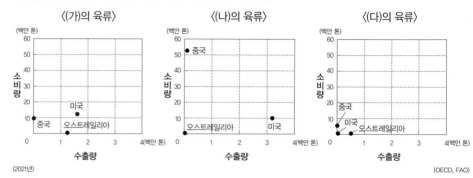

① (가)의 털은 모직 공업의 주원료로 이용된다.
② (나)의 젖은 주로 치즈, 버터 등의 유제품 원료로 활용된다.
③ (다)는 전통 농업 사회의 벼농사 지역에서 노동력 대체 효과가 크다.
④ (다)는 (나)보다 유목에 적합하다.
⑤ 전 세계 총 사육 두수는 (다)>(가)>(나) 순으로 많다.

[24019-0124]

6 다음 글의 (가)~(다)에 해당하는 가축을 그래프의 A~C에서 고른 것은? (단, (가)~(다)는 각각 돼지, 소, 양 중 하나임.)

〈종교와 금기 음식〉

종교는 인간의 정신문화와 생활 양식에 많은 영향을 미치며, 세계 여러 지역에는 종교적인 이유로 금기시되는 음식 문화가 존재한다. 힌두교 문화권에서 (가) 은/는 힌두교의 신들이 깃들어 있는 숭배의 대상으로 식용이 금기시된다. 이슬람교 문화권에서 (나) 고기는 이슬람교 경전인 쿠란에 '죽은 고기'와 '동물의 피' 등과 함께 먹어서는 안 되는 '하람(Haram)' 음식으로 명확하게 규정되어 있다. 한편, 이슬람교 문화권에서 흔히 사육되는 (다) 은/는 이슬람교나 힌두교에서 특별히 종교적 이유로 식용을 금기시하지 않으며, 기후 적응력이 높기 때문에 건조한 지역에서도 널리 사육되고 있다.

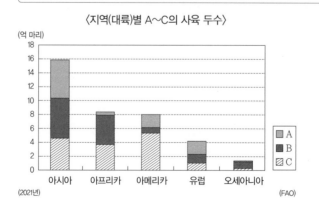

〈지역(대륙)별 A~C의 사육 두수〉

	(가)	(나)	(다)
①	A	B	C
②	A	C	B
③	B	A	C
④	C	A	B
⑤	C	B	A

10 주요 에너지 자원과 국제 이동

1. 에너지 자원

(1) 자원의 의미: 인간에게 이용 가치가 있고 기술·경제적으로 이용 가능한 것

(2) 자원의 특성

① 유한성: 대부분의 자원은 매장량이 한정되어 있어 언젠가는 고갈됨, 가채 연수를 통해 그 자원을 얼마나 더 채굴할 수 있는지를 나타냄

② 편재성: 특정 자원은 일부 지역에 편중되어 분포함, 자원 민족주의 등장의 배경이 됨

③ 가변성: 자원을 이용하는 기술적 수준, 경제적 조건, 문화적 배경 등에 따라 자원의 의미와 가치가 달라짐

(3) 에너지 자원의 의미와 특징

① 의미: 석유, 석탄 등 화석 에너지와 풍력, 태양광 등 신·재생 에너지와 같이 인간 생활과 경제 활동에 필요한 동력을 생산할 수 있는 자원

② 세계 주요 에너지 자원의 소비

- 세계 1차 에너지 소비량이 지속적으로 증가하고 있음
- 신·재생 에너지 개발이 활발하지만 화석 에너지 의존도가 높은 수준임
- 세계 1차 에너지 자원별 소비량: 석유>석탄>천연가스>신·재생 에너지 및 기타>수력>원자력 순으로 많음(2022년 기준)
- 에너지 자원의 생산과 이동 특성: 화석 에너지는 소비량 대비 생산량이 많은 지역에서 생산량 대비 소비량이 많은 지역으로의 국제 이동이 활발함

▲ 세계 1차 에너지 소비량 변화

탐구 활동 : 국가별 에너지 소비량과 에너지 소비 구조는 어떤 특징이 있을까?

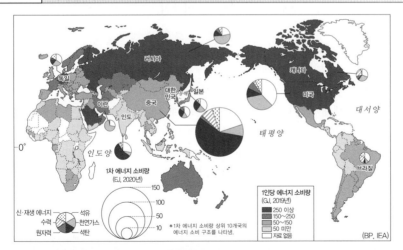

➡ **1인당 에너지 소비량이 많은 곳과 적은 곳의 특징을 비교해 보자.**
경제 발전 수준이 높은 선진국이나 자원 매장량이 풍부한 지역은 1인당 에너지 소비량이 많은 반면, 경제 발전 수준이 낮은 사하라 이남 아프리카와 남부 아시아 등에서는 1인당 에너지 소비량이 적다.

➡ **주요 국가들의 에너지 소비 구조의 특징을 설명해 보자.**
중국·인도 등은 석탄, 러시아·이란·미국 등은 천연가스, 캐나다·브라질 등은 수력의 소비 비율이 상대적으로 높다.

● 편재성(偏在性)
자원의 매장량이 특정 지역에 치우쳐 불균등하게 분포하는 특성을 의미한다.

● 1차 에너지
주로 가공되지 않은 상태에서 공급되는 에너지로, 석유, 석탄, 원자력, 수력, 지열 등을 가리킨다. 1차 에너지를 변환·가공해서 얻은 전기, 도시가스 등을 2차 에너지라고 부른다.

● 주요 국가의 화석 에너지 소비량 비율 변화

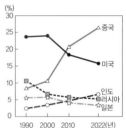

*전 세계 화석 에너지 소비량에서 차지하는 국가별 비율을 나타낸 것이며, 상위 5개국(2022년)을 대상으로 함.
(BP)

화석 에너지 소비량 상위 5개국이 전 세계 화석 에너지 소비량의 50% 이상을 차지할 정도로 에너지 소비량의 국가 간 차이가 크다. 한편, 중국은 경제가 성장하면서 세계 최대 에너지 소비국으로 부상하였다.

개념 체크

1. 자원이 특정 지역에 편중되어 분포하는 특성을 자원의 ( )이라고 한다.

2. 2022년 기준 세계 1차 에너지 소비량은 석유>( )>( )>신·재생 에너지 및 기타>수력>( ) 순으로 많다.

3. 2022년 기준 세계 1차 에너지 소비량은 ( )>미국>( ) 순으로 많다.

정답
1. 편재성
2. 석탄, 천연가스, 원자력
3. 중국, 인도

❖ 석탄의 국가별 소비량 비율

(2021년) (EIA)

석탄은 다른 에너지 자원에 비해 중국과 인도의 소비량 비율이 높다.

❖ 내연 기관

기관 내부에서 석유, 천연가스 등의 연료를 연소시켜 열에너지를 기계적 운동 에너지로 바꾸는 기계 장치이다.

❖ 배사 구조

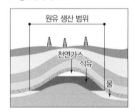

볼록하게 솟아오른 습곡 지층 구조를 말한다. 석유나 천연가스는 배사부에 주로 분포한다.

2. 주요 에너지 자원의 특징과 이동

(1) 석탄

① 특징

- 산업용(제철 공업용 및 발전용 등)으로 이용되는 비율이 높음
- 산업 혁명기에 증기 기관의 연료로 이용되면서 소비량이 빠르게 증가함

② 매장 및 분포: 주로 고기 조산대 주변에 매장되어 있음 **예** 미국의 애팔래치아산맥, 오스트레일리아의 그레이트디바이딩산맥, 중국의 푸순 등

③ 국제 이동: 화석 에너지 중에서는 편재성이 작은 편이고, 생산량 대비 국제 이동량도 상대적으로 적은 편임

- 주요 수출국: 인도네시아, 오스트레일리아, 러시아 등
- 주요 수입국: 중국, 인도, 일본 등

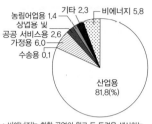

* 비에너지는 화학 공업의 원료 등 동력을 생산하는 용도로 사용되지 않는 부문임.
(2020년) (IEA)
▲ 석탄의 용도별 소비 비율

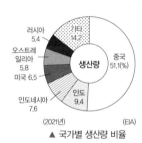

(2021년) (EIA)
▲ 국가별 생산량 비율

(2021년) (EIA)
▲ 국가별 순 수출량 비율

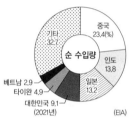

(2021년) (EIA)
▲ 국가별 순 수입량 비율

(2) 석유

① 특징

- 19세기 내연 기관의 발명과 자동차 보급의 확산으로 소비량이 급증하였고, 수송용으로 이용되는 비율이 높음
- 세계 1차 에너지 소비 구조에서 차지하는 비율이 가장 높음

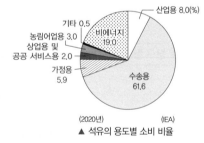

(2020년) (IEA)
▲ 석유의 용도별 소비 비율

- 서남아시아의 수출량 비율이 높아 서남아시아의 정세 불안에 따른 가격 변동 폭이 큰 편임

② 매장 및 분포: 신생대 제3기층 배사 구조에 주로 매장되어 있음, 세계 매장량의 약 47%가 서남아시아의 페르시아만 연안 지역에 분포함

③ 국제 이동: 지역적 편재성이 커서 국제 이동량이 많음, 서남아시아 국가의 수출량 비율이 높음

- 주요 수출국: 사우디아라비아, 러시아, 이라크 등
- 주요 수입국: 중국, 미국, 인도 등

(2021년) (EIA)
▲ 국가별 생산량 비율

(2021년) (OPEC)
▲ 국가별 순 수출량 비율

(2021년) (OPEC)
▲ 국가별 순 수입량 비율

(3) 천연가스

① 특징

- 산업용 및 가정용으로 사용되는 비율이 높으며, 산업용은 주로 발전, 가정용은 주로 난방에 이용됨
- 냉동 액화 기술의 발달로 운반과 사용이 편리해지면서 소비량이 급증함
- 석탄, 석유에 비해 연소 시 대기 오염 물질 배출량이 적음

② 매장 및 분포: 신생대 제3기층 배사 구조에 석유와 함께 매장되어 있는 경우가 많음

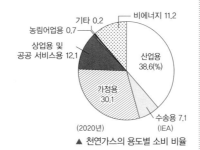

▲ 천연가스의 용도별 소비 비율

③ 국제 이동: 러시아에서 유럽으로 이어지는 육상 구간에서는 주로 파이프라인이 이용되며, 서남아시아 및 동남아시아에서 동아시아로 이어지는 해상 구간에서는 주로 액화 천연가스(LNG) 수송선을 이용함

- 주요 수출국: 러시아, 미국, 카타르, 노르웨이 등
- 주요 수입국: 중국, 일본, 독일 등

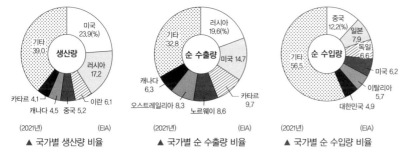

▲ 국가별 생산량 비율   ▲ 국가별 순 수출량 비율   ▲ 국가별 순 수입량 비율

(4) 원자력

① 정의: 우라늄이나 플루토늄의 핵분열 시 발생하는 열에너지

② 원자력 발전

- 장점: 적은 양의 에너지원으로 많은 양의 전력을 생산할 수 있고, 화력 발전에 비해 대기 오염 물질을 적게 배출함
- 단점: 방사능 누출의 위험성이 있고, 방사성 폐기물 처리에 어려움이 큼

③ 발전소의 분포: 지반이 안정되고 냉각수가 풍부한 지역이 입지에 유리함

▲ 원자력의 국가별 생산량 비율

▲ 국가별 전력 생산에서 원자력 발전이 차지하는 비율

(5) 신·재생 에너지

① 정의: 기존의 화석 에너지를 변화시켜 이용하는 에너지와 햇빛·물·바람·지열 등 재생이 가능한 에너지를 전기로 변화시켜 이용하는 에너지

② 종류: 태양광, 태양열, 수력, 풍력, 지열, 바이오 에너지 등

🔅 **냉동 액화 기술**

기체 상태의 천연가스를 냉각하여 액체로 응축하는 기술이다. 냉동 액화된 천연가스는 기체 상태에 비해 부피가 크게 줄며, 액화 천연가스(LNG) 수송선을 이용해 수송이 가능하다.

🔅 **경제 발전 수준에 따른 화석 에너지원별 소비 구조 변화**

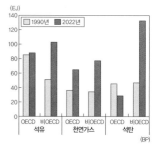

주로 선진국으로 구성된 경제 협력 개발 기구(OECD) 회원국의 경우 1990년 대비 2022년 석탄 소비량은 크게 감소한 반면, 천연가스 소비량은 크게 증가하였다. 비OECD 국가들의 경우 석유, 천연가스, 석탄의 소비량이 모두 증가하였으며, 특히 석탄의 소비량이 가장 많이 증가하였다.

🔅 **바이오 에너지**

식물이나 미생물을 에너지원으로 이용하는 것으로, 바이오 에탄올, 바이오디젤 등이 대표적이다.

개념 체크

1. 냉동 액화 기술의 발달로 운반과 사용이 편리해지면서 소비량이 급격히 증가한 화석 에너지 자원은 (   )이다.

2. 석유, 석탄, 천연가스 중 연소 시 대기 오염 물질과 온실가스 배출량이 가장 많은 것은 (   )이다.

3. 원자력 발전은 화석 에너지 자원을 이용한 화력 발전에 비해 대기 오염 물질을 (많게 / 적게) 배출한다.

정답 ────────
1. 천연가스
2. 석탄
3. 적게

⚙ 균등화 발전 비용

균등화 발전 비용(LCOE: Levelized Cost of Electricity)은 발전을 위한 준비 단계부터 사용 후 연료의 처리 비용까지를 포함하여 전력을 생산하기 위해 필요한 모든 비용을 추정하여 서로 다른 발전 방식 간 경제성을 비교할 수 있도록 산출한 비용이다. 각 국가별 연료 수급 및 자연환경의 차이, 국가 정책의 차이 등으로 인하여 에너지원별 균등화 발전 비용은 국가별로 차이가 있다.

③ 특징
• 대기 오염 물질 배출량이 적고 환경친화적임, 화석 에너지 자원에 비해 고갈 가능성이 낮음
• 국가 온실가스 감축 목표(NDC: Nationally Determined Contribution) 달성을 위한 신·재생 에너지 의무 할당제 도입, 환경 규제 강화 등으로 신·재생 에너지 개발이 활발하게 진행
• 최근 기술 발달로 경제성이 높아지고 공급량이 증가

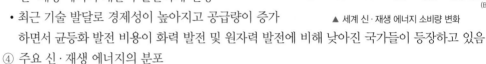

▲ 세계 신·재생 에너지 소비량 변화

하면서 균등화 발전 비용이 화력 발전 및 원자력 발전에 비해 낮아진 국가들이 등장하고 있음

④ 주요 신·재생 에너지의 분포

구분	분포 지역	주요 국가
수력	큰 강이 흘러 유량이 풍부하거나, 높은 산지가 있어 낙차 확보에 유리하고, 빙하가 있어 빙하 녹은 물이 흘러내리는 지역	브라질, 캐나다, 노르웨이 등
풍력	일정하면서도 강한 바람이 지속적으로 부는 산지의 능선부, 고원, 해안 지역	영국, 독일, 덴마크 등
태양광·태양열	일사량이 많은 지역	이탈리아 등
지열	판의 경계부와 같이 지열이 풍부한 지역	필리핀, 인도네시아 등

⚙ 지열의 국가별 발전량 비율

▲ 수력, 풍력, 태양광·태양열의 국가별 발전량 비율

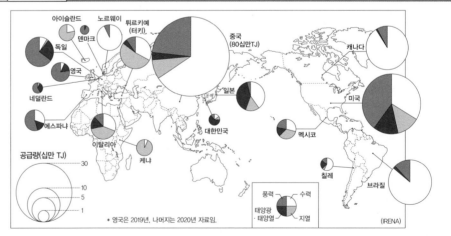

🖱 자료 분석 주요 국가별 수력, 풍력, 태양광·태양열, 지열 에너지 공급 현황

신·재생 에너지는 지형이나 기후의 제약으로 인한 지역적 편재가 큰 편이다. 빙하 지형이 발달하여 낙차 확보에 유리하고 빙하 녹은 물이 흘러내리는 노르웨이와 캐나다, 유역 면적이 넓고 강수량이 많은 열대 기후 지역의 브라질은 수력 에너지의 공급 비율이 높은 편이다. 판의 경계부에 위치한 아이슬란드, 이탈리아, 튀르키예(터키) 등은 지열 에너지의 공급 비율이 높은 편이며, 편서풍의 영향을 받는 서부 유럽 지역의 국가들은 풍력 에너지의 공급 비율이 대체로 높다.

개념 체크

1. (　　) 발전은 유량이 풍부하거나, 빙하 녹은 물이 흘러 내리는 지역이 유리하다.

2. 수력, 풍력, 태양광·태양열 발전량이 모두 세계에서 가장 많은 국가는(　　)이다.

정답
1. 수력
2. 중국

[24019-0125]

01 그래프는 경제 협력 개발 기구(OECD) 회원국과 비회원국의 1차 에너지원별 소비량 비율을 나타낸 것이다. (가)~(다) 자원에 대한 설명으로 옳은 것만을 〈보기〉에서 있는 대로 고른 것은? (단, (가)~(다)는 각각 석유, 석탄, 천연가스 중 하나임.)

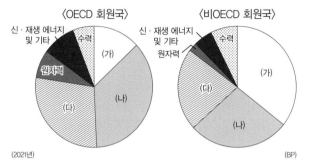

(2021년) (BP)

─● 보기 ●─

ㄱ. (가)는 산업 혁명 초기의 주요 에너지 자원이었다.
ㄴ. (나)는 주로 고기 조산대 주변에 매장되어 있다.
ㄷ. (다)는 수송용 연료로 사용되는 비율이 가장 높다.
ㄹ. (가)~(다) 중 생산량 대비 국제 이동량은 (가)가 가장 적다.

① ㄱ, ㄷ   ② ㄱ, ㄹ   ③ ㄴ, ㄷ
④ ㄱ, ㄴ, ㄹ   ⑤ ㄴ, ㄷ, ㄹ

[24019-0126]

02 그래프는 지역(대륙)별 1차 에너지 소비 구조를 나타낸 것이다. (가)~(다)에 대한 설명으로 옳은 것은? (단, (가)~(다)는 각각 석유, 석탄, 천연가스 중 하나임.)

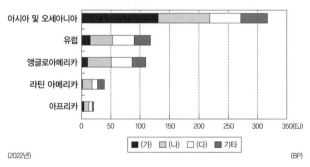

(2022년) (BP)

① (가)의 세계 최대 생산 국가는 인도이다.
② (나)는 냉동 액화 기술의 발달로 수요가 급증하였다.
③ (가)는 (다)보다 연소 시 대기 오염 물질의 배출량이 많다.
④ (다)는 (나)보다 세계 1차 에너지 소비 구조에서 차지하는 비율이 높다.
⑤ (가)~(다) 중 발전용 연료로 사용되는 양은 (다)가 가장 많다.

[24019-0127]

03 다음 글의 (가), (나)에 들어갈 화석 에너지 자원의 국가별 생산량 비율 그래프를 A~C에서 고른 것은?

러시아와 우크라이나의 전쟁 이후 유럽 국가들이 러시아산 에너지 수입을 제한하면서 (가) 의 세계 최대 수출 국가인 러시아가 파이프라인을 통해 유럽으로 공급하는 (가) 의 양이 크게 감소하였다. (가) 사용량의 약 70%를 러시아에 의존하던 유럽 국가들이 (가) 의 사용을 줄이고, 전력 생산에 (나) 의 사용을 늘린 탓에 (나) 의 연간 소비량이 역대 최고치를 경신하였다. 이에 대해 국제 사회는 2030년까지 '탈 (나) '을/를 선언했던 유럽 연합이 기후 위기 대응 정책에 역행하고 있다고 지적했다.

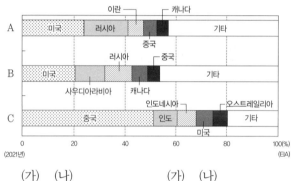

(2021년) (EIA)

	(가)	(나)		(가)	(나)
①	A	B	②	A	C
③	B	A	④	B	C
⑤	C	A			

[24019-0128]

04 그래프는 화석 에너지의 용도별 소비 비율을 나타낸 것이다. (가)~(다) 에너지로 옳은 것은?

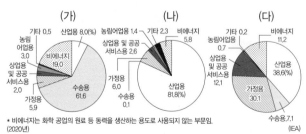

* 비에너지는 화학 공업의 원료 등 동력을 생산하는 용도로 사용되지 않는 부문임.
(2020년) (IEA)

	(가)	(나)	(다)
①	석유	석탄	천연가스
②	석유	천연가스	석탄
③	석탄	석유	천연가스
④	석탄	천연가스	석유
⑤	천연가스	석탄	석유

[24019-0129]

05 그래프는 네 국가의 1차 에너지원별 소비량을 나타낸 것이다. 이에 대한 설명으로 옳은 것은? (단, (가)~(라)는 각각 석유, 석탄, 원자력, 천연가스 중 하나임.)

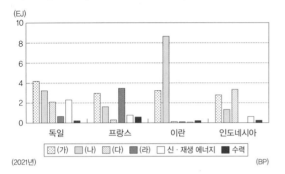

(2021년) (BP)

① (다)의 소비량은 유럽이 아시아보다 많다.
② (가)는 (다)보다 세계 생산에서 중국이 차지하는 비율이 높다.
③ (나)는 (가)보다 발전용 연료로 사용되는 비율이 높다.
④ (라)는 (가)보다 본격적으로 상용화된 시기가 이르다.
⑤ 석유 소비량은 이란이 독일보다 많다.

[24019-0130]

06 그래프는 세계 1차 에너지원별 발전량과 발전량 비율의 변화를 나타낸 것이다. (가)~(라)에 대한 설명으로 옳은 것은? (단, (가)~(라)는 각각 석탄, 신·재생 에너지, 원자력, 천연가스 중 하나임.)

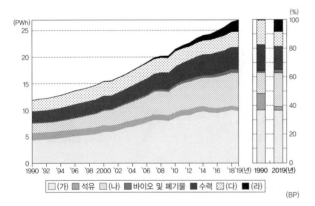

(BP)

① (가)의 세계 최대 소비 국가는 미국이다.
② (나)는 방사성 폐기물 처리에 어려움이 크다.
③ (가)는 (나)보다 파이프라인을 이용한 수송 비율이 높다.
④ (다)는 (라)보다 발전원으로 이용하는 국가 수가 많다.
⑤ 1990~2019년에 에너지원별 발전량 증가율이 가장 높은 것은 신·재생 에너지이다.

[24019-0131]

07 표는 신·재생 에너지별 발전 설비 용량이 큰 상위 5개 국가의 비율을 나타낸 것이다. 이에 대한 설명으로 옳은 것만을 〈보기〉에서 고른 것은? (단, (가)~(다)는 각각 수력, 지열, 태양광·태양열 중 하나이고, A, B는 각각 미국, 중국 중 하나임.)

(단위: %)

(가)		(나)		(다)	
A	35.7	A	27.7	B	18.4
B	10.4	브라질	8.2	인도네시아	15.1
일본	9.8	B	7.9	필리핀	13.7
독일	7.6	캐나다	6.1	튀르키예 (터키)	11.5
인도	5.5	러시아	3.9	뉴질랜드	7.0

(2020년) (IRENA)

● 보기 ●
ㄱ. (가)는 낙차가 크고 유량이 풍부한 지역이 생산에 유리하다.
ㄴ. (나)는 (다)보다 전 세계 발전량에서 차지하는 비율이 높다.
ㄷ. (다)는 (가)보다 발전 시 기상 조건의 영향을 많이 받는다.
ㄹ. B는 A보다 1인당 에너지 소비량이 많다.

① ㄱ, ㄴ ② ㄱ, ㄷ ③ ㄴ, ㄷ ④ ㄴ, ㄹ ⑤ ㄷ, ㄹ

[24019-0132]

08 그래프는 세 국가의 신·재생 에너지원별 발전량 비율을 나타낸 것이다. A~D에 대한 설명으로 옳은 것은? (단, A~D는 각각 수력, 지열, 태양광, 풍력 중 하나임.)

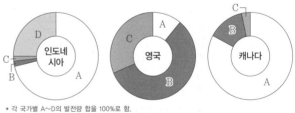

* 각 국가별 A~D의 발전량 합을 100%로 함.
(2020년) (IRENA)

① A는 바람이 많이 부는 산지나 해안 지역이 발전에 유리하다.
② B는 판의 경계 부근에서 개발 잠재력이 높다.
③ C는 일사량이 많은 지역이 개발에 유리하다.
④ D는 유량이 풍부하고 낙차가 큰 곳이 발전에 유리하다.
⑤ D는 C보다 발전 시 기상 조건의 영향을 많이 받는다.

[24019-0133]

1 그래프는 (가)~(다) 자원의 국가별 매장량 비율과 생산량 비율을 나타낸 것이다. (가)~(다)에 대한 설명으로 옳은 것은? (단, (가)~(다)는 각각 석유, 석탄, 천연가스 중 하나이고, A와 B는 각각 매장량, 생산량 중 하나임.)

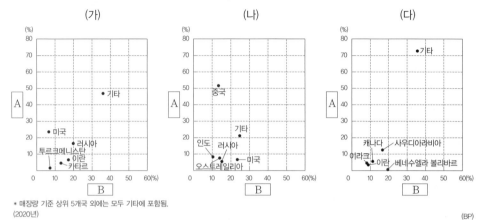

* 매장량 기준 상위 5개국 외에는 모두 기타에 포함됨.
(2020년)

(BP)

① (가)는 (나)보다 연소 시 대기 오염 물질의 배출량이 많다.
② (나)는 (다)보다 신생대 제3기층 배사 구조에 매장되어 있는 비율이 높다.
③ (다)는 (가)보다 상용화된 시기가 늦다.
④ 총매장량에서 상위 5개국의 매장량이 차지하는 비율은 석탄이 가장 높다.
⑤ A는 매장량, B는 생산량이다.

[24019-0134]

2 그래프는 (가), (나) 국가의 1차 에너지 소비 구조 변화를 나타낸 것이다. 이에 대한 설명으로 옳은 것은? (단, (가), (나)는 각각 에스파냐, 인도네시아 중 하나이고, A~C는 각각 석유, 석탄, 천연가스 중 하나임.)

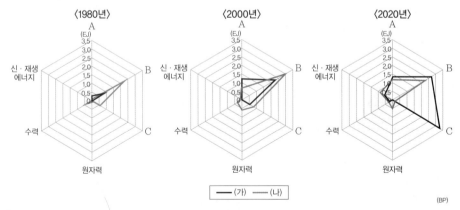

(BP)

① (가)는 2000년에 석탄보다 천연가스 소비량이 많다.
② (가)는 (나)보다 2020년 1인당 국내 총생산이 많다.
③ (나)는 (가)보다 2020년 1차 에너지 총소비량이 많다.
④ A는 주로 고기 조산대 주변에 매장되어 있다.
⑤ B는 C보다 에너지원으로 본격적으로 상용화된 시기가 이르다.

[24019-0135]

3 그래프에 대한 설명으로 옳은 것은? (단, (가)~(라)는 각각 지도에 표시된 네 국가 중 하나이고, A~E는 각각 석유, 석탄, 수력, 원자력, 천연가스 중 하나임.)

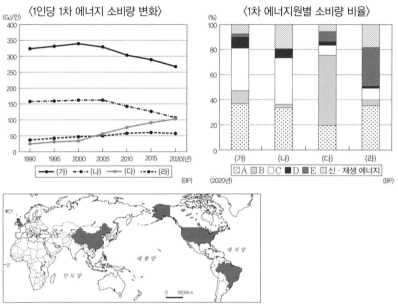

① (가)는 (다)보다 2020년에 총에너지 소비량이 많다.

② (나)는 (라)보다 수력 소비량이 많다.

③ (가)는 2020년에 A의 생산량 1위 국가이다.

④ B는 D보다 발전 시 온실가스 배출량이 적다.

⑤ E는 C보다 고갈 가능성이 높다.

[24019-0136]

4 그래프는 세 지역(대륙)의 1차 에너지 소비 구조를 나타낸 것이다. 이에 대한 설명으로 옳은 것은? (단, (가)~(다)는 각각 라틴 아메리카, 아시아 및 오세아니아, 유럽 중 하나이고, A~C는 각각 석유, 석탄, 천연가스 중 하나임.)

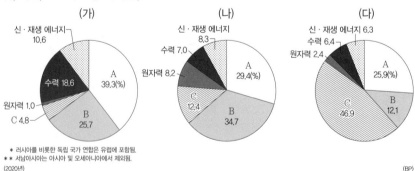

① (가)에는 세계 최대 석탄 생산국이 위치한다.

② (나)는 (다)보다 석유 소비량이 많다.

③ A는 산업용보다 수송용으로 소비되는 비율이 높다.

④ B는 C보다 세계 1차 에너지 소비량에서 차지하는 비율이 높다.

⑤ A~C 중 발전 시 대기 오염 물질 배출량은 B가 가장 많다.

[24019-0137]

5 그래프는 지도에 표시된 네 국가의 신·재생 에너지원별 발전량 비율을 나타낸 것이다. 이에 대한 설명으로 옳지 <u>않은</u> 것은? (단, A~C는 각각 수력, 지열, 태양광 중 하나임.)

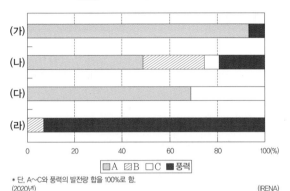

* 단, A~C와 풍력의 발전량 합을 100%로 함.
(2020년)   (IRENA)

① (가)에는 피오르 해안이 발달하였다.

② (다)는 판의 경계부에 위치하여 화산 활동과 지진의 발생 빈도가 높다.

③ (라)는 (나)보다 고위도에 위치한다.

④ A는 B보다 세계 총발전량에서 차지하는 비율이 높다.

⑤ C는 B보다 세계에서 상업적 발전에 이용하는 국가 수가 많다.

[24019-0138]

6 다음 자료는 주요 국가들의 에너지원별 발전량 비율을 나타낸 것이다. (가)~(마)에 대한 설명으로 옳은 것은? (단, (가)~(마)는 각각 석유, 석탄, 수력, 원자력, 천연가스 중 하나임.)

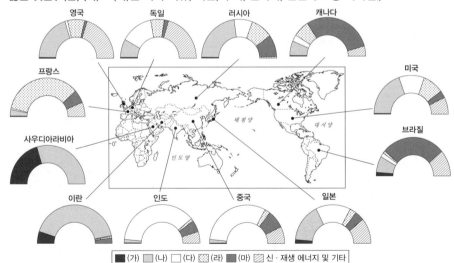

* 국가별 총발전량에서 각 에너지원이 차지하는 비율임.
(2021년)   (BP)

① (가)를 활용한 발전소는 유량이 풍부하고 낙차를 확보하기 쉬운 곳에 입지한다.

② (나)는 (다)보다 발전 시 이산화 탄소 배출량이 많다.

③ (다)는 (라)보다 세계 발전량 비율이 높다.

④ (라)는 (마)보다 발전량이 기후 조건의 영향을 크게 받는다.

⑤ (나), (다), (마)는 화력 발전에 이용되는 에너지원이다.

11 몬순 아시아와 오세아니아 (1)

❂ 몬순 아시아의 지역 범위
계절풍의 영향을 받는 동아시아, 동남아시아, 남부 아시아가 해당한다.

1. 몬순 아시아의 자연환경

(1) 기후

① 주요 특징: 대륙과 해양의 비열 차 등에 의해 부는 계절풍의 영향이 큼

② 계절별 풍향 및 강수 특징
- 여름: 바람이 주로 해양에서 대륙 내부로 붊 → 다습한 남풍 계열의 바람이 탁월함
- 겨울: 바람이 주로 대륙 내부에서 해양으로 붊 → 건조한 북풍 계열의 바람이 탁월함

❂ 몬순(monsoon)
아랍어로 계절을 뜻하는 '마우심(mausim)'에서 유래하였다. 대륙과 해양의 비열 차 등에 의해 계절에 따라 풍향이 바뀌는 바람이며, 계절풍이라고도 부른다.

(2) 지형

지역	특징
동아시아	• 중국: 서쪽은 고원과 산지, 동쪽은 평야가 분포 → 서고동저 지형을 이룸 • 일본: 판이 충돌하는 경계에 위치하여 지진과 화산 활동이 활발함
동남아시아	• 알프스−히말라야 조산대에 속한 산맥들이 위치함 • 메콩강, 짜오프라야강, 이라와디강 유역에 충적 평야가 발달함
남부 아시아	• 인도: 북부에 히말라야산맥이 위치하고, 해안을 따라 서고츠산맥과 동고츠산맥이 위치함 • 데칸고원: 용암이 열하 분출하여 형성된 용암 대지임 • 갠지스강: 중·하류 지역에 충적 평야(힌두스탄 평원)가 발달함

❂ 메콩강
시짱(티베트)고원에서 발원하여 중국과 미얀마의 국경을 지나 인도차이나반도에 위치한 라오스, 타이, 캄보디아, 베트남을 거쳐 바다에 이르기까지 약 4,200km를 흐르는 동남아시아 최대의 하천이다. 베트남 남부의 메콩강 삼각주는 세계적인 쌀 생산지로, 인구 밀도가 매우 높다.

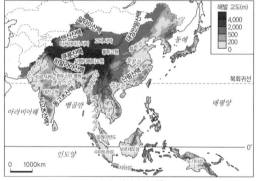
▲ 몬순 아시아의 지형

▲ 메콩강과 유역

개념 체크

1. 몬순 아시아는 동아시아, ( ), 남부 아시아로 구성된다.

2. 일본, 필리핀은 (알프스−히말라야 / 환태평양) 조산대에 속하며, 판이 (충돌하는 / 갈라지는) 경계에 위치하여 지진과 화산 활동이 활발하다.

3. 국제 하천인 ( )강은 중국에서 발원하여 미얀마, 라오스, 타이, 캄보디아, 베트남을 거쳐 흐른 후 바다로 유입된다.

정답
1. 동남아시아
2. 환태평양, 충돌하는
3. 메콩

💻 **자료 분석** 계절풍의 영향을 크게 받는 몬순 아시아

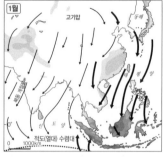

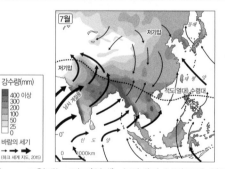

- 1월에는 적도(열대) 수렴대가 대체로 남반구에 위치하며, 계절풍은 대륙 내부에서 해양으로 분다. 1월에 부는 북풍 계열의 계절풍은 대체로 건조하여 대부분 지역은 7월보다 강수량이 적다.

- 7월에는 적도(열대) 수렴대가 북반구에 위치하며, 계절풍은 해양에서 대륙 내부로 분다. 7월에 부는 남풍 계열의 계절풍은 다습하며, 이로 인해 히말라야산맥, 서고츠산맥 등의 바람받이 지역에서는 지형성 강수가 자주 나타난다.

2. 몬순 아시아의 농업

(1) 농업적 토지 이용

작물	특징	주요 재배지
쌀	• 생육 기간 동안 높은 기온과 많은 물을 필요로 함 • 인구 부양력이 높아 세계적인 인구 밀집 지역을 이룸	계절풍의 영향을 받는 하천의 충적 평야(생장기에 고온 다습하고, 수확기에 건조한 기후 지역)
차	고온 다습하며, 배수가 잘되는 곳이 재배에 유리함	중국 창장강 이남, 인도 북동부, 스리랑카 등
커피	• 플랜테이션의 형태로 많이 재배됨 • 건기가 나타나는 열대 및 아열대 기후 지역이 재배에 유리함	베트남, 인도네시아 등
목화	무상 기간이 긴 따뜻하고 습한 기후와 배수가 잘되는 토양 조건을 갖춘 곳에서 재배에 유리함	중국 중부(화중 지역), 인도 데칸고원 등

(2) 지역별 농업 특징

지역	특징
동아시아	• 중국 남동부(화남 지역): 벼의 2기작이 가능함 • 중국 북동부(화북 지역): 밀, 옥수수 등 밭농사가 발달함
동남아시아	• 하천 주변의 충적 평야에서는 벼의 2기작이 활발하며, 3기작도 가능함 • 커피, 천연고무 등을 재배하는 플랜테이션이 발달함 • 급경사의 산지에서는 계단식 논을 조성하여 농사를 지음(인도네시아, 필리핀 등)
남부 아시아	• 갠지스강 하류, 인도의 해안 지역에서 벼농사가 활발함 • 데칸고원에서는 목화 재배가 활발함

탐구 활동 **몬순 아시아에서 재배되는 주요 작물의 세계 생산량 순위는 어떻게 나타날까?**

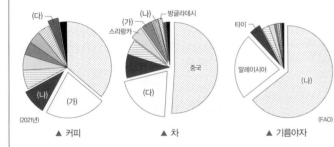

▲ 커피   ▲ 차   ▲ 기름야자

▸ 그래프는 각 작물(커피, 차, 기름야자)의 상위 10개국의 생산량 합을 100으로 하여 해당 국가의 생산량 비율을 순위별로 나타낸 것이다. 이를 통해 (가)~(다) 국가를 알아보자. (단, (가)~(다)는 각각 베트남, 인도, 인도네시아 중 하나임.)

커피 세계 생산량 1위는 브라질, 2위는 베트남(가)이고, 차 세계 생산량 1위는 중국, 2위는 인도(다)이다. 기름야자 생산량 1위와 2위 국가는 세계 생산량의 약 80% 이상을 차지하는데, 1위는 인도네시아(나)이다. 따라서 (가)는 베트남, (나)는 인도네시아, (다)는 인도이다.

그룹 순위	A	B
1위	중국	인도
2위	인도	타이
3위	방글라데시	베트남
4위	인도네시아	파키스탄
5위	베트남	중국

(2021년)   (FAO)

▸ 표의 그룹 A, B가 무엇을 나타내는지 알아보자. (단, A, B는 각각 세계 쌀 생산량 상위 5개국, 세계 쌀 수출량 상위 5개국 중 하나임.)

표는 쌀 생산량과 수출량 상위 5개국을 나타낸 것이다. 그룹 A는 세계 쌀 생산량 상위 5개국, 그룹 B는 세계 쌀 수출량 상위 5개국이다. 이를 통해 쌀의 생산량 순위가 높은 국가와 수출량 순위가 높은 국가가 일치하지 않음을 알 수 있다.

✪ 계단식 논

신기 조산대에 위치한 인도네시아, 필리핀 등의 국가에서는 급경사의 산지를 개간하여 계단식 논을 만들어 농사를 짓는 지역이 곳곳에서 나타난다. 필리핀의 이푸가오 지방의 산지 지역에는 오래전부터 만들어진 계단식 논이 있으며, 인간과 자연환경의 조화를 잘 보여주는 절경으로 유네스코 세계 유산으로 등재되었다.

✪ 데칸고원

인도 내륙에 형성된 안정육괴에 해당하며, 북서부는 용암 대지로 이루어져 있다. 화산암(현무암)이 풍화된 토양 위에서 목화 재배가 활발하다.

개념 체크

1. (천연고무 / 커피)는 건기가 나타나는 열대 및 아열대 기후 지역에서 주로 재배되는 작물로, 세계 생산량 1위(2021년)는 브라질이며, 몬순 아시아에 위치한 베트남이 2위, 인도네시아가 3위이다.

2. 필리핀과 인도네시아에서 세계 유산으로 등재된 계단식 논은 (고기 / 신기) 조산대에 형성된 급경사의 산비탈면을 개간한 것이다.

정답
1. 커피
2. 신기

개념 체크

1. 사합원은 마당을 중심으로 건축물을 'ㅁ'자 형태로 배치하여 (개방적인 / 폐쇄적인) 구조가 나타난다.
2. (치파오 / 아오자이)는 베트남 여성들이 주로 입는 전통 의복이다.

정답
1. 폐쇄적인
2. 아오자이

3. 몬순 아시아 주민의 의식주 생활

(1) 전통 음식

지역	특징	주요 음식
동아시아	주로 쌀알의 길이가 짧고 찰기가 많은 쌀로 음식을 만듦	대한민국의 떡, 일본의 스시(초밥) 등
동남아시아	쌀알의 길이가 길고 찰기가 적은 쌀과 향신료를 많이 사용함	베트남의 퍼(쌀국수), 인도네시아의 나시고렝(볶음밥), 타이의 팟타이(타이식 볶음 쌀국수) 등
산지 및 고원 지역	유목을 통해 얻은 고기와 젖을 이용한 음식이 발달함	시짱(티베트)고원의 수유차, 참파 등

▲ 스시(일본): 찰기가 많은 쌀로 지은 밥에 생선을 얹어 만든다. ▲ 퍼(베트남): 주로 사골을 우린 국물에 쌀로 만든 국수를 넣어 만든다. ▲ 나시고렝(인도네시아): 찰기가 적은 쌀로 만든 볶음밥이다. ▲ 똠얌꿍(타이): 새우와 채소, 향신료 등을 넣고 끓인 국물 요리이다.

(2) 전통 가옥

구분	특징
사합원	• 중국의 전통 가옥 중 하나로, 주로 화북 지역의 건축 양식임 • 겨울 추위를 막고, 방어에 유리하도록 'ㅁ'자 형태의 폐쇄적인 구조가 나타남
고상 가옥	• 동남아시아 열대 기후 지역의 전통 가옥임 • 지면의 열기와 습기를 피하고 해충의 침입을 막기 위해 가옥 바닥을 지면에서 띄워 지음 • 통풍을 위해 개방적인 구조가 나타나며, 많은 비로 인해 지붕의 경사를 급하게 함
수상 가옥	동남아시아 열대 기후 지역의 하천, 호수, 해안에서 볼 수 있는 전통 가옥임
합장 가옥	• 일본 다설 지역(기후현 등)의 전통 가옥임 • 겨울철 지붕에 쌓인 눈이 쉽게 흘러내리도록 지붕의 경사를 급하게 함

▲ 사합원 ▲ 고상 가옥 ▲ 수상 가옥 ▲ 합장 가옥

(3) 전통 의복

① 특징

• 주변에서 쉽게 구할 수 있는 재료로 섬유를 만들어 의복을 제작함
• 지역과 계절에 따라 통풍(여름)이 잘되는 얇은 옷과 보온(겨울)이 잘되는 두꺼운 옷을 입음

② 주요 의복: 베트남의 아오자이, 중국의 치파오, 인도의 사리와 도티 등이 있음

▲ 바롱(필리핀) ▲ 아오자이(베트남) ▲ 치파오(중국) ▲ 사리(인도) ▲ 도티(인도)

[24019-0139]

01 지도에 표시된 A~E 지역에 대한 설명으로 옳지 않은 것은?

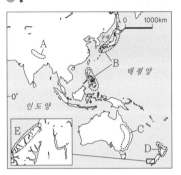

① A는 대륙판과 대륙판이 충돌하는 경계에 위치한다.

② B는 환태평양 조산대의 일부이다.

③ D에는 활화산과 온천이 분포한다.

④ E의 해안선은 빙하에 의해 침식된 U자곡이 해수면 상승으로 침수되어 형성되었다.

⑤ A의 산지는 C의 산지보다 형성된 시기가 이르다.

[24019-0140]

02 다음 자료는 두 국가의 우표에 그려진 전통 의복에 대한 것이다. (가), (나) 국가에 대한 설명으로 옳은 것만을 〈보기〉에서 고른 것은?

(가)	(나)

남성복은 '바롱', '바롱 타갈로그'이며, 여성복은 '바룻 사야'이다. 바롱은 상의 하단을 바지 안으로 넣지 않고 바깥으로 내놓은 채 입는 것이 전통이며, 주로 파인애플, 마닐라삼 등에서 얻은 재료로 만든 얇은 천으로 제작한다.

'아오자이'는 긴 옷이라는 뜻으로, 바지와 함께 착용하며 목에서 무릎까지 몸을 덮는다. 남성용과 여성용이 모두 있지만, 현재는 여성 복장으로 더 많이 알려져 있다. 주로 통기성이 좋은 천으로 제작한다.

● 보기 ●

ㄱ. (가)에서 신자 비율이 가장 높은 종교는 크리스트교이다.

ㄴ. (나)의 수도는 남반구에 위치한다.

ㄷ. (가)는 (나)보다 영토에서 섬이 차지하는 비율이 높다.

ㄹ. (가)와 (나)는 모두 메콩강 유역에 위치한다.

① ㄱ, ㄴ ② ㄱ, ㄷ ③ ㄴ, ㄷ ④ ㄴ, ㄹ ⑤ ㄷ, ㄹ

[24019-0141]

03 다음 자료의 (가), (나)에 대한 설명으로 옳은 것만을 〈보기〉에서 고른 것은? (단, (가), (나)는 각각 건기, 우기 중 하나임.)

 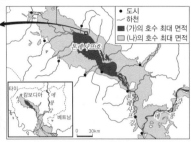

● 보기 ●

ㄱ. (가)에는 주로 남풍 계열의 계절풍이 분다.

ㄴ. (가)는 (나)보다 수상 가옥을 지탱하는 나무 기둥이 호수면 위로 더 많이 드러난다.

ㄷ. (나)는 (가)보다 적도(열대) 수렴대의 영향을 크게 받는다.

ㄹ. (가)는 우기, (나)는 건기이다.

① ㄱ, ㄴ ② ㄱ, ㄷ ③ ㄴ, ㄷ ④ ㄴ, ㄹ ⑤ ㄷ, ㄹ

[24019-0142]

04 다음 표는 주요 작물의 세계 생산량 상위 5개국을 나타낸 것이다. (가)~(다) 국가에 대한 설명으로 옳은 것은? (단, (가)~(다)는 각각 베트남, 인도, 인도네시아 중 하나임.)

작물\n순위	쌀	차	커피	기름야자	천연고무
1위	중국	중국	브라질	(나)	타이
2위	(가)	(가)	(다)	말레이시아	(나)
3위	방글라데시	케냐	(나)	타이	(다)
4위	(나)	튀르키예(터키)	콜롬비아	나이지리아	중국
5위	(다)	스리랑카	에티오피아	콜롬비아	(가)

(2021년) (FAO)

① (가)의 전통 음식에는 나시고렝이 있다.

② (나)의 일부 지역에는 히말라야산맥이 위치한다.

③ (다)의 전통 의상에는 사리와 도티 등이 있다.

④ (가)는 (나)보다 총인구가 적다.

⑤ (나)는 (다)보다 수도의 위치가 적도와 가깝다.

[24019-0143]

1 다음 자료는 세계지리 온라인 수업 장면이다. 교사의 질문에 옳게 대답한 학생만을 고른 것은? (단, (가), (나)는 각각 1월, 7월 중 하나임.)

온라인 교실 [몬순 아시아의 시기별 강수량 분포]

교사: 〈자료〉를 참고하여 (가), (나) 시기와 지도의 A, B 지역에 대해 설명해 볼까요?

〈자료〉 (가), (나) 시기 몬순 아시아의 강수량 분포

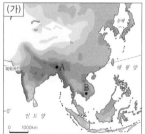 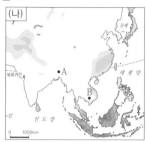

┗ 갑: (가)는 7월, (나)는 1월입니다.
┗ 을: (나) 시기에 적도(열대) 수렴대는 북반구 쪽에 치우쳐 있습니다.
┗ 병: (가) 시기에 A에서는 지형성 강수가 자주 나타납니다.
┗ 정: (나)보다 (가) 시기에 A, B 모두 화재 발생 빈도가 높습니다.

---

① 갑, 을   ② 갑, 병   ③ 을, 병   ④ 을, 정   ⑤ 병, 정

[24019-0144]

2 다음 자료는 세 가옥에 대한 워드 클라우드이다. (가)~(다) 가옥을 사진 A~C에서 고른 것은?

(가)

인도네시아 열대 기후
습기 더위
많은 비 몬순아시아 일대 지붕 경사
술라웨시 해충 개방적 구조 통코난
고상 가옥

(나)

화북 지역
폐쇄적인 구조 겨울 추위
외부 침입 대비 중국 사합원
중앙에 마당을 둔 배치 ㅁ자 구조
방풍(겨울 계절풍)

(다)

시라카와고 폭설
합장가옥
기후현 두손을 모은
갓쇼즈쿠리 다설 지역
유네스코 세계 유산 일본

A

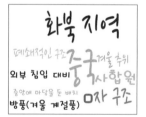

B

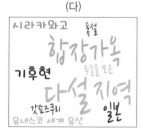

C

	(가)	(나)	(다)			(가)	(나)	(다)
①	A	C	B		②	B	A	C
③	B	C	A		④	C	A	B
⑤	C	B	A					

[24019-0145]

3 다음 자료는 (가)~(다) 국가의 대표적인 음식에 관한 것이다. 이에 대한 설명으로 옳은 것만을
〈보기〉에서 있는 대로 고른 것은? (단, (가)~(다)는 각각 베트남, 인도네시아, 타이 중 하나임.)

(가) 음식 이름 뜻 알아보기
【퀴즈】 '나시고렝'을 아세요? 【힌트】 **나시**(밥)+**고렝**(볶다) 【정답】 볶음밥 대표적인 음식 중 '**미**(국수)+**고 렝**(볶다)'은 볶음국수, '**사테**(꼬 치)+**아얌**(닭고기)'은 닭꼬치구 이, '**소토**(수프)+**아얌**(닭고기)'은 닭고기 수프이다. 이처럼 음식 이름만으로도 어떤 재료를 사용 하여 어떻게 요리했는지를 쉽게 알 수 있다.

(나) 음식 이름 뜻 알아보기
【퀴즈】 '뿌팟퐁커리'를 아세요? 【힌트】 **뿌**(게)+**팟**(볶다)+**퐁커리** (카레) 【정답】 게를 카레에 볶아낸 음식 '**똠**(끓이다)+**얌**(섞다)+**꿍**(새우)' 은 새우가 들어간 국, '**카오**(밥)+ **팟**(볶다)+**꿍**(새우)'은 새우 볶음 밥이다. 카오(밥), 꿍(새우), 뿌(게) 등과 같은 재료를 팟(튀기다, 볶 다), 얌(섞다)과 같이 요리한 음식 이라는 것을 알 수 있다.

(다) 음식 이름 뜻 알아보기
【퀴즈】 '바인 미'를 아세요? 【힌트】 **바인**(빵)+**미**(쌀) 【정답】 바게트 샌드위치 음식 이름에 '껌'이 들어가면 주 식인 밥을 의미한다. 예를 들면 '**껌**(밥)+**찌엔**(튀기다, 볶다)+**쯩** (계란)'은 계란 볶음밥이다. 이 외에도 '**퍼**(쌀국수)+**보**(소고기)', '**분**(쌀로 만든 얇은 면)+**짜**(다진 고기)'가 대표적인 음식이다.

● **보기** ●
ㄱ. (나)에서 신자 비율이 가장 높은 종교는 불교이다.
ㄴ. (다)는 중국과 국경을 접하고 있다.
ㄷ. (가)는 (나)보다 활화산의 수가 많다.
ㄹ. (나)는 (다)보다 커피 생산량이 많다.

① ㄱ, ㄷ
② ㄱ, ㄹ
③ ㄴ, ㄹ
④ ㄱ, ㄴ, ㄷ
⑤ ㄴ, ㄷ, ㄹ

[24019-0146]

4 다음 자료의 (가), (나) 지형에 대한 설명으로 옳은 것만을 〈보기〉에서 고른 것은? (단, (가), (나)는 각
각 카르스트 지형, 화산 지형 중 하나임.)

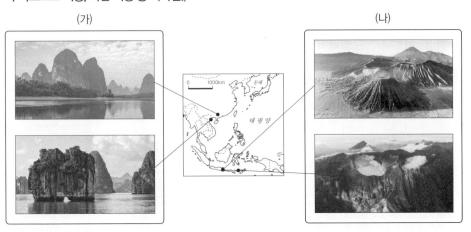

(가)   (나)

● **보기** ●
ㄱ. (가)는 주로 기반암이 용식 작용을 받아 형성되었다.
ㄴ. (나)는 주로 판의 경계부에 분포한다.
ㄷ. (나)의 기반암은 (가)의 기반암보다 형성 시기가 이르다.
ㄹ. (나)는 (가)보다 고온 다습한 기후 조건이 지형 형성 작용에 미치는 영향이 크다.

① ㄱ, ㄴ   ② ㄱ, ㄷ   ③ ㄴ, ㄷ   ④ ㄴ, ㄹ   ⑤ ㄷ, ㄹ

12 몬순 아시아와 오세아니아 (2), (3)

✪ 희토류

매장량이 적고 추출이 어려운 여러 원소를 총칭하는 용어이다. 화학적으로 매우 안정적이고 열을 잘 전달하는 특성이 있어 첨단 제품 제조의 필수 원료로 사용된다.

✪ 천연고무

주로 열대 우림 기후 지역에서 생산되며, 고무나무의 수액을 통해 추출된다. 탄력이 좋아 의료용 고무, 침구류, 신발, 타이어 등의 재료로 사용된다.

1. 주요 자원의 분포와 이동

(1) 주요 자원의 분포

① 중국: 세계에서 석탄과 희토류 생산량이 가장 많음, 공업 발달로 자원 수요가 증가함에 따라 해외 자원 확보에 적극적임

② 동남 및 남부 아시아

- 석유, 천연가스: 인도네시아, 말레이시아 등에서 많이 생산됨
- 주석: 미얀마, 인도네시아, 말레이시아 등에서 많이 생산됨
- 커피, 차(茶), 천연고무: 플랜테이션을 통해 많이 생산됨

③ 오스트레일리아: 서부에서는 철광석, 동부의 고기 습곡 산지 주변 지역에서는 석탄이 많이 생산됨

(2) 주요 자원의 생산과 이동

① 석탄

- 주로 산업용(제철 공업용, 발전용) 연료로 이용되며, 제조업이 발달한 국가의 수요가 많음
- 오스트레일리아, 인도네시아에서 동아시아, 인도 등으로 많이 수출됨

② 철광석

- 철강 등의 기초 소재 원료로 이용되며, 제철 공업이 발달한 국가의 수요가 많음
- 오스트레일리아에서 동아시아로 많이 수출됨

③ 기타 자원

- 주석: 통조림 용기의 표면 도금용으로 이용되며, 동남아시아에서 동아시아로 많이 수출됨
- 천연고무: 타이, 인도네시아에서 동아시아로 많이 수출됨
- 팜유: 인도네시아, 말레이시아의 수출액 비율이 세계의 2/3 이상을 차지함

주요 자원의 이동
(만 톤, 2013년)
석탄의 이동
1,000 5,000 8,000 이상
철광석의 이동
500 1,000 3,000 이상

주요 자원
⬟ 석유
⬢ 석탄
▲ 철광석
✕ 주석

0 1000km

(신상 지리 자료, 2016/고등 지도장, 2016)

▲ 몬순 아시아와 오세아니아의 주요 지하자원 분포 및 이동

🌐 탐구 활동 | 팜유는 어떻게 생산될까?

➡ 팜유의 생산 과정을 설명해 보자.

발아한 종자를 심고 종묘장에서 묘목으로 키워 밭에 심는다.

▲ 경작

일반적으로 묘목을 밭에 심은 후 약 30개월이 지나면 열매를 맺기 시작하고, 상업적인 수확은 약 6개월 후에 시작된다. 나무의 상업적 수명은 약 25년이다.

▲ 수확

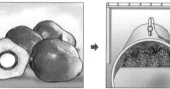

기름야자 열매와 씨앗은 기름을 많이 함유하고 있어, 이를 압축하면 팜유를 얻을 수 있다.

▲ 가공

기름야자는 열대 식물 종으로 풍부한 강수량, 적절한 햇빛 및 습한 조건에서 잘 자란다. 즉, 다른 곳보다 적도 주변 국가에서 재배가 유리하다. 이러한 기후 조건을 갖춘 인도네시아와 말레이시아 두 국가에서 전 세계 공급량의 대부분을 담당하고 있다. 기름야자로부터 추출되는 팜유는 과자, 라면, 빵, 마가린, 쇼트닝, 화장품, 세정제 등의 원료로 이용되며, 유럽에서는 바이오 연료로 사용되기도 한다. 하지만 열대림 파괴에 따른 생물 종 다양성 축소 등 환경 문제가 제기되고 있다.

📋 개념 체크

1. 타이, 인도네시아에서 동아시아로 많이 수출되며, 신발, 타이어 등의 재료로 사용되는 것은 (기름야자 / 천연고무)이다.

2. 인도네시아와 ( ) 두 국가가 세계 수출액 비율 2/3 이상을 차지하는 것은 팜유이다.

정답
1. 천연고무
2. 말레이시아

2. 몬순 아시아와 오세아니아의 산업 구조

(1) 몬순 아시아의 산업 구조

① 중국
- 넓은 영토, 풍부한 지하자원 및 노동력을 바탕으로 제조업의 성장 속도가 빠름
- 1970년대 말부터 개혁·개방 정책을 표방하면서 경제특구를 중심으로 외국 자본을 유치함
- 축적된 자본과 기술을 바탕으로 기계·자동차·철강·조선 등의 중화학 공업이 발달함
- 과학 기술의 발달로 첨단 산업 집적지가 형성됨 ⑩ 베이징(중관춘), 상하이(푸동)

② 일본
- 원료의 해외 의존도가 높아 가공 무역이 발달함
- 높은 기술력을 바탕으로 정밀 기계·자동차·로봇·전자 등의 공업이 발달함
- 세계적인 금융 중심지이자 최상위 계층의 세계 도시(도쿄)가 있음

③ 인도
- 전통 농업, 전통 수공업, 정보 통신 기술 산업에 이르기까지 다양한 산업이 나타남
- 최근 정보 통신 기술 산업이 빠르게 발달하고 있음 ⑩ 벵갈루루, 하이데라바드 등

④ 인도네시아: 플랜테이션을 바탕으로 1차 산업이 발달함, 2000년대 들어 노동 집약적 제조업의 성장이 두드러짐

(2) 오세아니아의 산업 구조

① 오스트레일리아
- 지하자원이 풍부하여 광업이 발달하였으며, 석탄·철광석 등 지하자원뿐만 아니라 밀·소고기·양모 등 농축산물의 수출액도 많음
- 노동력 부족 및 국내 시장 협소 등으로 제조업의 경쟁력은 비교적 낮음

② 뉴질랜드: 양모·소고기·버터 등 농축산물의 수출액 비율이 높음, 최근에는 목재 산업·어업·관광업 등이 발달함

🌐 **탐구 활동** | **몬순 아시아와 오세아니아에 위치한 5개국의 산업 구조는 어떤 특징이 있을까?**

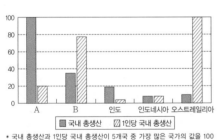
* 국내 총생산과 1인당 국내 총생산이 5개국 중 가장 많은 국가의 값을 100으로 했을 때의 상댓값임.
(2020년) (세계은행)

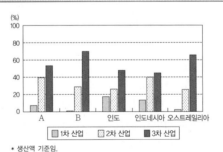
* 생산액 기준임.
(2021년) (세계은행)

➡ **A, B 국가는 어디인지 설명해 보자. (단, A, B는 각각 일본, 중국 중 하나임.)**
A는 2차 산업 생산액 비율이 높으면서, 5개국 중 국내 총생산이 가장 많지만 상대적으로 1인당 국내 총생산이 적으므로 일본에 비해 인구가 많은 중국이다. B는 국내 총생산과 1인당 국내 총생산 모두 높은 편이며, 3차 산업 생산액 비율이 가장 높은 것으로 보아 일본이다.

➡ **오스트레일리아의 산업 구조를 분석하고 경제 협력 전략을 전망해 보자.**
오스트레일리아는 5개국 중 2차 산업 생산액 비율이 가장 낮고 3차 산업 생산액 비율이 일본(B) 다음으로 높게 나타난다. 노동력 부족으로 공업 발달에 어려움이 있어 노동력이 풍부한 국가, 기술 수준이 높은 몬순 아시아 국가와의 경제 협력을 강화하면서, 관광 산업 육성과 같은 산업 구조의 다변화에 힘쓰고 있다.

오른쪽 여백 주석

✪ **인도의 정보 통신 기술 산업**
인도에서는 정보 통신 기술 산업이 빠르게 발달하고 있다. 약 12시간에 달하는 미국과의 시차, 영어가 능숙하고 임금 대비 우수한 인력 등을 바탕으로 미국 기업의 고객 상담 업무, 기업 간 네트워크 지원 등 다양한 형태의 정보 통신 기술 산업이 성장하고 있다.

✪ **벵갈루루**
인도의 '실리콘 밸리'로 불리는 도시로, 데칸고원에 위치한다. 인도 정보 통신 기술 산업의 대표 중심지이다.

✪ **오세아니아의 목축업 발달 배경**
오스트레일리아는 내륙의 건조 기후 지역에서 찬정을 통한 지하수 개발로 용수 확보가 넓은 범위에 걸쳐 이루어지고 있다. 뉴질랜드는 국토 대부분의 지역에서 목초지 조성에 유리한 서안 해양성 기후가 나타난다.

개념 체크

1. (인도 / 일본)은/는 원료의 해외 의존도가 높아 가공 무역이 발달하였다.

2. (오스트레일리아 / 중국)은/는 노동력 부족 및 국내 시장 협소 등으로 제조업의 경쟁력이 비교적 낮다.

정답
1. 일본
2. 오스트레일리아

✪ 동남아시아 국가 연합 (ASEAN)

2023년 기준 동남아시아에 위치한 타이, 미얀마, 싱가포르, 인도네시아, 말레이시아, 브루나이, 필리핀, 캄보디아, 라오스, 베트남 10개국 간의 기술 및 자본 교류와 자원의 공동 개발을 추진한다.

✪ 역내포괄적경제동반자협정 (RCEP) 가입국

2023년 기준 동남아시아 국가 연합(ASEAN) 10개국과 동아시아 및 오세아니아 5개국(대한민국, 중국, 일본, 오스트레일리아, 뉴질랜드)이 협정에 가입해 있다.

3. 몬순 아시아와 오세아니아의 경제 협력

(1) 상호 보완성이 큰 몬순 아시아와 오세아니아

① 지하자원의 수요 및 산업 구조의 차이가 크므로 지역 간 상호 보완성이 큼
  - 동아시아: 산업 발달 수준이 높고, 지하자원의 생산량에 비해 수요가 많음
  - 오스트레일리아: 지하자원 및 식량 자원의 생산량이 많음
② 지리적 인접성이 높음: 몬순 아시아는 지리적으로 인접한 오세아니아로부터 지하자원을 수입하여 공업 원료로 사용함, 공업 제품의 수출은 몬순 아시아에서 제조업 발달이 상대적으로 미약한 오세아니아로 활발하게 나타남

(2) 경제 협력을 위한 노력: 역내포괄적경제동반자협정(RCEP)을 체결하여 역내 국가 간 자유 무역 및 서비스와 자본 투자의 자유화를 추진함

🖥 자료 분석 **오스트레일리아의 무역 상대국 변화**

〈오스트레일리아 무역 상대국 상위 5개국(1960년)〉

순위	무역 상대국	비율(%)
1위	영국	25.7
2위	일본	14.5
3위	미국	8.2
4위	프랑스	6.5
5위	뉴질랜드	5.8

(1960년) (오스트레일리아 통계청)

〈오스트레일리아 무역 상대국 상위 13개국(2022년)〉

순위	무역 상대국	비율(%)	ASEAN	RCEP
1위	중국	26.9		●
2위	일본	11.1		●
3위	미국	7.3		
4위	대한민국	6.5		●
5위	싱가포르	4.4	○	●
6위	인도	4.4		
7위	말레이시아	2.5	○	●
8위	독일	2.5		
9위	뉴질랜드	2.4		●
10위	타이	2.3	○	●
11위	베트남	2.1	○	●
12위	영국	2.1		
13위	인도네시아	1.7	○	●

(2022년) (오스트레일리아 외교통상부)

오스트레일리아는 1960년에 식민지 시절부터 지속적인 관계를 맺어온 영국과의 무역이 가장 높은 비율을 차지했다. 그러나 2022년에는 역내포괄적경제동반자협정(RCEP)에 속한 국가들이 오스트레일리아 총무역액의 약 60%에 달하면서 1960년대에 비해 오스트레일리아의 주요 무역 상대국이 변화하였음을 알 수 있다.

---

4. 민족(인종) 및 종교의 다양성과 지역 갈등

(1) 중국

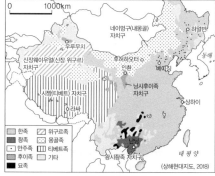

▲ 중국의 민족 분포

① 대다수를 차지하는 한족(漢族)과 55개 소수 민족으로 구성됨, 중국의 소수 민족은 총인구에서 차지하는 비율이 높지 않으나 대체로 국경 인근에 거주하며 전체적으로 넓은 범위에 걸쳐 분포함
② 소수 민족 문화의 고유성을 인정하면서 동시에 원활한 통치를 위해 소수 민족 자치구를 설정함
③ 소수 민족과 정부 간 갈등이 나타남
  - 위구르족과 티베트족은 한족(漢族)과 언어·종교·역사적 배경 등이 달라 중국 정부와 갈등을 겪고 있는 대표적인 소수 민족임, 이들 민족은 분리 독립을 주장하고 있으나 중국 정부는 강경한 태도를 보이고 있어 갈등 해결에 어려움을 겪고 있음
  - 위구르족은 신장웨이우얼(신장 위구르) 자치구에 거주하며, 주로 이슬람교를 믿는 투르크(튀르크)계 민족임
  - 티베트족은 시짱(티베트) 자치구에 거주하며, 주로 불교의 한 종파인 티베트 불교를 믿음

개념 체크

1. (인도 / 중국)은/는 2023년 기준 역내포괄적경제동반자협정(RCEP) 회원국이다.

2. 중국 내 신장웨이우얼(신장 위구르) 자치구에 거주하는 위구르족은 주로 (   )교를 믿는 투르크(튀르크)계 민족이다.

3. 중국 내 시짱(티베트) 자치구에 주로 거주하는 소수 민족인 (   )은 분리 독립을 요구하면서 중국 정부와 갈등을 겪고 있다.

정답
1. 중국
2. 이슬람
3. 티베트족

(2) 남부 아시아
① 힌두교와 불교의 발상지이지만 일부 지역은 이슬람교가 전파되면서 이슬람교 신자 비율이 높음
② 영국으로부터 독립하면서 힌두교 신자가 대다수인 인도, 이슬람교 신자가 대다수인 파키스탄, 불교 신자가 대다수인 스리랑카로 분리되었고, 이후 파키스탄에서 방글라데시가 독립함

카슈미르	인도(힌두교)와 파키스탄(이슬람교) 간 갈등이 나타남
스리랑카	신할리즈족(불교)과 타밀족(힌두교) 간 갈등이 나타남

(3) 동남아시아: 한 국가 내 다양한 민족(인종)이 공존하기도 하며, 국경을 초월하여 같은 민족(인종)이 여러 국가에 산재하여 거주하기도 함

필리핀 민다나오섬	다수의 크리스트교도와 소수의 이슬람교도 간 분쟁이 나타남
미얀마 라카인주	로힝야족은 주로 미얀마 라카인주에 거주하며 이슬람교를 신봉함. 불교도가 대다수인 미얀마에서 로힝야족에 대한 탄압이 발생함
화교 밀집 거주 지역	동남아시아에는 유럽의 식민 지배를 받던 시기에 농업 및 광산 노동자로 이주해 온 중국 출신의 화교들이 사회·경제적으로 중요한 위치를 차지하며 밀집하여 거주함. 이 과정에서 원주민과의 갈등이 발생함

자료 분석 — 몬순 아시아의 주요 갈등 지역

▲ 카슈미르
▲ 몬순 아시아의 갈등 지역
▲ 필리핀의 민다나오섬
▲ 스리랑카

카슈미르 지역은 1947년 영국으로부터 인도와 파키스탄이 분리 독립할 때 힌두교 신자인 이 지역의 지도자가 일방적으로 인도 편입을 선언하였고, 이에 이슬람교를 믿는 주민들이 중심이 되어 저항하면서 갈등이 시작되었다. 스리랑카에서는 원주민이며 주로 불교를 믿는 신할리즈족과 대부분 인도로부터 이주해 왔으며 주로 힌두교를 믿는 타밀족 간 갈등이 나타나고 있다. 필리핀의 민다나오섬은 주민 대부분이 이슬람교 신자였는데, 필리핀이 에스파냐와 미국의 식민지가 되면서 크리스트교 신자들이 민다나오섬으로 대거 이주함에 따라 갈등이 발생하기 시작하였다.

(4) 오세아니아의 민족(인종) 갈등

국가	특징
오스트레일리아	• 유럽인들이 유입하면서 원주민인 애버리지니와 갈등이 발생함 • 유럽인들은 무단으로 오스트레일리아를 점령하였고, 거주 환경이 열악한 오지로 원주민을 강제 이주시킴 • 웨스턴 오스트레일리아주의 동쪽 경계 주변에 대규모 원주민 보호 구역이 지정됨
뉴질랜드	• 유럽인들이 유입하면서 원주민인 마오리족과 갈등이 발생함 • 마오리족과 유럽인 간 전쟁으로 인해 마오리족은 거주지 대부분을 상실함 • 마오리족의 언어인 마오리어를 국가 공용어로 채택하는 등 국민 통합 정책을 실시함

◆ 필리핀 민다나오섬 분쟁
약 7천여 개의 섬으로 이루어진 필리핀에서 두 번째로 큰 섬인 민다나오섬은 주민 대부분이 이슬람교 신자였으나, 필리핀이 에스파냐와 미국의 식민지가 되면서 크리스트교 신자들이 대거 이주함에 따라 분쟁이 발생하기 시작하였다. 민다나오섬의 이슬람교 반군 세력은 정부에 저항하며 분리 독립을 요구하고 있다.

◆ 로힝야족
방글라데시와 인접한 미얀마 서부 라카인주에 주로 거주하는 소수 민족이다. 이들은 주로 이슬람교를 믿고 있으며, 미얀마 정부의 탄압을 받고 있다.

◆ 화교
화교는 다른 국가에 사는 중국계 주민으로, 화교의 화(華)는 중국을 의미한다. 상당수가 동남아시아에 거주하며, 동남아시아 화교들은 중국 남부의 광둥, 푸젠 지방 출신이 많다. 이들은 해외에서 거주하지만 자국 문화를 유지하고 있어 종종 원주민과의 갈등이 발생한다.

개념 체크
1. 화교는 다른 국가에 거주하는 (인도 / 중국)계 주민으로, 상당수가 동남아시아에 거주하고 있으며 지역 주민과 갈등이 발생하기도 한다.
2. (뉴질랜드 / 오스트레일리아)는 마오리족의 언어인 마오리어를 국가 공용어로 채택하는 등 국민 통합 정책을 실시하고 있다.

정답
1. 중국
2. 뉴질랜드

[24019-0147]

01 그래프는 세 국가의 상품별 수출액 비율을 나타낸 것이다. (가)~(다) 국가에 대한 설명으로 옳은 것만을 〈보기〉에서 고른 것은? (단, (가)~(다)는 각각 스리랑카, 오스트레일리아, 일본 중 하나임.)

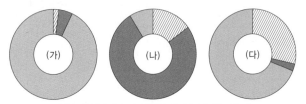

🔲 농림축수산물 ■ 광물 및 에너지 자원 ▨ 공업 제품

* 세 상품의 수출액 합계를 100%로 한 비율임.
(2020년)   (WTO)

━● 보기 ●━
ㄱ. (가)는 역내포괄적경제동반자협정(RCEP) 가입국이다.
ㄴ. (나)의 수도는 최상위 계층의 세계 도시이다.
ㄷ. (가)는 (다)보다 1인당 국내 총생산이 많다.
ㄹ. (가)는 남반구, (나)와 (다)는 북반구에 위치한다.

① ㄱ, ㄴ　② ㄱ, ㄷ　③ ㄴ, ㄷ　④ ㄴ, ㄹ　⑤ ㄷ, ㄹ

[24019-0148]

02 다음 자료에서 두 국가로 이루어진 그룹 (가)~(다)를 지도의 A~C에서 고른 것은?

〈전체 고용에서 농업·어업·임업 고용이 차지하는 비율〉
(단위: %)

그룹	연도 국가	2000	2005	2010	2015	2021
(가)	㉠	72.6	72.6	67.9	65.0	62.3
	㉡	70.0	65.3	54.7	58.0	56.0
(나)	㉢	73.5	62.1	54.8	42.5	38.9
	㉣	65.3	54.8	48.7	44.0	29.0
(다)	㉤	8.7	7.2	6.9	6.1	6.1
	㉥	4.9	3.6	3.2	2.6	2.4

(FAO)

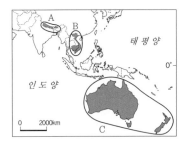

	(가)	(나)	(다)
①	A	B	C
②	A	C	B
③	B	A	C
④	B	C	A
⑤	C	B	A

[24019-0149]

03 다음 글은 몬순 아시아와 오세아니아에 위치한 세 국가에 관한 내용이다. (가)~(다) 국가에 대한 설명으로 옳은 것만을 〈보기〉에서 있는 대로 고른 것은? (단, (가)~(다)는 각각 베트남, 오스트레일리아, 인도네시아 중 하나임.)

┌─────────────────────────────────┐
│ • (가) 의 남서부 지역은 와인 벨트에 해당하여 포도 재배가 활발하며, 와인 산업이 발달하였다. │
│ • (나) 은/는 커피 벨트에 위치하여 커피 재배에 유리하며, 몬순 아시아에서 2021년 커피 생산량이 가장 많다. 커피는 플랜테이션 및 소규모 개인 농장에서 주로 재배된다. │
│ • (다) 은/는 세계에서 팜유 생산량과 수출량이 가장 많은 국가이다. 또한 천연고무 역시 타이와 함께 동아시아 지역으로 많이 수출하고 있다. │
└─────────────────────────────────┘

━● 보기 ●━
ㄱ. (가)는 판의 경계부에 위치한다.
ㄴ. (나)의 전통 의복으로 아오자이가 있다.
ㄷ. (다)에서 신자 비율이 가장 높은 종교는 이슬람교이다.
ㄹ. (나), (다)는 모두 중국과 국경을 접하고 있다.

① ㄱ, ㄴ　　② ㄱ, ㄹ　　③ ㄴ, ㄷ
④ ㄱ, ㄷ, ㄹ　　⑤ ㄴ, ㄷ, ㄹ

[24019-0150]

04 다음 자료는 (가), (나) 국가(지역)의 갈등 사례를 설명한 것이다. (가), (나)를 지도의 A~D에서 고른 것은?

┌─────────────────────────────────┐
│ 18세기 후반 이후 인도 및 동남아시아에서 식민지 영역을 넓혀가던 영국은 식민지의 효율적인 지배와 노동력 보충을 위해 다른 민족을 이주시켰으며, 이러한 정책은 식민 지배가 끝난 후 해당 지역에서 종교와 민족 간 분쟁의 씨앗이 되었다. │
└─────────────────────────────────┘

┌──────────────┐　┌──────────────┐
│ 이슬람교를 믿는 로힝야족을 │　│ 힌두교를 믿는 타밀족을 대다수 │
│ 대다수 주민이 불교를 믿는 │　│ 주민이 불교를 믿는 (나) │
│ (가) (으)로 이주시켰다. │　│ (으)로 이주시켰다. │
└──────────────┘　└──────────────┘

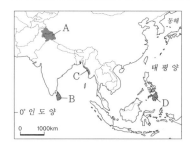

	(가)	(나)
①	A	B
②	B	C
③	C	B
④	C	D
⑤	D	A

[24019-0151]

05 다음 자료는 두 국가를 여행하고 남긴 사회 관계망 서비스(SNS) 화면의 일부이다. (가), (나) 국가를 지도의 A~C에서 고른 것은?

(가) 마오리 인사

♥ 좋아요 35개

#마오리 #전통_인사법_홍이_Hongi #마오리어_공용어_채택 #원주민_타투 #로토루아

(나) 애버리지니 디저리두 연주

♥ 좋아요 35개

#애버리지니 #Aborigine #디저리두_연주 #울루루_카타추타_국립_공원

	(가)	(나)
①	A	B
②	B	A
③	B	C
④	C	A
⑤	C	B

[24019-0152]

06 다음 자료는 (가) 국가의 국영 항공사 기내식 안내문의 일부이다. (가) 국가를 지도의 A~E에서 고른 것은?

○○○ 항공 국내 노선 기내식 관련 안내

이슬람교가 국교인 (가) 의 국영 항공사인 ○○○항공 국내 노선에서 제공되는 모든 기내식은 할랄 인증을 받았으며, 할랄 요건을 엄격히 준수하여 준비되므로 안심하십시오. 따라서 승객 여러분은 이슬람교 신자를 위한 기내식(MOML)을 따로 요청할 필요가 없습니다.

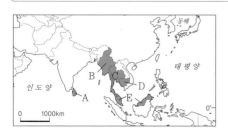

① A
② B
③ C
④ D
⑤ E

[24019-0153]

07 다음 자료에 대한 설명으로 옳은 것은?

(가) 지폐 중 하나에는 ㉠○○ 지역의 바나우에 계단식 경작지, □□ 지역에서 발견된 마능굴 항아리 장식, △△ 지역의 이슬람 사원 기능을 하는 ㉡랑갈이 그려져 있다. 이는 선조들과 함께한 공동 유산을 표현하여 약 7천여 개의 크고 작은 섬으로 이루어진 (가) 의 남부 지역에서 발생하는 ㉢종교 갈등을 해소하고 수많은 ㉣소수 민족과의 공존을 모색하여 지역적 통합 분위기를 이루려는 염원을 담은 것이다.

① (가)는 인도네시아이다.
② ㉠에서는 주로 밀을 상업적으로 재배한다.
③ ㉡은 주로 민다나오섬 지역에 분포한다.
④ ㉢은 불교 신자와 이슬람교 신자 간 갈등 사례이다.
⑤ ㉣은 티베트족과 위구르족이 대표적이다.

[24019-0154]

08 (가) 국가와 A~C 종교에 대한 설명으로 옳은 것은? (단, A~C는 각각 불교, 이슬람교, 힌두교 중 하나임.)

(가) 은/는 몬순 아시아에 위치하며 적도를 중심으로 북반구와 남반구에 걸쳐 수많은 화산섬으로 이루어진 섬나라이다. 국민의 약 87%가 A 를 믿지만, 이 나라에 있는 세계 유산을 통해 종교의 다양성을 엿볼 수 있다. 벽면에 다양한 신이 화려하게 조각된 B 사원군과 불탑 안에 불상들이 모셔져 있는 C 사원군이 유네스코 세계 유산으로 등재되어 있다.

▲ 프람바난 B 사원의 벽면 부조

▲ 보로부두르 C 사원의 스투파(탑)

① (가)의 국토 대부분은 안정육괴에 해당한다.
② A는 민족 종교이다.
③ B의 신자들은 쿠란의 가르침에 따라 라마단 기간에 금식을 실천한다.
④ B와 C는 모두 윤회 사상을 중시한다.
⑤ C는 B보다 전 세계 신자가 많다.

[24019-0155]

1 다음 자료는 몬순 아시아에 위치한 두 국가의 경제와 외교 분야에 대한 설명이다. (가), (나) 국가를 지도의 A~C에서 고른 것은?

〈경제 협력 분야〉
(가)의 최대 교역국이자 동시에 최대 무역 적자국인 (나)는 과거부터 서로 문화와 경제 교류를 긴밀하게 이어온 이웃 국가이다. 현재에도 (가)와 (나)는 육로를 통한 무역의 장점을 활용하고, (가)가 회원인 동남아시아 국가 연합(ASEAN)과 (나)는 자유 무역 협정(FTA)을 체결하여 경제 협력을 모색하고 있다.

〈외교 갈등 분야〉
(가), (나) 사이의 외교 갈등으로는 (가), (나)를 포함한 6개국 간 난사(스프래틀리, 쯔엉사) 군도 지역을 둘러싼 영유권 분쟁이 있다. 또한 (나)에서 발원하여 여러 국가의 국경을 거쳐 마지막 (가)를 통해 바다로 유입되는 국제 하천인 ○○강 상류의 댐 개발에 따른 다양한 갈등이 외교적으로 해결되어야 할 쟁점이다.

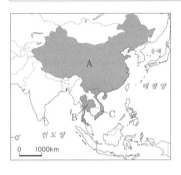

	(가)	(나)
①	A	B
②	B	A
③	B	C
④	C	A
⑤	C	B

[24019-0156]

2 그래프는 A~D 국가의 세 지표를 비교한 것이다. (가)~(다) 지표로 옳은 것은? (단, A~D는 각각 지도에 표시된 네 국가 중 하나임.)

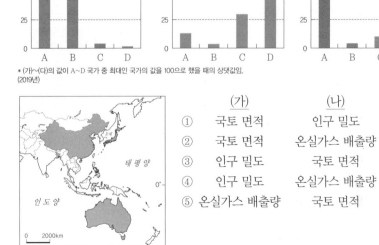

* (가)~(다)의 값이 A~D 국가 중 최대인 국가의 값을 100으로 했을 때의 상댓값임.
(2019년)
(국제 연합)

	(가)	(나)	(다)
①	국토 면적	인구 밀도	온실가스 배출량
②	국토 면적	온실가스 배출량	인구 밀도
③	인구 밀도	국토 면적	온실가스 배출량
④	인구 밀도	온실가스 배출량	국토 면적
⑤	온실가스 배출량	국토 면적	인구 밀도

[24019-0157]

3 다음 자료는 '몬순 아시아의 갈등 지역'을 주제로 한 형성평가의 일부이다. 이에 대한 설명으로 옳은 것만을 〈보기〉에서 있는 대로 고른 것은?

※ 몬순 아시아 지역의 민족(인종) 및 종교의 다양성과 지역 갈등을 파악해 봅시다.
• 1단계: 종교의 다양성 파악하기
• 2단계: 주요 갈등 지역 파악하기

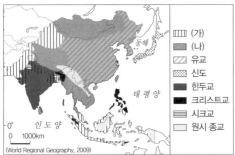

● 보기 ●
ㄱ. (가)는 민족 종교이다.
ㄴ. (나)는 세계에서 신자가 가장 많은 종교이다.
ㄷ. (가), (나) 종교 신자 간 갈등이 발생하고 있는 지역은 C이다.
ㄹ. 중국 내 (가) 신자의 주요 분포 지역에는 소수 민족인 위구르족이 주로 거주한다.

① ㄱ, ㄴ   ② ㄱ, ㄷ   ③ ㄷ, ㄹ   ④ ㄱ, ㄴ, ㄹ   ⑤ ㄴ, ㄷ, ㄹ

[24019-0158]

4 다음은 (가)~(라) 국가의 산업 구조 특징을 학생들이 정리한 것이다. (가)~(라) 국가에 대한 설명으로 옳은 것은? (단, (가)~(라)는 각각 베트남, 중국, 오스트레일리아, 인도 중 하나임.)

(가) 개방 정책을 통해 동부 해안 지역에 경제특구를 설치함. 서구의 자본, 기술을 받아들이면서 경공업에서 중화학 공업 중심으로 공업 구조가 변하는 중이며, 중관춘, 푸둥 등을 중심으로 첨단 산업이 발달함.

(나) 1차 산업 비중이 높은 편이었으나, 최근 국경을 맞대고 있는 (가)보다 상대적으로 저렴한 노동비가 유리한 조건으로 작용하여 다국적 기업의 생산 공장이 잇따라 입지하면서 2차 산업이 빠르게 성장함.

(다) 노동력이 풍부하여 노동 집약적 제조업의 비중이 높은 편이고, 최근 정부의 정책과 투자가 늘어나면서 2차 산업의 비중이 빠르게 증가함. 벵갈루루와 하이데라바드를 중심으로 첨단 산업, 특히 정보 기술(IT) 산업이 발달하고 있음.

(라) 지하자원은 풍부하나 작은 국내 시장, 노동력 부족 등으로 제조업 경쟁력이 낮은 편임. 이를 극복하기 위해 산업 구조의 다변화, 과거 주요 무역 상대국 외 새로운 국가들과의 경제 협력 관계 강화 등의 노력을 하고 있음.

① (가)는 동남아시아 국가 연합(ASEAN) 회원국이다.
② (나)의 메콩강 삼각주에서는 벼농사가 활발하게 이루어진다.
③ (다)의 수도는 남반구에 위치한다.
④ (라)에는 알프스-히말라야 조산대가 위치한다.
⑤ (가)~(라) 중 1인당 국내 총생산이 가장 많은 국가는 (가)이다.

13 건조 아시아와 북부 아프리카

❖ 외래 하천
기후 환경이 다른 지역에서 발원하는 하천을 말하며, 주로 습윤 지역에서 발원하여 건조한 지역인 사막을 통과한다. 나일강, 인더스강 등이 이에 해당된다.

❖ 충적 평야
하천에 의해 운반된 토사가 퇴적되어 이루어진 평야이다.

❖ 해수 담수화
바닷물에서 염분 등의 용해 물질을 제거하여 생활용수 및 공업용수를 얻는 물 처리 과정이다.

1. 건조 아시아와 북부 아프리카의 자연환경

(1) 건조 아시아와 북부 아프리카의 기후

① 특징: 대체로 연 강수량보다 연 증발량이 많으며 기온의 일교차가 큼, 인간 거주에 불리한 건조 기후 지역이 넓게 분포하여 사람들은 물을 얻을 수 있는 지역을 중심으로 거주함

② 사막 기후: 연중 건조, 북부 아프리카 일대를 비롯하여 아라비아반도·중앙아시아에 분포
  예 사하라 사막, 리비아 사막, 네푸드 사막, 룹알할리 사막, 카라쿰 사막 등

③ 스텝 기후: 주로 사막 주변에 분포하며 비가 내리는 시기에 짧은 풀이 성장함, 튀르키예(터키)와 이란의 고원 지대·중앙아시아 북쪽 등지에 분포

④ 지중해성 기후: 여름에는 고온 건조하고 겨울에는 온난 습윤함, 지중해 및 흑해 연안 등지에 분포

(2) 건조 아시아와 북부 아프리카의 지형

① 산지: 높고 험준한 산맥과 고원으로 구성(아틀라스산맥, 아나톨리아고원, 이란고원 등)

② 외래 하천과 충적 평야: 하천 유역에 농경지 발달, 인구 밀도 높음

• 나일강: 동아프리카 고원 지대에서 발원하여 지중해로 유입, 하구에 비옥한 삼각주 발달, 이집트 문명의 발상지

• 티그리스·유프라테스강: 튀르키예(터키) 동부 산지에서 발원하여 페르시아만으로 유입, 메소포타미아 평원 형성, 메소포타미아 문명의 발상지

③ 해안 평야: 지중해와 접한 해안 지역 및 흑해 연안에 부분적으로 발달

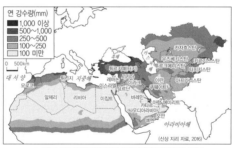

▲ 건조 아시아와 북부 아프리카의 연 강수량 분포

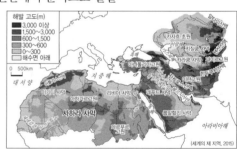

▲ 건조 아시아와 북부 아프리카의 지형

🌐 탐구 활동 | 건조 아시아와 북부 아프리카에서 인구 밀집 지역은 어디일까?

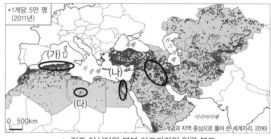

▲ 건조 아시아와 북부 아프리카의 인구 분포

➡ **(가)~(다) 지역의 인구 밀도가 다른 지역에 비해 높게 나타나는 이유를 설명해 보자.**

건조 아시아와 북부 아프리카의 다른 건조 기후 지역과는 달리 (가)는 겨울에 온난 습윤한 지중해성 기후가 나타나 인간 거주에 유리한 기후 조건이 나타난다. 또한 나일강과 티그리스·유프라테스강과 같은 외래 하천 연안 지역인 (나)와 오아시스 주변에 위치한 (다)는 물을 구하기 쉽기 때문에 인구 밀도가 높게 나타난다.

개념 체크

1. 건조 아시아와 북부 아프리카의 기후 특징은 대체로 연 강수량보다 연 증발량이 (적고 / 많고), 기온의 일교차가 (작은 / 큰) 편이다.

2. 나일강, 티그리스·유프라테스강과 같이 습윤 지역에서 발원하여 건조 기후 지역을 통과하는 하천을 ( ) 하천이라고 한다.

3. 건조 아시아와 북부 아프리카 중에서 지중해 연안 지역, 외래 하천 연안 지역, 오아시스 주변 지역은 다른 지역에 비해 인구 밀도가 (낮다 / 높다).

정답
1. 많고, 큰
2. 외래
3. 높다

2. 건조 아시아와 북부 아프리카의 전통적인 생활 모습

(1) 전통 의복
① 재료 및 형태: 헐렁하게 늘어지는 천으로 온몸을 감싸는 형태
② 특징
- 한낮의 뜨거운 햇볕과 모래바람으로부터 피부를 보호함
- 땀이 증발하면서 식은 공기를 옷 속에 머물게 해 체온을 낮춰 줌
- 기온이 떨어지는 밤에는 체온을 유지시켜 줌

(2) 음식 문화
① 빵: 밀이 주원료로, 물이 적게 사용되고 저장과 운반에 편리함 ⑩ 난, 아에쉬 등
② 고기와 유제품: 스텝 기후 지역에서는 가축(양, 염소, 낙타 등)에서 얻은 고기와 유제품을 주로 소비함
③ 대추야자: 주민들의 대표적인 농작물로, 과육이 달고 영양이 풍부하며 저장성이 뛰어남
④ 케밥: 중앙아시아 초원 지대와 아라비아 사막 지대 유목민들의 대표적 육류 요리로, 주로 양고기를 사용하며 조리 시 땔감이 적게 들고 조리가 간편함

(3) 주거 문화

기후	특징
사막 기후 지역	• 오아시스 및 외래 하천 주변이나 관개용수를 이용할 수 있는 지역에 마을이 발달함 • 흙벽돌집 발달: 나무를 구하기 어려운 환경에서 큰 기온의 일교차를 극복하고, 강한 햇볕 및 뜨거운 모래바람을 차단함 • 가옥은 지붕이 평평하고 작은 창과 두꺼운 벽으로 구성, 가옥 간 간격은 좁은 편임 • 실내 온도를 조절하고 공기를 정화하는 바드기르(윈드타워)가 설치된 가옥이 나타남
스텝 기후 지역	• 이동식 가옥: 초원에서 유목을 하면서 이동하기 쉬운 형태로, 게르, 유르트 등으로 불림 • 게르(유르트)는 나무 뼈대와 가죽이나 천을 이용하여 설치와 해체가 용이함

▲ 사막 지역의 전통 가옥(모로코) | ▲ 초원 지역의 전통 이동식 가옥(키르기스스탄)

🖱 자료 분석 | 건조 아시아와 북부 아프리카의 의복 및 음식 특징

- **의복 특징**: 주로 사막에서 생활하는 북부 아프리카의 유목 민족인 베두인족은 검은색의 긴 옷을 즐겨 입는다. 그 이유는 검은색이 햇볕을 흡수하여 옷 안의 온도가 높아지면 데워진 공기가 목 위나 옷감의 구멍으로 빠져나가고 외부의 공기가 옷 아래를 통해 들어와 마치 바람이 부는 것처럼 공기의 순환이 일어나는데, 이 과정에서 땀이 마르면서 몸의 열을 내려 시원하게 해주기 때문이다.

- **음식 특징**: 건조 기후 지역에서는 땔감으로 사용할 수 있는 나무가 부족하여 오래 가열해야 하는 음식을 만들기가 쉽지 않다. 우선 빵의 재료인 밀은 건조 기후 지역에서도 잘 재배되며, 밀가루는 소량의 물로 충분히 반죽이 가능하여 물 소비량이 적다. 저장과 운반에 유리한 납작한 빵을 화덕을 이용하여 만들며, 따로 식기가 많이 필요하지 않아 유목 생활을 하는 이들에게 유리하다. 이러한 납작한 빵으로는 난, 아에쉬가 대표적이다.

🔴 **난**

밀가루 반죽을 둥글고 평평하게 빚은 후 화덕에 구워 깨나 향신료를 첨가하여 먹는 발효 빵이다. 쉽게 상하지 않아 유목민의 음식으로 이용되었다.

🔴 **아에쉬**

밀로 만든 이집트의 빵으로, 손으로 찢어 샐러드나 육류 요리 등과 함께 먹는다.

🔴 **바드기르(윈드타워)**

서남아시아 지역의 전통 가옥에 설치된 탑 모양의 환풍구이다. 환풍구를 통해 내려간 공기가 관상수나 카나트의 지하수에 의해 냉각되고 내부의 더운 열기가 밖으로 배출되면서 실내 온도를 낮추는 역할을 한다.

개념 체크

1. 건조 아시아와 북부 아프리카의 (   ) 기후 지역에서는 가축에서 얻은 고기와 유제품을 주로 소비한다.

2. 사막 기후 지역에서는 가옥의 지붕이 평평하고 작은 창과 두꺼운 벽으로 구성된 (   )이 발달해 있으며, 가옥에는 (   )라고 불리는 윈드타워가 설치되기도 한다.

3. 건조 아시아와 북부 아프리카의 초원에서는 유목을 하면서 이동하기 쉬운 형태의 가옥이 발달해 있으며 게르, (   ) 등으로 불린다.

정답
1. 스텝
2. 흙벽돌집, 바드기르
3. 유르트

3. 건조 아시아와 북부 아프리카의 경제 활동

(1) 농목업과 대상 무역

① 오아시스 농업: 오아시스를 중심으로 대추야자, 밀, 보리 등을 재배함

② 관개 농업: 외래 하천이나 지하수를 이용하여 작물 경작, 지하 관개 수로(카나트) 설치

③ 유목: 목초지와 물을 찾아 이동하면서 가축을 사육함

④ 대상(隊商) 무역: 대상은 무리를 지어 이동하며 물건을 팔거나 교환하는 상인으로, 상품을 거래하고 여러 지역의 소식을 알려주어 다양한 문화의 교류에 큰 역할을 함

(2) 주민 생활의 변화

① 유목과 대상 무역의 쇠퇴: 국경 설정, 도시화와 산업화, 자원 개발, 사막화에 따른 목초지 감소 등의 영향

② 관개 농업 지역의 확대: 관개 기술의 발달과 자본의 투입을 통해 농업 가능 지역이 내륙의 사막까지 확대, 현대식 스프링클러를 활용한 원형 경작지의 확대

③ 관광 산업 발달: 샌드보딩, 낙타 타기, 초원에서 말타기 등의 체험 관광이 확대되고 있음

④ 신·재생 에너지: 일사량이 풍부한 기후 조건을 이용한 태양광·태양열 발전이 확대되고 있음

🖥 자료 분석 | 건조 기후 지역의 지하 관개 수로

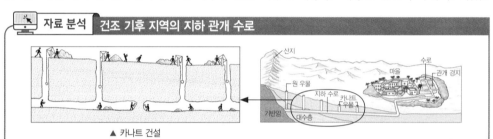

▲ 카나트 건설

건조 기후 지역은 외래 하천이나 오아시스 주변을 제외하면 농경에 불리하며, 사람들이 살기에 부적합하다. 이러한 기후 환경을 극복하기 위한 방식으로 이란에서는 지하 관개 수로(카나트)를 활용하였다. '카나트(qanat)'는 산지의 눈, 빙하 등이 녹은 물 또는 산지에 내린 강수로 형성된 지하수를 멀리 떨어진 마을과 농경지로 공급하기 위해 건설한 지하 관개 수로이다.

4. 주요 자원의 분포 및 이동과 산업 구조

(1) 화석 에너지 자원의 분포 및 이동

① 석유와 천연가스의 분포 지역: 페르시아만 연안(세계 석유 매장량의 절반 정도 집중, 세계 총 석유 생산량의 30% 이상), 북부 아프리카, 카스피해 연안 등

② 특징: 유전이 지표 부근에 위치하여 생산비 저렴, 대규모 유전 → 개발에 유리

③ 운송: 주로 송유관(파이프라인)과 유조선을 통해 유럽과 북부 아메리카, 동아시아 등지로 수출됨

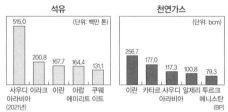

▲ 건조 아시아와 북부 아프리카의 지역 내 석유와 천연가스 생산량 상위 5개국

▲ 국가별 석유 매장량 비율

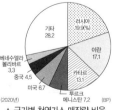

▲ 국가별 천연가스 매장량 비율

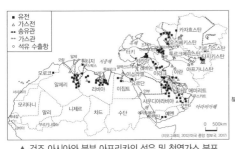

▲ 건조 아시아와 북부 아프리카의 석유 및 천연가스 분포

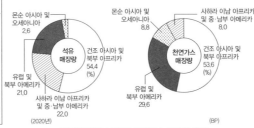

▲ 지역(대륙)별 석유 및 천연가스 매장량 비율

(2) 화석 에너지 자원의 개발과 지역 변화

① 개발 과정: 초기 영국, 미국, 네덜란드 등 선진국의 다국적 석유 메이저 기업 중심의 개발 → 1970년대 이후 석유 수출국 기구 및 산유국 정부 중심의 개발

② 석유 수출국 기구(OPEC): 1960년대 이후 산유국들이 경제적 자립을 이루기 위해 석유 산업을 국유화하고 석유 수출국 기구(OPEC)를 결성, 석유의 생산량과 가격에 큰 영향력을 행사

③ 자원 개발로 인한 지역 변화

- 경제 성장: 생활 수준 및 복지 수준 향상
- 급속한 도시화: 도시와 농촌 간 격차 발생, 전통적 농목업(유목)의 변화 등
- 사회 기반 시설 확충: 도로, 공항 건설 및 대규모 개발 사업, 부족한 노동력 및 기술을 충당하기 위해 외국인 노동자 유입
- 해외 경제 의존도 심화: 소비재, 사치품 등의 수입 증가

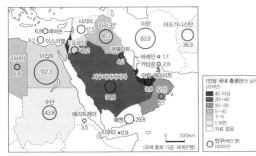

▲ 건조 아시아와 북부 아프리카 주요 국가의 인구 및 1인당 국내 총생산

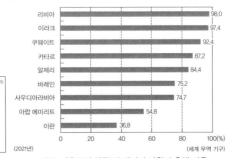

▲ 주요 산유국의 광물 및 에너지 자원 수출액 비율

5. 주요 국가의 산업 구조

(1) 주요 국가의 산업 구조 특징

① 자원이 풍부한 국가: 석유와 천연가스 산업을 중심으로 2차 산업 발달, 석유와 석유 제품의 수출 비율이 높음 예 사우디아라비아, 아랍 에미리트, 카자흐스탄 등

② 자원이 부족한 국가: 3차 산업 비율과 2차 산업 내 제조업 생산액 비율이 상대적으로 높음, 최근 경제 성장을 위해 제조업 육성, 관광 산업 발달 예 튀르키예(터키)

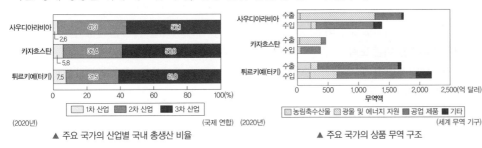

▲ 주요 국가의 산업별 국내 총생산 비율

▲ 주요 국가의 상품 무역 구조

⊙ 석유 메이저 기업

석유의 탐사·개발·수송·정제·판매 전 분야에 걸쳐 일관된 체제를 갖추고 폭넓게 사업을 전개하고 있는 국제 석유 회사를 말한다.

⊙ 석유 수출국 기구(OPEC)

1960년 9월 5개 산유국(이란, 이라크, 쿠웨이트, 사우디아라비아, 베네수엘라 볼리바르) 대표가 모여 결성한 정부 간 협의체로, 생산 카르텔의 대표적 사례이다. 2023년 7월 기준 회원국은 이란, 이라크, 쿠웨이트, 사우디아라비아, 베네수엘라 볼리바르, 알제리, 앙골라, 콩고, 적도 기니, 가봉, 리비아, 나이지리아, 아랍 에미리트로 13개국이다.

개념 체크

1. ( )는 1960년에 5개 산유국(이란, 이라크, 쿠웨이트, 사우디아라비아, 베네수엘라 볼리바르)이 결성한 정부 간 협의체이다.

2. 석유, 천연가스가 풍부한 사우디아라비아, 아랍 에미리트는 국내 총생산에서 (1차 / 2차) 산업의 생산액이 차지하는 비율이 높게 나타난다.

3. 이스탄불이 수위 도시인 ( )는 2차 산업 내 제조업 생산액 비율이 건조 아시아와 북부 아프리카 국가들 중에서 높은 편이며, 관광 산업이 발달해 있다.

정답 ───────
1. 석유 수출국 기구(OPEC)
2. 2차
3. 튀르키예(터키)

비전통 석유

기존의 방식과는 다른 방법 및 기술을 사용하여 생산 또는 추출되는 석유로, 대량으로 부존하지만 개발 및 생산 비용이 높아 저유가 시기에는 개발하지 못하던 석유 자원이다. 대표적인 비전통 석유에는 오일 샌드와 셰일 오일이 있으며, 최근 채굴 기술 개발 및 비용 하락으로 생산량이 증가하였다.

걸프 협력 회의(GCC)

1981년 페르시아만 연안의 6개 산유국이 역내 협력을 강화하기 위해 결성한 지역 협력 기구이다. 사우디아라비아, 쿠웨이트, 아랍 에미리트, 카타르, 오만, 바레인의 상호 경제 및 안전 보장 협력과 치안, 국방 결속을 목적으로 한다.

사막화 방지 협약(UNCCD)

1994년 6월 채택, 1996년 12월 발효된 국제 환경 협약이다. 심각한 가뭄이나 사막화를 겪고 있는 국가들(특히 아프리카 국가들)의 사막화 방지 및 개선을 목적으로 한다.

개념 체크

1. 건조 또는 반건조 지역에서 식생이 감소하고 토양이 황폐화되는 현상을 (   )라고 하며, 이 현상이 심각한 사하라 사막 남쪽 가장자리의 스텝 기후와 사바나 기후 지역을 (   ) 지대라고 한다.

2. 건조 또는 반건조 지역에서 식생이 감소하고 토양이 황폐화되는 현상을 해결하기 위해 국제 사회는 (   )(UNCCD)을 채택하였으며, 피해가 심각한 지역의 주민들에 대한 지원 및 (   ) 사업을 진행하고 있다.

정답
1. 사막화, 사헬
2. 사막화 방지 협약, 조림

---

(2) 지역 발전을 위한 노력

① 에너지 시장의 변화: 원유 가격의 불안정, 비전통 석유의 생산 증가, 전기차 상용화, 각종 신·재생 에너지 활용 확대 → 미래 경제 구조의 불확실성 증가

② 경제 구조의 다변화

• 석유 이외 경제 부문 성장 추진: 재정 수입의 다변화, 관광 및 서비스 산업 육성 등

• 지속 가능한 발전 기틀 마련: 석유 이외의 제조업 육성, 사회 간접 자본 및 기간산업 육성

• 지역 내 경제 협력 추진: 걸프 협력 회의(GCC) 결성

6. 사막화의 진행

(1) 사막화의 원인과 진행 지역

① 의미: 건조 또는 반건조 지역에서 식생이 감소하고 토양이 황폐화되는 현상

② 발생 원인

• 자연적 원인: 기후 변화로 인한 기상 이변으로 장기간 가뭄이 지속되어 발생

• 인위적 원인: 무분별한 벌목, 경작지와 방목지 확대, 지나친 관개로 인한 토지의 염도 상승 등

③ 주요 발생 지역

지역	특징
사헬 지대	• 사하라 사막 남쪽 가장자리의 스텝 기후와 사바나 기후 지역 • 급격한 인구 증가 → 가축의 과도한 방목, 땔감 획득을 위한 벌목 → 토양 침식, 초원 황폐화 • 피해 국가: 말리, 니제르, 차드, 수단(다르푸르 분쟁 지역) 등
아랄해 연안	• 중앙아시아 아랄해 주변 • 아무다리야강, 시르다리야강 유역의 과도한 관개 농업 → 아랄해의 면적 축소 → 호수 주변의 토양 황폐화 • 피해 국가: 카자흐스탄, 우즈베키스탄 등

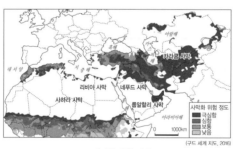

▲ 사막화 위험 지역

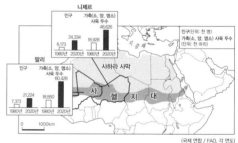

▲ 사헬 지대의 인구와 가축(소, 양, 염소) 사육 두수 변화

(2) 사막화로 인한 지역 문제

① 생물 종 감소: 삼림과 초원이 훼손되고, 생태계가 파괴되면서 생물 종이 감소함

② 토양 황폐화: 토양 침식이 가속화되어 황무지로 변하면서 대규모 모래 먼지가 자주 발생함, 호흡기 질환 등의 질병 증가

③ 물 부족과 기근: 물 부족에 따른 오염된 물 사용으로 수인성 질병 발생, 기후(환경) 난민 발생, 경작지 황폐화로 토양의 식량 생산 능력 저하, 식량 확보를 둘러싼 갈등 발생

(3) 사막화 해결을 위한 노력

① 국제 연합: 사막화 방지 협약(UNCCD) 채택, 사막화를 방지하고 사막화가 진행 중인 개발 도상국을 지원

② 각국 정부와 기업의 지원: 사막화 진행 지역의 주민들에 대한 지원 및 조림 사업 진행 예 거대한 녹색 장벽(Great Green Wall) 사업, 카자흐스탄 아랄해 주변의 방풍림 조성 사업

[24019-0159]

01 그래프는 세 지역의 시기별 강수량을 나타낸 것이다. (가)~(다) 지역을 지도의 A~C에서 고른 것은?

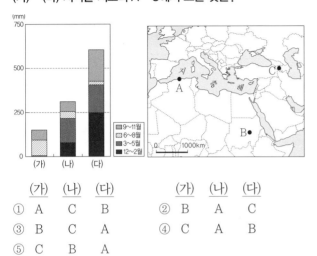

	(가)	(나)	(다)		(가)	(나)	(다)
①	A	C	B	②	B	A	C
③	B	C	A	④	C	A	B
⑤	C	B	A				

[24019-0161]

03 다음 자료의 ㉠~㉣에 대한 설명으로 옳은 것만을 〈보기〉에서 있는 대로 고른 것은?

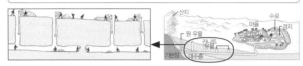

| ㉠ | 지역은 ㉡외래 하천이나 ㉢오아시스 주변을 제외하면 농경에 불리하며, 사람들이 살기에 부적합하다. 이러한 기후 환경을 극복하기 위한 방식으로 이란에서는 ㉣카나트(qanat)를 활용하였다.

▲ 카나트 건설

• 보기 •
ㄱ. ㉠에는 '사막 기후'가 들어갈 수 있다.
ㄴ. ㉡의 사례로는 나일강이 있다.
ㄷ. ㉢에서는 벼의 2기작이 활발하게 이루어진다.
ㄹ. ㉣은 지표수 이용이 어려운 지역에서 건설한 지하 관개 수로이다.

① ㄱ, ㄴ   ② ㄱ, ㄷ   ③ ㄷ, ㄹ
④ ㄱ, ㄴ, ㄹ   ⑤ ㄴ, ㄷ, ㄹ

[24019-0160]

02 지도의 A~E 지역에 대한 설명으로 옳은 것만을 〈보기〉에서 고른 것은?

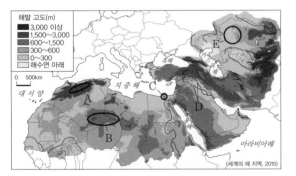

• 보기 •
ㄱ. A는 안정육괴에 해당한다.
ㄴ. C에는 삼각주가 넓게 발달해 있다.
ㄷ. D는 기후 환경이 다른 지역에서 발원한 외래 하천이다.
ㄹ. B는 E보다 초원이 넓게 분포한다.

① ㄱ, ㄴ ② ㄱ, ㄷ ③ ㄴ, ㄷ ④ ㄴ, ㄹ ⑤ ㄷ, ㄹ

[24019-0162]

04 다음 자료와 같은 전통 가옥과 구조물이 나타나는 지역의 공통적인 특징으로 옳은 것은?

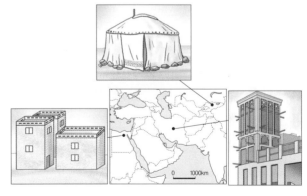

① 연 강수량보다 연 증발량이 많다.
② 회백색의 포드졸이 넓게 분포한다.
③ 상록 활엽수가 다층의 울창한 숲을 이룬다.
④ 여름철 열대 저기압의 영향으로 풍수해가 자주 발생한다.
⑤ 가축 사육과 작물 재배가 함께 이루어지는 혼합 농업이 발달하였다.

[24019-0163]

05 다음 글에 대한 설명으로 옳은 것만을 〈보기〉에서 고른 것은? (단, (가), (나)는 각각 대추야자, 올리브 중 하나이고, A와 B는 각각 이집트, 튀르키예(터키) 중 하나임.)

> (가) 는 건조 아시아와 북부 아프리카 건조 기후 지역의 주요 작물 중 하나로, 이것의 생산량이 많은 국가는 나일강을 이용한 관개 농업과 오아시스 농업이 발달한 A 이다. (나) 는 지중해성 기후 지역에서 주로 생산되는데, 건조 아시아와 북부 아프리카에서 이것의 생산량이 많은 국가는 흑해와 접하고 아나톨리아고원이 있는 B 이다.

● 보 기 ●

ㄱ. (가)는 대추야자이다.
ㄴ. (나)는 연중 강수량이 많은 지역이 재배에 유리하다.
ㄷ. A와 B는 모두 지중해 연안에 위치한다.
ㄹ. A는 건조 아시아, B는 북부 아프리카에 속한다.

① ㄱ, ㄴ　② ㄱ, ㄷ　③ ㄴ, ㄷ　④ ㄴ, ㄹ　⑤ ㄷ, ㄹ

[24019-0164]

06 다음은 세계지리 수업의 한 장면이다. 교사의 질문에 옳게 대답한 학생만을 고른 것은?

> 지도는 건조 아시아와 북부 아프리카에서 어느 현상의 발생 위험 지역을 나타낸 것입니다. 이 현상의 특징에 대해 발표해 볼까요?

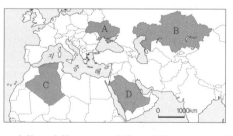

갑 대표적인 발생 지역으로 사헬 지대가 있습니다.

을 주로 사막 주변의 스텝 기후 지역에서 나타납니다.

병 자외선 투과량을 증가시켜 식물 성장이 저해되는 피해를 유발합니다.

정 해결 방안으로 경작지 및 관개용수 사용량 확대를 통한 식량 생산량 증대를 들 수 있습니다.

① 갑, 을　② 갑, 병　③ 을, 병　④ 을, 정　⑤ 병, 정

[24019-0165]

07 그래프는 지도에 표시된 세 국가이 산업별 생산액 비율을 나타낸 것이다. (가)~(다) 국가에 대한 설명으로 옳은 것은?

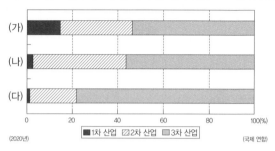

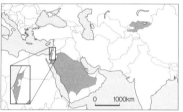

① (가)는 세 국가 중에서 국토 면적이 가장 넓다.
② (나)는 이슬람교 신자 중 수니파보다 시아파가 많다.
③ (가)는 (나)보다 청장년층 인구의 성비가 높다.
④ (나)는 (다)보다 석유 수출량이 적다.
⑤ (다)는 (가)보다 1인당 국내 총생산이 많다.

[24019-0166]

08 (가), (나) 국가를 지도의 A~D에서 고른 것은?

> (가) 선사 시대부터 베르베르족이 아틀라스산맥 부근에서 유목 생활을 한 역사가 있다. 1950년대 사하라 사막에서 대규모 유전이 발견되어 산유국이 되었으며, 현재는 석유 수출국 기구(OPEC)의 회원국이다.
> (나) 구 소련의 해체 이후 독립한 국가로, 동부를 제외한 대부분 지역은 평원이 나타나며, 남부 지역에는 사막과 초원 지대가 형성되어 있다. 1930년대 강제 이주된 고려인들의 후손들이 현재 약 10만 명 거주하고 있다.

	(가)	(나)		(가)	(나)		(가)	(나)
①	A	C	②	C	A	③	C	B
④	D	A	⑤	D	B			

[24019-0167]

1 그래프는 (가)~(다) 지역의 월별 누적 강수량을 나타낸 것이다. 이에 대한 설명으로 옳은 것은? (단, (가)~(다)는 각각 지도에 표시된 A~C 지역 중 하나임.)

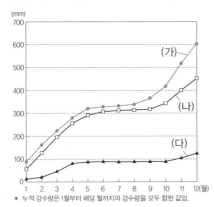

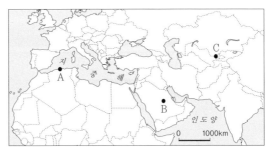

* 누적 강수량은 1월부터 해당 월까지의 강수량을 모두 합한 값임.

① (가)는 겨울 강수량보다 여름 강수량이 많다.
② (다)는 연 증발량보다 연 강수량이 많다.
③ (다)는 (가)보다 올리브, 오렌지 등을 재배하는 수목 농업 발달에 유리하다.
④ (가)는 A, (나)는 C, (다)는 B이다.
⑤ 연 강수량은 A>B>C 순으로 많다.

[24019-0168]

2 표는 건조 아시아와 북부 아프리카에 위치한 세 국가의 주요 특징을 나타낸 것이다. (가)~(다) 국가에 대한 설명으로 옳은 것은? (단, (가)~(다)는 각각 알제리, 이란, 이집트 중 하나임.)

구분 \ 국가	(가)	(나)	(다)
국기			
수도	테헤란	알제	카이로
인구(만 명)	약 8,792	약 4,418	약 10,926
주요 특징	• '카나트'로 불리는 지하 관개 수로가 있음. • 석유 수출국 기구(OPEC) 회원국 중 하나임.	• 북부 아프리카에서 국토 면적이 가장 넓음. • 국토의 북서부에 아틀라스산맥이 위치함.	• 외래 하천 유역을 중심으로 인구 밀도가 높음. • 피라미드, 스핑크스 등 고대 유적을 이용한 관광 산업이 발달함.

(2021년) (국제 연합)

① (가)는 국가 내 이슬람교 수니파 신자보다 시아파 신자가 많다.
② (나)에는 국제 하천인 나일강이 흐른다.
③ (다)는 (가)보다 2021년에 천연가스 생산량이 많다.
④ (가)와 (나)는 모두 지중해 연안에 위치한다.
⑤ (가)는 북부 아프리카, (다)는 건조 아시아에 위치한다.

[24019-0169]

3 그래프는 세 작물의 국가별 생산량 비율을 나타낸 것이다. 이에 대한 설명으로 옳은 것은? (단, (가), (나)는 각각 대추야자, 올리브 중 하나이고, A~C는 각각 지도에 표시된 세 국가 중 하나임.)

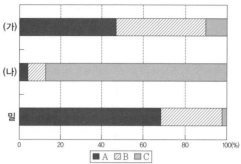
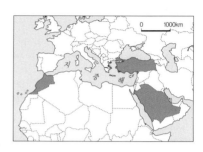

* 각 작물의 A~C 생산량 합을 100%로 했을 때, 해당 국가의 생산량이 차지하는 비율임.
(2021년)　　　　　　　　　　　　　　(FAO)

① (가)는 사막 기후 지역, (나)는 지중해성 기후 지역이 재배 최적지이다.
② A는 세 국가 중 국토 면적이 가장 넓다.
③ B에는 이슬람교의 최대 성지인 메카가 있다.
④ B는 C보다 대추야자 생산량이 많다.
⑤ C는 A보다 인구 밀도가 낮다.

[24019-0170]

4 그래프에 대한 설명으로 옳은 것은? (단, (가), (나)와 A, B는 각각 지도에 표시된 두 국가 중 하나임.)

〈출생 성비와 청장년층 인구 성비〉　　　　〈국가 내 산업별 생산액 비율〉

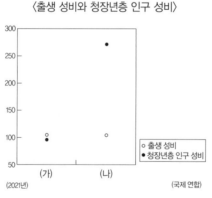
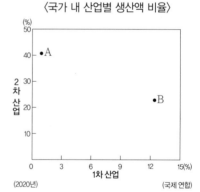

(2021년)　　　　　　　　　　(국제 연합)　　(2020년)　　　　　　　(국제 연합)

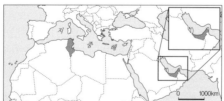

① (가)는 (나)보다 석유 생산량이 많다.
② (나)는 (가)보다 1인당 국내 총생산이 많다.
③ A는 청장년층에서 남성 인구보다 여성 인구가 많다.
④ B는 A보다 총인구 중 외국인의 비율이 높다.
⑤ (가)는 A, (나)는 B이다.

[24019-0171]

5 그래프는 (가), (나) 화석 에너지의 건조 아시아 및 북부 아프리카 국가별 매장량 비율을 나타낸 것이다. 이에 대한 설명으로 옳은 것은?

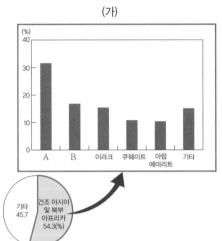
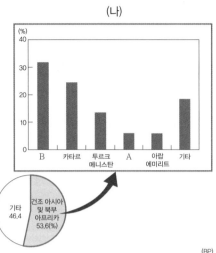

(2020년)   (BP)

① (가)는 냉동 액화 기술의 발달로 소비량이 급증하였다.
② (나)는 18세기 산업 혁명기의 주요 에너지원이었다.
③ (가)는 (나)보다 세계 1차 에너지 소비 구조에서 차지하는 비율이 높다.
④ (나)는 (가)보다 수송용으로 이용되는 비율이 높다.
⑤ A는 이란, B는 사우디아라비아이다.

[24019-0172]

6 그래프는 지도에 표시된 네 국가의 품목별 수출액 비율과 총수출액을 나타낸 것이다. (가)~(라) 국가에 대한 설명으로 옳은 것만을 〈보기〉에서 고른 것은?

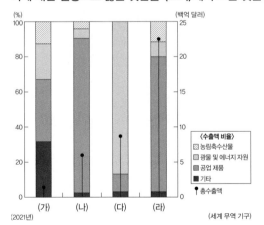
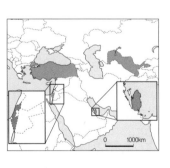

(2021년)   (세계 무역 기구)

〈수출액 비율〉
▨ 농림축수산물
☐ 광물 및 에너지 자원
▧ 공업 제품
■ 기타
● 총수출액

● 보 기 ●
ㄱ. (가)는 (나)보다 1인당 국내 총생산이 많다.
ㄴ. (나)는 (라)보다 국가 내 이슬람교 신자 비율이 낮다.
ㄷ. (다)는 (라)보다 청장년층 인구의 성비가 높다.
ㄹ. (가)~(라) 중에서 총인구는 (다)가 가장 많다.

① ㄱ, ㄴ   ② ㄱ, ㄷ   ③ ㄴ, ㄷ   ④ ㄴ, ㄹ   ⑤ ㄷ, ㄹ

[24019-0173]

7 다음 글의 (가), (나) 국가에 대한 설명으로 옳은 것만을 〈보기〉에서 있는 대로 고른 것은?

> (가) 수도는 하르툼이며, 이곳에서 백나일강과 청나일강이 합류한다. 2003년 서부 지역의 다르푸르에서는 아랍계와 비아랍계 간에 분쟁이 발생하여 많은 사망자가 발생하였으며, 2011년에는 남부 지역이 독립 국가를 수립하면서 유전 지대의 상당 부분을 상실하였다.
> (나) 수도는 아스타나이며, 내륙국이지만 카스피해와 인접해 있어 항구를 통해 아제르바이잔, 이란과의 교역이 가능하다. 국가명에서 카즈(qaz)는 유목 생활을 했던 주민 특성에서 유래한 '방랑하다'라는 의미를 갖고 있으며, 스탄(stan)은 '땅·나라'를 의미한다.

● 보기 ●

ㄱ. (가)는 크리스트교 신자보다 이슬람교 신자가 많다.
ㄴ. (나)에는 메소포타미아 문명의 발상지가 있다.
ㄷ. (나)는 (가)보다 수도의 겨울 평균 기온이 낮다.
ㄹ. (가)는 북부 아프리카, (나)는 건조 아시아에 위치한다.

① ㄱ, ㄴ   ② ㄱ, ㄷ   ③ ㄴ, ㄹ   ④ ㄱ, ㄷ, ㄹ   ⑤ ㄴ, ㄷ, ㄹ

[24019-0174]

8 다음 자료는 (가), (나) 호수의 면적 변화를 나타낸 것이다. 이에 대한 설명으로 옳은 것만을 〈보기〉에서 있는 대로 고른 것은?

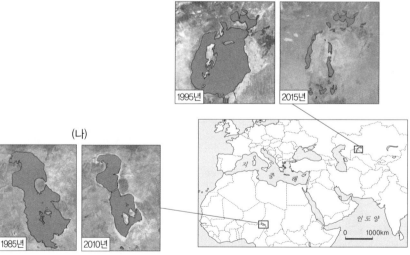

● 보기 ●

ㄱ. (가)의 주변에서 관개 농업이 확대되면서 유입되는 하천 유량이 감소하였다.
ㄴ. (나)의 주변 지역은 1985년에 비해 2010년에 가축 사육 두수가 증가하였다.
ㄷ. (가), (나) 모두 주변의 토지 면적이 증가하여 농업 생산력이 증대되었다.
ㄹ. (가), (나) 모두 면적이 축소되고 있으며, 주변 지역에서 사막화가 진행되고 있다.

① ㄱ, ㄴ   ② ㄱ, ㄷ   ③ ㄷ, ㄹ   ④ ㄱ, ㄴ, ㄹ   ⑤ ㄴ, ㄷ, ㄹ

14 유럽과 북부 아메리카

1. 유럽의 공업 지역 형성과 변화

(1) 유럽의 전통 공업 지역
① 산업 혁명의 발상지: 18세기 후반 영국을 시작으로 서부 유럽이 산업 혁명을 주도함
② 자원 산지 중심으로 공업 지역 형성: 석탄은 주요 에너지 자원이자 제철 공업의 연료로 사용됨
예 석탄 산지 지역인 랭커셔·요크셔 지방(영국), 루르·자르 지방(독일), 철광석 산지 지역인 로렌 지방(프랑스) 등

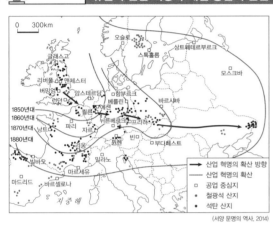

자료 분석 **유럽의 산업 혁명과 제철 공업의 발달**

산업 혁명은 서부 유럽에서 가장 먼저 일어났으며, 특히 증기 기관에 사용된 석탄이 풍부한 지역을 중심으로 공업 지역이 형성되었다.
제철소도 초기에는 목탄을 확보하기 쉬운 삼림 지역이나 수력 에너지를 얻을 수 있는 계곡에 주로 입지하였다. 이후 제철 공업의 연료로 석탄을 사용하게 되면서 제철소는 석탄 및 철광석 산지로 이동하게 되었다. 영국의 랭커셔와 요크셔, 독일의 자르와 루르는 석탄 산지에 입지한 대표적인 공업 지역이다.

(서양 문명의 역사, 2014)

(2) 유럽 공업 지역의 변화
① 전통 공업 지역의 쇠퇴: 석탄 및 철광석 등 자원의 고갈, 산업 시설의 노후화, 석유·천연가스 등 새로운 에너지 자원의 사용량 증가가 원인임
② 공업 중심지의 변화: 내륙의 원료 산지에서 원료 수입과 제품 수출에 유리한 해운·하운 교통 발달 지역으로 공업 중심지 이동 **예** 카디프·미들즈브러(영국), 됭케르크(프랑스), 로테르담(네덜란드) 등
③ 전통 공업 지역의 변화: 과거 산업 시설을 재활용하여 관광 및 문화 산업 지역으로 탈바꿈함

(하크 세계 지도, 2012)

▲ 유럽의 공업 지역

(3) 첨단 산업 지역의 성장
① 정보 통신, 생명 공학, 항공 우주 산업, 패션 및 디자인 산업 등 고부가 가치 산업 중심으로 산업 구조 개편
② 산업 클러스터를 중심으로 첨단 산업과 고부가 가치 산업 발달 **예** 케임브리지 사이언스 파크(영국), 소피아 앙티폴리스(프랑스), 시스타 사이언스 시티(스웨덴), 오울루 테크노폴리스(핀란드), 제3 이탈리아(이탈리아) 등

✪ 영국의 산업 혁명

(휴먼 지오그래피, 2012)

산업 혁명 초기 철광석 및 석탄 산지를 중심으로 공업 지역이 형성되었으며, 풍부한 철광석과 석탄은 영국 산업 혁명 시작의 원동력이 되었다.

✪ 유럽의 공업 지역 이동

(gnedu.net, 2017)

내륙의 석탄과 철광석 산지 중심으로 성장했던 공업 중심지는 자원 고갈과 시설의 노후화로 원료 수입과 제품 수출에 유리한 해안 지역으로 이동하였다.

✪ 산업 클러스터

공장과 기업, 대학, 연구 기관 등이 함께 입지하여 상호 연계를 통해 경쟁력을 확보하는 산업 단지이다.

개념 체크

1. 산업 혁명은 ( )을 시작으로 서부 유럽이 주도했으며, 증기 기관에 사용된 ( )이 풍부한 지역을 중심으로 공업 지역이 형성되었다.

2. 유럽의 공업 중심지는 내륙의 원료 산지에서 원료 수입과 제품 수출에 유리한 ( ) 교통 발달 지역으로 이동하였다.

3. 유럽은 케임브리지 사이언스 파크, 소피아 앙티폴리스 등과 같은 산업 ( )를 중심으로 ( ) 산업과 고부가 가치 산업이 발달해 있다.

정답
1. 영국, 석탄   2. 해운·하운
3. 클러스터, 첨단

2. 북부 아메리카의 공업 지역 형성과 변화

(1) 북부 아메리카의 전통 공업 지역

뉴잉글랜드 공업 지역	유럽과의 지리적 인접성, 이민자의 저렴한 노동력을 바탕으로 산업화 초기에 보스턴을 중심으로 경공업 발달
중부 대서양 연안 공업 지역	뉴욕, 필라델피아 등의 대도시 발달
오대호 연안 공업 지역	• 시카고(제철), 디트로이트(자동차) 등을 중심으로 중화학 공업 발달 • 풍부한 지하자원: 철광석(오대호 연안), 석탄(애팔래치아산맥) • 편리한 수운 교통: 오대호 – 세인트로렌스강 – 대서양을 잇는 운하 발달 • 넓은 소비 시장과 풍부한 노동력: 대도시 발달
캐나다의 공업 지역	교통이 편리한 오대호(토론토)와 세인트로렌스강(몬트리올) 연안 중심

★ 캘리포니아주와 미시간주의 제조업 업종별 출하액 비율

(2021년) (U.S. Census)

★ 러스트 벨트(Rust Belt)

제조업이 쇠락한 미국의 중서부 지역과 북동부 지역을 러스트 벨트라고 한다.

▲ 주요 공업 지역과 인구 10대 도시   ▲ 오대호 연안 공업 지역

(2) 북부 아메리카 공업 지역의 변화

① 전통 공업 지역의 쇠퇴: 고품질 철광석 고갈로 해외 자원 수입 증가, 신흥 공업 국가의 성장에 따른 산업 구조 변화, 환경 오염·산업 시설 노후화 등이 원인

② 공업 구조의 변화: 중화학 공업(철강, 화학 등)에서 첨단 산업(컴퓨터, 항공·우주 등) 중심으로 전환

③ 공업 중심지의 이동: 북동부 및 중서부의 러스트 벨트에서 온화한 기후, 풍부한 석유와 천연가스, 풍부한 노동력, 지방 정부의 지원(세금 혜택, 저렴한 용지 제공) 등을 갖춘 남부 및 서부의 선벨트로 공업 중심지 이동

④ 전통 공업 지역의 변화: 러스트 벨트(보스턴, 피츠버그 등)의 신산업 육성

▲ 미국의 공업 지역

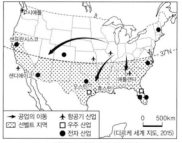
▲ 선벨트 지역의 공업 성장

(3) 기술 집약적 첨단 산업의 성장

태평양 연안 공업 지역	샌프란시스코 인근 실리콘 밸리를 중심으로 컴퓨터 관련 산업, 로스앤젤레스를 중심으로 영화 산업, 시애틀을 중심으로 항공 산업 발달
멕시코만 연안 공업 지역	텍사스주 일대에 석유 화학 공업, 항공·우주 산업 발달

3. 유럽과 북부 아메리카의 도시 특색과 대도시권 형성

(1) 유럽과 북부 아메리카의 도시 특색

① 일찍 산업화가 시작되어 오랜 기간 도시화가 진행됨

② 도시화의 종착 단계로 도시화율이 높음

③ 도시의 인구 증가와 교통의 발달로 대도시 인구 및 주거지의 교외화 현상이 나타남

④ 런던, 뉴욕과 같은 세계적인 영향력을 가진 세계 도시가 발달함

(2) 유럽과 북부 아메리카의 대도시권 형성

① 대도시의 통근 · 통학권, 상권 등이 확대되어 주변 지역과 기능적으로 연결되는 대도시권 형성

② 거대 도시를 잇는 도시화 지역이 서로 연속된 메갈로폴리스 발달 예 미국 북동부(보스턴 ~ 뉴욕 ~ 필라델피아 ~ 볼티모어 ~ 워싱턴 D.C.), 영국(런던 ~ 리버풀), 네덜란드(란트슈타트 지역) 등

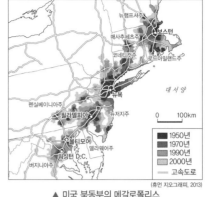

▲ 미국 북동부의 메갈로폴리스

4. 현대 도시의 내부 구조와 유럽 및 북부 아메리카의 도시 내부 구조 특징

(1) 현대 도시의 내부 구조

① 도시의 지역 분화: 도시 내 상업 · 공업 · 주거 등의 여러 기능이 모이고 분산되어 공간적으로 분화되는 현상

② 지역 분화 요인: 도시 내 지역에 따른 접근성, 지대 및 지가의 차이

③ 도시 내부 구조

• 도심: 도시 내 지가와 접근성이 가장 높음, 중심 업무 지구(CBD)가 발달함, 상주인구 감소로 인구 공동화 현상이 나타남, 상주인구보다 주간 인구가 많음

• 주변 지역: 지가가 상대적으로 낮음, 주거 지역이 확대됨, 상주인구보다 주간 인구가 적음

④ 도심 주변부의 변화

• 도심 인접 지역은 저급 주택과 공장 등이 섞여 있고, 시설이 노후화되어 저소득층이 거주함

• 도심의 낙후된 지역이 주거, 여가 · 문화 공간으로 재개발되어 중산층의 생활 공간으로 변화되는 도심 재활성화(젠트리피케이션) 현상이 나타남

> **자료 분석** **도시 내부 구조 이론**
>
> 〈동심원 모델〉 〈선형 모델〉 〈다핵심 모델〉 〈도시 권역 모델〉
>
> 1. 중심 업무 지구
> 2. 점이 지대
> 3. 노동자 주거 지대
> 4. 중산층 주거 지대
> 5. 교외 통근자 주거 지대
>
> 1. 중심 업무 지구
> 2. 도매 · 경공업 지구
> 3. 저소득층 주거 지구
> 4. 중산층 주거 지구
> 5. 고소득층 주거 지구
>
> 1. 중심 업무 지구
> 2. 도매 · 경공업 지구
> 3. 저소득층 주거 지구
> 4. 중산층 주거 지구
> 5. 고소득층 주거 지구
> 6. 중공업 지구
> 7. 외곽 업무 지구
> 8. 교외 주거 지구
> 9. 교외 공업 지구
>
> — 도시 경계
> — 도시 권역 경계
>
> 동심원 모델은 사회 계층별로 주거지가 동심원 형태로 분화하고, 선형 모델은 도심에서 주변 지역으로 나가는 교통로를 따라 사회 계층별로 주거지가 분화하며, 다핵심 모델은 토지 이용이 여러 개의 핵심 지역을 중심으로 분화한다. 도시 권역 모델은 교통의 발달과 대도시권의 형성에 따라 변화하는 도시 구조를 나타내고 있는데, 이는 선진국의 도시 구조를 설명하는 데 적합하다.

◆ 도시 내 기능에 따른 지대 변화

도시 내부의 지역 분화가 일어나는 주요 요인은 접근성과 지대이다. 일반적으로 도심은 접근성이 높아 지대가 높고, 도심에서 멀어질수록 접근성과 지대가 낮아진다.

◆ 도심 재활성화(젠트리피케이션)

도심의 쇠락한 공업 지역이나 저소득층이 거주하던 낙후된 지역을 고급 주택 단지나 상업 및 문화 시설 등으로 새롭게 개발하는 것을 말한다. 낙후된 지역이 재개발로 활성화된 이후 대규모 상업 자본이 유입되면 높은 임대료를 감당할 수 없는 기존의 저소득층 주민은 다른 지역으로 유출되는 문제점이 발생하기도 한다.

> **개념 체크**
>
> 1. 미국 북동부와 영국 런던 ~리버풀, 네덜란드의 란트슈타트 지역은 거대 도시를 잇는 도시화 지역이 서로 연속된 ( )가 발달해 있다.
>
> 2. 도시 내부 구조에서 도심은 주변 지역보다 지가와 접근성이 (낮고 / 높고), 상주인구 대비 주간 인구 비율이 (낮게 / 높게) 나타난다.
>
> 정답
> 1. 메갈로폴리스
> 2. 높고, 높게

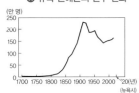

❖ 뉴욕 맨해튼의 인구 변화

맨해튼은 1910년대 이후 교통 발달에 따른 교외화로 인구가 감소하다가 1980년대 이후 도시 재생 사업으로 인구가 다시 증가하고 있다.

❖ 슬럼화

슬럼(slum)은 도시 내에서 빈민이 많거나 주택이 노후화된 지역을 말한다. 슬럼화는 주거 환경이 악화되면서 슬럼으로 변화하는 현상을 말한다.

(2) 유럽 주요 도시의 내부 구조 특징

① 도시의 역사가 오래되어 시대별 도시의 모습이 다양하게 나타남

② 도심에는 광장·교회 등 역사적 도시 건축물이 남아 있으며, 도심과 주변 지역의 경계에 성벽이 있는 도시가 많음

③ 도심과 주변 지역 간 건물의 높이 차이가 작은 편이며, 낮은 건물 사이로 좁고 복잡한 도로망이 발달함

④ 경제력 및 민족(인종)에 따른 거주지의 분리 현상이 나타남

⑤ 도심에서 떨어진 외곽 지역에 대규모 주거 지역이 조성됨

⑥ 교외화 현상으로 도시 외곽 지역에 첨단 산업, 연구·개발 단지, 물류 창고, 쇼핑센터 등이 발달한 새로운 중심지가 형성되기도 함

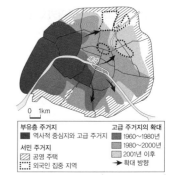

부유층 주거지
■ 역사적 중심지와 고급 주거 지역
서민 주거지
▨ 공영 주택
⬚ 외국인 집중 지역

고급 주거지의 확대
■ 1960~1980년
■ 1980~2000년
□ 2001년 이후
➜ 확대 방향

(www.cybergeo.revues.org)

▲ 파리의 계층별 거주지 분리

(3) 북부 아메리카 주요 도시의 내부 구조 특징

① 도심에 중심 업무 지구가 형성되어 있으며, 고층 건물이 많음

② 도심과 주변 지역 간 건물의 높이 차이가 큰 편임

③ 도시의 인구 성장과 교통 발달로 교외화가 진행됨 → 도심의 업무 기능과 주거 기능이 분산됨

④ 경제력 및 민족(인종)에 따른 거주지 분리 현상이 나타남

⑤ 도시 재생 사업이 활발하며, 도심 재활성화(젠트리피케이션)로 도심 주변 저소득층이 외곽으로 이주하면서 새로운 불량 주거 지역이 형성되기도 함

주요 민족(인종)별 거주 지역(2010년)
■ 유럽계
■ 아프리카계
▨ 아시아계
⬚ 히스패닉
□ 기타

(하크 세계 지도, 2015)

▲ 뉴욕의 민족(인종)별 거주 지역

🖥 자료 분석　유럽과 북부 아메리카의 도시 구조

주거 지역　신흥 업무 지역　도심　근대 도시 구역　공업 지역

▲ 역사가 오래된 유럽의 도시

근교 지역　공업 지역　도심　주거 지역　근교 지역

▲ 빠르게 성장한 미국의 도시

역사가 오래된 유럽의 도시들은 전통 경관을 중시하여 이를 보존하기 위해 도심의 구시가지가 유지되면서 주변부에 새로운 중심지가 만들어지는 경우가 많다. 따라서 유럽의 도시들은 도심과 주변 지역 간 건물의 높이 차이가 작다.

반면, 미국을 비롯한 북부 아메리카의 도시들은 도심에 많은 고층 건물이 들어서 있으며, 도시의 인구가 증가하고 교통이 발달하면서 인구의 교외화 현상이 진행되어 도심에 입지하던 여러 기능들도 분산되었다. 따라서 미국을 비롯한 북부 아메리카의 도시들은 도심과 주변 지역 간 건물의 높이 차이가 큰 편이다.

개념 체크

1. (　　　)은 도시 내에서 빈민이 많거나 주택이 노후화된 지역을 말한다.

2. 북부 아메리카의 도시는 유럽의 도시보다 도시 발달의 역사가 (짧고 / 길고), 도심과 주변 지역 간 건물의 높이 차이가 (작은 / 큰) 경향이 있다.

정답
1. 슬럼
2. 짧고, 큰

5. 유럽의 지역 통합과 분리 운동

(1) 유럽 연합(EU)의 형성

① 지역 통합의 배경
- 두 차례의 세계 대전 이후 유럽 국가들 간의 평화를 위한 통합의 공감대 형성
- 경제 발전을 위해 자원의 공동 이용 필요성 증대

② 유럽 연합의 형성 과정: 유럽 석탄 철강 공동체(ECSC) → 유럽 경제 공동체(EEC), 유럽 원자력 공동체(EURATOM) → 유럽 공동체(EC) → 유럽 연합(EU)

*2020년에 영국은 유럽 연합에서 탈퇴함.
(유럽 연합, 2023)
▲ 유럽 연합(EU)의 가입 시기

③ 유럽 연합의 확대

1993년		2004년		2020년
영국, 프랑스, 독일, 이탈리아 등 12개국으로 유럽 연합 출범	➡	동부 유럽 국가 등 10개 국가 회원국 가입	➡	2020년 1월 영국이 탈퇴하여 27개국이 회원국으로 가입되어 있음

④ 유럽 연합의 특징
- 역내에서 생산 요소(노동력, 자본 등)와 상품의 자유로운 이동이 가능한 단일 시장 형성
- 유럽 중앙은행 설립, 유로화 단일 화폐 사용(모든 회원국이 유로화를 사용하는 것은 아님)
- 유럽의 정치적 통합을 위한 유럽 의회 구성, 독자적인 입법·사법·행정 체계를 갖춤

⑤ 유럽 연합의 과제: 동부 유럽과 서부 유럽의 경제적 격차, 남부 유럽의 재정 적자 문제, 대규모 난민 유입에 따른 문화적 갈등 등

(2) 유럽의 분리 독립 운동

① 지역에 따라 민족, 언어, 종교 등 문화와 역사적 배경이 다양함

② 지역 정체성이 강한 지역을 중심으로 분리주의 운동이 활발하며, 지역 간 경제적 차이에 따라 분리주의 운동이 나타나기도 함

▲ 유럽의 분리주의 운동이 나타나는 지역

🌐📋 **탐구 활동** | **벨기에의 언어 분포와 지역 간 경제 격차는 어떻게 나타날까?**

 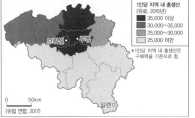

▸▸ **플랑드르 지방과 왈로니아 지방 간에 언어 분포는 어떻게 나타나는지 설명해 보자.**
벨기에 북부의 플랑드르 지방은 네덜란드어 사용자의 비율이 높고, 남부의 왈로니아 지방은 프랑스어 사용자 비율이 높다.

▸▸ **플랑드르 지방과 왈로니아 지방 간에 경제적 격차가 나타나는 이유를 설명해 보자.**
벨기에 북부의 플랑드르 지방은 고부가 가치의 지식 산업이 발달하여 소득 수준이 높은 반면, 남부의 왈로니아 지방은 농업과 광공업이 발달하여 소득 수준이 상대적으로 낮다.

☼ 유럽 연합의 역내 수출·수입 비율

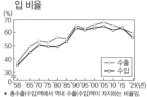

* 총수출(수입)액에서 역내 수출(수입)액이 차지하는 비율임.
(유럽 연합)

유럽 연합은 회원국 간의 경제 교류가 활발하여 역외 무역보다 역내 무역의 비율이 높다.

☼ 영국

영국은 잉글랜드, 스코틀랜드, 웨일스, 북아일랜드로 구성되어 있다. 북아일랜드, 스코틀랜드는 잉글랜드와 문화·역사적으로 달라 분리 독립 움직임이 강하다.

☼ 이탈리아의 파다니아

밀라노, 베네치아 등의 도시가 속한 파다니아는 이탈리아 남부 지역에 비해 소득 수준이 높다.

개념 체크

1. 유럽의 27개국이 가입되어 있는 경제 블록인 (   )은 역내에서 생산 요소와 상품의 자유로운 이동이 가능한 단일 시장을 형성하고 있다.

2. 벨기에 북부의 (플랑드르 / 왈로니아) 지방은 남부의 (플랑드르 / 왈로니아) 지방보다 네덜란드어 사용자의 비율이 (낮다 · 높다).

3. 밀라노, 베네치아 등의 도시가 속한 (   )는 남부 지역에 비해 소득 수준이 (낮다 · 높다).

정답
1. 유럽 연합
2. 플랑드르, 왈로니아, 높다
3. 파다니아, 높다

6. 북부 아메리카의 지역 통합과 분리 운동

(1) 북부 아메리카의 지역 통합

① 지역 통합의 배경
- 유럽 연합의 형성으로 유럽의 경제적 영향력 강화
- 대한민국과 중국 등 동아시아 신흥 공업국의 성장으로 무역 환경 변화

② 북아메리카 자유 무역 협정(NAFTA) 체결
- 역내 관세와 무역 장벽 폐지: 상품 및 서비스 교역, 투자 및 지식 재산권에 관해 자유 무역 시행
- 미국의 자본과 기술, 캐나다의 자원과 자본, 멕시코의 노동력이 결합되어 국제 경쟁력 강화

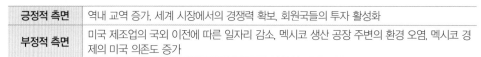

▲ 미국, 멕시코, 캐나다 간 무역 현황

③ 북아메리카 자유 무역 협정의 영향

긍정적 측면	역내 교역 증가, 세계 시장에서의 경쟁력 확보, 회원국들의 투자 활성화
부정적 측면	미국 제조업의 국외 이전에 따른 일자리 감소, 멕시코 생산 공장 주변의 환경 오염, 멕시코 경제의 미국 의존도 증가

④ 미국·멕시코·캐나다 협정(USMCA): 미국, 멕시코, 캐나다 간에 맺은 자유 무역 협정으로, 기존의 북아메리카 자유 무역 협정(NAFTA)을 대체하는 새로운 협정임

🖱️ 자료 분석 ▮ 미국과 멕시코 인접 지역의 도시 분포 및 공업 지역

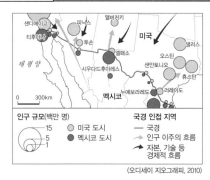

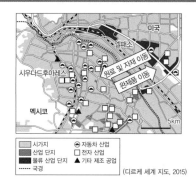

(오디세이 지오그래피, 2010) / (디르케 세계 지도, 2015)

멕시코는 1960년대 중반에 미국 인접 지역을 중심으로 '마킬라도라' 프로그램을 추진하여 외국인의 투자를 유치하였다. 1994년 북아메리카 자유 무역 협정(NAFTA)이 발효된 이후 미국과 멕시코 간 관세를 면제받는 수출 품목이 늘어나면서 무역량이 크게 증가하였고, 멕시코 내 일자리도 늘어났다. 특히 미국과 멕시코 국경 지대에서는 미국에서 원료 및 자재를 들여와 멕시코의 풍부한 저임금 노동력을 활용하여 제품을 생산한 후 다시 미국으로 완제품을 보내는 형태로 수출이 많이 이루어졌다.

(2) 북부 아메리카의 분리 운동과 이주민 갈등

① 과거 북부 아메리카는 영국인과 프랑스인을 중심으로 이주와 정착이 이루어짐

② 인구 유입이 활발해 유럽계, 아프리카계, 아시아계, 원주민 등 다양한 민족(인종)의 다문화 사회 형성

③ 캐나다 퀘벡주의 분리 독립 운동: 과거 프랑스계의 정착이 활발했던 지역으로, 프랑스어 사용 인구가 많음

④ 미국으로의 히스패닉 인구 이동에 따른 사회적 갈등이 나타남

▲ 캐나다의 프랑스어 사용 인구 비율

[24019-0175]

01 지도의 (가), (나) 공업 지역에 대한 설명으로 옳은 것만을 〈보기〉에서 고른 것은?

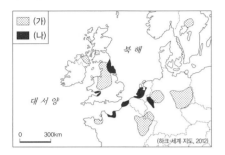

• 보 기 •

ㄱ. (가)에는 실리콘 글렌, 시스타 사이언스 시티가 속해 있다.

ㄴ. (나)는 석탄 및 철광석 산지를 중심으로 공업이 발달해 있다.

ㄷ. (가)는 (나)보다 공업 발달의 역사가 길다.

ㄹ. (나)는 (가)보다 원료의 수입과 제품의 수출에 유리하다.

① ㄱ, ㄴ ② ㄱ, ㄷ ③ ㄴ, ㄷ ④ ㄴ, ㄹ ⑤ ㄷ, ㄹ

[24019-0176]

02 지도의 A~D 공업 지역에 대한 설명으로 옳은 것은?

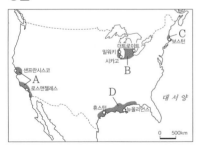

① A는 유럽과의 지리적 인접성, 편리한 운하를 바탕으로 공업이 발달하였다.

② B에는 첨단 산업 클러스터인 실리콘 밸리가 있다.

③ C의 보스턴에서는 할리우드를 중심으로 영화 산업이 발달하였다.

④ D는 텍사스주 일대의 풍부한 석유를 바탕으로 석유 화학 공업이 발달하였다.

⑤ A~D 중에서 공업 발달의 역사는 A가 가장 길다.

[24019-0177]

03 그래프는 (가), (나) 주(州)의 주요 제조업종별 출하액을 나타낸 것이다. 이에 대한 설명으로 옳은 것만을 〈보기〉에서 고른 것은? (단, (가), (나)는 각각 지도의 A, B 주(州) 중 하나임.)

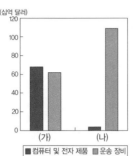
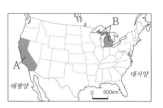

(2021년) (U.S. Census)

■컴퓨터 및 전자 제품 ■운송 장비

• 보 기 •

ㄱ. (가)의 주요 도시로는 디트로이트가 있다.

ㄴ. (가)는 선벨트, (나)는 러스트 벨트에 속한다.

ㄷ. A는 B보다 운송 장비 제조업의 출하액이 많다.

ㄹ. (가)는 A, (나)는 B이다.

① ㄱ, ㄴ ② ㄱ, ㄷ ③ ㄴ, ㄷ ④ ㄴ, ㄹ ⑤ ㄷ, ㄹ

[24019-0178]

04 다음 글의 (가), (나) 도시를 지도의 A~E에서 고른 것은?

(가) 템스강을 끼고 발달한 이 도시는 최상위 계층의 세계 도시 중 하나이다. 도시의 대표적인 상징으로는 빅 벤, 타워 브리지 등이 있으며, 세인트 제임스 파크, 하이드 파크 등의 공원도 유명하다.

(나) 오랜 역사에서 비롯한 예술과 패션 및 유행의 도시로 알려져 있다. 대표적인 랜드마크인 에펠탑, 루브르 박물관, 노트르담 대성당, 에투알 개선문 등을 보기 위해 많은 관광객들이 찾고 있다.

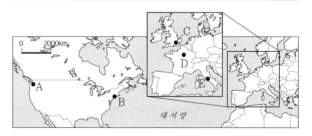

	(가)	(나)		(가)	(나)
①	A	E	②	B	A
③	B	D	④	C	D
⑤	C	E			

[24019-0179]

05 지도는 미국 뉴욕과 주변 지역의 일부를 나타낸 것이다. A, B 지역에 대한 설명으로 옳은 것만을 〈보기〉에서 고른 것은?

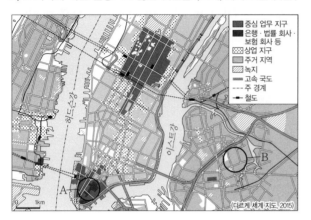

— • 보기 •—

ㄱ. A는 출근 시간대에 통근·통학 인구의 순 유출이 발생한다.

ㄴ. B는 상주인구보다 주간 인구가 많다.

ㄷ. A는 B보다 인구 공동화 현상이 뚜렷하게 나타난다.

ㄹ. B는 A보다 상업용 건물의 평균 층수가 적다.

① ㄱ, ㄴ　② ㄱ, ㄷ　③ ㄴ, ㄷ　④ ㄴ, ㄹ　⑤ ㄷ, ㄹ

[24019-0180]

06 지도는 두 경제 블록의 회원국을 나타낸 것이다. (가), (나) 경제 블록에 대한 설명으로 옳은 것은?

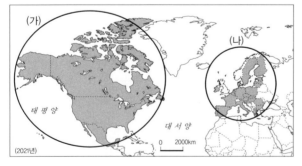

① (가)의 회원국 간에는 노동력과 자본의 자유로운 이동이 보장된다.

② (나)의 회원국은 모두 유로화를 단일 화폐로 사용한다.

③ (가)는 (나)보다 정치·경제적 통합의 수준이 낮다.

④ (나)는 (가)보다 역내 총생산이 많다.

⑤ (나)는 (가)보다 총무역액 중 역외 무역액의 비율이 높다.

[24019-0181]

07 지도의 (가)~(라) 지역에 대한 설명으로 옳은 것만을 〈보기〉에서 있는 대로 고른 것은?

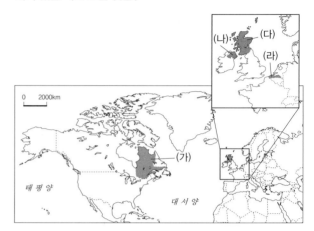

— • 보기 •—

ㄱ. (나)는 아일랜드의 실효 지배를 받고 있다.

ㄴ. (라)는 남쪽에 있는 왈로니아 지역보다 소득 수준이 높다.

ㄷ. (가)와 (다)는 모두 영어를 공용어로 사용한다.

① ㄴ　② ㄷ　③ ㄱ, ㄴ　④ ㄱ, ㄷ　⑤ ㄴ, ㄷ

[24019-0182]

08 그래프의 (가)~(다) 국가에 대한 설명으로 옳지 않은 것은? (단, (가)~(다)는 각각 멕시코, 미국, 캐나다 중 하나임.)

〈품목별 수출액 변화〉

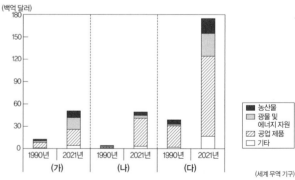

① (가)는 (나)보다 에스파냐어 사용자의 비율이 높다.

② (나)는 (다)보다 국가 내 1차 산업 종사자 비율이 높다.

③ (다)는 (가)보다 국내 총생산이 많다.

④ (나)는 (다)와의 국경 지대에 마킬라도라가 형성되어 있다.

⑤ (다)에는 (가) 출신의 이주자보다 (나) 출신의 이주자가 많다.

[24019-0183]

1 지도의 A~D 공업 지역에 대한 설명으로 옳은 것만을 〈보기〉에서 있는 대로 고른 것은?

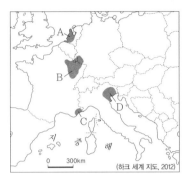

(하크 세계 지도, 2012)

● 보 기 ●

ㄱ. C에는 '소피아 앙티폴리스'라 불리는 산업 클러스터가 있다.
ㄴ. D는 이탈리아 남부 지역보다 소득 수준이 낮다.
ㄷ. A는 B보다 원료의 수입과 제품의 수출에 유리하다.
ㄹ. B는 C보다 공업 지역이 형성된 시기가 이르다.

① ㄱ, ㄴ   ② ㄱ, ㄷ   ③ ㄴ, ㄹ   ④ ㄱ, ㄷ, ㄹ   ⑤ ㄴ, ㄷ, ㄹ

[24019-0184]

2 지도의 A~E 공업 지역에 대한 설명으로 옳은 것은?

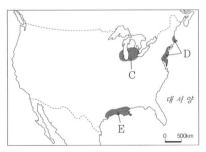

① B에는 첨단 산업 클러스터인 실리콘 글렌이 위치한다.
② C는 편리한 수운 교통, 풍부한 지하자원을 바탕으로 중화학 공업이 발달하였다.
③ A는 E보다 공업 발달의 역사가 짧다.
④ D는 E보다 석유 화학 공업의 생산액이 많다.
⑤ B와 C에는 최상위 세계 도시가 위치해 있다.

[24019-0185]

3 그래프는 지도에 표시된 세 주(州)의 제조업종별 출하액 비율을 나타낸 것이다. (가)~(다) 주에 대한 설명으로 옳은 것은?

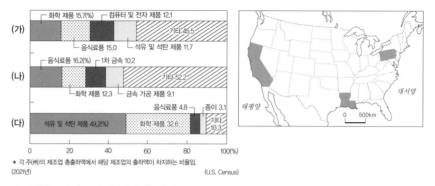

* 각 주(州)의 제조업 총출하액에서 해당 제조업의 출하액이 차지하는 비율임.
(2021년)   (U.S. Census)

① (가)는 멕시코만에 인접해 있다.
② (다)에는 첨단 산업 단지인 실리콘 밸리가 위치한다.
③ (가)는 (나)보다 제조업 발달의 역사가 길다.
④ (나)는 러스트 벨트, (다)는 선벨트에 속한다.
⑤ (가)~(다) 중에서 제조업 총출하액은 (나)가 가장 많다.

[24019-0186]

4 다음은 사이버 지리 학습 화면을 나타낸 것이다. ㉠~㉣ 중 내용이 옳은 답글만을 고른 것은?

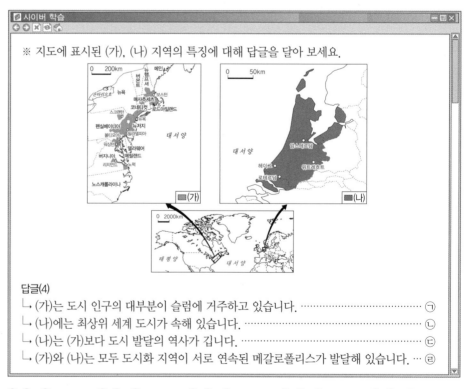

※ 지도에 표시된 (가), (나) 지역의 특징에 대해 답글을 달아 보세요.

답글(4)
└ (가)는 도시 인구의 대부분이 슬럼에 거주하고 있습니다. ·········· ㉠
└ (나)에는 최상위 세계 도시가 속해 있습니다. ················· ㉡
└ (나)는 (가)보다 도시 발달의 역사가 깁니다. ················· ㉢
└ (가)와 (나)는 모두 도시화 지역이 서로 연속된 메갈로폴리스가 발달해 있습니다. ··· ㉣

① ㉠, ㉡   ② ㉠, ㉢   ③ ㉡, ㉢   ④ ㉡, ㉣   ⑤ ㉢, ㉣

[24019-0187]

5 그래프에 대한 설명으로 옳은 것은? (단, (가), (나)와 A, B는 각각 지도에 표시된 두 도시 중 하나임.)

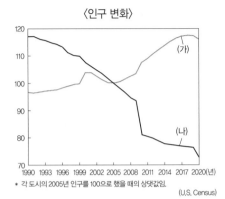

〈인구 변화〉

* 각 도시의 2005년 인구를 100으로 했을 때의 상댓값임.

(U.S. Census)

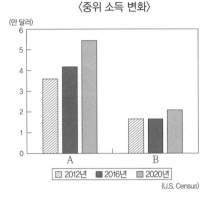

〈중위 소득 변화〉

(U.S. Census)

① (가)는 오대호 연안에 위치한다.
② (나)는 (가)보다 자동차 산업이 발달하였다.
③ A는 B보다 1990~2020년의 인구 증가율이 낮다.
④ B는 A보다 뉴욕까지의 최단 거리가 멀다.
⑤ (가)는 B, (나)는 A이다.

[24019-0188]

6 그래프의 (가), (나) 지역에 대한 설명으로 옳은 것만을 〈보기〉에서 고른 것은? (단, (가), (나)는 각각 지도에 표시된 맨해튼, 퀸스 중 하나임.)

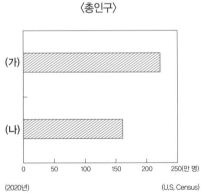

〈총인구〉

(2020년) (U.S. Census)

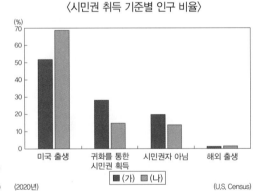

〈시민권 취득 기준별 인구 비율〉

(2020년) (U.S. Census)

● 보기 ●
ㄱ. (가)는 출근 시간대에 통근 유입 인구보다 통근 유출 인구가 많다.
ㄴ. (나)에는 금융 산업이 발달한 월가(Wall Street)가 있다.
ㄷ. (가)는 (나)보다 주택의 평균 가격이 높다.
ㄹ. (나)는 (가)보다 상주인구 대비 주간 인구 비율이 낮다.

① ㄱ, ㄴ   ② ㄱ, ㄷ   ③ ㄴ, ㄷ
④ ㄴ, ㄹ   ⑤ ㄷ, ㄹ

[24019-0189]

7 그래프는 지도에 표시된 (가), (나) 구(區)의 인종(민족)별 인구 비율과 총인구 변화를 나타낸 것이다. 이에 대한 설명으로 옳은 것은? (단, A와 B는 각각 아프리카계, 유럽계 중 하나임.)

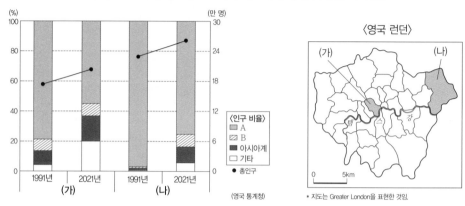

① (가)는 주간 인구보다 상주인구가 많다.

② 젠트리피케이션은 주로 (나)와 같은 곳에 속한 지역이 상업 시설 등으로 재개발되는 현상을 말한다.

③ (가)는 (나)보다 접근성과 지대가 높다.

④ (가)와 (나) 모두 1991년보다 2021년에 지역 내 총인구 중 유럽계 인구의 비율이 높다.

⑤ A는 B보다 영국 런던에 최초로 정착한 시기가 늦다.

[24019-0190]

8 그래프에 대한 설명으로 옳은 것은? (단, (가)~(다)와 A~C는 각각 멕시코, 미국, 캐나다 중 하나임.)

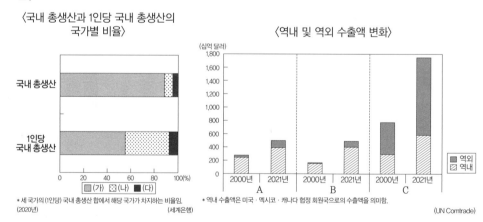

① (가)는 (다)보다 우주·항공 산업의 발달 수준이 낮다.

② (나)는 (가)보다 2021년에 총수출액 중 역외 수출액 비율이 높다.

③ (다)는 (나)보다 2000~2021년의 총수출액 증가율이 높다.

④ A는 B보다 인구 밀도가 높다.

⑤ (가)는 C, (나)는 B이다.

[24019-0191]

9 지도의 (가)~(다) 지역에 대한 설명으로 옳은 것만을 〈보기〉에서 있는 대로 고른 것은?

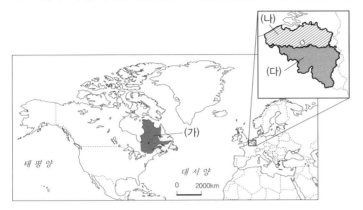

● 보기 ●
ㄱ. (가)는 (나)보다 프랑스어 사용자의 비율이 높다.
ㄴ. (나)는 (다)보다 고부가 가치 지식 산업의 발달 수준이 높다.
ㄷ. (다)는 (나)보다 1인당 지역 내 총생산이 많다.
ㄹ. (가)와 (나)는 모두 해당 국가로부터 분리주의 운동이 나타났다.

① ㄱ, ㄴ   ② ㄱ, ㄷ   ③ ㄷ, ㄹ   ④ ㄱ, ㄴ, ㄹ   ⑤ ㄴ, ㄷ, ㄹ

[24019-0192]

10 다음은 사이버 지리 학습 화면을 나타낸 것이다. ㉠~㉢ 중에서 답글의 내용이 옳은 것은?

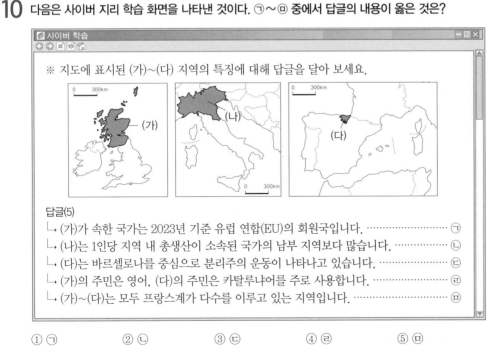

답글(5)
└ (가)가 속한 국가는 2023년 기준 유럽 연합(EU)의 회원국입니다. ·················· ㉠
└ (나)는 1인당 지역 내 총생산이 소속된 국가의 남부 지역보다 많습니다. ·················· ㉡
└ (다)는 바르셀로나를 중심으로 분리주의 운동이 나타나고 있습니다. ·················· ㉢
└ (가)의 주민은 영어, (다)의 주민은 카탈루냐어를 주로 사용합니다. ·················· ㉣
└ (가)~(다)는 모두 프랑스계가 다수를 이루고 있는 지역입니다. ·················· ㉤

① ㉠   ② ㉡   ③ ㉢   ④ ㉣   ⑤ ㉤

15 사하라 이남 아프리카와 중·남부 아메리카

☼ 중·남부 아메리카의 고대
문명

유럽인의 식민 지배 이전에 멕
시코고원을 중심으로 아스테
카 문명, 안데스 산지를 중심으
로 잉카 문명이 발달하였다.

☼ 수위(首位) 도시
한 국가에서 인구 규모가 가장
큰 도시를 의미한다.

☼ 종주 도시화 현상
수위 도시의 인구 규모가 2위
도시 인구 규모의 두 배 이상
인 현상을 말한다. 멕시코와 콜
롬비아, 아르헨티나 등에서는
종주 도시화 현상이 뚜렷하게
나타나고 있다.

개념 체크

1. 멕시코와 페루는 모두 수위
도시의 인구 규모가 2위 도
시 인구 규모의 두 배 이상인
(   ) 현상이 나타난다.

2. 중·남부 아메리카의 대부
분 지역에서는 에스파냐어
를 주요 언어로 사용하지
만, 브라질은 (   )를 주
요 언어로 사용한다.

3. 페루와 볼리비아에서 구성
비율이 가장 높은 민족(인
종)은 (   )이고, 아르헨
티나, 우루과이에서 구성
비율이 가장 높은 민족(인
종)은 (   )이다.

정답
1. 종주 도시화
2. 포르투갈어
3. 원주민, 유럽계

1. 중·남부 아메리카의 도시화 및 도시 구조

(1) 중·남부 아메리카의 도시화 및 민족(인종)의 다양성

① 도시 발달 배경
- 고대 문명의 중심 도시 발달: 잉카(쿠스코), 아스테카(멕시코시티) 문명의 고산 도시 발달
- 유럽인의 식민 지배에 따른 식민 도시 발달: 유럽과 연결성이 좋은 해안 지역에 주로 입지

② 도시화 과정의 특징
- 중·남부 아메리카의 도시 인구 비율은 80% 이상으로 경제 발전 수준에 비해 높음
- 20세기 이후 도시화율의 증가 속도가 빠름: 농촌에서 도시로의 인구 이동 활발

③ 소수의 대도시가 빠르게 성장하여 도시 과밀화 현상이 나타남

④ 한 국가의 수위 도시에 인구가 집중하면서 종주 도시화 현상이 나타나는 국가가 많음

> **자료 분석** 중·남부 아메리카의 도시 분포, 민족(인종) 구성, 언어 분포
>
>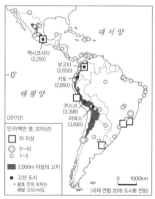
>
> ▲ 중·남부 아메리카의 도시 분포
>
>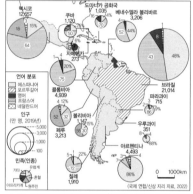
>
> ▲ 중·남부 아메리카의 민족(인종) 구성과 언어 분포
>
> - **중·남부 아메리카의 도시 분포**: 중·남부 아메리카의 주요 도시들은 고산 지역이나 해안 지역에 주로 분포해 있다. 연중 우리나라의 봄과 같은 기후가 나타나 일찍부터 삶터로 이용된 고산 지역은 고대 문명의 중심지로 도시가 발달하였고, 유럽의 식민 지배를 받으면서 유럽과의 연결이 편리한 해안 지역에도 도시가 발달하였다.
> - **중·남부 아메리카의 민족(인종) 구성**: 중·남부 아메리카는 다른 지역(대륙)에 비해 혼혈이 많은데, 멕시코, 콜롬비아, 칠레 등은 국가 내 민족(인종) 구성에서 혼혈이 차지하는 비율이 높다. 안데스 산지의 페루와 볼리비아는 국가 내 민족(인종) 구성에서 원주민이 차지하는 비율이 높으며, 온대 기후 지역이 넓게 분포하는 아르헨티나, 우루과이는 유럽계가 차지하는 비율이 높다.

(2) 중·남부 아메리카의 민족(인종) 및 문화 특색

① 유럽의 영향을 많이 받음
- 에스파냐, 포르투갈 등의 식민 지배를 통해 유럽의 문화가 전파됨
- 중·남부 아메리카의 대부분 지역에서 크리스트교(특히 가톨릭교)의 신자 비율이 높음
- 에스파냐어와 포르투갈어(브라질)의 사용 비율이 높음

② 민족(인종)의 다양성
- 원주민: 안데스 산지와 아마존강 유역에 주로 분포
- 유럽계: 아르헨티나, 브라질 남동부 해안의 온대 기후 지역에 주로 분포
- 아프리카계: 플랜테이션이 발달한 브라질 북동부 해안, 카리브해 연안에 주로 분포

(3) 중·남부 아메리카의 도시 구조 특징

① 유럽의 식민지 통치 중심지로서 도시가 계획적으로 건설됨
- 도시 계획: 격자형 도로망을 갖춘 도심에 중앙 광장 조성, 광장 주변에 행정 기관과 종교 시설 배치
- 거주지 분리: 관공서와 상업 시설이 밀집된 도심에 유럽계, 외곽 지역에 원주민이 주로 거주

② 오늘날에도 경제·사회적 지위에 따른 거주지 분리 현상이 뚜렷함

③ 역사가 오래된 도시의 경우 원주민의 전통문화 요소와 유럽인이 전파한 문화 요소가 혼합된 이중적 도시 경관이 나타남

④ 도시 내부 구조의 특징
- 도심과 도시 발전 축의 교통로를 따라 고소득층의 유럽계가 주로 거주하는 고급 주택지 형성
- 도시 주변부로 갈수록 사회적 지위가 낮은 원주민과 아프리카계 주민이 거주하는 저급 주택지가 발달함
- 도시 주변에는 농촌에서 이주해 온 주민들이 집단 거주하는 불량 주택 지구(슬럼)가 흩어져 분포하며, 브라질에는 파벨라라 불리는 불량 주택 지구가 있음
- 최근 교외 지역에도 상류층 거주지가 형성되고, 도심이 재활성화되는 등 도시 구조가 다원화됨

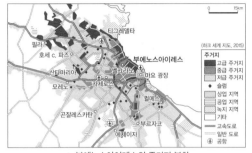
▲ 부에노스아이레스의 주거지 분화

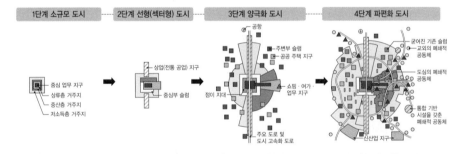

탐구 활동 중·남부 아메리카의 도시 내부 구조는 어떻게 변화했을까?

➡ 중·남부 아메리카의 도시 내부 구조 변화 모델을 토대로, 이곳의 도시 내부 구조 변화 과정을 파악해 보자.

1단계	식민지 시대에는 격자형 도로망을 갖춘 광장 중심의 소규모 도시가 형성된다.
2단계	독립 이후 도시가 확대되는데, 교통로를 따라 상업(전통 공업) 지구와 상류층 거주지가 확산된다.
3단계	이촌향도 현상으로 도시로 인구가 유입되면서 도시가 더욱 확장되고, 도시 주변 지역에 불량 주택 지구가 형성되어 부자와 빈민의 거주지가 분리되고 파편화된다.
4단계	파편화된 폐쇄적 공동체가 나타나면서 도시 공간은 다원화되고, 도시 외곽에 신산업 지구가 형성된다.

(4) 중·남부 아메리카의 도시 문제

① 소수의 대도시로 인구가 집중하여 대규모 불량 주거 지역 형성

② 급속한 도시화로 기존 주거 지역이 과밀화되어 도시 외곽 지역으로 도시가 무분별하게 확장되는 스프롤 현상 발생

③ 사회 기반 시설 부족, 치안 및 환경 오염 문제 발생, 계층 간 주거지 분리 문제가 심각하여 주거 환경의 불평등 현상 발생

⊙ 식민지 도시의 거주지 분리
광장 주변에는 행정 기관과 상점들이 위치하였다. 또한 상류층 주거지는 주로 도심 주변에, 원주민들의 주거지는 주로 도시 주변부에 입지하였다.

⊙ 볼리비아 라파스의 민족(인종)별 거주지

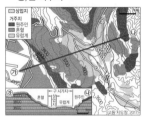

안데스 산지에 위치한 라파스는 계곡 위쪽보다 아래쪽이 거주에 유리하다. 이로 인해 계곡 아래에는 주로 유럽계가 거주하는 상류층 거주지가 발달한 반면, 계곡 위쪽에는 주로 사회·경제적 지위가 낮은 민족(인종)이 거주한다.

개념 체크

1. 중·남부 아메리카 도시의 경우 유럽 식민 통치의 영향으로 도심에 중앙 (   )이 있고, 그 주변에 행정 기관과 종교 시설이 나타난다.

2. 중·남부 아메리카의 도시들은 도심에서 도시 외곽으로 갈수록 사회·경제적 지위가 (높은 / 낮은) 주민들이 거주하는 경향이 나타난다.

3. 브라질의 대도시에는 (   )라고 불리는 불량 주택 지구가 있다.

정답
1. 광장
2. 낮은
3. 파벨라

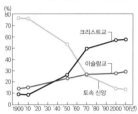

✪ 사하라 이남 아프리카의 주요 종교별 신자 비율 변화

20세기 이후 토속 신앙 신자의 비율은 감소하고, 크리스트교 신자 비율은 증가하였다. 사하라 이남 아프리카의 크리스트교는 주로 유럽인의 아프리카 식민 지배 이후 전파된 것이다.

✪ 르완다 내전

소수파로서 지배층을 형성해 온 투치족과 주민 다수인 후투족 간 종족 분쟁을 말한다.

✪ 아파르트헤이트(Apartheid)

과거 남아프리카 공화국의 유럽계 정권에 의해 공식화된 인종 분리 정책을 말한다. 이 정책을 통해 유색 인종에 대한 차별이 계속되었으나, 민주적 선거에 의해 대통령으로 당선된 넬슨 만델라가 1994년 아파르트헤이트의 완전 폐지를 선언하였다.

2. 사하라 이남 아프리카의 다양한 지역 분쟁과 저개발

(1) 사하라 이남 아프리카의 분쟁 배경

① **다양한 민족과 언어**: 기후 환경이 다양하며, 고유의 의식주 문화를 가진 다양한 부족 중심의 사회 발달

② **종교적 다양성**

• 부족 중심의 토속 신앙(종교)이 발달하였으며, 이슬람교와 크리스트교가 유입되어 전파됨

종교	분포 지역
이슬람교	북부 아프리카 지역 중심
크리스트교	사하라 이남 아프리카 지역 중심

• 이슬람교와 크리스트교의 점이 지대에서는 종교 분쟁이 나타나기도 함(나이지리아, 수단·남수단 등)

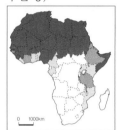
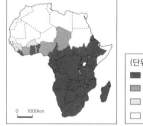

(단위: %)
- 50 이상
- 30~50
- 10~30
- 10 미만

(2020년) ▲ 국가별 이슬람교 신자 비율

(Pew Research Center) ▲ 국가별 크리스트교 신자 비율

③ 유럽의 식민지 경험이 현재까지도 정치·경제적으로 큰 영향을 미치고 있음

(2) 지역 분쟁

① **지역 분쟁의 원인**

• 유럽 열강은 부족 공동체의 영역과 관계없이 임의로 국경선을 획정함 → 한 국가 내에 이질적 문화가 혼재하여 갈등·분쟁의 원인이 됨

• 유럽 국가들은 부족 간 차별을 유발하는 형태의 식민지 정책을 펼침 → 독립 후 부족 간 갈등·분쟁의 주요 원인이 됨(르완다 내전, 부룬디 내전 등)

🖱 **자료 분석** | **아프리카의 국경과 민족(종족) 경계**

국경
민족(종족) 경계
(세계지리: 경계에서 권역을 보다, 2015)

아프리카에는 직선으로 된 국경선이 많다. 이는 유럽 열강이 아프리카를 식민지로 분할할 때, 민족(종족) 분포, 문화적 동질성 등을 고려하지 않고 유럽 열강의 이해관계에 따라 국경을 설정하였기 때문이다. 그 결과 같은 민족(종족)이 서로 다른 국가로 분리되거나 한 국가에 여러 민족(종족)이 살게 되었고, 이것이 다양한 지역 분쟁의 원인이 되었다. 그래서 오늘날 아프리카에서 발생하는 지역 분쟁의 일차적인 책임이 유럽 열강에 있다고 주장하는 학자들도 있다.

---

② **지속되는 분쟁과 갈등의 영향**

• 대규모 난민 발생으로 주변 국가의 정치적 불안 초래

• 의료 및 교육 서비스를 제공하는 사회 기반 시설의 부재

• 남아프리카 공화국에서는 인종 차별 정책(아파르트헤이트)이 폐지되었으나 인종 갈등과 인종 간 빈부 격차가 지속됨

개념 체크

1. 사하라 이남 아프리카는 이슬람교보다 크리스트교 신자가 (적다 / 많다).

2. 나이지리아의 북부 지역에는 ( ), 남부 지역에는 ( ) 신자가 많은데, 두 종교 신자 간 분쟁이 있다.

3. 과거 남아프리카 공화국에서는 인종 분리 정책인 ( )가 실시되었다.

정답
1. 많다
2. 이슬람교, 크리스트교
3. 아파르트헤이트

탐구 활동 수단과 남수단의 분쟁 원인은 무엇일까?

▶ **수단과 남수단의 분쟁 원인 및 현재 상황을 설명해 보자.**

수단은 이슬람교를 믿는 아랍계 주민이 많고, 남수단은 크리스트교와 토속 신앙을 믿는 아프리카계 주민이 많으므로 문화적 차이가 뚜렷하다. 수단과 남수단의 분쟁은 아프리카계가 수단 정부의 아랍화 정책에 반발하면서 시작되었으며, 2011년에 남수단이 수단으로부터 독립하였다. 그러나 석유 생산량이 많은 남수단이 수단의 항구를 이용하여 석유를 수출하고 있어, 독립 이후에도 이를 둘러싼 갈등이 지속되고 있다.

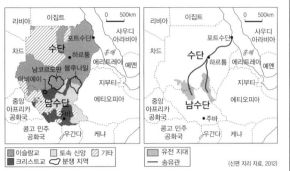

◆ 플랜테이션
플랜테이션은 유럽 열강의 식민지 정책 중 하나로 열대 및 아열대 기후 지역에 대규모 농장을 운영하면서 비롯되었다. 원주민의 노동력을 바탕으로 고무, 커피, 차 등의 상품 작물을 주로 단일 경작으로 생산한다.

◆ 아프리카의 카카오 주요 재배 지역

열대 기후가 나타나는 기니만 연안은 세계적인 카카오 생산 지이다.

(3) 사하라 이남 아프리카의 저개발

① 빈곤과 열악한 보건 의료 환경
• 인구 증가율은 높으나 농업 생산성이 높지 않아 식량난이 지속됨
• 절대 빈곤층이 많아 기아 문제 발생
• 아동들은 보건 의료 시설이 부족하여 말라리아 등 각종 질병에 취약하고 교육 기회도 적음

② 저개발의 사회·경제적 원인
• 도로, 철도 등 사회 기반 시설의 부족: 과거 유럽 열강은 자원의 해외 반출을 위해 해안과 내륙을 연결하는 철도망을 건설함

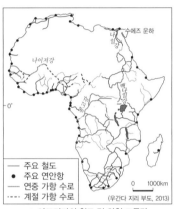

▲ 아프리카의 철도 및 하천 교통망

• 플랜테이션 중심의 농업 구조: 상품 작물을 주로 생산하며, 식량 작물을 수입하는 국가가 많음 → 코트디부아르·가나 등 기니만 연안 국가는 카카오, 에티오피아는 커피, 케냐는 차(茶)를 많이 생산함
• 1차 생산품 중심의 산업 구조: 주로 석유·광물·농작물을 수출하고, 부가 가치가 큰 공업 제품을 수입함
• 외국 투자에 의존하는 경제 구조를 가진 국가가 많음

(4) 분쟁 방지와 저개발 극복을 위한 노력

① 아프리카 연합(AU) 결성: 아프리카의 공동 이익 추구, 통합 및 발전 촉진을 위해 설립

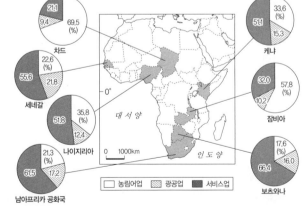

▲ 산업별 종사자 비율

② 국제 사회 협력으로 도로, 철도, 의료 시설 등의 공적 개발 원조가 활발함
③ 국민 통합을 위한 정책을 실시하여 민주주의 제도가 정착되고, 적극적인 교육 투자로 미래 세대를 키우는 국가들이 증가하고 있음

개념 체크

1. 2011년에 독립한 (　　) 은 석유의 생산과 수송을 둘러싸고 수단과의 갈등이 지속되고 있다.
2. 사하라 이남 아프리카는 인구 증가율은 높으나 농업 생산성이 높지 않아 (　　)이 지속되고 있다.
3. 기니만 연안 국가는 (카카오 / 커피)의 생산량이 많고, 에티오피아는 (차 / 커피)의 생산량이 많다.

정답
1. 남수단
2. 식량난
3. 카카오, 커피

✪ 사하라 이남 아프리카와 중·남부 아메리카의 주요 자원 생산량 비율

구리

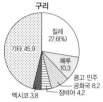

철광석

다이아몬드

* 수치는 세계 생산량에서 차지하는 비율이고, 생산량이 많은 상위 10개국 중 사하라 이남 아프리카와 중·남부 아메리카에 있는 국가만 나타내었으며, 나머지는 기타로 처리함.
(2020년)　　　(World Mining data)

✪ 칠레의 상품 수출 구조

(2021년)　　(세계 각국 요람)

3. 자원 개발을 둘러싼 과제

(1) 자원 개발

① 사하라 이남 아프리카의 자원: 석유, 백금, 코발트, 다이아몬드, 구리 등 천연자원 풍부

자원	분포 지역
석유, 천연가스	기니만 연안(나이지리아), 앙골라 등
석탄	고기 습곡 산지 지역(남아프리카 공화국)
구리, 코발트	중·남부 아프리카의 코퍼 벨트(콩고 민주 공화국, 잠비아)

② 중·남부 아메리카의 자원: 석유, 천연가스, 구리, 주석, 철광석, 보크사이트 등 천연자원 풍부

자원	분포 지역
석유, 천연가스	신기 습곡 산지 지역(베네수엘라 볼리바르, 에콰도르, 멕시코 등)
은, 구리, 주석	신기 습곡 산지 지역(멕시코, 칠레, 볼리비아 등)
보크사이트	열대 기후 지역(자메이카, 가이아나 등)
철광석	순상지 지역(브라질)

자료 분석　**사하라 이남 아프리카 및 중·남부 아메리카의 자원 분포**

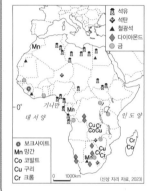

사하라 이남 아프리카 국가 중 남아프리카 공화국에서는 석탄이, 콩고 민주 공화국에서 잠비아로 이어지는 '코퍼 벨트'에서는 구리가 많이 생산된다. 기니만 연안의 나이지리아는 세계적인 산유국이다.
중·남부 아메리카의 베네수엘라 볼리바르에는 석유가 많이 매장되어 있다. 브라질은 철광석, 칠레는 구리의 매장량이 풍부하다.

(2) 자원의 이용과 분배

① 자본과 기술력이 부족하여 외국 기업에 자원 개발을 의존하는 국가가 많음

② 특정 자원에 대한 수출 의존도가 높음 → 국내 경제가 국제 원자재 시장의 영향을 많이 받음

③ 커피, 카카오, 차 등 기호 작물 중심의 플랜테이션 발달 → 다국적 기업이 유통을 주도하는 불공정한 무역 구조로 인해 생산국과 노동자에게 돌아가는 이익은 적음

④ 소수의 권력자와 결탁된 자원 개발 → 빈부 격차, 아동 노동 착취 문제 등이 발생함

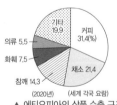

▲ 에티오피아의 상품 수출 구조

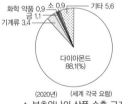

▲ 보츠와나의 상품 수출 구조

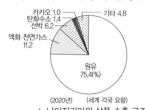

▲ 나이지리아의 상품 수출 구조

(3) 자원 개발에 따른 환경 문제

① 열대림 파괴: 농장 조성과 자원 개발로 열대림 면적이 감소함 → 동식물의 서식지 축소

② 환경 오염: 유전 개발 및 광산 개발로 토양 침식, 수질 오염 등의 문제 발생

[24019-0193]

01 그래프는 두 국가의 인구 규모 1, 2위 도시의 인구 변화를 나타낸 것이다. (가), (나) 국가에 대한 설명으로 옳은 것은? (단, (가), (나)는 각각 멕시코, 브라질 중 하나임.)

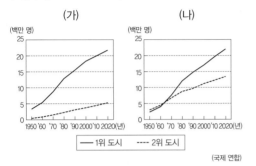

① (가)는 남반구에 위치한다.

② (나)의 인구 규모 1위 도시는 해당 국가의 수도이다.

③ (가)는 (나)보다 2020년에 총인구가 많다.

④ (나)는 (가)보다 국토 면적이 넓다.

⑤ (가)는 포르투갈어, (나)는 에스파냐어를 주요 언어로 사용한다.

[24019-0194]

02 다음 자료는 네 국가의 민족(인종) 구성을 나타낸 것이다. A~D에 대한 설명으로 옳은 것만을 〈보기〉에서 고른 것은? (단, A~D는 각각 아프리카계, 유럽계, 원주민, 혼혈 중 하나임.)

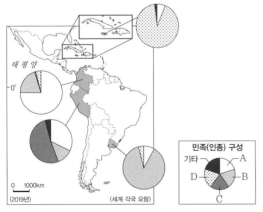

● 보기 ●

ㄱ. A는 과거 플랜테이션 농업을 위해 강제 이주되었다.

ㄴ. C의 조상들은 고대 잉카 문명을 발달시켰다.

ㄷ. C는 D보다 중·남부 아메리카에 정착한 시기가 이르다.

ㄹ. A는 유럽계, B는 혼혈, C는 원주민, D는 아프리카계이다.

① ㄱ, ㄴ ② ㄱ, ㄷ ③ ㄴ, ㄷ ④ ㄴ, ㄹ ⑤ ㄷ, ㄹ

[24019-0195]

03 다음 자료의 (가), (나) 국가를 지도의 A~C에서 고른 것은?

• (가) 에는 전 세계 여행가들의 버킷리스트로 손꼽히는 우유니 소금 사막이 있다. 행정 수도이면서 고산 도시인 라파스에서는 교통수단으로 이용하는 케이블카 '미 텔레페리코'를 체험할 수 있다.

• (나) 에는 탱고의 도시로 유명한 부에노스아이레스, 만년설과 아름다운 호수가 장관을 이루는 바릴로체, '세상의 끝'으로 불리는 우수아이아 등의 관광지가 있다.

	(가)	(나)
①	A	B
②	A	C
③	B	A
④	B	C
⑤	C	B

[24019-0196]

04 그래프는 지도에 표시된 (가)~(라) 국가의 종교별 신자 현황을 나타낸 것이다. 이에 대한 설명으로 옳은 것은? (단, A, B는 각각 이슬람교, 크리스트교 중 하나임.)

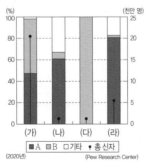
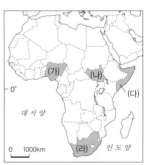

① 소말리아는 이슬람교보다 크리스트교 신자가 많다.

② A 신자들은 돼지고기를 금기시한다.

③ B는 A보다 세계 신자가 많다.

④ (가)에서는 A 신자와 B 신자 간 갈등이 나타난다.

⑤ (가)~(라) 중 독립 시기는 (라)가 가장 늦다.

05 다음 자료는 어느 국가의 국장과 주요 특성을 나타낸 것이다. 이 국가를 지도의 A~E에서 고른 것은?

[24019-0197]

국장(國章)*을 보면 방패와 두 마리의 사자 아래에 이 국가의 주요 농산물인 차(茶), 커피, 옥수수 등이 그려져 있는데, 그 중 차는 아프리카에서 생산량이 가장 많다. 이 국가는 아프리카에서 가장 큰 호수인 빅토리아호와 접하고 있으며, 사자, 기린, 코끼리 등 야생 동물의 모습을 볼 수 있는 사파리 관광으로 유명하다.

* 국장(國章): 한 국가를 상징하는 공식적인 표장(標章)

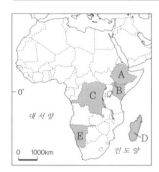

① A
② B
③ C
④ D
⑤ E

06 그래프는 지도에 표시된 세 국가의 상품별 수출액 비율을 나타낸 것이다. (가)~(다) 국가에 대한 설명으로 옳은 것만을 〈보기〉에서 있는 대로 고른 것은?

[24019-0198]

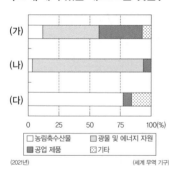

□농림축수산물 ▨광물 및 에너지 자원
▨공업 제품 ▨기타
(2021년) (세계 무역 기구)

● 보기 ●

ㄱ. (가)에서는 인종 차별 정책인 아파르트헤이트가 시행되었다.
ㄴ. (나)는 2021년에 사하라 이남 아프리카에서 석유 수출량이 가장 많다.
ㄷ. (가)와 (다)는 모두 대서양과 접해 있다.

① ㄱ   ② ㄴ   ③ ㄷ   ④ ㄱ, ㄴ   ⑤ ㄱ, ㄴ, ㄷ

07 지도는 아프리카의 세 자원 분포를 나타낸 것이다. A~C 자원에 대한 설명으로 옳은 것은? (단, A~C는 각각 구리, 석유, 석탄 중 하나임.)

[24019-0199]

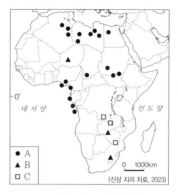

● A
▲ B
□ C
(신상 지리 자료, 2023)

① A는 금속 광물 자원이다.
② B는 주로 신기 습곡 산지에 매장되어 있다.
③ C의 세계 최대 생산 국가는 중·남부 아메리카에 위치한다.
④ 나이지리아는 A보다 C의 수출량이 많다.
⑤ B는 A보다 국제 이동량이 많다.

08 그래프는 지도에 표시된 세 국가의 주요 지하자원 생산량을 비교한 것이다. (가)~(다) 국가에 대한 설명으로 옳은 것은?

[24019-0200]

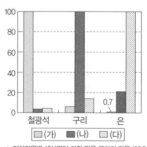

□(가) ■(나) ▨(다)
* 지하자원별 생산량이 가장 많은 국가의 값을 100으로 했을 때의 상댓값임.
(2020년) (World Mining data)

① (가)는 태평양과 대서양에 모두 접해 있다.
② (나)에는 마킬라도라가 있다.
③ 총인구는 2020년 기준 (가)가 (나)보다 많다.
④ (다)는 (가)보다 국토 면적이 넓다.
⑤ 브라질은 멕시코보다 2020년에 구리 생산량이 많다.

[24019-0201]

1 다음 자료에 대한 설명으로 옳은 것은? (단, (가)~(다)는 각각 브라질, 아르헨티나, 페루 중 하나이고, A~C는 각각 유럽계, 원주민, 혼혈 중 하나임.)

중·남부 아메리카에서 국토 면적이 가장 넓은 (가) 은/는 (나) , (다) 등 여러 국가와 국경을 접하고 있다. (가) 와/과 (나) 의 국경 지대에는 이구아수 폭포가 있는데, 이곳은 영화 '미션(The Mission, 1986)'에서 가브리엘 신부가 오보에로 '넬라 판타지아(Nella Fantasia)'를 연주하는 장면으로도 유명하다. 한편, (가) 은/는 삼바 축제, (나) 은/는 탱고가 유명하다. (다) 에는 과거 잉카 제국의 수도로 '배꼽'이라는 뜻을 지닌 쿠스코, 신비의 공중 도시라 알려진 마추픽추 등이 있다.

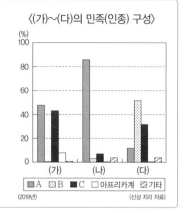

〈(가)~(다)의 민족(인종) 구성〉

(2019년) (신상 지리 자료)
■A ⊠B ■C □아프리카계 ▨기타

① (가)는 태평양과 접해 있다.
② (가)는 (다)보다 2019년에 혼혈 인구가 많다.
③ (나)는 (다)보다 민족(인종) 구성에서 원주민 비율이 높다.
④ (다)는 (가)보다 2021년에 소 사육 두수가 많다.
⑤ A~C 중 중·남부 아메리카에 정착한 시기는 C가 가장 이르다.

[24019-0202]

2 다음 글의 ㉠~㉾에 대한 설명으로 옳지 *않은* 것은?

중·남부 아메리카에 위치한 주요 도시는 ㉠중심부에 광장이 있고, 광장 주변에 격자망 도로가 있으며, 성당과 관공서, 상업 시설 등이 배치된 형태가 많다. 또한 ㉡주로 고소득층을 이루는 유럽계가 거주하는 고급 주택 지구와 ㉢주로 저소득층을 이루는 원주민이나 아프리카계가 거주하는 저급 주택 지구가 분리된 형태가 나타난다.
중·남부 아메리카는 ㉣사회 기반 시설이 부족한 상태에서 급속한 도시화가 진행되어 각종 도시 문제가 발생하였고, 수위 도시에 인구가 집중되면서 ㉤종주 도시화 현상이 나타났다. 도시로 이주한 농민은 대부분 도시 빈민으로 전락하였고, 도시 내 공유지나 도시 외곽에 ㉥불량 주택 지구를 형성하기도 하였다.

① ㉠은 유럽 열강의 식민 지배에 따른 영향과 관련 있다.
② ㉡은 도시 외곽, ㉢은 도심에 주로 입지한다.
③ ㉣에는 교통 혼잡, 주택 부족, 환경 오염 등이 있다.
④ ㉤은 수위 도시의 인구 규모가 2위 도시 인구 규모의 두 배 이상인 현상을 말한다.
⑤ ㉥의 대표적인 사례로 브라질의 '파벨라'가 있다.

[24019-0203]

3 표는 세 국가의 지리 정보를 나타낸 것이다. (가)~(다) 국가에 대한 설명으로 옳은 것만을 〈보기〉에서 고른 것은? (단, (가)~(다)는 각각 나이지리아, 남수단, 르완다 중 하나임.)

구분＼국가	(가)	(나)	(다)
국토 모양과 국기(國旗)			
국토 면적	644,329km²	923,768 km²	26,338 km²
주요 특징	나일강 상류에 위치하고, 크리스트교 신자 비율이 높다.	아프리카에서 석유 수출량이 가장 많은 국가이다.	탄자니아, 콩고 민주 공화국, 우간다, 부룬디에 둘러싸여 있다.

● 보 기 ●

ㄱ. (가)에서는 소수의 투치족과 다수의 후투족 간 내전이 있었다.
ㄴ. (나)의 주요 종교 분쟁으로 크리스트교와 이슬람교 간 갈등이 있다.
ㄷ. (다)는 (가)보다 독립 시기가 늦다.
ㄹ. (가)~(다) 중 2021년에 총인구는 (나)가 가장 많다.

① ㄱ, ㄴ ② ㄱ, ㄷ ③ ㄴ, ㄷ ④ ㄴ, ㄹ ⑤ ㄷ, ㄹ

[24019-0204]

4 그래프는 지도에 표시된 세 국가의 총수출액과 국내 총생산 및 상품별 수출액 비율을 나타낸 것이다. (가)~(다) 국가에 대한 설명으로 옳은 것은?

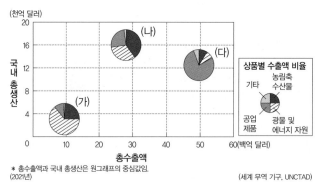

* 총수출액과 국내 총생산은 원그래프의 중심값임.
(2021년)
(세계 무역 기구, UNCTAD)

① (가)는 마킬라도라를 중심으로 공업이 발달하였다.
② (나)의 주민들은 대부분 에스파냐어를 사용한다.
③ (다)의 아마존 분지에서는 열대림 파괴 문제가 심각하다.
④ (나)는 (가)보다 유럽계 주민이 많다.
⑤ 칠레는 브라질보다 광물 및 에너지 자원 수출액이 많다.

[24019-0205]

5 표는 네 도시의 주요 특징을 나타낸 것이다. (가)~(라)에 대한 설명으로 옳은 것은? (단, (가)~(라)
는 각각 리우데자네이루, 멕시코시티, 아디스아바바, 케이프타운 중 하나임.)

도시 \ 구분	경도	7월 1일 낮 길이	주요 특징
(가)	99°7′W	13시간 16분	아스테카 문명의 중심 도시로, 소칼로 광장을 중심으로 격자형 도로망이 나타남.
(나)	43°11′W	10시간 51분	세계적 축제인 ○○ 카니발이 개최되는 곳으로, 코르코바두에 있는 예수상이 랜드마크로 알려짐.
(다)	18°25′E	10시간 06분	희망봉과 테이블 마운틴, 워터프론트 등 관광 명소가 많으며 이국적인 휴양 도시이기도 함.
(라)	38°44′E	12시간 35분	인류의 조상 '루시' 화석이 있는 국립 박물관이 있으며, 저위도에 있지만 해발 고도 약 2,400m에 위치해 기후는 쾌적함.

(2022년)   (www.timeanddate.com)

① (가)는 남반구에 위치한다.
② (나)는 해당 국가의 수도이다.
③ (다)가 속한 국가에는 신기 습곡 산지가 있다.
④ (가)가 속한 국가는 (나)가 속한 국가보다 민족(인종) 구성에서 혼혈 비율이 높다.
⑤ (나)와 (라)는 모두 중·남부 아메리카에 위치한다.

[24019-0206]

6 그래프는 세 국가의 상품 수출액 비율을 나타낸 것이다. (가)~(다) 국가를 지도의 A~C에서 고른
것은?

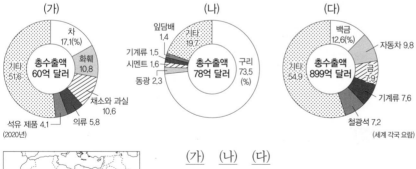

(2020년)   (세계 각국 요람)

	(가)	(나)	(다)
①	A	B	C
②	A	C	B
③	B	A	C
④	C	A	B
⑤	C	B	A

[24019-0207]

7 그래프는 지도에 표시된 네 국가의 농림어업 및 제조업 생산액 비율과 국내 총생산을 나타낸 것이다. (가)~(라) 국가에 대한 설명으로 옳은 것만을 〈보기〉에서 고른 것은?

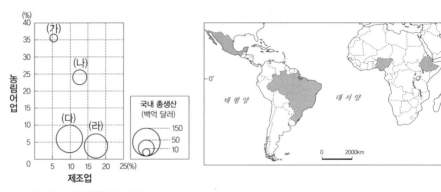

* 농림어업 및 제조업 생산액 비율은 원의 중심값임.

(2020년)　　　　　　　　　　　　　　　　　　(세계은행)

● 보기 ●

ㄱ. (가)는 대서양과 접해 있다.
ㄴ. (라)는 미국·멕시코·캐나다 협정 회원국이다.
ㄷ. (나)는 (다)보다 2020년에 도시 거주 인구가 많다.
ㄹ. (가)는 사하라 이남 아프리카, (다)는 중·남부 아메리카에 위치한다.

① ㄱ, ㄴ　　② ㄱ, ㄷ　　③ ㄴ, ㄷ　　④ ㄴ, ㄹ　　⑤ ㄷ, ㄹ

[24019-0208]

8 그래프는 네 자원의 국가별 생산량 비율을 나타낸 것이다. (가)~(라) 국가에 대한 설명으로 옳은 것은? (단, (가)~(라)는 각각 지도에 표시된 네 국가 중 하나임.)

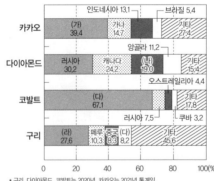

* 구리, 다이아몬드, 코발트는 2020년, 카카오는 2021년 통계임.

(World Mining data, FAO)

① (가)는 중·남부 아메리카에 위치한다.
② (나)에는 '코퍼 벨트'라 불리는 지역이 포함된다.
③ (나)는 (라)보다 해안선의 길이가 길다.
④ (다)는 (나)보다 열대림 면적이 넓다.
⑤ (라)는 (다)보다 국경을 접한 국가 수가 많다.

16 평화와 공존의 세계

1. 경제의 세계화와 세계 무역 기구

(1) 경제의 세계화
① 배경: 교통과 정보 통신 기술의 발달로 인적·물적 교류가 활발해짐, 세계의 경제적 상호 의존성이 커짐, 세계 무역 기구(WTO)의 출범과 다국적 기업의 성장 및 영향력 확대 등
② 특징: 국가 간 무역 장벽이 완화되고 세계가 단일 시장으로 통합되어 가는 과정으로, 유통·금융 등 다양한 측면에서 경제의 세계화가 진행됨
③ 긍정적인 영향: 국제 분업 확산으로 자원 이용의 효율성 향상, 무역 장벽의 완화로 국제 거래 규모 증가, 기업의 제품 판매 시장 확대, 소비자의 상품 선택 기회 증가 등
④ 부정적인 영향: 선진국과 개발 도상국 간 경제적 격차 확대, 산업 기반이 미약한 개발 도상국 생산자의 다국적 기업 종속 심화, 경쟁력이 약한 산업 부문의 약화 및 쇠퇴 등

(2) 세계 무역 기구(WTO)
① 관세 및 무역에 관한 일반 협정(GATT) 체제 이후 우루과이 라운드 합의 사항에 대한 이행을 감시하기 위해 1995년에 만들어짐
② 공산품과 더불어 농산물과 서비스업에서도 자유 무역을 추진함
③ 무역 분쟁 조정 및 해결을 위한 법적 권한과 구속력의 행사가 가능함

2. 주요 경제 블록의 형성과 특징

(1) 경제 블록
① 의미: 지리적으로 인접하고 경제적으로 상호 의존도가 높은 국가들이 공동의 이익을 위해 구성하는 배타적인 경제 협력체 ⑩ 유럽 연합(EU), 동남아시아 국가 연합(ASEAN), 미국·멕시코·캐나다 협정(USMCA), 남아메리카 공동 시장(MERCOSUR) 등
② 형성 배경: 다자주의를 표방하는 세계 무역 기구(WTO)의 단점 보완
③ 경제 블록의 유형: 자유 무역 협정, 관세 동맹, 공동 시장, 완전 경제 통합

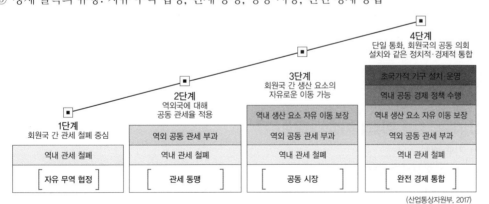

▲ 경제 통합 단계

(산업통상자원부, 2017)

(2) 경제 블록의 장점과 단점
① 장점: 국가 간 관세 및 무역 장벽이 없어지거나 완화되어 회원국 간의 무역 증가, 경제 블록을 통한 국제 영향력 증대, 국가 간 경제 교류 활성화로 생산비 절감 효과 발생, 자원의 효율적 이용 가능 등
② 단점: 비회원국에 대한 차별과 이로 인한 국가 간 무역 분쟁이 발생할 수 있음

♥ 무역 장벽
국가 간의 경쟁에서 자국 상품을 보호하고 교역 조건을 유리하게 하며 국제 수지를 개선하기 위하여 정부가 인위적으로 취하는 법적·제도적 조치를 말한다.

✪ 미국·멕시코·캐나다 협정 (USMCA)
북아메리카 자유 무역 협정(NAFTA)이 세 국가 간의 재협상을 통해 2020년 미국·멕시코·캐나다 협정(USMCA)으로 개정되어 발효되었다.

✪ 다자주의
다수의 국가가 참여하여 공동의 원칙을 수립하는 제도 및 방법이다. 세계 무역 기구는 회원국 수가 증가하면서 모든 회원국의 입장을 조율하는 것이 현실적으로 어려워지고 있다.

개념 체크
1. 경제의 세계화는 국제기구인 (　　　)의 출범과 다국적 기업의 영향력 확대 등으로 나타났다.
2. 경제적 상호 의존도가 높은 국가들이 공동의 이익을 위해 구성하는 배타적 경제 협력체를 (　　　)이라고 한다.
3. 경제 블록 유형 중 가장 낮은 단계로, 역내 관세를 철폐하는 단계는 (　　　)이다.

정답
1. 세계 무역 기구(WTO)
2. 경제 블록
3. 자유 무역 협정(FTA)

☀ 주요 경제 블록의 역내 및 역외 무역액

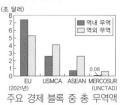

주요 경제 블록 중 총 무역액은 유럽 연합(EU)>미국·멕시코·캐나다 협정(USMCA)>동남아시아 국가 연합(ASEAN)>남아메리카 공동 시장(MERCOSUR) 순으로 많다.

☀ 주요 경제 블록의 비교

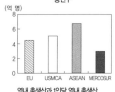

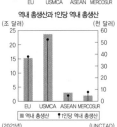

주요 경제 블록 중 총인구는 동남아시아 국가 연합(ASEAN)이 가장 많고, 역내 총생산과 1인당 역내 총생산은 모두 미국·멕시코·캐나다 협정(USMCA)이 가장 많다.

개념 체크

1. 회원국 간 상품·자본·노동력의 자유로운 이동이 보장되는 경제 블록은 (　　)이다.
2. 2021년 기준으로 미국·멕시코·캐나다 협정은 유럽 연합보다 역내 총생산이 (많다 / 적다).
3. 산업화·도시화로 인한 화석 에너지 사용량 증가로 온실가스 배출량이 늘어나면서 지구 평균 기온이 상승하는 현상을 (　　)라 한다.

정답
1. 유럽 연합
2. 많다
3. 지구 온난화

(3) 주요 경제 블록

미국·멕시코·캐나다 협정 (USMCA)	미국, 멕시코, 캐나다 간의 자유 무역 협정
동남아시아 국가 연합 (ASEAN)	동남아시아에 위치한 10개국 간의 기술 및 자본 교류와 자원의 공동 개발을 추진함
남아메리카 공동 시장 (MERCOSUR)	역내 관세 장벽의 철폐와 대외 공동 관세 부과 등 공동의 경제 정책 시행을 목적으로 결성됨
유럽 연합(EU)	회원국 간 상품·자본·노동력의 자유로운 이동을 보장, 역내 관세 철폐 및 유로화 사용(모든 회원국이 단일 화폐로 유로화를 사용하지는 않음), 2020년 영국이 탈퇴함

자료 분석　세계 주요 경제 블록의 특징

＊동남아시아 국가 연합(ASEAN) 회원국 중에서 라오스, 캄보디아, 미얀마를 제외한 국가는 아시아·태평양 경제 협력체(APEC) 회원국임.

(가)는 유럽 연합(EU), (나)는 동남아시아 국가 연합(ASEAN), (다)는 미국·멕시코·캐나다 협정(USMCA), (라)는 남아메리카 공동 시장(MERCOSUR)이다. 네 경제 블록 중 경제 통합 단계가 가장 높은 것은 유럽 연합이다. 2021년 기준 역내 총생산은 미국·멕시코·캐나다 협정이 가장 많으며, 그다음으로 유럽 연합, 동남아시아 국가 연합, 남아메리카 공동 시장 순으로 많다. 총무역액은 미국·멕시코·캐나다 협정보다 유럽 연합이 많으며, 유럽 연합은 미국·멕시코·캐나다 협정보다 총무역액에서 역내 무역액이 차지하는 비율이 높다. 총인구는 동남아시아 국가 연합이 가장 많고, 남아메리카 공동 시장이 가장 적다.

3. 지구적 환경 문제의 원인과 영향

(1) 기후 변화

① 의미: 온실가스 배출량 증가에 따른 온실 효과의 영향으로 지구의 평균 기온 상승이 가속화됨
② 지구 온난화 원인: 산업화·도시화로 인한 화석 에너지 사용량 증가로 이산화 탄소 배출량 증가, 가축 사육 두수 증가에 따른 메테인 증가, 가축 사육을 위한 방목지 확대·경지 개간에 따른 삼림 면적의 감소 → 이산화 탄소 흡수 능력 약화 등
③ 영향: 극지방 및 고산 지대의 빙하가 녹아 해수면이 상승하면서 해안 저지대의 침수 피해 발생, 해충으로 인한 질병 발생 증가, 일부 동식물의 멸종 가능성 확대, 이상 기후에 따른 가뭄·홍수·폭염·한파 피해 증가 등
④ 대책: 화석 에너지 사용량 감소, 삼림 보호 및 조림 사업 실시 등

(2) 오존층 파괴

① 발생: 염화 플루오린화 탄소(CFCs)의 사용량 증가로 성층권의 오존층이 파괴되는 현상

② 영향: 자외선 투과량 증가로 인한 피부암·백내장 발병률 증가, 식물 성장 저해 등

(3) 사막화

① 원인: 기후 변화로 인한 장기간의 가뭄, 과도한 방목 및 개간, 삼림 벌채, 건조 지역의 관개 농업 확대에 따른 토양 염류화 현상 등

② 분포: 주로 사막 주변 지역에서 발생 예 아프리카 사헬 지대

(4) 열대림 파괴

① 원인: 무분별한 벌목과 농경지 및 목장의 확대, 자원 개발, 도로 건설 등

② 영향: 지구 자정 능력 약화, 동식물의 서식지 파괴, 토양 침식 심화 등

(5) 산성비

① 발생: 공장·자동차·발전소 등에서 나오는 황산화물과 질소 산화물 등의 대기 오염 물질이 수증기 또는 비와 만나 발생함

② 영향: 삼림 파괴, 호수의 산성화로 인한 무생물화, 구조물 및 건물 등의 부식, 오염 물질의 이동으로 인한 주변국과의 분쟁 등

(6) 쓰레기 섬: 해양으로 유입된 쓰레기가 해류를 따라 이동하면서 거대한 쓰레기 섬을 만들기도 함, 쓰레기 섬은 대부분 플라스틱이나 비닐로 구성되어 있으며 해양 환경을 파괴함

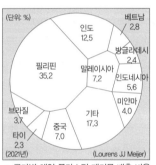

▲ 열대림 파괴 면적 변화

▲ 국가별 해양 플라스틱 폐기물 배출 비율

탐구 활동 사막화와 열대림 파괴, 산성비, 쓰레기 섬 문제가 주로 발생하는 지역은 어디일까?

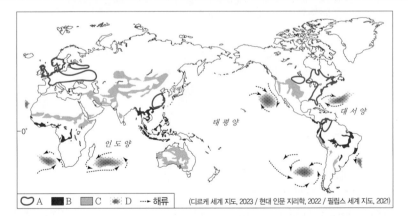

(디르케 세계 지도, 2023 / 현대 인문 지리학, 2022 / 필립스 세계 지도, 2021)

➡ **지도는 네 환경 문제가 주로 발생하는 지역을 나타낸 것이다. A~D 환경 문제가 무엇인지 설명해 보자.**

A는 공업이 발달한 서부 유럽과 미국 오대호 연안, 중국 동부 해안과 그 주변 지역에서 주로 발생하므로 산성비이다. B는 아프리카, 동남아시아, 남아메리카의 열대 우림 지역에서 주로 발생하므로 경지 확대, 자원 개발 등으로 인해 발생하는 환경 문제인 열대림 파괴이다. C는 아프리카의 사헬 지대, 중국 내륙, 미국 중서부 등에서 장기간의 가뭄, 과도한 방목과 경작, 지하수 개발 등으로 발생하는 환경 문제인 사막화이다. D는 인도양과 태평양 등에 나타나고 있으므로 쓰레기 섬이다. 쓰레기 섬은 바다로 유입된 쓰레기가 표류하다가 해류의 흐름이 약한 곳에 모여 형성된다.

☼ 염화 플루오린화 탄소 (CFCs)

오존층을 파괴하는 주요 원인 물질 중 하나이다. 주로 냉장고나 에어컨의 냉매제로 사용되었다.

☼ 성층권의 오존층

동식물에 해로운 태양의 자외선이 지상에 도달되는 것을 막아 준다.

☼ 사헬 지대

사하라 사막 남쪽 가장자리 지역으로, 세계에서 사막화가 광범위하게 진행되고 있는 지역 중 하나이다.

개념 체크

1. 염화 플루오린화 탄소 (CFCs)의 사용량 증가로 성층권의 (   )이 파괴되면서, 자외선 투과량이 증가하고 있다.

2. 아프리카의 사헬 지대에서 장기간의 가뭄, 과도한 방목 및 개간 등으로 발생하는 환경 문제는 (   )이다.

3. 삼림 파괴, 호수의 산성화로 인한 무생물화, 구조물 및 건물의 부식 등을 유발하는 환경 문제는 (   )이다.

정답
1. 오존층
2. 사막화
3. 산성비

4. 지구적 환경 문제에 대처하는 국제 사회의 노력

(1) 국가 간 주요 환경 협약

람사르 협약(1971년)	철새 및 물새 서식지로서 특히 국제적으로 중요한 습지에 관한 협약, 습지의 보호와 지속 가능한 이용을 목적으로 함
런던 협약(1972년)	폐기물의 해양 투기로 인한 해양 오염을 방지함
대기 오염 물질의 장거리 이동에 관한 협약(제네바 협약)(1979년)	산성비 문제 해결을 위해 국경을 넘어 이동하는 대기 오염 물질의 감축 및 통제를 목적으로 함
몬트리올 의정서(1987년)	오존층을 보호함으로써 지구 생태계 및 동식물의 피해를 방지하기 위함, 염화 플루오린화 탄소(CFCs)와 같은 오존층 파괴 물질의 사용 규제를 명시함
바젤 협약(1989년)	유해 폐기물의 국가 간 이동에 관한 규제를 목적으로 함
사막화 방지 협약(1994년)	국제적 노력을 통해 사막화를 방지하고, 사막화를 겪고 있는 개발 도상국을 재정·기술적으로 지원하는 것을 목적으로 함
교토 의정서(1997년)	미국, 유럽, 일본 등 선진 38개국의 온실가스 감축 목표를 구체적으로 제시하고 탄소 배출권 거래제를 도입함(2020년 만료)
스톡홀름 협약(2001년)	다이옥신, 디디티(DDT) 등 인체와 동물, 환경에 유해한 12개 유독성 화학 물질의 사용을 금지함
파리 협정(2015년)	교토 의정서를 대신하는 기후 변화 협약, 선진국과 개발 도상국 모두 온실가스 감축을 포함한 포괄적인 대응에 동참하도록 규정함

(2) 비정부 기구(NGO)의 노력

① 비정부 기구의 등장 배경: 환경 문제 발생 지역의 범위가 여러 국가에 걸쳐 있고, 전 지구적으로 영향을 끼치며 한 국가의 노력만으로 해결할 수 없게 되면서 세계적 연대를 위한 비정부 기구의 활동이 활발해짐

② 대표적인 비정부 기구: 그린피스(Greenpeace), 지구의 벗(Friends of the Earth) 등

③ 활동 사례: 지구의 기후 변화 억제, 삼림 보호, 사막화 방지, 방사성 폐기물의 해양 투기 저지, 야생 동물 보호 활동 등

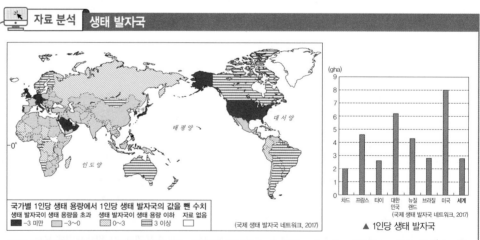

자료 분석 생태 발자국

▲ 1인당 생태 발자국

생태 발자국은 지구에서 인간이 사용하는 자원을 생산하고 폐기하는 데 드는 비용을 토지의 면적으로 환산한 수치로, 단위는 gha(글로벌헥타르)를 사용한다. 생태 발자국은 지속적으로 커지고 있으며, 대체로 소득 수준이 높은 지역일수록 1인당 생태 발자국 수치가 높게 나타난다. 지속 가능한 발전을 위해서는 생태 발자국이 생태 용량과 같거나 그보다 작아야 한다. 그러나 인구 증가와 산업 발달로 생산과 소비가 증가함에 따라 인류의 생태 발자국 수치는 빠르게 커지고 있다.

5. 세계 평화와 정의를 위한 국제 사회의 노력

(1) 세계의 분쟁

① 주요 원인: 영역이나 자원(에너지 자원, 물 자원 등)의 소유권을 둘러싼 분쟁, 민족 및 문화적 차이(종교, 언어 등)로 인한 분쟁 등 다양한 이유로 발생하며, 여러 가지 원인이 복잡하게 얽혀 나타나는 경우가 많음

② 영토 분쟁: 국경선이 명확하게 설정되지 않은 지역, 민족이나 종교가 다른 소수 민족이 분리·독립하려는 지역에서 주로 발생함, 분쟁 지역에 자원이 풍부하게 매장되어 있는 경우 분쟁이 심화되는 경향이 있음 예 강대국의 이해관계에 따라 민족 분포와는 무관하게 국경선이 설정된 아프리카, 독립 국가 건설을 위해 노력하고 있는 쿠르드족 등

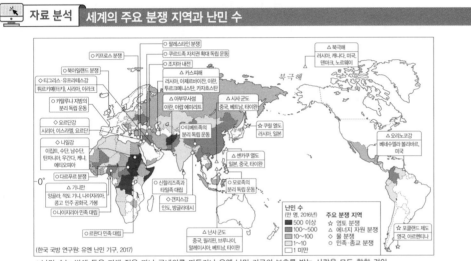

자료 분석 | 세계의 주요 분쟁 지역과 난민 수

(한국 국방 연구원·유엔 난민 기구, 2017)

*난민 수는 박해 등을 피해 집을 떠나 국내외를 떠돌거나 유엔 난민 기구의 보호를 받는 사람을 모두 합한 것임.

세계 여러 나라에서 발생하고 있는 전쟁과 내전으로 일부 국가는 정치·경제적 위기 상황에 놓여 있으며, 당사국 국민은 난민이 되어 정치·경제적 불안에 노출되고 심각한 기아 문제를 겪기도 한다.

(2) 평화를 위한 노력

① 국제 연합: 국제 사법 재판소, 국제 연합 평화 유지군, 유엔 난민 기구 등을 통해 무력 분쟁 및 갈등, 난민 문제에 적극적으로 대응하고 있음

• 국제 사법 재판소: 국가 간 분쟁을 법적으로 해결하는 국제기구

• 국제 연합 평화 유지군: 분쟁 지역의 무력 충돌 감시와 주민 보호(건설·의료 지원)

• 유엔 안전 보장 이사회: 5개의 상임 이사국과 10개의 비상임 이사국으로 구성, 국제 평화와 안전을 유지하기 위한 권한과 책임 행사

② 비정부 기구(NGO): 인류의 존엄과 공공의 이익을 추구하는 시민들이 자발적으로 조직

• 국경 없는 의사회: 전쟁이나 자연재해로 피해를 입은 사람들 혹은 의료나 보건 지원이 필요한 사람들을 도와주는 의료 구호 단체

• 국제 사면 위원회(국제 앰네스티): 중대한 인권 침해의 종식 및 예방을 위한 단체

(3) 세계 평화와 정의를 위한 세계 시민으로서의 가치와 태도

① 지구촌 공동체의 구성원임을 인식하고, 세계에서 발생하는 다양한 문제에 대하여 관심을 갖고 이를 해결하려는 실천 의지를 지녀야 함

② 국제 평화를 추구하고 보편적인 인권 존중 의식을 함양해야 함

⊙ 주요 국제 난민 발생국과 수용국

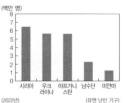

(백만 명)
시리아 / 우크라이나 / 아프가니스탄 / 남수단 / 미얀마
(2022년) (유엔 난민 기구)

▲ 주요 국제 난민 발생국

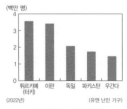

(백만 명)
튀르키예(터키) / 이란 / 독일 / 파키스탄 / 우간다
(2022년) (유엔 난민 기구)

▲ 주요 국제 난민 수용국

난민 발생이 많은 국가는 주로 내전 상태에 있는 시리아, 아프가니스탄 등이고, 난민을 많이 수용하는 국가는 대체로 주요 난민 발생국과 국경을 접하고 있는 국가이다.

⊙ 세계 시민

인류의 보편적 가치를 인식하고, 이를 생활 속에서 어떻게 실천할지 고민하고 행동하는 사람을 뜻한다.

개념 체크

1. 쿠릴 열도에서는 ( )와 일본이, 포클랜드 제도에서는 ( )과 아르헨티나가 영토를 둘러싼 갈등을 빚고 있다.

2. (중국 / 일본)은 센카쿠 열도, 시사 군도, 난사 군도 모두에서 다른 국가와 갈등을 겪고 있다.

3. 국가 간 분쟁을 법적으로 해결하는 국제 연합 산하 국제기구에는 ( )가 있다.

정답

1. 러시아, 영국
2. 중국
3. 국제 사법 재판소

[24019-0209]

01 다음 글의 ⊙~⑩에 대한 설명으로 옳지 <u>않은</u> 것은?

> ⊙교통과 통신의 발달, 세계 무역 기구(WTO)의 출범, ⓒ다국적 기업의 활동 증대 등으로 ⓒ전 세계의 경제적 상호 의존성이 커지고 세계가 하나의 시장으로 통합되어 가는 현상이 나타나고 있다. 한편, 다자주의를 표방하는 ⓔ세계 무역 기구(WTO)의 단점을 보완하기 위해 지리적으로 인접하거나 ⑩경제적으로 상호 의존도가 높은 지역 및 국가끼리 경제 협력을 강화하는 추세도 나타나고 있다.

① ⊙으로 경제 활동의 시·공간 제약이 줄어들었다.
② ⓒ으로 공간적 분업이 확대되었다.
③ ⓒ을 '경제의 세계화'라고 한다.
④ ⓔ은 비정부 기구에 해당한다.
⑤ ⑩의 사례로 유럽 연합, 동남아시아 국가 연합 등이 있다.

[24019-0210]

02 지도에 표시된 (가)~(다) 경제 블록의 특징을 그림의 A~C에서 고른 것은?

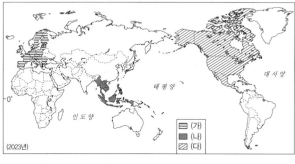

(2023년)

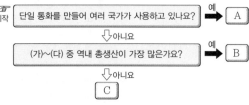

	(가)	(나)	(다)		(가)	(나)	(다)
①	A	B	C	②	A	C	B
③	B	A	C	④	B	C	A
⑤	C	A	B				

[24019-0211]

03 그래프는 세 경제 블록이 역내 무역액과 역외 무역액을 나타낸 것이다. (가)~(다) 경제 블록에 대한 설명으로 옳은 것은? (단, (가)~(다)는 각각 동남아시아 국가 연합, 미국·멕시코·캐나다 협정, 유럽 연합 중 하나임.)

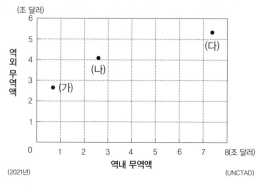

(2021년) (UNCTAD)

① (가)는 역내 생산 요소의 자유로운 이동을 보장한다.
② (나)의 회원국 중 인구가 가장 많은 국가는 미국이다.
③ (나)는 (가)보다 회원국 수가 많다.
④ (다)는 (나)보다 1인당 역내 총생산이 많다.
⑤ (가)~(다) 중 정치·경제적 통합 수준은 (나)가 가장 높다.

[24019-0212]

04 다음 자료는 환경 문제를 소개하는 다큐멘터리 대본의 일부이다. (가)에 대한 설명으로 옳은 것은?

〈환경 다큐 – 　(가)　와/과 지구촌의 다양한 모습〉	
1부	몰디브-해수면 상승에 대응하기 위해 인간의 뇌 혹은 산호초와 같은 모양으로 수상 도시를 건설할 예정이다.
2부	페루-고산 지대 만년설의 절반 이상이 사라졌으며, 이로 인해 식수 공급과 식량 안보에 위협을 받고 있다.
3부	방글라데시-쿠투브디아섬에서 굴 암초로 방파제를 만들어 물을 정화하고, 해수면 상승에 대비하고 있다.

① 런던 협약의 배경이 되었다.
② 영구 동토층의 분포 범위 확대를 가져왔다.
③ 피부암, 백내장 발병률 증가의 직접적인 요인이다.
④ 화석 연료의 과도한 사용이 주된 원인 중 하나이다.
⑤ 황산화물과 질소 산화물 등이 강수와 결합하여 발생한다.

[24019-0213]

05 표의 (가)~(라) 환경 문제에 대한 설명으로 옳은 것은? (단, (가)~(라)는 각각 사막화, 열대림 파괴, 오존층 파괴, 지구 온난화 중 하나임.)

환경 문제	주요 원인	영향
(가)	온실가스 배출량 증가	해수면 상승, 자연재해 증가 등
(나)	농경지 및 목장 확대, 자원 개발 등	지구 자정 능력 약화, 동식물의 서식지 파괴
(다)	염화 플루오린화 탄소(CFCs)의 사용량 증가	자외선 투과량 증가, 식물 성장 저해 등
(라)	장기간의 가뭄, 과도한 방목 및 개간 등	토양 황폐화, 황사 현상 심화 등

① (가)를 해결하기 위해 국제 사회는 바젤 협약을 체결하였다.
② (나)는 열대 우림 기후 지역보다 스텝 기후 지역에서 발생 가능성이 높다.
③ (다)의 대표적인 사례 지역으로 사헬 지대, 아랄해 일대가 있다.
④ (라)로 인해 피부암, 백내장 발병률이 증가한다.
⑤ (나)는 (가)를 심화시키는 요인 중 하나이다.

[24019-0214]

06 지도는 세 환경 문제의 주요 피해 지역을 나타낸 것이다. A~C 환경 문제에 대한 설명으로 옳지 <u>않은</u> 것은? (단, A~C는 각각 사막화, 산성비, 열대림 파괴 중 하나임.)

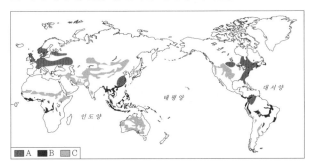

① A는 건물 부식과 호수 산성화를 초래한다.
② B로 인해 토양 침식이 심화되고 있다.
③ C의 주요 원인은 과도한 경작과 장기간의 가뭄이다.
④ C는 B보다 강수량이 적은 지역에서 발생할 가능성이 높다.
⑤ 국제 사회는 A 해결을 위해 런던 협약, C 해결을 위해 사막화 방지 협약을 체결하였다.

[24019-0215]

07 다음 자료는 출국 권고 지역을 검색한 화면의 일부이다. (가), (나) 지역을 지도의 A~C에서 고른 것은?

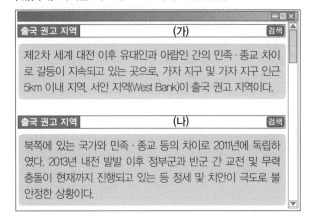

출국 권고 지역	(가)	검색

제2차 세계 대전 이후 유대인과 아랍인 간의 민족·종교 차이로 갈등이 지속되고 있는 곳으로, 가자 지구 및 가자 지구 인근 5km 이내 지역, 서안 지역(West Bank)이 출국 권고 지역이다.

출국 권고 지역	(나)	검색

북쪽에 있는 국가와 민족·종교 등의 차이로 2011년에 독립하였다. 2013년 내전 발발 이후 정부군과 반군 간 교전 및 무력 충돌이 현재까지 진행되고 있는 등 정세 및 치안이 극도로 불안정한 상황이다.

* 출국 권고는 외교부에서 운영하는 여행 경보 제도(총 4단계) 중 하나로, 심각한 수준의 위험이 발생해 체류자가 해당 지역으로부터 출국이 필요한 상황을 말함.

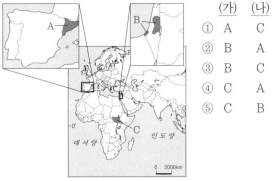

	(가)	(나)
①	A	C
②	B	A
③	B	C
④	C	A
⑤	C	B

[24019-0216]

08 지도의 A~E 지역에서 나타나는 분쟁에 대한 설명으로 옳은 것은?

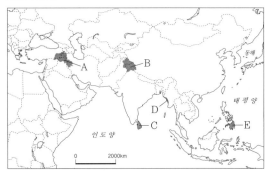

① A에서는 쿠르드족의 자치권 확대 독립 운동이 있다.
② B에서는 로힝야족에 대한 탄압으로 대규모 난민이 발생하였다.
③ C에서 분쟁 당사자는 시아파와 수니파이다.
④ D의 주요 분쟁 원인은 석유 확보를 둘러싼 갈등이다.
⑤ E에서는 필리핀과 인도네시아 간의 영유권 갈등이 있다.

[24019-0217]

1 그래프는 네 경제 블록의 2, 3차 산업 생산액 비율과 역내 총생산을 나타낸 것이다. (가)~(라)에 대한 설명으로 옳은 것은? (단, (가)~(라)는 각각 남아메리카 공동 시장, 동남아시아 국가 연합, 미국·멕시코·캐나다 협정, 유럽 연합 중 하나임.)

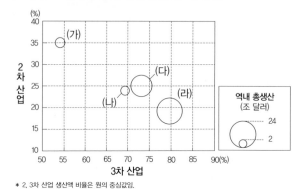

* 2, 3차 산업 생산액 비율은 원의 중심값임.
(2020년)   (UNCTAD)

① (가)의 회원국은 모두 중·남부 아메리카에 위치한다.
② (나)는 역내 생산 요소의 자유로운 이동을 보장한다.
③ (다)는 (라)보다 역내 무역 비율이 높다.
④ (라)는 (가)보다 총인구가 많다.
⑤ 동남아시아 국가 연합은 미국·멕시코·캐나다 협정보다 2차 산업 생산액이 많다.

[24019-0218]

2 그래프는 네 경제 블록의 주요 특징을 나타낸 것이다. 이에 대한 설명으로 옳은 것은? (단, (가)~(라)와 A~D는 각각 남아메리카 공동 시장, 동남아시아 국가 연합, 미국·멕시코·캐나다 협정, 유럽 연합 중 하나임.)

〈연령층별 인구 비율과 총인구〉   〈도시화율과 1인당 역내 총생산〉

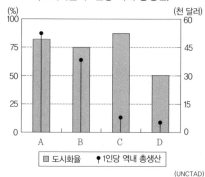

(2021년)   (UNCTAD)

① (가)는 (나)보다 1인당 역내 총생산이 많다.
② (다)는 (라)보다 도시화율이 높다.
③ A는 C보다 촌락 인구가 많다.
④ B는 D보다 노령화 지수가 낮다.
⑤ (가)는 D, (나)는 B, (다)는 A, (라)는 C이다.

[24019–0219]

3 다음은 세계지리 수업 장면의 일부이다. 발표 내용이 옳은 학생만을 고른 것은?

교사: 다음 자료의 (가)와 같은 현상이 지속될 때 A~D 지역에서 나타날 환경 변화에 대해 발표해 볼까요?

눈밭으로 뒤덮였던 스위스의 알프스산맥 지역이 (가) (으)로 눈이 녹고, 선인장이 무성해지는 현상이 나타나고 있다. 스위스 발레주의 주민들은 겨울에 눈이 덮여 있는 산비탈을 보는 데 익숙하지만, 최근에는 선인장을 점점 더 많이 보게 되었다. 전문가들은 알프스 지역의 기후가 점점 더 따뜻해지면서 눈이 녹아내림에 따라 선인장 증식에 유리한 환경이 됐을 것으로 분석한다.

▲ 산비탈면에서 자라고 있는 선인장들

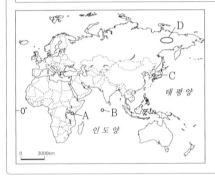

갑: A에 있는 킬리만자로산에서는 고산 식물의 분포 고도 하한선이 낮아질 것입니다.
을: B에 있는 섬들의 해안 저지대가 침수될 것입니다.
병: C에서는 어획량 중 한류성 어족의 어획량 비율이 높아질 것입니다.
정: D에서는 영구 동토층의 분포 범위가 축소될 것입니다.

① 갑, 을   ② 갑, 병   ③ 을, 병   ④ 을, 정   ⑤ 병, 정

[24019–0220]

4 다음 글의 ㉠~㉤에 대한 설명으로 옳은 것만을 〈보기〉에서 고른 것은?

〈지구를 위해 기억해야 할 날 – 환경의 날〉
• 2월 27일 국제 북극곰의 날: ㉠ (으)로 인한 해빙(海氷) 감소가 북극곰 개체 수에 미치는 영향에 대한 인식을 높이기 위해 마련되었다. 북극곰의 위기가 곧 지구 자체의 위기임을 알리는 다양한 행사가 열린다.
• 6월 8일 세계 해양의 날: 플라스틱 쓰레기, ㉡폐기물의 해양 투기 등으로 해양 오염이 심화되고 있는데, 지구 표면의 70%를 덮고 있는 바다의 소중함을 일깨우기 위해 2008년 유엔 총회에서 채택하였다.
• 6월 17일 세계 사막화 방지의 날: 세계 사막화 방지를 위해 국제 사회가 1994년 프랑스 파리에서 ㉢ 을/를 채택하면서 협약 채택일을 세계 사막화 방지의 날로 제정하였다.
• 9월 16일 세계 오존층 보호의 날: 1987년 ㉣오존층 파괴 물질의 사용 규제를 명시한 ㉤ 이/가 채택되면서, 국제 연합에서 이날을 '세계 오존층 보호의 날'로 제정하였다.

● 보기 ●
ㄱ. ㉠으로 북극해 일대의 해수 염도가 높아졌다.
ㄴ. ㉡으로 인한 해양 오염을 방지하기 위해 국제 사회는 런던 협약을 체결하였다.
ㄷ. ㉣에는 염화 플루오린화 탄소(CFCs)가 있다.
ㄹ. ㉢은 바젤 협약, ㉤은 몬트리올 의정서이다.

① ㄱ, ㄴ   ② ㄱ, ㄷ   ③ ㄴ, ㄷ   ④ ㄴ, ㄹ   ⑤ ㄷ, ㄹ

[24019-0221]

5 다음 자료의 ㉠, ㉡에 대한 설명으로 옳은 것만을 〈보기〉에서 고른 것은?

GPGP(Great Pacific Garbage Patch)는 북태평양 해역에 위치한 거대한 ⬚㉠⬚ (으)로, 하와이섬에서 북동쪽으로 1,600km 떨어진 곳에 있다. 환경 운동가들은 해양으로 유입된 ㉡플라스틱 쓰레기 등으로 만들어진 ⬚㉠⬚ 문제의 심각성을 알리기 위해 국기, 화폐, 여권 등을 만들어 하나의 국가로 인정해달라는 청원서를 국제 연합에 제출하기도 하였다.

* 전 세계 대비 국가별 비율이고, 상위 5개국만 나타냄.
(2019년)   (Our World in Data)

▲ 해양으로 배출된 플라스틱 쓰레기의 국가별 비율

● 보기 ●

ㄱ. ㉠은 해류와 바람을 따라 오염 물질이 이동하여 형성된다.
ㄴ. ㉠ 문제 해결을 위한 노력으로 국제 사회는 몬트리올 의정서를 채택하였다.
ㄷ. ㉡은 해양 오염 및 해양 생물 폐사의 원인이 된다.
ㄹ. ㉡은 아시아보다 아프리카에서 배출량이 많다.

① ㄱ, ㄴ   ② ㄱ, ㄷ   ③ ㄴ, ㄷ   ④ ㄴ, ㄹ   ⑤ ㄷ, ㄹ

[24019-0222]

6 다음은 어느 분쟁 지역에 대해 스무고개를 하는 장면이다. (가)에 들어갈 내용으로 가장 적절한 것은?

	학생	교사
한 고개	민족이나 종교가 달라 분리주의 운동이 나타났나요?	→ 아니요
두 고개	자원을 둘러싼 영역 분쟁의 성격이 강하고, 아시아 지역에서 발생했나요?	→ 예
세 고개	러시아 혹은 일본이 실효 지배하고 있는 곳인가요?	→ 아니요
네 고개	분쟁 당사국이 세 국가 이하인 곳인가요?	→ 예
다섯 고개	(가)	→ 예

① 신할리즈족과 타밀족 간의 대립이 있나요?
② 이슬람교와 힌두교 신자 간의 갈등인가요?
③ 카탈루냐어라는 고유 언어를 사용하는 곳인가요?
④ 시사 군도를 둘러싼 갈등으로, 분쟁 당사국에 중국이 포함되어 있나요?
⑤ 세계 최대의 내해(內海)에서 석유와 천연자원 확보를 둘러싼 갈등이 있나요?

[24019-0223]

7 지도의 (가)~(마) 지역에 대한 설명으로 옳은 것은?

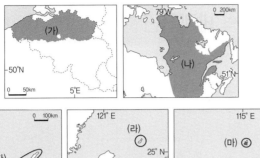
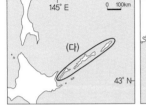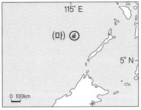

① (가)는 국가 내 남부 지역보다 1인당 지역 내 총생산이 적다.

② (나)의 경우 분리 독립 요구의 주된 원인이 지하자원 개발과 관련 있다.

③ (라)는 (마)보다 분쟁 당사국 수가 많다.

④ (가)와 (나)는 모두 프랑스어를 사용하는 주민의 비율이 높다.

⑤ (다)는 러시아, (라)는 일본이 실효 지배하고 있다.

[24019-0224]

8 다음 자료의 (가)에 들어갈 기구의 주요 활동으로 가장 적절한 것은?

> 지도는 2023년 현재 약 70년 동안 이루어진 (가) 의 활동 본부와 활동이 이루어지고 있는 지역(국가), 활동이 완료된 지역(국가) 등을 표현한 것이다. 우리나라도 1993년 소말리아, 1999년 동티모르, 2007년 레바논, 2010년 아이티 등에서 (가) 의 활동을 이어오고 있다. (가) 은/는 군인과 경찰 등이 푸른 헬멧을 쓰고 활동하기 때문에 '블루 헬멧'이라는 별칭으로 불리기도 한다.

① 국가 간 무역 분쟁을 법적으로 해결한다.

② 분쟁 지역의 무력 충돌 감시와 주민 보호 역할을 한다.

③ 세계의 식량 안보 및 농촌 개발에 중추적 역할을 수행한다.

④ 노동 조건 개선 및 노동자의 생활 수준 향상을 위해 활동한다.

⑤ 비정부 기구로 중대한 인권 침해의 종식 및 예방을 위해 활동한다.

세계의 기후 분포도

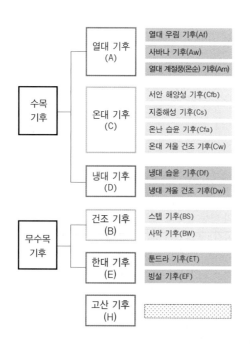

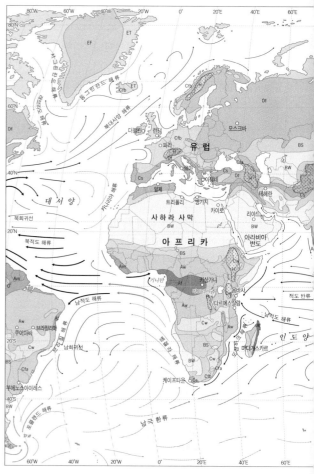

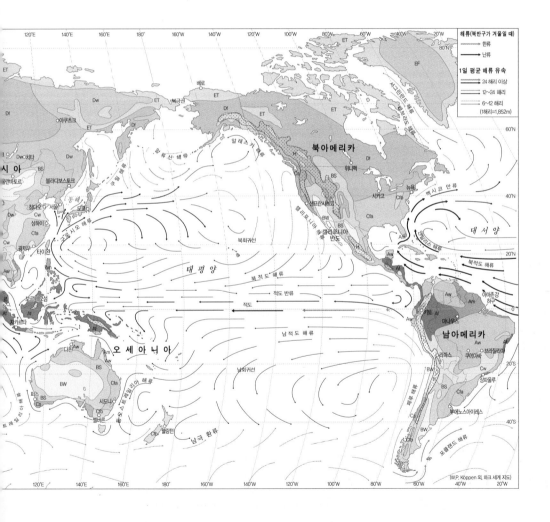

1 그래프는 A~C 지역과 (가) 지역 간의 기후 값 차이를 나타낸 것이다. 이에 대한 설명으로 옳은 것은? (단, A~C는 각각 지도에 표시된 세 지역 중 하나임.)

[2023학년도 6월 모의평가]

(가)와의 1월과 7월 평균 기온 차이가 작고, 1월 강수량이 (가)보다 적으므로 북반구의 사바나 기후가 나타나는 방콕이다.

(가)보다 1월 평균 기온이 10℃ 이상 낮고, 1월 강수량 역시 (가)보다 적으므로 북반구의 온난 습윤 기후가 나타나는 푸저우이다.

연중 고온 다습한 열대 우림 기후가 나타나는 싱가포르

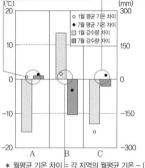  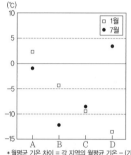

* 월평균 기온 차이 = 각 지역의 월평균 기온 − (가) 지역의 월평균 기온
** 월 강수량 차이 = 각 지역의 월 강수량 − (가) 지역의 월 강수량

(가)보다 1월 강수량이 많고, (가)보다 7월 강수량이 적으므로 남반구의 사바나 기후가 나타나는 다윈이다.

① (가)는 B보다 적도 수렴대의 영향을 받는 기간이 짧다. ~~짧다~~
②A는 B보다 1월의 밤 길이가 길다.
③ B는 C보다 기온의 연교차가 ~~크다.~~ 작다
④ C는 A보다 ~~저위도에 위치한다.~~ 고위도
⑤ 1월 강수량은 ~~(가)>B>C>A~~ 순으로 많다. B>(가)>C>A

정답 확인

② 북반구에 위치한 방콕(A)은 남반구에 위치한 다윈(B)보다 1월의 밤 길이가 길다. 1월의 밤 길이는 남극권에서 북극권으로 갈수록 길어진다.

오답 체크

① 연중 고온 다습한 열대 우림 기후가 나타나는 싱가포르(가)는 우기와 건기의 구분이 뚜렷한 사바나 기후가 나타나는 다윈(B)보다 적도(열대) 수렴대의 영향을 받는 기간이 길다.

③ 푸저우(C)가 다윈(B)보다 고위도에 위치하고 대륙 동안에 있으므로 기온의 연교차가 크다. C가 B보다 (가)와 1월 평균 기온 차이가 크게 나타나는 것을 통해서도 기온의 연교차가 큼을 유추할 수 있다.

④ 푸저우(C)는 방콕(A)보다 고위도에 위치한다.

⑤ 그래프를 통해 1월 강수량은 다윈(B)>싱가포르(가)>푸저우(C)>방콕(A) 순으로 많음을 알 수 있다.

함정 탈출

• 월평균 기온 차이와 월 강수량 차이의 값이 양(+)이면 해당 지역이 (가)보다 월평균 기온이 높거나 월 강수량이 많음을 의미하며, 음(−)이면 해당 지역이 (가)보다 월평균 기온이 낮거나 월 강수량이 적음을 의미한다.

같은 주제 다른 문항 ①

[24019-0225]

그래프는 A~D 지역과 (가) 지역 간의 1월과 7월 평균 기온 차이를 나타낸 것이다. 이에 대한 설명으로 옳은 것은? (단, A~D는 각각 지도에 표시된 네 지역 중 하나임.)

* 월평균 기온 차이 = 각 지역의 월평균 기온 − (가) 지역의 월평균 기온

① A는 최한월 평균 기온이 18℃ 미만이다.
② B는 1월에 우기, 7월에 건기가 나타난다.
③ A는 D보다 기온의 연교차가 크다.
④ C는 A보다 해발 고도가 높다.
⑤ A와 B는 북반구, C와 D는 남반구에 위치한다.

자료 분석 (가)는 열대 우림 기후가 나타나는 콩고 민주 공화국의 키상가니로, 연중 고온 다습한 기후가 나타난다. A는 1월 평균 기온이 (가)보다 약 2℃ 높으며, 7월 평균 기온은 약 1℃ 낮은 지역으로, 남반구의 사바나 기후 지역인 탄자니아의 다르에스살람이다. B는 두 시기 모두 (가)보다 평균 기온이 낮으며, 특히 7월의 평균 기온이 낮은 것으로 보아 7월에 겨울이 나타나는 온대 기후 지역인 남아프리카 공화국의 케이프타운이다. C는 두 시기 모두 (가)보다 평균 기온이 약 9℃ 정도 낮으며, 1월과 7월의 평균 기온 차이가 작은 것으로 보아 열대 고산 기후가 나타나는 에티오피아의 아디스아바바이다. D는 7월 평균 기온이 (가)보다 높고 1월 평균 기온이 (가)보다 약 13.5℃ 낮은 것으로 보아 북반구의 온대 기후 지역인 튀니지의 튀니스이다.

정답 확인

④ 열대 고산 기후가 나타나는 에티오피아의 아디스아바바(C)는 사바나 기후가 나타나는 탄자니아의 다르에스살람(A)보다 해발 고도가 높다.

오답 체크

① A는 사바나 기후가 나타나는 탄자니아의 다르에스살람으로, 최한월 평균 기온이 18℃ 이상이다.

② B는 남반구의 지중해성 기후가 나타나는 남아프리카 공화국의 케이프타운으로, 여름인 1월에 건기, 겨울인 7월에 우기가 나타난다.

③ 상대적으로 저위도에 위치한 탄자니아의 다르에스살람(A)은 상대적으로 고위도에 위치한 튀니지의 튀니스(D)보다 기온의 연교차가 작다.

⑤ 탄자니아의 다르에스살람(A)과 남아프리카 공화국의 케이프타운(B)은 남반구, 에티오피아의 아디스아바바(C)와 튀니지의 튀니스(D)는 북반구에 위치한다.

정답 ④

[2023학년도 수능]

2 다음은 두 지리 교사가 답사 중에 나눈 영상 통화 내용의 일부이다. 밑줄 친 ⊙~@에 대한 설명으로 옳은 것만을 〈보기〉에서 고른 것은?

바람에 날린 모래가 쌓여 형성된 초승달 모양의 사구이다.

빙하의 침식 작용으로 형성된 반원형의 와지이다.

저는 사하라 사막의 건조 지형을 답사하고 있어요. 모래 사막 지역에서는 ⊙바르한 사진을 찍었고, 자갈·암석 사막 지역에서는 ⓒ삼릉석과 버섯바위를 살펴보았어요.

저는 남아메리카 파타고니아의 빙하 지형을 답사하고 있어요. 이 지역의 높은 산지에서는 ⓒ권곡 사진을 찍었고, 해안 지역에서는 @피오르를 촬영했어요.

바람에 날린 모래의 침식 작용으로 여러 개의 평탄한 면과 모서리가 생긴 돌을 삼릉석이라 하고, 버섯 모양의 바위를 버섯바위라 한다.

빙하의 침식 작용으로 형성된 U자 모양의 골짜기가 바닷물에 잠겨 형성된 좁고 길며 수심이 깊은 만이다.

● 보기 ●
ㄱ. ⊙은 여러 개의 선상지가 연결되어 형성된다.
　　　　　　빙하다
ㄴ. ⓒ은 주로 바람의 침식 작용으로 형성된다.
ㄷ. ⓒ 주변에는 메사와 뷰트가 흔히 나타난다.
　　건조 기후 지역에서 주로 볼 수 있다.
ㄹ. @은 후빙기 해수면 상승으로 형성된다.

① ㄱ, ㄴ　　　　② ㄱ, ㄷ　　　　③ ㄴ, ㄷ
④ ㄴ, ㄹ　　　　⑤ ㄷ, ㄹ

정답 확인
ㄴ. 삼릉석과 버섯바위는 주로 바람에 날린 모래의 침식 작용으로 형성된다. 삼릉석은 바람에 날린 모래의 침식을 받아 형성된 여러 개의 평평한 면과 모서리가 생긴 돌이다. 버섯바위는 바람에 날린 모래가 바위의 아랫부분을 깎아서 형성된 버섯 모양의 바위이다.
ㄹ. 피오르는 빙하의 침식으로 형성된 U자 모양의 골짜기가 후빙기 해수면 상승으로 바닷물에 잠겨 형성된 좁고 길며 수심이 깊은 만이다.

오답 체크
ㄱ. 여러 개의 선상지가 연속적으로 분포하는 복합 선상지는 바하다이다. 바르한은 초승달 모양의 사구이다.
ㄷ. 권곡은 빙식곡의 상류부에 형성된 반원형의 와지이다. 수평 지층의 대지나 고원이 해체되는 과정에서 발달하는 메사와 뷰트는 건조 기후 지역에 발달하는 대표적인 지형이다.

함정 탈출
• 건조 기후 지역, 신생대 제4기 빙하의 영향을 받은 지역 등에서 잘 발달하는 지형의 특성을 이해해야 한다.
• 바르한, 바하다, 드럼린, 에스커 등 다소 생소한 용어의 지형이 어떻게 형성되는지를 이해해야 한다.
• 바르한, 바하다, 와디, 메사, 뷰트 등은 건조 기후 지역에서, 드럼린, 에스커, 모레인, 권곡, 현곡, 호른 등은 신생대 제4기 빙하의 영향을 받은 지역에서 잘 발달한다.

같은 주제 다른 문항 ②

[24019−0226]

표는 네 지형의 특성을 문답식으로 정리한 것이다. A~D 지형에 대한 설명으로 옳은 것만을 〈보기〉에서 고른 것은? (단, A~D는 각각 드럼린, 삼릉석, 선상지, 에스커 중 하나임.)

지형 질문	A	B	C	D
퇴적 작용으로 형성되었습니까?	예	아니요	예	예
유수(流水)가 지형 형성에 큰 영향을 주었습니까?	예	아니요	예	아니요
신생대 제4기 빙하의 영향을 받은 지역에 주로 발달해 있습니까?	예	아니요	아니요	예

● 보기 ●
ㄱ. A은 드럼린이다.
ㄴ. B는 주로 현곡에서 볼 수 있다.
ㄷ. C가 연속적으로 발달하여 이어진 지형을 바하다라 한다.
ㄹ. D는 A보다 구성 물질의 분급이 불량하다.

① ㄱ, ㄴ　　　　② ㄱ, ㄷ　　　　③ ㄴ, ㄷ
④ ㄴ, ㄹ　　　　⑤ ㄷ, ㄹ

자료 분석 A는 에스커, B는 삼릉석, C는 선상지, D는 드럼린이다. 삼릉석과 선상지는 건조 기후 지역에, 에스커와 드럼린은 신생대 제4기 빙하의 영향을 받은 중·고위도 지역 및 해발 고도가 높은 고산 지역에 발달해 있다. 삼릉석은 침식 작용으로 형성되며, 에스커, 선상지, 드럼린은 퇴적 작용으로 형성된다. 에스커와 선상지는 모두 유수(流水)에 의해 운반되던 물질이 퇴적되어 형성된다.

정답 확인
ㄷ. 바하다는 여러 개의 선상지가 연속적으로 분포하는 복합 선상지이다.
ㄹ. 드럼린은 융빙수의 퇴적 작용으로 형성된 에스커보다 구성 물질의 분급이 불량하다.

오답 체크
ㄱ. A는 에스커이다. 드럼린은 유수(流水)가 아니라 빙하에 의해 운반되던 물질이 퇴적되어 형성된다.
ㄴ. 삼릉석은 건조 기후 지역에서 바람에 날린 모래의 침식 작용으로 형성된다. 현곡은 본류 빙식곡에 합류하는 지류 빙식곡으로, 대표적인 빙하 지형이다.　**정답** ⑤

자료 분석 Quiz

1. 초승달 모양의 사구를 (바르한 / 바하다)(이)라 한다.
2. 본류 빙식곡에 합류하는 지류 빙식곡을 (권곡 / 현곡)이라 한다.
3. 수평 지층의 대지나 고원이 침식·해체되는 과정을 통해 형성된 탁자 모양의 지형을 (메사 / 호른)(이)라 한다.

정답 1. 바르한 2. 현곡 3. 메사

3 그래프는 세 국가의 가축 사육 두수 비율을 나타낸 것이다. 이에 대한 설명으로 옳은 것만을 〈보기〉에서 고른 것은? (단, A~C는 각각 돼지, 소, 양 중 하나임.)

[2023학년도 수능]

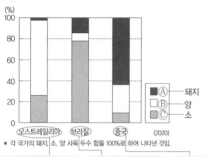

* 각 국가의 돼지, 소, 양 사육 두수 합을 100%로 하여 나타낸 것임.

| 오스트레일리아에서 사육 두수 비율이 가장 높은 가축은 양이다. | 브라질에서 사육 두수 비율이 가장 높은 가축은 소이다. | 중국에서 사육 두수 비율이 가장 높은 가축은 돼지이다. |

● 보 기 ●
ㄱ. 중국은 돼지 사육 두수가 소 사육 두수보다 많다.
ㄴ. C는 소에 해당한다.
ㄷ. ~~A는 B보다~~ 유목에 적합하다. B는 A
ㄹ. A~C 중 전 세계 사육 두수는 ~~B~~가 가장 많다. C

① ㄱ, ㄴ ② ㄱ, ㄷ ③ ㄴ, ㄷ
④ ㄴ, ㄹ ⑤ ㄷ, ㄹ

정답 확인
ㄱ. 그래프를 통해 중국은 돼지(A) 사육 두수가 소(C) 사육 두수보다 많음을 알 수 있다.
ㄴ. 브라질에서 사육 두수 비율이 가장 높고, 오스트레일리아에서 양(B) 다음으로 사육 두수 비율이 높은 C는 소이다.

오답 체크
ㄷ. 돼지(A)는 양(B)보다 유목에 적합하지 않다.
ㄹ. A~C 중 전 세계 사육 두수는 소(C)가 가장 많다.

함정 탈출
• 돼지는 유목 생활에 적합하지 않기 때문에 정착 생활을 하는 지역에서 주로 사육되며, 서남아시아와 북부 아프리카 지역에서는 거의 사육되지 않는다. 반면, 양은 건조한 기후에 대한 적응력이 높아 돼지보다 유목 생활에 적합하다.
• 2020년 기준 전 세계 사육 두수는 소>양>돼지 순으로 많으며, 육류 생산량은 돼지>소>양 순으로 많다.

같은 주제 다른 문항 ③

[24019-0227]

그래프는 지도에 표시된 세 국가의 가축 사육 두수를 나타낸 것이다. 이에 대한 설명으로 옳은 것은? (단, (가)~(다)는 각각 지도에 표시된 세 국가 중 하나이며, A~C는 각각 돼지, 소, 양 중 하나임.)

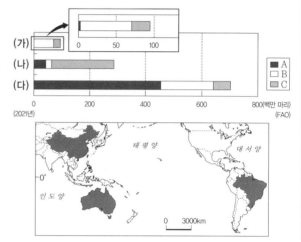

(2021년) (FAO)

① A는 힌두교, C는 이슬람교에서 식용을 금기시한다.
② A는 B보다 건조한 기후에 대한 적응력이 높다.
③ 전 세계 사육 두수는 B가 C보다 많다.
④ (가)는 아메리카, (나)는 오세아니아, (다)는 아시아에 위치한다.
⑤ 브라질은 양보다 돼지의 사육 두수가 많다.

자료 분석 지도에 표시된 세 국가는 중국(타이완 포함), 오스트레일리아, 브라질이다. 세 국가 중 A~C 가축의 사육 두수 합이 많은 순서대로 (다)는 중국, (나)는 브라질, (가)는 오스트레일리아이다. 중국에서 사육 두수 비율이 가장 높은 A는 돼지, 브라질에서 사육 두수 비율이 가장 높은 C는 소, 오스트레일리아에서 사육 두수 비율이 가장 높은 B는 양이다.

정답 확인
⑤ 그래프에서 (나)의 사육 두수를 통해 브라질은 양보다 돼지의 사육 두수가 많음을 알 수 있다.

오답 체크
① 돼지(A)는 이슬람교, 소(C)는 힌두교에서 식용을 금기시한다.
② 돼지(A)보다 양(B)이 건조한 기후에 대한 적응력이 높다.
③ 전 세계 사육 두수는 소(C)>양(B)>돼지(A) 순으로 많다.
④ 오스트레일리아(가)는 오세아니아, 브라질(나)은 아메리카, 중국(다)은 아시아에 위치한다.   정답 ⑤

자료 분석 Quiz

1. 이슬람교에서는 (   ), 힌두교에서는 (   )의 식용을 금기시한다.

2. 소 사육 두수 1위 국가는 (   ), 돼지 사육 두수 1위 국가는 (   )이다.

3. 양은 돼지보다 건조한 기후에 대한 적응력이 (높다 / 낮다).

정답 1. 돼지, 소 2. 브라질, 중국 3. 높다

[2023학년도 6월 모의평가]

4 그래프는 세 국가의 주요 화석 에너지 자원 A~C의 소비량 변화를 나타낸 것이다. 이에 대한 설명으로 옳은 것은? (단, (가), (나)는 각각 러시아, 중국 중 하나임.)

러시아(나)의 A 소비량이 B, C 소비량에 비해 뚜렷하게 많으므로 A는 천연가스이다.

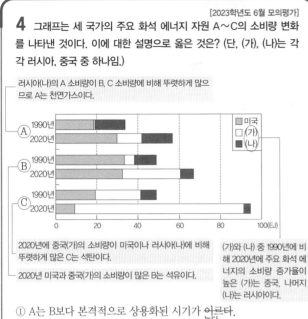

2020년에 중국(가)의 소비량이 미국이나 러시아(나)에 비해 뚜렷하게 많은 C는 석탄이다.

2020년 미국과 중국(가)의 소비량이 많은 B는 석유이다.

(가)와 (나) 중 1990년에 비해 2020년에 주요 화석 에너지의 소비량 증가율이 높은 (가는 중국, 나머지 (나)는 러시아이다.

① A는 B보다 본격적으로 상용화된 시기가 ~~이르다.~~ 늦다

② B는 C보다 세계 1차 에너지 소비량에서 차지하는 비율이 높다.

③ C는 A보다 연소 시 대기 오염 물질의 배출량이 ~~적다.~~ 많다

④ 중국은 러시아보다 1990년 천연가스 소비량이 ~~많다.~~ 적다

⑤ 미국의 석탄 소비량은 1990년에 비해 2020년에 ~~많다.~~ 적다

정답 확인

② 석유(B)는 석탄(C)보다 세계 1차 에너지 소비량에서 차지하는 비율이 높다.

오답 체크

① 천연가스(A)는 석유(B)보다 본격적으로 상용화된 시기가 늦다.

③ 석탄(C)은 천연가스(A)보다 연소 시 대기 오염 물질 배출량이 많다.

④ 중국(가)은 러시아(나)보다 1990년에 천연가스(A) 소비량이 적다.

⑤ 미국의 석탄(C) 소비량은 2020년에 비해 1990년에 많았다.

함정 탈출

• 세계 1차 에너지 소비량은 2021년 기준 석유(B)>석탄(C)>천연가스(A)>수력>신·재생 에너지>원자력 순으로 많다.

• 세계 석탄 소비량의 절반 이상을 중국이 차지하고 있을 정도로 중국의 석탄 소비량은 다른 나라에 비해 압도적으로 많다.

• 화석 에너지가 본격적으로 상용화된 시기는 석탄, 석유, 천연가스 순으로 이르다.

• 화석 에너지 중 연소 시 대기 오염 물질 배출량은 석탄>석유>천연가스 순으로 많다.

같은 주제 다른 문항 ④

[24019-0228]

그래프는 세 국가의 1차 에너지 소비 비율을 나타낸 것이다. 이에 대한 설명으로 옳은 것은? (단, (가)~(다)는 각각 러시아, 미국, 중국 중 하나이고, A~C는 석유, 석탄, 천연가스 중 하나임.)

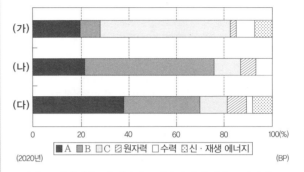

① (나)는 세계에서 1차 에너지 소비량이 가장 많은 국가이다.

② (가)는 (다)보다 1인당 1차 에너지 소비량이 많다.

③ (가)는 B의 최대 수출국이다.

④ C는 산업 혁명 당시 주요 에너지원이었다.

⑤ B는 A보다 수송용으로 이용되는 비율이 높다.

자료 분석 C의 소비 비율은 (가)에서 뚜렷하게 높지만, (나)와 (다)에서는 상대적으로 매우 낮다. 따라서 C는 석탄이고, 석탄의 소비 비율이 50% 이상인 (가)는 중국이다. B는 (나)와 (다)의 소비 비율이 중국에 비해 뚜렷하게 높으므로 천연가스이고, 나머지 A는 석유이다. (나)와 (다) 중 천연가스(B)의 소비 비율이 상대적으로 높은 (나)는 러시아이고, 나머지 (다)는 미국이다.

정답 확인

④ 석탄(C)은 산업 혁명 당시 증기 기관의 주요 에너지원으로 이용되었다.

오답 체크

① 세계 1차 에너지 소비량이 가장 많은 국가는 중국(가)이다.

② 중국(가)은 미국(다)보다 1차 에너지 소비량은 많지만, 인구가 네 배 이상 많아 1인당 1차 에너지 소비량은 선진국인 미국이 더 많다.

③ 천연가스(B)의 최대 수출국은 러시아(나)이다.

⑤ 석유(A)는 천연가스(B)보다 수송용으로 이용되는 비율이 높다. **정답** ④

자료 분석 Quiz

1. 중국은 러시아와 미국보다 석탄 소비량 비율이 (높다 / 낮다).

2. 미국은 러시아보다 천연가스 소비량 비율이 (높다 / 낮다).

3. (가)~(다) 중 국가 내 석유 소비량 비율은 (   )가 가장 높다.

정답 1. 높다 2. 낮다 3. (다)

5 다음은 동남아시아 어떤 국가에 대한 조사 내용이다. 이에 대한 학생들의 대화 내용으로 옳은 것은?

[2023학년도 9월 모의평가]

- 수도: ⓐ ─── 하노이
- 면적: 331,310km²
- 인구: 9,646만 명(2019년)
- 국기의 문양: 중앙에는 ⓑ 이/가 그려져 있음. **별**
- 국가의 특징
  - 인도차이나반도에 남북으로 길게 뻗은 형태임.
  - 메콩강 삼각주에서는 벼농사가 대규모로 이루어짐.
  - 남중국해 군도의 영유권 갈등 당사국임.

① 갑: 이 나라 여성들의 전통 의상으로는 부르카가 있어.
    아오자이
② 을: 이 나라의 전통 음식으로 나시고렝이 있어.
    퍼(쌀국수), 바인 미 등
③ 병: 이 나라는 중국과 국경이 맞닿아 있어.
④ 정: ⓐ에서 열리는 대표적인 축제로 송끄란이 있어.
    '송끄란' 축제는 타이의 방콕에서
⑤ 무: ⓑ은 앙코르와트야. 열리는 대표적인 축제
    사회주의 국가임을 상징하는 별

정답 확인

③ 베트남은 북쪽으로 중국과 국경이 맞닿아 있다. 베트남 국토는 남북으로 긴 S자 모양으로 되어 있으며, 남북 방향의 길이는 약 1,650km, 동서의 길이가 가장 넓은 곳은 약 500km, 가장 좁은 곳이 약 50km 정도이다. 위로부터 중국, 라오스, 캄보디아와 국경을 맞대고 있다.

오답 체크

① 부르카는 이슬람교 여성 신자들이 착용하는 복장으로, 니캅, 히잡, 차도르와 같은 용도이다. 베트남의 이슬람교 신자 비율은 1% 미만(2020년 기준)으로 여성들이 부르카를 착용하는 경우가 많지 않고, 베트남의 전통 의상은 아오자이가 대표적이다.
② 나시고렝(볶음밥)은 인도네시아의 전통 음식이다. 베트남의 전통 음식으로는 퍼(쌀국수), 바인 미(바게트빵 샌드위치) 등이 있다.
④ ⓐ은 하노이이다. 송끄란 축제는 건기가 끝나고 우기의 시작을 알리며 불상을 씻던 행위에서 유래되어 불교의 영향을 받은 축제로, 타이에서 열린다.
⑤ 베트남 국기의 중앙에는 별이 그려져 있으며, 앙코르와트가 그려진 국기는 캄보디아 국기이다.

함정 탈출

• 베트남과 캄보디아 국기

베트남	캄보디아

붉은 바탕에 금색 별이 그려져 있어 금성홍기 또는 황성적기라고도 한다. 국기 중앙의 별은 베트남이 사회주의 국가임을 나타내며, 붉은색 바탕색은 혁명을 나타낸다.	위, 아래 파란색은 왕실, 가운데 빨간색은 민족, 하얀색은 불교를 의미한다. 국기 중앙에 그려진 하얀색의 앙코르와트를 통해 불교를 기반으로 찬란했던 크메르 문화를 표현하고 있다.

[24019-0229]

다음은 몬순 아시아 어떤 국가에 대한 조사 내용이다. 이에 대한 학생들의 대화 내용으로 옳은 것은?

- 국가명: ⓐ
- 면적: 65,610km²
- 인구: 22,156,000명(2022년)
- 민족: 신할리즈족(74.9%), 타밀족(15.4%), 무어족(9.2%), 기타(0.5%)
- 국기의 문양: 왼쪽에는 무어족을 상징하는 초록색과 타밀족을 상징하는 주황색이 세로 줄무늬로 그려져 있고, 오른쪽에는 신할리즈족을 상징하는 사자와 신할리즈족 대다수가 믿는 종교를 상징하는 ⓑ 이/가 그려져 있음.
- 국가의 특징: ⓒ종교가 서로 다른 두 민족 간의 갈등이 최근까지 이어짐.
- 무역 특징: 수출 1위 품목은 홍차(발효차)이며, 수출 상위 상대 국가는 미국>인도>영국>독일 순임(2021년).

① 갑: 이 나라 전통 가옥으로는 합장 가옥이 있어.
② 을: 이 나라의 전통 음식으로 수유차와 참파가 있어.
③ 병: ⓐ은 인도의 남동쪽에 위치한 인도양의 섬 국가야.
④ 정: ⓑ에는 초승달과 별이 들어갈 수 있어.
⑤ 무: ⓒ은 주민 대다수가 이슬람교 신자인 신할리즈족과 힌두교를 믿는 타밀족 간의 갈등이야.

자료 분석 ⓐ은 스리랑카이다. 다양한 민족으로 구성되어 있으며, 서로의 공존을 모색하려는 노력을 국기의 문양을 통해 알 수 있다. 그리고 종교가 서로 다른 두 민족, 즉 신할리즈족(불교)과 타밀족(힌두교) 간의 갈등, 수출 1위 품목이 홍차(발효차)라는 것을 통해 ⓐ은 스리랑카라는 것을 알 수 있다.

정답 확인

③ 스리랑카는 인도 해안에서 남동쪽으로 약 31km 정도 떨어져 있는 인도양에 위치한 섬 국가이다.

오답 체크

① 합장 가옥은 일본의 전통 가옥이다.
② 수유차와 참파는 티베트족이 주로 먹는 음식이다.
④ ⓑ은 보리수 잎이다. 국기의 문양으로 사용되는 초승달(또는 그믐달)과 별은 국가 내 신자 비율에서 이슬람교가 가장 높은 국가에서 주로 사용된다. 스리랑카는 신자 비율이 2020년 기준으로 불교가 약 68.6%로 가장 높고, 힌두교>이슬람교>크리스트교 순으로 높다.
⑤ 신할리즈족은 불교, 타밀족은 힌두교를 주로 믿는다.

정답 ③

함정 탈출

• 스리랑카와 말레이시아 국기

스리랑카	말레이시아
신할리즈족을 나타내는 사자 주위에 그려진 금색 보리수 잎은 불교를 상징한다.	국기에 그려진 달과 별은 말레이시아의 국교인 이슬람교를 나타낸다.

6 다음 글은 미국의 두 도시에 관한 설명이다. (가), (나)에 해당하는 도시를 지도의 A~C에서 고른 것은?

[2023학년도 9월 모의평가]

> 미국 북동부의 도시로 맨해튼 지역에 세계적인 금융 중심지가 위치하며, 타임스 스퀘어, 엠파이어 스테이트 빌딩 등의 다양한 랜드마크가 있는 (가)는 뉴욕이다.

- (가) 은/는 미국 북동부의 도시로 보스턴, 워싱턴 D.C. 등과 함께 메갈로폴리스를 형성하고 있다. 이 도시의 맨해튼 지역에는 세계적인 금융 중심지가 위치하며, 타임스 스퀘어, 엠파이어 스테이트 빌딩 등 이 도시를 상징하는 다양한 랜드마크가 있다.
- (나) 은/는 오대호와 미시시피강을 연결하는 내륙 수운의 요충지로, 미시간호의 항구를 중심으로 발달한 도시이다. 이 도시는 윌리스 타워, 마리나 시티 등 대표적인 빌딩을 관광하는 프로그램이 있을 만큼 고층 건물의 스카이라인이 유명하다.

> 오대호 중 하나인 미시간호의 항구를 중심으로 발달한 도시이며, 윌리스 타워, 마리나 시티와 같은 고층 건물의 스카이라인이 유명한 (나)는 시카고이다.

	(가)	(나)
①	A	B
②	A	C
③	B	A
④	B	C
⑤	C	A

정답 확인

③ (가)는 미국 북동부의 도시로 보스턴, 워싱턴 D.C. 등과 함께 메갈로폴리스를 형성하고 있다. 또한 (가)는 맨해튼 지역에 세계적인 금융 중심지가 위치하며, 타임스 스퀘어, 엠파이어 스테이트 빌딩 등의 랜드마크가 있다. 따라서 (가)는 미국의 수위 도시이자 최상위 계층의 세계 도시인 뉴욕이다. (나)는 오대호와 미시시피강을 연결하는 내륙 수운의 요충지로 미시간호의 항구를 중심으로 발달했다. 또한 (나)는 윌리스 타워, 마리나 시티 같은 고층 건물의 스카이라인이 유명하므로 오대호 연안의 대도시인 시카고이다. 지도에서 오대호 연안에 위치한 A는 시카고, 대서양 연안에 위치한 B는 뉴욕, 멕시코만에 인접한 C는 뉴올리언스이다. 따라서 (가)는 B(뉴욕), (나)는 A(시카고)에 해당한다.

함정 탈출

- 제시된 글 자료를 분석하기 전에 지도에 제시된 도시들이 어디에 위치하며 어떤 도시에 해당하는지 먼저 파악하는 것이 좋다.
- 맨해튼, 월가, 타임스 스퀘어, 엠파이어 스테이트 빌딩, 자유의 여신상, 국제 연합(UN)의 본부 등은 뉴욕을 설명할 때 자주 언급되는 내용이므로 이를 반드시 알아두도록 한다.
- 윌리스 타워, 마리나 시티가 시카고에 위치한다는 것을 모르더라도 오대호와 미시시피강을 연결하는 내륙 수운의 요충지라는 내용을 통해 오대호 연안에 위치한 도시라는 것을 파악할 수 있으며, 정확히 시카고라는 도시 명칭을 모르더라도 지도에서는 쉽게 찾을 수 있다.
- 뉴올리언스나 휴스턴과 같이 선벨트에 속한 텍사스주의 주요 도시들도 충분히 출제 가능성이 있으므로 도시의 랜드마크를 비롯한 주요 특징들에 대해 정리해 두도록 한다.

같은 주제 다른 문항 ⑥

[24019-0230]

그래프는 지도에 표시된 세 도시의 인구 변화를 나타낸 것이다. (가)~(다) 도시에 대한 설명으로 옳지 않은 것은?

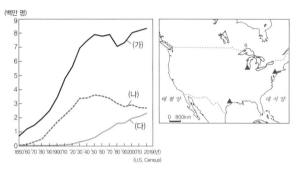

① (가)에는 국제 연합(UN)의 본부가 있다.
② (나)는 오대호와 미시시피강을 연결하는 내륙 수운의 요충지이다.
③ (다)는 멕시코만 연안 공업 지역에 위치한다.
④ (가)는 (나)보다 세계 도시 체계에서 상위 계층에 속한다.
⑤ (나)는 선벨트, (다)는 러스트 벨트에 속한다.

자료 분석

지도에 표시된 오대호 연안의 도시는 시카고이고, 대서양 연안의 도시는 뉴욕이며, 멕시코만 인근에 위치한 도시는 휴스턴이다. 세 도시 중에서 모든 시기에 인구가 가장 많은 (가)는 미국의 수위 도시인 뉴욕이다. (나), (다)는 시카고와 휴스턴 중 하나인데, (나)는 (다)보다 인구가 많지만 1950년 이후 인구가 감소하거나 정체된 반면, (다)는 1950년 이후 인구가 크게 증가하였다. 따라서 (나)는 러스트 벨트에 속한 시카고이고, (다)는 선벨트에 속한 휴스턴이다.

정답 확인

⑤ 오대호 연안에 위치한 시카고는 러스트 벨트에 속하고, 미국 남부의 멕시코만 인근에 위치한 휴스턴은 선벨트에 속한다.

오답 체크

① 뉴욕에는 국제 연합(UN)의 본부가 있다.
② 시카고는 오대호와 미시시피강을 연결하는 내륙 수운의 요충지이다.
③ 휴스턴은 멕시코만 연안 공업 지역의 주요 도시이다. 멕시코만 연안 공업 지역은 풍부한 석유를 바탕으로 석유 화학 공업이 발달해 있다.
④ 세계 도시 체계에서 뉴욕은 최상위 세계 도시에 속하고, 시카고는 상위 세계 도시에 속한다. 따라서 뉴욕은 시카고보다 세계 도시 체계에서 상위 계층에 속한다.　　정답 ⑤

자료 분석 Quiz

1. 최상위 세계 도시 중 하나이며 자유의 여신상, 타임스 스퀘어, 엠파이어 스테이트 빌딩 등의 랜드마크가 있는 도시는 (뉴욕 / 런던)이다.
2. 오대호와 미시시피강을 연결하는 내륙 수운의 요충지로, 미시간호의 항구를 중심으로 발달했으며 고층 건물의 스카이라인이 유명한 도시는 (로스앤젤레스 / 시카고)이다.

정답 1. 뉴욕 2. 시카고

7

[2023학년도 6월 모의평가]

(가)~(라) 경제 블록에 대한 설명으로 옳은 것은? (단, (가)~(라)는 각각 남아메리카 공동 시장, 동남아시아 국가 연합, 미국·멕시코·캐나다 협정, 유럽 연합 중 하나임.)

(다)는 (라)보다 총무역액이 많으므로 동남아시아 국가 연합이고, 총무역액이 가장 적은 (라)는 남아메리카 공동 시장이다.

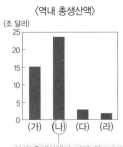

〈역내 총생산액〉

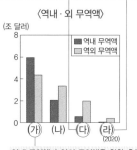

〈역내·외 무역액〉

역내 총생산액이 가장 많으므로 미국·멕시코·캐나다 협정이다.

역내 무역액과 역외 무역액을 합한 총무역액이 가장 많으므로 유럽 연합이다.

① (가)는 북아메리카 자유 무역 협정을 개정한 경제 블록이다.
(나)
② (나)는 (가)보다 회원국 수가 많다.
적다
③ (다)는 (가)~(라) 중 회원국의 총인구가 가장 많다.
④ (라)는 (가)~(라) 중 정치·경제적 통합 수준이 가장 높다.
(가)
⑤ 유럽 연합은 역내 무역액보다 역외 무역액이 많다.
역외   역내

정답 확인

③ 네 경제 블록 중 회원국의 총인구는 동남아시아 국가 연합(다)이 가장 많다.

오답 체크

① 북아메리카 자유 무역 협정을 개정한 경제 블록은 미국·멕시코·캐나다 협정(나)이다.
② 2022년 기준 유럽 연합(가) 회원국은 27개 국가로, 유럽 연합은 미국·멕시코·캐나다 협정(나)보다 회원국 수가 많다.
④ 네 경제 블록 중 정치·경제적 통합 수준은 유럽 연합(가)이 가장 높다. 유럽 연합은 경제 통합 단계 중 완전 경제 통합에 해당한다.
⑤ 유럽 연합(가)은 역외 무역액보다 역내 무역액이 많다.

함정 탈출

• 2020년 기준 역내 총생산액은 미국·멕시코·캐나다 협정＞유럽 연합＞동남아시아 국가 연합＞남아메리카 공동 시장 순으로 많다.
• 2020년 기준 역내 무역액과 역외 무역액을 더한 총무역액은 유럽 연합＞미국·멕시코·캐나다 협정＞동남아시아 국가 연합＞남아메리카 공동 시장 순으로 많다.
• 2020년 기준 회원국의 총인구는 동남아시아 국가 연합＞미국·멕시코·캐나다 협정＞유럽 연합＞남아메리카 공동 시장 순으로 많다.

같은 주제 다른 문항 ⑦

[24019-0231]

그래프의 (가)~(라) 경제 블록에 대한 설명으로 옳은 것은? (단, (가)~(라)는 각각 남아메리카 공동 시장, 동남아시아 국가 연합, 미국·멕시코·캐나다 협정, 유럽 연합 중 하나임.)

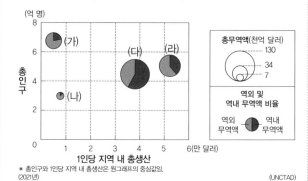

* 총인구와 1인당 지역 내 총생산은 원그래프의 중심값임.
(2021년)

(UNCTAD)

① (가)는 역외 국가들에 대해 공동 관세를 부과한다.
② (라)는 단일 통화를 만들어 다수의 국가가 사용하고 있다.
③ (가)는 (나)보다 도시화율이 높다.
④ (라)는 (다)보다 회원국 수가 많다.
⑤ (가)~(라) 중 2021년에 지역 내 총생산은 (라)가 가장 많다.

자료 분석 총인구가 가장 많은 (가)는 동남아시아 국가 연합이고, 총무역액이 가장 많고 역내 무역액 비율이 높은 (다)는 유럽 연합이다. 1인당 지역 내 총생산이 가장 많은 (라)는 미국·멕시코·캐나다 협정이고, 총무역액과 총인구가 가장 적은 (나)는 남아메리카 공동 시장이다.

정답 확인

⑤ (가)~(라) 경제 블록 중 2021년에 지역 내 총생산은 미국·멕시코·캐나다 협정(라)이 가장 많다.

오답 체크

① 역외 국가들에 대해 공동 관세를 부과하는 경제 블록은 남아메리카 공동 시장(나)과 유럽 연합(다)이다.
② 단일 통화를 만들어 다수의 국가가 사용하는 경제 블록은 유럽 연합(다)이다.
③ 남아메리카 공동 시장(나)이 동남아시아 국가 연합(가)보다 도시화율이 높다.
④ 2021년 기준 유럽 연합(다)은 회원국 수가 27개국이고, 미국·멕시코·캐나다 협정(라)은 3개국이다.

정답 ⑤

자료 분석 Quiz

1. (가)는 (나)보다 총무역액이 (많다 / 적다).
2. (다)는 (라)보다 역내 무역액이 (많다 / 적다).
3. (가)~(라) 중 정치·경제적 통합 수준은 (   )가 가장 높다.

정답 1. 많다 2. 많다 3. (다)

대표 기출 확인하기

[2024학년도 6월 모의평가]

1 다음은 세계지리 수업 장면이다. 교사의 질문에 옳지 <u>않은</u> 대답을 한 학생을 고른 것은?

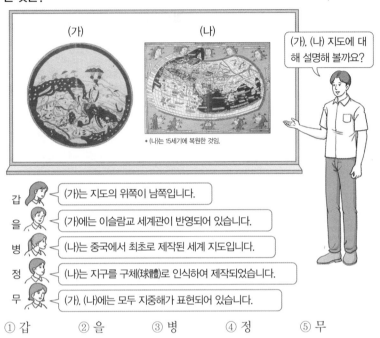

(가)   (나)

* (나)는 15세기에 복원한 것임.

(가), (나) 지도에 대해 설명해 볼까요?

갑 ┤ (가)는 지도의 위쪽이 남쪽입니다.

을 ┤ (가)에는 이슬람교 세계관이 반영되어 있습니다.

병 ┤ (나)는 중국에서 최초로 제작된 세계 지도입니다.

정 ┤ (나)는 지구를 구체(球體)로 인식하여 제작되었습니다.

무 ┤ (가), (나)에는 모두 지중해가 표현되어 있습니다.

① 갑   ② 을   ③ 병   ④ 정   ⑤ 무

정답 및 해설

정답해설 (가)는 알 이드리시의 세계 지도, (나)는 프톨레마이오스의 세계 지도이다.
병 – 프톨레마이오스의 세계 지도는 150년경 로마 시대에 제작되었다.

오답피하기 갑 – 알 이드리시의 세계 지도는 지도의 위쪽이 남쪽이다.
을 – 알 이드리시의 세계 지도 중앙에는 메카가 있는 아라비아반도가 표현되어 있는 것으로 보아 이슬람교의 세계관이 반영되어 있음을 알 수 있다.
정 – 프톨레마이오스의 세계 지도는 지구를 구체(球體)로 인식하고 경·위선망을 설정하였다.
무 – 알 이드리시의 세계 지도와 프톨레마이오스의 세계 지도에는 모두 지중해가 표현되어 있다.

정답 ③

[2024학년도 수능]

2 다음 자료의 ㉠~㉣에 대한 설명으로 옳은 것만을 〈보기〉에서 고른 것은?

지역화 전략의 사례

〈지형을 활용한 지역화〉	〈음식 문화를 활용한 지역화〉
카자흐스탄은 콜사이 호수에 관광객을 유치하기 위하여 지역 특성을 반영한 트레킹 코스를 개발하였다. 또한 이곳은 보트를 타고 호수 주변의 경치를 볼 수 있어 관광객에게 인기가 있다.	가가와현은 '우동현(うどん県)'이라 불릴 만큼 우동이 유명하다. 우동의 역사와 유명 점포를 소개하는 택시 관광 코스는 이곳의 대표적인 관광 상품이다.

* 현(県)은 일본의 지방 행정 단위임.

• 카자흐스탄 콜사이 호수의 ㉠ 전자 지도

㉡ 42°59′N, 78°20′E

• 현(県)의 청사 위치와 홍보 이미지

㉢ 34°20′N, 134°3′E

㉣ うどん県

● 보기 ●

ㄱ. ㉠은 종이 지도보다 특정 지역의 확대 또는 축소가 용이하다.

ㄴ. ㉡은 지리 정보 중 속성 정보에 해당한다.

ㄷ. ㉣은 지역 브랜드화의 사례이다.

ㄹ. 적도와의 최단 거리는 ㉡이 ㉢보다 짧다.

① ㄱ, ㄴ   ② ㄱ, ㄷ   ③ ㄴ, ㄷ   ④ ㄴ, ㄹ   ⑤ ㄷ, ㄹ

정답 및 해설

정답해설 ㄱ. 전자 지도(㉠)는 종이 지도보다 특정 지역의 확대 또는 축소가 용이하다.
ㄷ. ㉣은 지역의 홍보 이미지로 지역 브랜드화의 사례에 해당한다.

오답피하기 ㄴ. ㉡은 위도와 경도이며, 지리 정보 중 공간 정보에 해당한다.
ㄹ. 두 지역 중에서 위도의 절댓값이 작은 곳이 적도와의 최단 거리가 짧다. ㉡은 위도의 절댓값이 42°59′, ㉢은 위도의 절댓값이 34°20′이므로 적도와의 최단 거리는 ㉡이 ㉢보다 멀다.

정답 ②

[2024학년도 수능]

1 다음 글은 대기 대순환에 관한 것이다. 밑줄 친 ㉠~㉣에 대한 설명으로 옳은 것만을 〈보기〉에서 고른 것은?

> 대기 대순환은 세계 여러 지역의 강수량 분포에 큰 영향을 미친다. ㉠적도 지역에서는 상승 기류가 탁월하게 발달한다. 이 기류는 고위도 지역으로 이동하다가 남·북위 30° 부근에서 하강한다. 이 하강 기류에 의해 ㉡아열대 고압대가 형성되면서 사막이 곳곳에 발달한다. 중위도 지역에서는 저위도와 고위도의 기압 차이와 지구 자전에 의해 탁월풍인 ㉢○○풍이 분다. 극 지역에서는 하강 기류가 형성된 후, 중위도 지역으로 바람이 불어 나가면서 중위도 탁월풍대와 만나 ㉣□□ 전선을 형성한다.

• 보 기 •

ㄱ. ㉠은 한랭 건조한 기단과 온난 습윤한 기단이 만나기 때문이다.
ㄴ. ㉡의 대표적인 사례로 몽골의 고비 사막을 들 수 있다.
ㄷ. ㉢이 안데스산맥을 넘어 형성한 비그늘 지역에 파타고니아 사막이 발달하였다.
ㄹ. ㉣의 형성 지역은 극 고압대 지역에 비해 강수량이 많다.

① ㄱ, ㄴ   ② ㄱ, ㄷ   ③ ㄴ, ㄷ   ④ ㄴ, ㄹ   ⑤ ㄷ, ㄹ

정답 및 해설

정답해설 ㄷ. 중위도 지역에서 부는 탁월풍인 ㉢은 편서풍이다. 편서풍(㉢)이 안데스산맥을 넘어 형성한 비그늘 지역에는 파타고니아 사막이 발달하였다.
ㄹ. 극 지역에서 하강 기류가 형성된 후, 중위도 지역으로 바람이 불어 나가면서 중위도 탁월풍대와 만나 형성된 ㉣은 한대 전선이다. 한대 전선(㉣)의 형성 지역은 극 고압대 지역에 비해 강수량이 많다.
오답피하기 ㄱ. 적도 지역에서 상승 기류가 탁월하게 발달(㉠)하는 주요 요인은 강한 일사로 지표면이 가열되어 지표면 부근의 대기 온도가 상승하기 때문이다.
ㄴ. 몽골의 고비 사막은 대륙 내부에 위치하여 해양의 습윤한 바람이 미치지 못해 형성된 사막이며, 아열대 고압대의 영향으로 형성된 사막(㉡)의 사례로 들 수 없다.

정답 ⑤

[2024학년도 6월 모의평가]

2 그래프는 지도에 표시된 네 지역의 기온과 강수 특성을 나타낸 것이다. (가)~(라) 지역에 대한 설명으로 옳지 **않은** 것은?

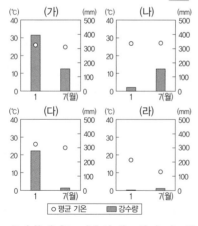

○ 평균 기온   ▨ 강수량

① (가)에서는 기온의 일교차가 연교차보다 크다.
② (나)에서는 1월에 남동 무역풍이 우세하게 나타난다.
③ (라)는 해안을 따라 흐르는 한류의 영향을 받는다.
④ (가)는 (다)보다 대류성 강수일수가 많다.
⑤ (라)는 (나)보다 남회귀선까지의 최단 거리가 짧다.

정답 및 해설

정답해설 (가)는 열대 우림 기후, (나)는 북반구 사바나 기후, (다)는 남반구 사바나 기후, (라)는 사막 기후가 나타난다. 지도에서 각 지점은 지도의 북쪽에서 남쪽까지 (나), (가), (다), (라) 순으로 위치한다.
② (나)는 1월에 적도(열대) 수렴대보다 북쪽에 위치하므로 북동 무역풍이 우세하게 나타난다.
오답피하기 ① 열대 우림 기후 지역에서는 기온의 일교차가 연교차보다 크다.
③ 남아메리카의 중위도 서안에서는 해안을 따라 흐르는 한류의 영향으로 아타카마 사막이 발달하였다.
④ 연중 습윤한 열대 우림 기후 지역은 건기가 나타나는 사바나 기후 지역보다 대류성 강수일수가 많다.
⑤ 남반구 중위도에 위치한 (라)는 북반구에 위치한 (나)보다 남회귀선까지의 최단 거리가 짧다.

정답 ②

[2024학년도 수능]

1 그래프는 지도에 표시된 네 지역의 기후 특성을 나타낸 것이다. A~D 지역에 대한 설명으로 옳은 것은? (단, (가), (나) 시기는 각각 1월, 7월 중 하나임.)

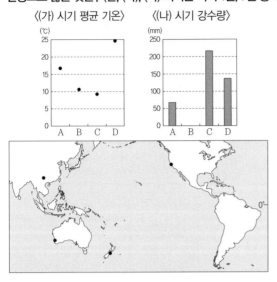

① A는 북반구, B는 남반구에 위치해 있다.

② C는 지중해성 기후 지역, D는 서안 해양성 기후 지역에 속한다.

③ A~D 중 여름 강수 집중률이 가장 높은 지역은 C이다.

④ (가) 시기에 C는 D보다 정오의 태양 고도가 높다.

⑤ (나) 시기에 A는 B보다 낮 길이가 길다.

[2024학년도 9월 모의평가]

2 그래프는 지도에 표시된 네 지역의 1월과 7월의 강수량을 나타낸 것이다. (가)~(라) 지역에 대한 설명으로 옳은 것은?

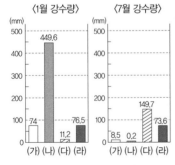
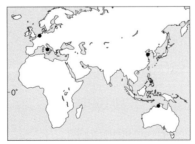

① (가)는 (다)보다 동계 강수 집중률이 낮다.

② (가)는 (라)보다 북회귀선에서 멀다.

③ (나)는 (다)보다 연평균 기온이 낮다.

④ (다)는 (라)보다 최한월 평균 기온이 높다.

⑤ (라)는 (나)보다 1월 낮 길이가 짧다.

[2024학년도 9월 모의평가]

1 그래프는 지도에 표시된 A, B 지역의 기후 특성을 나타낸 것이다. 이에 대한 설명으로 옳은 것만을 〈보기〉에서 고른 것은? (단, 기후는 쾨펜의 2차 구분을 기준으로 함.)

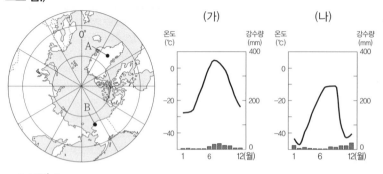

보기

ㄱ. A의 기후 그래프는 (가)이다.
ㄴ. A의 기후에서는 여름에 작은 풀과 이끼류 등이 자란다.
ㄷ. B의 기후에서는 A의 기후보다 활동층의 발달이 뚜렷하다.
ㄹ. B가 속하는 기후의 분포 면적은 남반구보다 북반구에서 더 넓다.

① ㄱ, ㄴ   ② ㄱ, ㄷ   ③ ㄴ, ㄷ   ④ ㄴ, ㄹ   ⑤ ㄷ, ㄹ

정답 및 해설

정답해설 (가)는 최난월 평균 기온이 0~10℃에 속하므로 툰드라 기후, (나)는 최난월 평균 기온이 0℃ 미만이므로 빙설 기후이다. 그린란드의 내륙에 위치한 A는 빙설 기후가 나타나며, 북극해 연안에 위치한 B는 툰드라 기후가 나타난다.
ㄷ. 활동층은 여름에 일시적으로 녹는 토양층으로, 빙설 기후 지역에서는 발달하기 어렵고 최난월 평균 기온이 0~10℃인 툰드라 기후 지역에서 잘 발달한다.
ㄹ. B가 속하는 툰드라 기후는 북극해 연안 지역에 비교적 넓게 나타난다. 남반구는 북반구보다 툰드라 기후가 분포하는 위도대에 육지 면적이 좁아 툰드라 기후 분포 면적이 북반구보다 좁다.

오답피하기 ㄱ. A의 기후 그래프는 (나), B의 기후 그래프는 (가)이다.
ㄴ. A는 빙설 기후가 나타나며, 빙설 기후 지역은 연중 눈과 얼음으로 덮여 있다. 여름에 작은 풀과 이끼류 등이 자라는 기후는 툰드라 기후이다.

정답 ⑤

[2024학년도 6월 모의평가]

2 다음 자료는 학생의 질문에 대한 대화형 인공 지능 답변의 일부이다. ㉠~㉤에 대한 설명으로 옳은 것은?

> 🧑 미국에서 볼 수 있는 ㉠ 건조 기후 지역의 지형에 대해 말해 줘.
> 🤖 ○○ 자료에 따르면 미국에서는 다음과 같은 건조 기후 지역의 지형을 볼 수 있습니다.
> ㉡ 사구: 바람에 날린 모래로 이루어진 언덕입니다. 스타듄은 해발 고도가 약 20m에 이르는 사구입니다.
> ㉢ 선상지: 펼쳐진 부채를 닮은 지형입니다. 데스밸리에서 쉽게 찾아볼 수 있습니다.
> ㉣ 플라야: 건조 분지 내에 형성된 평탄한 저지대입니다. 배드워터 분지는 해수면보다 약 80m 낮은 곳입니다.
> ㉤ 메사와 뷰트: 평원에 우뚝 솟은 거대한 지형입니다. 모뉴먼트밸리에서 볼 수 있습니다.

① ㉠은 연 강수량이 연 증발량보다 많다.
② ㉡은 경암과 연암의 차별적 침식으로 형성되었다.
③ ㉢이 연속적으로 이어진 지형을 바하다라고 한다.
④ ㉣에 고인 물은 관개용수로 널리 활용된다.
⑤ ㉤은 포상홍수에 의해 형성된 퇴적 지형이다.

정답 및 해설

정답해설 ③ 선상지는 계곡 입구에 형성된 부채 모양의 지형인데, 이러한 선상지가 연속적으로 이어진 지형을 바하다라 한다.

오답피하기 ① 건조 기후는 연 강수량이 연 증발량보다 적다.
② 사구는 바람의 퇴적 작용으로 형성된다.
④ 플라야는 건조 분지의 평탄한 저지대로, 비가 많이 내렸을 때 일시적으로 물이 고여 호수가 형성되기도 한다. 이 호수를 플라야호라고 하는데, 플라야호에 고인 물은 염도가 높아 관개용수로 사용하기 어렵다.
⑤ 수평 지층의 대지나 고원이 침식, 해체되는 과정에서 형성된 탁자 모양의 지형을 메사라 한다. 메사가 점차 침식, 풍화되면서 정상부가 좁아진 고립 구릉을 뷰트라 한다. 많은 비가 짧은 시간 동안 내렸을 때 빗물이 지표면을 덮는 형태로 넓게 퍼져 흐르는 것을 포상홍수라 한다.

정답 ③

대표 기출 확인하기

[2023학년도 6월 모의평가]

1 지도의 A~D는 세계 주요 산맥의 일부이다. 이에 대한 설명으로 옳은 것만을 〈보기〉에서 고른 것은?

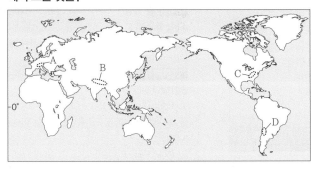

● 보 기 ●

ㄱ. A는 C보다 산맥의 형성 시기가 늦다.
ㄴ. B는 D보다 화산 활동이 활발하다.
ㄷ. D는 C보다 평균 해발 고도가 높다.
ㄹ. A와 B는 모두 대륙판과 해양판이 수렴하여 형성되었다.

① ㄱ, ㄴ   ② ㄱ, ㄷ   ③ ㄴ, ㄷ   ④ ㄴ, ㄹ   ⑤ ㄷ, ㄹ

정답 및 해설

정답해설 A는 알프스산맥, B는 히말라야산맥, C는 애팔래치아산맥, D는 안데스산맥이다.
ㄱ. 신기 습곡 산지인 알프스산맥은 고기 습곡 산지인 애팔래치아산맥보다 형성 시기가 늦다.
ㄷ. 신기 습곡 산지인 안데스산맥은 고기 습곡 산지인 애팔래치아산맥보다 평균 해발 고도가 높다.

오답피하기 ㄴ. 대륙판과 대륙판의 충돌로 형성된 히말라야산맥은 대륙판과 해양판의 충돌로 형성된 안데스산맥보다 화산 활동이 활발하지 않다.
ㄹ. 알프스산맥은 대륙판인 유라시아판과 아프리카판이 수렴하여 형성되었고, 히말라야산맥은 대륙판인 유라시아판과 인도·오스트레일리아판이 수렴하여 형성되었다.

정답 ②

[2024학년도 6월 모의평가]

2 다음 자료는 여행 중에 나눈 문자 메시지 내용이다. ㉠~㉢에 대한 설명으로 옳은 것은?

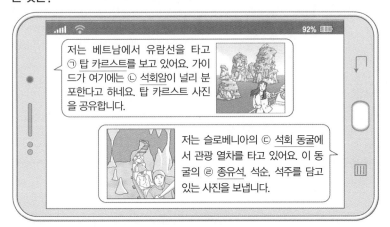

① ㉠은 주로 암석의 용식 작용으로 형성된다.
② ㉡이 풍화된 토양은 주로 회백색을 띤다.
③ ㉢은 마그마가 굳어져 형성된 지형이다.
④ ㉣은 조류의 퇴적 작용으로 형성된 지형이다.
⑤ ㉠, ㉢은 모두 습윤한 기후 환경보다 건조한 기후 환경에서 잘 발달한다.

정답 및 해설

정답해설 ① 탑 카르스트는 석회암이 빗물, 하천, 해수의 차별적인 용식 및 침식 작용을 받는 과정에서 남게 된 탑 모양의 봉우리이다.

오답피하기 ② 석회암이 풍화된 토양은 붉은색을 띤다. 그 이유는 용식되는 과정에서 토양 중에 남은 철 성분이 산화되기 때문이다.
③ 석회 동굴은 석회암의 용식 작용으로 형성된 동굴이다. 마그마가 굳어져 형성된 동굴은 용암 동굴이다.
④ 종유석은 석회 동굴의 천장에 달린 고드름 모양의 탄산 칼슘 덩어리이다.
⑤ 탑 카르스트, 석회 동굴 등 카르스트 지형은 건조한 기후 환경보다 습윤한 기후 환경에서 잘 발달한다.

정답 ①

[2024학년도 6월 모의평가]

1 다음 자료의 (가)~(다) 종교에 대한 설명으로 옳은 것은? (단, (가)~(다)는 각각 불교, 이슬람교, 크리스트교 중 하나임.)

(가)	(나)	(다)
• 대표적 성지: 예루살렘 • 주요 전파 지역: 유럽, 아메리카 • 종교 경관	• 대표적 성지: 메카 • 주요 전파 지역: 서남아시아, 북부 아프리카 • 종교 경관	• 대표적 성지: 부다가야 • 주요 전파 지역: 동남아시아, 동부 아시아 • 종교 경관

① (가)는 돼지고기를 금기시한다.
② (나)는 수많은 신을 숭배하는 다신교이다.
③ (다)의 주요 종파에는 수니파와 시아파가 있다.
④ (가)는 민족 종교, (나)는 보편 종교로 분류된다.
⑤ (다)는 (나)보다 발생 시기가 이르다.

정답 및 해설

정답해설 (가)는 크리스트교, (나)는 이슬람교, (다)는 불교이다.
⑤ 보편 종교의 발생 시기는 불교(다) → 크리스트교(가) → 이슬람교(나) 순이다.
오답피하기 ① 돼지고기를 금기시하는 종교는 이슬람교(나)이다.
② 이슬람교(나)는 유일신교이다.
③ 수니파와 시아파가 주요 종파인 종교는 이슬람교(나)이다.
④ 크리스트교(가), 이슬람교(나), 불교(다)는 모두 보편 종교로 분류된다.
정답 ⑤

[2024학년도 9월 모의평가]

2 다음 자료의 (가)~(다)에 해당하는 종교로 옳은 것은?

스리랑카의 국장으로 (가) 의 창시자인 석가모니의 가르침을 국장 윗부분에 수레바퀴 모양으로 표현함. 아래의 그릇에는 벼 이삭이 들어 있음.	파키스탄의 국장으로 (나) 를 상징하는 녹색의 초승달과 별을 국장의 윗부분에 표현함. 방패 모양은 목화, 차, 보리 등을 표현하고 있음.	포르투갈의 국장으로 (다) 를 상징하는 십자형 배열의 방패를 중앙에 표현함. 국장의 테두리는 월계수 나무의 가지임.

* 국장: 한 나라를 상징하는 공식적인 부호나 휘장을 통틀어 이르는 말

	(가)	(나)	(다)
①	불교	이슬람교	크리스트교
②	불교	크리스트교	힌두교
③	이슬람교	불교	힌두교
④	이슬람교	힌두교	크리스트교
⑤	크리스트교	불교	이슬람교

정답 및 해설

정답해설 (가)는 불교의 창시자인 석가모니가 언급되고, (나)는 이슬람교의 상징인 초승달과 별이 나타난다. (다)는 크리스트교의 상징인 십자가가 중앙에 위치한다. 따라서 (가)는 불교, (나)는 이슬람교, (다)는 크리스트교이다.
정답 ①

대표 기출 확인하기

www.ebs*i*.co.kr

[2024학년도 9월 모의평가]

1 그래프는 네 지역(대륙)의 인구 증가율을 나타낸 것이다. 이에 대한 설명으로 옳지 **않은** 것은? (단, A∼D는 각각 아시아, 아프리카, 유럽, 북부 아메리카 중 하나임.)

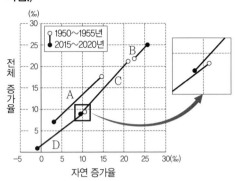

① A는 2015∼2020년 출생자 수가 사망자 수보다 많다.
② B의 전체 증가율이 커진 것은 자연적 증감이 주 원인이다.
③ D는 2015∼2020년에 유출 인구가 유입 인구보다 많다.
④ C는 A보다 총인구가 많다.
⑤ 2015∼2020년 중위 연령은 D>A>C>B 순으로 높다.

정답 및 해설

정답해설 D는 자연 증가율이 2015∼2020년에 음의 값으로 나타나는 유럽이고, A는 D 다음으로 자연 증가율이 낮으므로 북부 아메리카이다. B는 자연 증가율이 가장 높으므로 아프리카이고, 나머지 C는 아시아이다.
③ 유럽(D)은 2015∼2020년에 자연 증가율보다 전체 증가율이 높으므로 유출 인구가 유입 인구보다 적다.
오답피하기 ① 북부 아메리카(A)는 2015∼2020년에 자연 증가율이 0보다 높으므로 출생자 수가 사망자 수보다 많다.
② 아프리카(B)는 자연 증가율이 높아진 것과 비슷하게 전체 증가율이 높아졌다. 따라서 전체 증가율이 커진 주 원인은 자연적 증감이다.
④ 아시아(C)는 북부 아메리카(A)보다 총인구가 많다.
⑤ 2015∼2020년 중위 연령은 유럽(D)>북부 아메리카(A)>아시아(C)>아프리카(B) 순으로 높다.
정답 ③

[2024학년도 수능]

2 다음 자료의 (가)∼(라)에 대한 설명으로 옳은 것만을 〈보기〉에서 있는 대로 고른 것은? (단, (가)∼(라)는 각각 라틴 아메리카, 아시아, 아프리카, 유럽 중 하나임.)

〈지역(대륙)별 합계 출산율 변화〉

〈인구의 순 이주〉

지역(대륙)	순 이주 (천 명)
(가)	1,436
앵글로아메리카	871
오세아니아	151
(나)	-164
(다)	-202
(라)	-2,092

(2020)

* 러시아는 유럽에 포함됨.
** 인구의 순 이주 = 유입 인구 - 유출 인구
*** 순 이주는 해당 대륙에 속한 모든 국가의 순 이주를 합산한 값임.

● 보 기 ●

ㄱ. (다)에는 전 세계에서 인구가 가장 많은 국가가 있다.
ㄴ. 2020년 기준 (가)는 (나)보다 인구가 많다.
ㄷ. (라)는 (다)보다 인구 밀도가 높다.
ㄹ. 1960년 합계 출산율은 아프리카>라틴 아메리카>아시아 순으로 높다.

① ㄱ, ㄴ   ② ㄱ, ㄷ   ③ ㄷ, ㄹ   ④ ㄱ, ㄴ, ㄹ   ⑤ ㄴ, ㄷ, ㄹ

정답 및 해설

정답해설 (가)는 제시된 세 시기 모두에서 합계 출산율이 가장 낮으므로 유럽이고, (다)는 합계 출산율이 가장 높으므로 아프리카이다. (나), (라) 중에서 아시아는 라틴 아메리카보다 유출 인구가 많으므로, 상대적으로 유출 인구 규모가 작은 (나)는 라틴 아메리카, 유출 인구 규모가 큰 (라)는 아시아이다.
ㄴ. 2020년 기준 유럽(가)은 라틴 아메리카(나)보다 인구가 많다.
ㄷ. 아시아(라)는 아프리카(다)보다 인구 밀도가 높다.
ㄹ. 1960년 합계 출산율은 아프리카(다)>라틴 아메리카(나)>아시아(라) 순으로 높다.
오답피하기 ㄱ. 전 세계에서 인구가 가장 많은 국가는 아프리카(다)가 아니라 아시아(라)에 있다.
정답 ⑤

[2024학년도 6월 모의평가]

1 그래프는 네 국가의 촌락 인구 비율 변화를 나타낸 것이다. (가)~(라) 국가에 대한 설명으로 옳은 것만을 〈보기〉에서 고른 것은? (단, (가)~(라)는 각각 니제르, 미국, 브라질, 중국 중 하나임.)

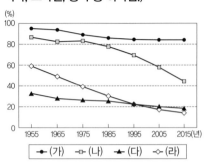

● 보기 ●

ㄱ. 브라질은 1955년 촌락 인구가 도시 인구보다 많다.
ㄴ. (가)~(라) 중 (가)는 도시화율이 가장 높다.
ㄷ. (가)~(라) 중 (다)는 산업화에 따른 도시화가 시작된 시기가 가장 이르다.
ㄹ. (라)는 (나)보다 2015년 도시 인구가 많다.

① ㄱ, ㄴ   ② ㄱ, ㄷ   ③ ㄴ, ㄷ   ④ ㄴ, ㄹ   ⑤ ㄷ, ㄹ

정답 및 해설

정답해설 도시 인구 비율과 촌락 인구 비율의 합은 100%이므로, '100% − 촌락 인구 비율'은 도시화율과 같은 개념이라는 것을 전제로 그래프를 해석할 수 있다. (가)는 모든 시기 촌락 인구 비율이 가장 높은 니제르이다. (나)는 1975년까지 도시화율이 매우 낮다가 1975년 이후 도시화율이 높아지고 있는 중국이다. (다)는 1955년 도시화율이 가장 높은 미국이다. (라)는 2015년 도시화율이 가장 높고, 1955년부터 2015년 사이에 꾸준히 도시화율이 높아지고 있는 브라질이다.

ㄱ. 브라질(라)은 1955년 촌락 인구 비율이 50% 이상이므로 촌락 인구가 도시 인구보다 많았다.

ㄷ. 미국(다)은 산업화에 따른 도시화가 가장 일찍 진행되었다.

오답피하기 ㄴ. 니제르(가)는 모든 시기 촌락 인구 비율이 가장 높으므로 도시화율은 가장 낮다.

ㄹ. 브라질(라)은 중국(나)보다 2015년 도시 인구 비율이 높지만, 총인구 규모가 중국의 약 15% 정도에 불과하므로 도시 인구는 중국(나)이 브라질(라)보다 많다.

정답 ②

[2024학년도 수능]

2 다음은 '세계 도시'의 학습 장면이다. 학생의 발표 내용 중 가장 적절한 것은?

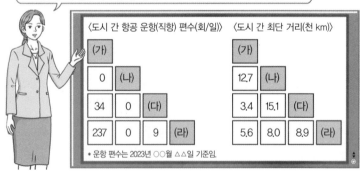

(가)~(라)의 항공 운항 자료를 통해 추론한 내용을 발표해 볼까요?
단, (가)~(라)는 각각 뉴욕, 다카, 런던, 멕시코시티 중 하나입니다.

① 갑: (나)는 라틴 아메리카에서 인구가 가장 많은 도시예요.
② 을: (다)는 세계 도시 체계에서 최상위 계층의 도시예요.
③ 병: (라)는 국제 연합(UN)의 본부가 위치하며, 세계 금융의 중심지예요.
④ 정: (가)와 (다)는 모두 해당 국가의 수도예요.
⑤ 무: 멕시코시티~런던의 최단 거리는 다카~런던의 최단 거리보다 길어요.

정답 및 해설

정답해설 항공 운항 편수가 가장 많은 구간은 (가)−(라)이므로, (가)와 (라)는 최상위 계층에 속하는 뉴욕과 런던 중 하나이다. 나머지 (나)와 (다)는 다카와 멕시코시티 중 하나인데, 세계 도시 체계에서 상대적으로 위상이 높은 멕시코시티는 (가), (라)와 항공 운항 편수가 많은 (다)이고, (나)는 다카이다. 멕시코시티(다)와 도시 간 최단 거리가 짧은 (가)는 뉴욕이고, (라)는 런던이다.

⑤ 도시 간 최단 거리를 보면 멕시코시티(다)~런던(라)의 최단 거리는 8.9천 km, 다카(나)~런던(라)의 최단 거리는 8.0천 km이다.

오답피하기 ① 다카(나)는 아시아에 위치한다.

② 멕시코시티(다)는 최상위 계층의 도시가 아니다.

③ 국제 연합(UN)의 본부가 위치하는 곳은 뉴욕이다.

④ 멕시코시티(다)는 멕시코의 수도이지만, 뉴욕(가)은 미국의 수도가 아니다. 미국의 수도는 워싱턴 D.C.이다.

정답 ⑤

대표 기출 **확인하기**

[2024학년도 수능]

1 지도는 A~C 작물의 주요 수출국을 나타낸 것이다. 이에 대한 설명으로 옳지 <u>않은</u> 것은? (단, A~C는 각각 밀, 쌀, 옥수수 중 하나임.)

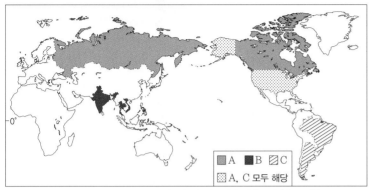

▨ A	■ B ▨ C
▨ A, C 모두 해당	

* 2016~2020년 수출액의 평균값 기준 상위 3개국을 선정하여 해당 국가만을 표시함.

① A는 내건성이 약해 고온 다습한 지역에서 주로 재배된다.
② B의 생산량은 북아메리카가 오세아니아보다 많다.
③ C의 기원지는 아메리카이다.
④ A와 B의 최대 생산국은 동일하다.
⑤ A~C 중 국제 이동량은 B가 가장 적다.

정답 및 해설

정답해설 A는 러시아, 캐나다, 미국이 주요 수출국인 밀, B는 인도, 타이, 베트남이 주요 수출국인 쌀, C는 미국, 브라질, 아르헨티나가 주요 수출국인 옥수수이다.

① 밀(A)은 기후 적응력이 커서 비교적 기온이 낮고 건조한 기후 조건에서도 널리 재배된다.

오답피하기 ② 쌀(B)의 생산량은 미국이 포함된 북아메리카가 오세아니아보다 많다.

③ 옥수수(C)의 기원지는 아메리카이다.

④ 밀(A)과 쌀(B)의 최대 생산국은 모두 중국으로 동일하다.

⑤ 밀(A), 쌀(B), 옥수수(C) 중 국제 이동량은 생산지에서 소비되는 비율이 높은 쌀(B)이 가장 적다.

정답 ①

[2024학년도 6월 모의평가]

2 다음 글의 A, B에 대한 설명으로 옳지 <u>않은</u> 것은? (단, A, B는 각각 밀, 옥수수 중 하나임.)

• 미국의 바이오에탄올 산업 급성장에 따른 A의 국제 가격 폭등은 멕시코의 식량 수급 위기로 이어졌다. 일각에서는 멕시코의 A 가격이 급등했던 사건을 멕시코 전통 음식에 빗대어 토르티야 위기로 불렀다.
• 최근 발발한 러시아-우크라이나 전쟁으로 인해 B의 국제 가격이 폭등했다. 인도는 전통 음식 난의 재료인 B의 분말 가격 상승을 우려해 이 곡물에 대한 수출 제한 조치를 단행했다.

① A의 최대 생산국은 미국이다.
② B는 쌀보다 국제 이동량이 많은 곡물이다.
③ A는 B보다 세계 생산량이 많다.
④ B는 A보다 가축의 사료로 이용되는 비율이 높다.
⑤ A는 아메리카, B는 아시아에서 기원했다.

정답 및 해설

정답해설 A는 바이오에탄올의 원료로 이용되고, 멕시코 전통 음식인 토르티야의 주요 재료인 옥수수이다. B는 러시아와 우크라이나의 생산량이 많고 인도 전통 음식 난의 주요 재료인 밀이다.

④ 옥수수(A)가 밀(B)보다 가축의 사료로 이용되는 비율이 높다.

오답피하기 ① 옥수수(A)의 세계 최대 생산국이자 수출국은 미국이다.

② 밀(B)은 세계 생산량 대비 수출량이 많아 쌀보다 국제 이동량이 많다.

③ 옥수수(A)는 밀(B)보다 세계 생산량이 많다.

⑤ 옥수수(A)는 아메리카, 밀(B)은 서남아시아의 건조 기후 지역에서 기원했다.

정답 ④

[2024학년도 6월 모의평가]

1 그래프의 A~D에 대한 설명으로 옳은 것은? (단, A~D는 각각 석유, 석탄, 수력, 천연가스 중 하나임.)

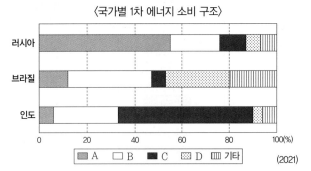

〈국가별 1차 에너지 소비 구조〉

A □ B ■ C ▦ D ▥ 기타   (2021)

① A는 산업 혁명 초기의 주요 에너지 자원이었다.
② C는 신생대 제3기층의 배사 구조에 주로 매장되어 있다.
③ B는 C보다 국제 이동량이 많은 에너지 자원이다.
④ C는 B보다 수송용으로 이용되는 비율이 높다.
⑤ D는 B보다 세계 1차 에너지 소비량에서 차지하는 비율이 높다.

정답 및 해설

정답해설 러시아에서 1차 에너지 소비의 절반 이상을 차지하는 A는 천연가스이다. 인도에서 1차 에너지 소비의 절반 이상을 차지하는 C는 석탄이다. 브라질에서 1차 에너지 소비 비율이 상대적으로 높은 D는 수력이다. 세 국가에서 대체로 소비량이 많은 B는 수송용 연료로 많이 이용되는 석유이다.
③ 석유(B)는 석탄(C)보다 세계 소비량이 많고 편재성이 커 국제 이동량이 많다.

오답피하기 ① 산업 혁명 초기의 주요 에너지 자원은 석탄(C)이다.
② 석탄(C)은 주로 고기 조산대 주변에 매장되어 있다.
④ 석유(B)는 석탄(C)보다 수송용으로 이용되는 비율이 높다.
⑤ 세계 1차 에너지 소비량에서 차지하는 비율은 석유(B)>석탄(C)>천연가스(A)>수력(D) 순으로 높다.

정답 ③

[2024학년도 수능]

2 다음 자료는 1차 에너지원별 주요 생산국의 생산 비율을 나타낸 것이다. (가)~(다)에 대한 설명으로 옳은 것은? (단, (가)~(다)는 각각 석유, 석탄, 천연가스 중 하나임.)

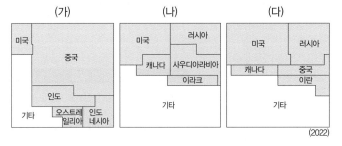

(2022)

① (가)는 최대 생산국과 최대 수출국이 동일하다.
② (나)는 산업용보다 수송용으로 소비되는 비율이 높다.
③ (가)는 (나)보다 세계 1차 에너지 소비량에서 차지하는 비율이 높다.
④ (나)는 (다)보다 상용화된 시기가 늦다.
⑤ (가)~(다) 중 (다)는 연소 시 대기 오염 물질 배출량이 가장 많다.

정답 및 해설

정답해설 (가)는 중국의 생산 비율이 월등하게 높은 것으로 보아 석탄임을 알 수 있다. (나)는 미국, 러시아, 사우디아라비아의 생산 비율이 3위권을 형성하고 있으므로 석유이다. (다)는 미국, 러시아, 이란 등이 생산 비율이 높고 사우디아라비아의 생산 비율이 석유(나)에 비해 상대적으로 낮은 것으로 보아 천연가스임을 알 수 있다.
② 석유(나)는 수송용으로 소비되는 비율이 절반 이상이므로, 산업용보다 수송용으로 소비되는 비율이 높다.

오답피하기 ① 석탄(가)의 최대 생산국인 중국은 소비량이 많아서 석탄(가)을 수입한다. 석탄(가)의 주요 수출국은 인도네시아, 오스트레일리아 등이다.
③ 세계 1차 에너지 소비량에서 차지하는 비율은 석유(나)>석탄(가)>천연가스(다) 순으로 높다.
④ 석유(나)는 천연가스(다)보다 상용화된 시기가 이르다.
⑤ (가)~(다) 중 연소 시 대기 오염 물질 배출량이 가장 많은 것은 석탄(가)이다.

정답 ②

대표 기출 확인하기

www.ebs*i*.co.kr

[2024학년도 6월 모의평가]

1 다음 자료는 답사 노트의 일부이다. (가) 국가를 지도의 A∼E에서 고른 것은?

(가)의 20△△년 국가 공휴일로 알아본 문화적 다양성

공휴일	문화 경관
춘절	차이나타운의 화교들이 새해를 맞아 복을 기원하는 모습
디파발리	힌두교 사원에서 전통 의례를 치르며 복을 기원하는 사람들의 모습
하리 라야 푸아사	인구의 다수를 차지하는 무슬림들이 금식 기간을 끝내고 음식을 먹는 모습
크리스마스	산타 복장을 하고 크리스마스 캐럴을 부르는 사람들의 모습

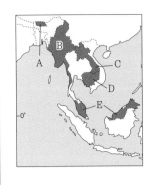

① A   ② B   ③ C   ④ D   ⑤ E

정답 및 해설

정답해설 지도의 A는 부탄, B는 미얀마, C는 라오스, D는 캄보디아, E는 말레이시아이다.
⑤ 자료에서 '인구의 다수를 차지하는 무슬림'을 통해 이슬람교 신자 비율이 높은 국가임을 알 수 있다. A∼E 중 이슬람교 신자 비율이 절반 이상인 국가는 말레이시아(E)밖에 없다. 또한 국교는 이슬람교이지만 여러 종교의 기념일을 국가 공휴일로 지정하는 등 다양한 종교가 공존하고 있는 국가는 A∼E 중 말레이시아(E)이다.

정답 ⑤

[2024학년도 수능]

2 (가)에 해당하는 국가를 지도의 A∼E에서 고른 것은?

〈2024년 세계 기상 기구(WMO) 달력 표지〉

갠지스강 하류에 위치한 (가) 에서는 홍수가 자주 발생한다. 이 사진은 갠지스강으로 유입하는 브라마푸트라강의 유역에서 발생한 홍수 피해 모습을 보여 주고 있다. 하천의 범람으로 인해 침수된 집 안에서 망연자실한 채 창밖을 응시하는 여인의 모습이 안타까움을 더해 준다.

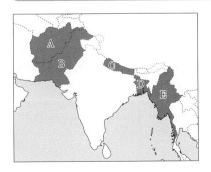

① A
② B
③ C
④ D
⑤ E

정답 및 해설

정답해설 지도의 A는 아프가니스탄, B는 파키스탄, C는 네팔, D는 방글라데시, E는 미얀마이다. 제시된 자료에서 물에 침수된 가옥 내부 모습, 갠지스강 하류에 위치하면서 브라마푸트라강의 유역에 위치한 국가로 하천 범람으로 인해 홍수 위험성이 크다는 것을 통해 몬순 아시아 지역의 방글라데시(D)임을 알 수 있다.

정답 ④

대표 기출 확인하기

[2024학년도 9월 모의평가]

1 다음 자료는 세계의 지역 분쟁과 관련된 기사의 일부이다. A, B 국가에 대한 설명으로 옳은 것만을 〈보기〉에서 있는 대로 고른 것은?

> △△ 신문 2023년 ○○월 ○○일
>
> **[A], 카슈미르서 G20 사전 행사**
>
> 2023년 주요 20개국(G20) 정상 회의 의장국인 [A]이/가 파키스탄과 영토 분쟁을 겪고 있는 카슈미르 지역에서 G20 사전 행사를 개최하자 중국이 행사 참석을 거부하고 나섰다.

> □□ 일보 2023년 ○○월 ○○일
>
> **로힝야족 대표단, 처음으로 [B] 방문 예정**
>
> [B]의 소수 민족 로힝야족이 탄압을 피해 인접국으로 건너가 머물고 있다. 로힝야족 대표단이 이번 주말 [B]을/를 방문하기로 해 관심을 끌고 있다.

보기

ㄱ. B는 타이보다 쌀 수출량이 적다.
ㄴ. B는 동남아시아 국가 연합(ASEAN) 회원국이 아니다.
ㄷ. A는 B와 국경을 접하고 있다.

① ㄱ ② ㄷ ③ ㄱ, ㄴ ④ ㄱ, ㄷ ⑤ ㄴ, ㄷ

정답 및 해설

정답해설 A는 파키스탄과 카슈미르 지역을 둘러싼 영토 분쟁을 겪고 있는 인도, B는 로힝야족 탄압 문제가 발생하고 있는 미얀마이다.
ㄱ. 미얀마(B)는 타이보다 쌀 수출량이 적다. 2020년 기준 쌀 수출량은 인도>타이>베트남 등의 순으로 많다.
ㄷ. 인도와 미얀마는 국경을 접하고 있다.
오답피하기 ㄴ. 미얀마(B)는 동남아시아 국가 연합(ASEAN)의 회원국이다. 동남아시아 국가 연합(ASEAN)은 미얀마를 포함하여 라오스, 말레이시아, 베트남, 브루나이, 싱가포르, 인도네시아, 캄보디아, 타이, 필리핀 10개국 간의 기술 및 자본 교류와 자원의 공동 개발을 추진한다.

정답 ④

[2024학년도 수능]

2 (가)~(라) 종교에 대한 설명으로 옳은 것은? (단, (가)~(라)는 각각 불교, 이슬람교, 크리스트교, 힌두교 중 하나임.)

> 몬순 아시아의 일부 지역에서는 다양한 종교로 인한 갈등과 분쟁이 발생하고 있다. 대표적인 사례로는 필리핀과 스리랑카를 들 수 있다. 필리핀은 국민의 대부분이 [(가)] 신자이다. 반면, 민다나오섬의 모로족은 대부분 [(나)]를 믿으며, 필리핀으로부터 분리·독립을 요구하고 있다. 또한 스리랑카에서는 [(다)] 신자가 대다수인 신할리즈족과 [(라)] 신자가 대다수인 타밀족 간 분쟁이 발생하였다.

① (가)는 여러 신을 믿는 다신교이다.
② (다)의 대표적인 종교 경관은 모스크이다.
③ (라)의 기원지는 서남아시아이다.
④ 사하라 이남 아프리카에서는 (가)의 신자가 (나)의 신자보다 많다.
⑤ 전 세계의 신자는 (다)가 (라)보다 많다.

정답 및 해설

정답해설 (가)는 크리스트교, (나)는 이슬람교, (다)는 불교, (라)는 힌두교이다.
④ 사하라 이남 아프리카에서는 크리스트교(가) 신자가 이슬람교(나) 신자보다 많다.
오답피하기 ① 크리스트교(가)는 유일신교이다. 여러 신을 믿는 다신교의 사례로는 힌두교(라)를 들 수 있다.
② 불교(다)의 대표적인 종교 경관은 불상을 모시는 불당과 탑 등이다. 모스크는 이슬람교(나)의 사원이다.
③ 힌두교(라)는 브라만교를 바탕으로 고대 인도 지역에서 발생했다. 서남아시아가 기원지인 종교로는 크리스트교(가), 이슬람교(나) 등을 들 수 있다.
⑤ 전 세계의 신자는 불교(다)가 힌두교(라)보다 적다.

정답 ④

대표 기출 확인하기

[2024학년도 수능]

1 다음은 여행 계획에 관한 두 학생 간 대화의 일부이다. (가)~(다) 국가에 대한 설명으로 옳은 것만을 〈보기〉에서 있는 대로 고른 것은?

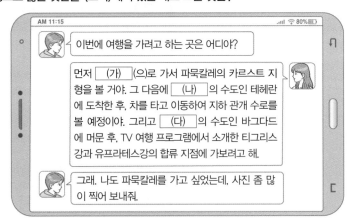

> AM 11:15
>
> 이번에 여행을 가려고 하는 곳은 어디야?
>
> 먼저 (가) (으)로 가서 파묵칼레의 카르스트 지형을 볼 거야. 그 다음에 (나) 의 수도인 테헤란에 도착한 후, 차를 타고 이동하여 지하 관개 수로를 볼 예정이야. 그리고 (다) 의 수도인 바그다드에 머문 후, TV 여행 프로그램에서 소개한 티그리스강과 유프라테스강의 합류 지점에 가보려고 해.
>
> 그래. 나도 파묵칼레를 가고 싶었는데, 사진 좀 많이 찍어 보내줘.

● 보기 ●

ㄱ. (가)는 시아파보다 수니파의 신자가, (나)는 수니파보다 시아파의 신자가 많다.
ㄴ. (나)는 (다)보다 국토 면적이 좁다.
ㄷ. (가)와 (다)는 모두 지중해 연안에 위치한다.

① ㄱ   ② ㄴ   ③ ㄱ, ㄷ   ④ ㄴ, ㄷ   ⑤ ㄱ, ㄴ, ㄷ

정답 및 해설

정답해설 카르스트 지형이 나타나는 파묵칼레가 있는 (가)는 튀르키예(터키)이다. 수도가 테헤란이며 지하 관개 수로인 카나트가 있는 (나)는 이란이다. 수도가 바그다드이며 티그리스강과 유프라테스강의 합류 지점이 있는 (다)는 이라크이다.
ㄱ. 대부분의 이슬람교 국가에서 이슬람교 신자는 수니파가 시아파보다 많다. 시아파가 수니파보다 많은 국가는 이란과 이라크 등이 대표적이다. 따라서 튀르키예(터키)(가)는 수니파 신자가, 이란(나)은 시아파 신자가 더 많다.
오답피하기 ㄴ. 이란(나)은 이라크(다)보다 국토 면적이 넓다.
ㄷ. 세 국가 중 지중해 연안에 위치한 국가는 튀르키예(터키)(가)가 유일하다.

정답 ①

[2024학년도 9월 모의평가]

2 표는 지도에 표시된 네 국가의 지리 정보를 나타낸 것이다. (가)~(라) 국가에 대한 설명으로 옳지 않은 것은?

구분	인구 밀도(명/km^2)	1차 산업 비율(%)	국내 총생산(억 달러)
(가)	109.3	7.5	7,201
(나)	7.0	5.8	1,711
(다)	108.0	12.1	3,693
(라)	16.7	2.6	7,001

* 1차 산업 비율은 국내 총생산 기준임.
(2020)

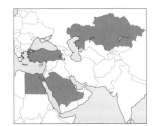

① (가)에는 자연 경관을 활용한 관광지인 파묵칼레가 있다.
② (나)는 광물 및 에너지 자원의 수입이 수출보다 많다.
③ (다)는 남부 지역이 북부 지역보다 인구가 희박하다.
④ (라)는 석유 수출국 기구(OPEC)의 회원국이다.
⑤ (다)는 (라)보다 총인구가 많다.

정답 및 해설

정답해설 지도에 표시된 네 국가는 각각 카자흐스탄, 튀르키예(터키), 이집트, 사우디아라비아이다. 인구 밀도가 높은 (가), (다) 중 1차 산업 비율이 높고 국내 총생산이 적은 (다)는 이집트, 나머지 (가)는 튀르키예(터키)이다. 인구 밀도가 낮은 (나), (라) 중 1차 산업 비율이 낮고 국내 총생산이 많은 (라)는 사우디아라비아, 나머지 (나)는 카자흐스탄이다.
② 카자흐스탄(나)은 광물 및 에너지 자원이 풍부한 국가로, 해당 자원의 수출이 수입보다 많다.
오답피하기 ① 튀르키예(터키)(가)의 파묵칼레는 계단 모양의 지형인 석회화 단구로, 자연 경관을 활용한 관광지이다.
③ 이집트(다)는 나일강 삼각주가 있는 북부 지역이 남부 지역보다 인구 밀도가 높다.
④ 사우디아라비아(라)는 석유 생산량이 많은 국가로, 석유 수출국 기구(OPEC)의 회원국이다.
⑤ 이집트(다)는 인구 1억 명 이상의 인구 대국으로, 사우디아라비아(라)보다 총인구가 많다.

정답 ②

[2024학년도 수능]

1 (가)~(다) 국가에 대한 설명으로 옳은 것만을 〈보기〉에서 있는 대로 고른 것은?

> 내륙국은 영토가 바다와 접하지 않은 국가이다. 유럽에는 면적이 좁은 내륙국이 많다. 대표적인 국가는 바티칸과 산마리노를 들 수 있으며, 이들 국가는 (가) 에 둘러싸여 있다. 산지에 위치한 안도라는 (나) 을/를 포함한 두 국가와 국경을 접하고 있는 내륙국이다. 또한 룩셈부르크는 벨기에, (나) , (다) 에 둘러싸인 내륙국이다. (다) 은/는 룩셈부르크를 포함한 4개의 내륙국 및 그 외의 국가들과 국경을 접하고 있다.

● 보 기 ●

ㄱ. 벨기에의 왈로니아(왈롱) 지역에서는 (나)어를 주로 사용한다.
ㄴ. (나)에는 로렌 공업 지역이, (다)에는 루르 공업 지역이 있다.
ㄷ. (가)와 (다)는 국경을 접하고 있다.

① ㄱ   ② ㄷ   ③ ㄱ, ㄴ   ④ ㄴ, ㄷ   ⑤ ㄱ, ㄴ, ㄷ

정답 및 해설

정답해설 내륙국인 바티칸과 산마리노를 둘러싸고 있는 (가)는 이탈리아이다. 안도라는 프랑스, 에스파냐의 경계부에 위치하고, 룩셈부르크는 프랑스, 벨기에, 독일과 국경을 접하고 있으나 에스파냐와는 접하지 않으므로 (나)는 프랑스이다. 벨기에와 달리 4개의 내륙국 및 그 외의 국가들과 국경을 접하고 있는 (다)는 독일이다.

ㄱ. 벨기에의 남부에 위치한 왈로니아(왈롱) 지역에서는 프랑스(나)어를, 북부에 위치한 플랑드르 지역에서는 네덜란드어를 주로 사용한다. 두 지역 간에는 언어 및 경제적 격차 등으로 인한 갈등이 있다.

ㄴ. 프랑스(나)에는 로렌 공업 지역이, 독일(다)에는 루르 공업 지역이 위치한다.

오답피하기 ㄷ. 이탈리아(가)와 독일(다)의 국경은 직접 맞닿아 있지 않다. 두 국가 사이에는 스위스 등이 위치한다.

정답 ③

[2024학년도 6월 모의평가]

2 다음 자료의 (가), (나) 도시에 대한 설명으로 옳은 것만을 〈보기〉에서 고른 것은?

(가)	(나)

• 격자형 도로망 체계를 갖춘 오대호 연안의 도시 • 높은 스카이라인을 형성하는 고층 빌딩들이 밀집한 도시 중심부 • 20세기 초반 버제스(Burgess)가 발표한 동심원 도시 구조 이론의 주요 사례 도시	• 개선문을 중심으로 방사형 도로망 체계가 발달한 도시 • 궁전, 박물관 등 낮은 건물들을 중심으로 형성된 도시 중심부 • 19세기 중반 오스만(Haussmann)이 근대적 도시 정비 사업을 실시한 도시

● 보 기 ●

ㄱ. (가)는 해당 국가의 수도이다.
ㄴ. (나)의 외곽에는 라 데팡스라 불리는 업무 중심지가 있다.
ㄷ. (가)는 (나)보다 도시 발달의 역사가 길다.
ㄹ. (가)는 북부 아메리카, (나)는 유럽에 위치한다.

① ㄱ, ㄴ   ② ㄱ, ㄷ   ③ ㄴ, ㄷ   ④ ㄴ, ㄹ   ⑤ ㄷ, ㄹ

정답 및 해설

정답해설 (가)는 '오대호 연안의 도시', '고층 빌딩들이 밀집한 도시 중심부' 등의 단서를 통해 미국의 시카고임을 알 수 있다. (나)는 '개선문', '낮은 건물들을 중심으로 형성된 도시 중심부'와 그림의 '에펠탑' 등의 단서를 통해 프랑스의 파리임을 알 수 있다.

ㄴ. 파리의 외곽에는 라 데팡스라 불리는 업무 중심지가 발달해 있다.

ㄹ. 시카고(가)는 미국 오대호 연안의 도시로 북부 아메리카에 위치하고, 파리(나)는 프랑스의 수도로 유럽에 위치한다.

오답피하기 ㄱ. 미국의 수도는 워싱턴 D.C.이다.

ㄷ. 중세 이전부터 오래된 역사를 가진 파리(나)는 오대호와 미시시피강을 연결하는 내륙 수운의 개발과 함께 도시로 성장한 시카고(가)보다 도시 발달의 역사가 길다.

정답 ④

[2024학년도 9월 모의고사]

1 그래프는 중·남부 아메리카 네 국가의 품목별 수출액 비율을 나타낸 것이다. (가)~(라) 국가에 대한 설명으로 옳지 <u>않은</u> 것은? (단, (가)~(라)는 각각 멕시코, 브라질, 아르헨티나, 칠레 중 하나임.)

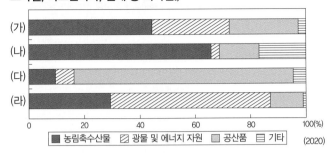

① (가)는 (라)보다 철광석 생산량이 많다.
② (나)는 (라)보다 국토 면적이 넓다.
③ (가)는 남·북반구에 걸쳐 있고, (다)는 북반구에 위치한다.
④ (나)와 (다)는 모두 종주 도시화 현상이 나타난다.
⑤ (가)와 (나)는 모두 (라)와 국경을 접하고 있다.

정답 및 해설

정답해설 (가)는 농림축수산물, 광물 및 에너지 자원, 공산품의 수출액이 비교적 고른 비율을 나타내는 브라질, (나)는 상대적으로 농림축수산물의 수출액 비율이 높은 아르헨티나, (다)는 공산품의 수출액 비율이 높은 멕시코, (라)는 구리 수출량이 많아 광물 및 에너지 자원의 수출액 비율이 높으므로 칠레이다.
⑤ 칠레(라)는 아르헨티나(나)와는 국경을 접하고 있지만 브라질(가)과는 국경을 접하고 있지 않다. 칠레와 브라질 사이에는 볼리비아가 있다.

오답피하기 ① 브라질(가)은 칠레(라)보다 철광석 생산량이 많다.
② 아르헨티나(나)는 칠레(라)보다 국토 면적이 넓다.
③ 브라질(가)은 남·북반구에 걸쳐 있고, 멕시코(다)는 북반구에 위치한다.
④ 아르헨티나(나)와 멕시코(다)는 모두 인구 규모 1위의 도시가 2위 도시보다 인구가 두 배 이상 많은 종주 도시화 현상이 나타난다.

정답 ⑤

[2024학년도 6월 모의고사]

2 다음 자료는 지도에 표시된 세 국가의 지리 정보를 나타낸 것이다. (가)~(다) 국가에 대한 설명으로 옳은 것만을 〈보기〉에서 고른 것은?

구분	총인구 (만 명)	국내 총생산 (백만 달러)	주요 수출품
(가)	20,833	429,899	석유
(나)	9,285	45,308	구리
(다)	255	14,930	다이아몬드

(2020)

● 보기 ●
ㄱ. (가)는 (나)보다 인구 밀도가 높다.
ㄴ. (다)는 (가)보다 1인당 국내 총생산이 많다.
ㄷ. (나), (다)는 모두 바다에 접해 있다.
ㄹ. (가)는 콩고 민주 공화국, (다)는 보츠와나이다.

① ㄱ, ㄴ   ② ㄱ, ㄷ   ③ ㄴ, ㄷ   ④ ㄴ, ㄹ   ⑤ ㄷ, ㄹ

정답 및 해설

정답해설 (가)는 인구 규모가 2억 명 이상이고, 주요 수출품이 석유인 것으로 보아 나이지리아이다. (다)는 인구 규모가 세 국가 중 가장 작고, 주요 수출품이 다이아몬드인 것으로 보아 보츠와나이다. 나머지 (나)는 주요 수출품이 구리인 콩고 민주 공화국이다.
ㄱ. 나이지리아(가)는 콩고 민주 공화국(나)보다 인구는 두 배 이상인 데 비해 국토 면적은 작으므로 인구 밀도가 높다.
ㄴ. 1인당 국내 총생산은 국내 총생산을 총인구로 나눈 값이다. 표에서 1인당 국내 총생산(국내 총생산/총인구)은 보츠와나(다)가 나이지리아(가)보다 많다.

오답피하기 ㄷ. 보츠와나(다)는 바다와 접하지 않은 내륙 국가이다.
ㄹ. (가)는 나이지리아, (나)는 콩고 민주 공화국, (다)는 보츠와나이다.

정답 ①

[2024학년도 6월 모의고사]

1 다음 글은 유럽 연합(EU)에 관한 것이다. ㉠~㉣에 대한 설명으로 옳은 것만을 〈보기〉에서 고른 것은?

> 두 차례 세계 대전을 겪은 유럽은 경제적 재건을 위해 유럽 석탄 철강 공동체를 결성하였다. 여기에는 ㉠벨기에, 프랑스를 포함한 6개국이 회원 국으로 참여하였다. 이 공동체는 ㉡영국 등이 동참하면서 ㉢유럽 공동체 로 확대된 후, 정치 및 경제 공동체를 지향하는 ㉣유럽 연합으로 이어졌다.

> • 보 기 •
> ㄱ. ㉠은 복수의 공용어를 사용하는 국가이다.
> ㄴ. ㉡은 2023년 현재 유럽 연합 비회원국이다.
> ㄷ. ㉣의 모든 국가는 유로화를 단일 화폐로 사용한다.
> ㄹ. ㉢, ㉣에는 모두 스위스가 회원국으로 참여했다.

① ㄱ, ㄴ   ② ㄱ, ㄷ   ③ ㄴ, ㄷ   ④ ㄴ, ㄹ   ⑤ ㄷ, ㄹ

정답 및 해설

정답해설 ㄱ. 벨기에는 네덜란드어, 프랑스어, 독 일어 등 복수의 공용어를 사용하는 국가로, 네덜란 드어를 사용하는 북부의 플랑드르 지방과 프랑스어 를 사용하는 남부의 왈로니아(왈롱) 지방의 언어권 간 갈등이 나타나고 있다.
ㄴ. 영국은 2020년 1월 유럽 연합을 탈퇴하였다.
오답피하기 ㄷ. 모든 유럽 연합 회원국이 유로화 를 단일 화폐로 사용하는 것은 아니다.
ㄹ. 스위스는 유럽 연합 가입국이 아니다. 스위스는 솅겐 조약에 가입하는 등 유럽 연합 국가들과 밀접 한 관계를 맺고 있지만, 통일성보다는 다양성을 존 중하는 역사와 전통을 가진 스위스 국민들은 몇 차 례 국민 투표에서 유럽 연합 가입을 반대해왔다.

정답 ①

[2024학년도 수능]

2 (가), (나)에 해당하는 국제 환경 협약/협정으로 옳은 것은?

> • 국제 사회는 폐기물 및 기타 물질의 투기로 인한 해양 오염을 방지하기 위한 목적으로 1972년에 (가) 을 체결하였다. 최근 인간 활동이 해양 환경에 미치는 영향이 증가하면서 다시 이 협약/협정의 중요성이 부각되 고 있다.
> • 국제 사회는 습지를 보호하기 위해 1971년에 (나) 을 체결하였다. 최 근 한 저명한 학술지는 바다와 숲은 물론 습지도 이산화 탄소의 주요 저 장고라는 연구 결과를 발표하면서 습지의 중요성을 재차 강조하였다.

	(가)	(나)
①	런던 협약	람사르 협약
②	런던 협약	바젤 협약
③	파리 협정	런던 협약
④	파리 협정	람사르 협약
⑤	람사르 협약	바젤 협약

정답 및 해설

정답해설 국제 사회가 폐기물 및 기타 물질의 투 기로 인한 해양 오염을 방지하기 위한 목적으로 1972년에 체결한 협약은 런던 협약(가)이고, 습지를 보호하기 위해 1971년에 체결한 협약은 람사르 협약 (나)이다.
오답피하기 바젤 협약(1989년)은 유해 폐기물의 국가 간 이동에 관한 규제를 목적으로 하는 국제 협 약이다. 파리 협정(2015년)은 교토 의정서를 대신하 는 기후 변화 협약으로, 선진국과 개발 도상국 모두 온실가스 감축을 포함한 포괄적인 대응에 동참하도 록 규정한 국제 협약이다.

정답 ①

입학홈페이지

CULTIVATING TALENTS, TRAINING CHAMPIONS

당신의 성공스토리

경복대학교가 도와드립니다

We help
you shape
your
success

경복대학교가
또 한번 앞서갑니다

6년 연속 **수도권 대학 취업률 1위** (졸업생 2천명 이상)

지하철 4호선 진접경복대역 **역세권 대학 / 무료통학버스 21대** 운영

전문대학 브랜드평판 전국 1위 (한국기업평판연구소, 2023. 5~11월)

연간 245억, **재학생 92% 장학혜택** (2021년 기준)

1,670명 규모 최신식 기숙사 (제2기숙사 2023.12월 완공예정)

연간 240명 **무료해외어학연수 / 4년제 학사학위 전공심화과정** 운영

Futuristic Innovator
경복대학교
KYUNGBOK UNIVERSITY

한국교육과정평가원
감수
본 교재는 2025학년도 수능
연계교재로서 한국교육과정
평가원이 감수하였습니다.

정답과 해설

수능특강

사회탐구영역
세계지리

2025학년도 수능 연계교재

본 교재는 대학수학능력시험을 준비하는 데 도움을 드리고자 사회과 교육과정을 토대로 제작된 교재입니다.
학교에서 선생님과 함께 교과서의 기본 개념을 충분히 익힌 후 활용하시면 더 큰 학습 효과를 얻을 수 있습니다.

서일에서 LEVEL UP

서일대학교 2025학년도 신입생모집

수시 1차	2024. 09. 09.(월) ~ 10. 02.(수)
수시 2차	2024. 11. 08.(금) ~ 11. 22.(금)
정 시	2024. 12. 31.(화) ~ 2025. 01. 14.(화)

01 세계화와 지역 이해

수능 기본 문제			본문 11~12쪽
01 ⑤	02 ④	03 ⑤	04 ⑤
05 ③	06 ②	07 ④	08 ④

01 세계화와 지역화의 특징 이해

문제 분석 정치, 경제, 사회, 문화 등 모든 부문에서 세계가 하나의 공동체로 통합되는 현상은 세계화(㉠)이다. 지역의 생활 양식이나 사회, 문화, 경제 활동 등이 세계적 차원에서 가치를 지니게 되는 현상은 지역화(㉣)이다.

정답 찾기 ⑤ 글로컬라이제이션(Glocalization)은 세계화와 지역화를 합성한 용어로, 세방화라고도 한다. 글로컬라이제이션은 세계화를 추구하면서도 각 지역의 고유한 의식, 문화, 기호, 행동 양식 등을 존중하는 전략이다. 따라서 글로컬라이제이션을 통해 세계화와 지역화의 효과를 동시에 높일 수 있다.

오답 피하기 ① 교통과 통신의 발달에 따른 시·공간의 압축으로 세계화(㉠)가 촉진되었다.

② 다국적 기업의 국제적 분업(㉡) 사례로는 특정 국가에 본사를 둔 다국적 기업이 세계 여러 국가의 지사 및 협력 업체로부터 부품을 공급받아 항공기를 생산하는 것 등이 있다.

③ 문화의 세계화(㉢)로 초국적 세계 문화가 형성되며, 이로 인해 문화의 획일화 및 소수 문화 쇠퇴 등과 같은 부정적 영향이 나타나기도 한다.

④ 지역화(㉣) 전략으로 장소 마케팅, 지역 브랜드화, 지리적 표시제 등이 있다.

02 지역화 전략의 특징 이해

문제 분석 독일의 뮌헨은 지리적 표시제로 등록된 맥주를 소재로 축제를 개최하여 장소 마케팅을 실시하고 있으며, 'simply MUNICH'라는 지역 브랜드를 개발하여 홍보하고 있다.

정답 찾기 ④ 독일의 뮌헨에서 시행되고 있는 지리적 표시제, 장소 마케팅, 지역 브랜드화 등은 세계화 시대의 다양한 지역화 전략에 해당한다.

오답 피하기 ① 세계화는 정치, 경제, 사회, 문화 등 모든 부문에서 세계가 하나의 공동체로 통합되는 현상으로, 교통과 통신의 발달이 주요 배경이 되었다.

② 권역은 세계를 나누는 가장 큰 규모의 공간 단위로, 자연적 지표, 문화적 지표, 기능적 지표 등에 따라 세계를 여러 권역으로 구분할 수 있다.

③ 다국적 기업의 현지화 전략은 다국적 기업이 목표 시장으로 하는 현지의 문화, 관습, 자연환경 등을 고려하여 재화나 서비스를 생산하는 전략을 말한다.

⑤ 세계화로 지구적 차원의 협력과 분업을 통한 생산성과 효율성이 커지고, 전 세계의 국가 및 지역 간 다양한 문화 교류가 증대되는 등의 긍정적 영향이 나타난다. 반면, 지역 간 빈부 격차가 커지고, 소수 문화가 쇠퇴하며 문화가 획일화되는 등의 부정적 영향도 나타난다.

03 티오(TO) 지도와 알 이드리시의 세계 지도 특징 이해

문제 분석 (가)는 티오(TO) 지도, (나)는 알 이드리시의 세계 지도이다.

정답 찾기 ⑤ 티오(TO) 지도와 알 이드리시의 세계 지도에는 모두 아프리카와 나일강이 각각 표현되어 있다.

오답 피하기 ① 티오(TO) 지도는 지구 구체설(球體說)을 바탕으로 제작된 지도가 아니다.

② 알 이드리시의 세계 지도는 중심부에 아라비아반도가 위치한다.

③ 티오(TO) 지도는 중앙에 예루살렘이 표현되어 있고, 지도 위쪽에 낙원(Paradise)이 표현되어 있다. 이를 통해 티오(TO) 지도에는 크리스트교의 세계관이 반영되어 있음을 알 수 있다. 알 이드리시의 세계 지도에는 중앙에 메카가 위치한 아라비아반도가 표현되어 있는 것으로 보아 이슬람교의 세계관이 반영되어 있음을 알 수 있다.

④ 티오(TO) 지도는 지도의 위쪽이 동쪽이며, 알 이드리시의 세계 지도는 지도의 위쪽이 남쪽이다.

04 메르카토르의 세계 지도 특징 이해

문제 분석 제시된 지도는 1569년에 유럽에서 제작된 메르카토르의 세계 지도이다.

정답 찾기 ⑤ 메르카토르의 세계 지도는 유럽의 아메리카 대륙 발견 이후 제작된 지도로 아메리카 대륙이 표현되어 있다. 따라서 (가)에 해당하는 글자는 'G'이다. 메르카토르의 세계 지도는 경선과 위선을 수직으로 교차하도록 표현하였다. 따라서 (나)에 해당하는 글자는 'I'이다. 메르카토르의 세계 지도는 저위도에서 고위도로 갈수록 대체로 실제 면적보다 확대되어 나타난다. 따라서 (다)에 해당하는 글자는 'S'이다. (가)~(다)에 해당하는 글자를 조합하면 'GIS'를 만들 수 있다.

05 혼일강리역대국도지도와 프톨레마이오스의 세계 지도의 특징 이해

문제 분석 (가)는 조선 전기에 우리나라에서 제작된 혼일강리역대국도지도이고, (나)는 150년경 로마 시대에 제작되었다고 알려져 있으며 15세기에 복원한 프톨레마이오스의 세계 지도이다.

정답 찾기 ③ 프톨레마이오스의 세계 지도는 지구 구체설(球體說)을 바탕으로 제작되었으며, 경선과 위신의 개념이 적용되었다.

오답 피하기 ① 혼일강리역대국도지도는 조선 전기 우리나라에서 제작된 세계 지도이다.

② 혼일강리역대국도지도는 지구 구체설(球體說)을 바탕으로 제작된 지도가 아니다.

④ 프톨레마이오스의 세계 지도에는 이슬람교의 세계관이 반영되어 있지 않다.

⑤ 혼일강리역대국도지도와 프톨레마이오스의 세계 지도에는 아메리카 대륙이 표현되어 있지 않다.

06 지리 정보의 특징 이해

문제 분석 어떤 장소나 지역에 대한 정보를 지리 정보라 한다. 지리 정보에는 장소의 위치와 형태를 나타내는 공간 정보, 장소가 가진 자연적·인문적 특성을 나타내는 속성 정보, 한 장소와 다른 장소 간의 인접성이나 계층성의 관계를 나타내는 관계 정보가 있다. 자료에 제시된 국가는 남반구의 중위도에 위치하며, 에스파냐어를 주요 언어로 사용하고, 크리스트교 신자 비율이 높은 아르헨티나이다.

정답 찾기 ㄱ. 국토 중앙의 위도가 남위 34°00′에 위치하는 것으로 보아 북반구에 위치한 우리나라와 계절이 정반대임을 알 수 있다.

ㄷ. ⓒ, ⓔ은 모두 속성 정보이며, 아르헨티나에서 주요 언어로 에스파냐어를 사용하고 크리스트교 신자 비율이 높은 것은 에스파냐의 식민 지배와 관련 있다.

오답 피하기 ㄴ. ㉠의 위도와 경도에 관한 지리 정보는 공간 정보이고, ⓒ의 인구에 관한 지리 정보는 속성 정보이다.

ㄹ. ⓔ의 크리스트교 신자 비율과 ⓜ의 우리나라와의 관계에 관한 정보는 원격 탐사를 통해 얻은 지리 정보로 볼 수 없다.

07 원격 탐사의 특징 이해

문제 분석 원격 탐사는 항공기, 인공위성 등을 이용하여 관측 대상과의 접촉 없이 먼 거리에서 지리 정보를 수집하는 방법이다. 따라서 차세대 중형 위성 1호(㉠)를 이용하여 지리 정보를 수집하는 것은 원격 탐사에 해당한다.

정답 찾기 ㄴ. 중국에서 발원하여 편서풍을 타고 이동하는 황사의 이동 경로는 원격 탐사를 통해 획득할 수 있는 지리 정보이다.

ㄹ. 인도네시아의 화산 폭발로 인한 화산재의 이동 범위는 원격 탐사를 통해 획득할 수 있는 지리 정보이다. 원격 탐사는 인간의 접근이 어려운 지역의 정보를 얻을 수 있다는 장점이 있다.

오답 피하기 ㄱ. 브라질의 민족(인종) 구성 비율은 인공위성을 통해 획득하기 어려운 지리 정보이다.

ㄷ. 소말리아의 기아 인구 비율과 기대 수명은 인공위성을 통해 획득하기 어려운 지리 정보이다.

08 세계 권역 구분의 다양한 지표 이해

문제 분석 권역은 세계를 나누는 가장 큰 규모의 공간적 단위로, 자연적 지표, 문화적 지표, 기능적 지표 등 다양한 요소로 구분할 수 있다. 권역의 특성은 자연적·인문적 특성이 어우러져 나타나며, 같은 권역 안에서도 다양한 특성이 나타날 수 있다.

정답 찾기 ④ 앵글로아메리카와 라틴 아메리카를 구분하는 경계인 ⓔ에는 '리오그란데강'이 들어가는 것이 적절하다.

오답 피하기 ① 세계 권역 구분의 자연적 지표(㉠)에는 위치, 지형, 기후, 식생, 수륙 분포 등 자연환경과 관련된 지표가 포함된다.

② 세계 권역 구분의 기능적 지표(ⓒ)는 기능의 중심이 되는 중심지와 그 배후지로 이루어지는 권역을 설정할 수 있는 지표이다.

③ 서로 다른 권역 사이의 경계에 양쪽의 특성이 혼재되어 나타나는 지역(ⓒ)을 점이 지대라 한다.

⑤ 북아메리카와 남아메리카(ⓜ)는 파나마 지협을 경계로 구분되며, 이는 자연적 지표(㉠)에 따른 권역 구분이다.

수능 실전 문제

본문 13~16쪽

1 ③	2 ③	3 ③	4 ②
5 ②	6 ②	7 ①	8 ⑤

1 세계화의 특징 이해

문제 분석 세계적인 오버더톱(OTT) 서비스 기업의 성장을 통해 세계화가 빠르게 진행되고 있음을 알 수 있다.

정답 찾기 ㄴ. 오버더톱(OTT) 서비스 기업이 전 세계 여러 국가에 서비스를 제공하고 있으며, 여러 국가의 새로운 콘텐츠 제작에 투자하는 것을 통해 국가 간 경제적 상호 의존도가 높아졌음을 알 수 있다.

ㄷ. 오버더톱(OTT) 서비스를 통해 일부 콘텐츠가 전 세계로 전파되어 초국적의 세계 문화를 형성할 가능성이 커졌다.

오답 피하기 ㄱ. 세계화가 진행되면서 국경의 의미는 약화되었다.

ㄹ. 자료에서는 서비스업 분야의 세계화가 활발히 나타나고 있으며, 서비스업보다 제조업 분야의 세계화가 활발히 나타나고 있음은 해당 자료를 통해 알 수 없다.

2 지역화 전략의 특징 이해

문제 분석 지역화 전략은 세계화에 대응하기 위해 경제적·문화적 측면에서 다른 지역과 차별화할 수 있는 계획을 마련하는 것을 의미하며, 지리적 표시제, 장소 마케팅, 지역 브랜드화 등이 이에 해당한다.

www.ebsi.co.kr

정답 찾기 ③ (가)는 프랑스의 리옹에서 'ONLY LYON'이라는 브랜드를 만들어 도시를 홍보하는 지역 브랜드화이다. 지역 브랜드화는 지역의 상품과 서비스, 축제 등을 브랜드로 인식시켜 지역 이미지를 높이고 지역 경제를 활성화하는 전략이다. (나)는 이탈리아의 시칠리아에서 레드 오렌지 재배에 적합한 지리적 특성을 활용하여 고유 상표로 인증받은 지리적 표시제이다. 지리적 표시제는 특정 지역의 지리적 특성을 반영한 상품이 그 지역에서 생산·가공되었음을 증명하고 표시하는 제도이다.

3 알 이드리시의 세계 지도, 티오(TO) 지도, 천하도의 특징 이해

문제 분석 알 이드리시의 세계 지도는 지도의 위쪽이 남쪽이며, 티오(TO) 지도는 지도의 위쪽이 동쪽이다. 천하도는 지도의 위쪽이 북쪽이다.

정답 찾기 갑 - 알 이드리시의 세계 지도는 지도의 위쪽이 남쪽이다. 하지만 자료에서 전시된 지도는 지도의 위쪽에 해당하는 아프리카가 아래쪽에 위치한다. 따라서 알 이드리시의 세계 지도를 시계 방향으로 180° 회전시켜 전시해야 한다.
을 - 티오(TO) 지도는 지도의 위쪽이 동쪽이며, 동쪽 끝에는 낙원(Paradise)이 표현되어 있다. 하지만 자료에서 전시된 지도는 낙원(Paradise)이 지도의 오른쪽에 위치한다. 따라서 티오(TO) 지도를 반시계 방향으로 90° 회전시켜 전시해야 한다.

오답 피하기 병 - 천하도는 지도의 위쪽이 북쪽이며, 자료에서 전시된 지도 역시 지도의 위쪽이 북쪽을 나타낸다. 따라서 천하도는 있는 그대로 전시하면 된다.

4 발트제뮐러의 세계 지도 특징 이해

문제 분석 발트제뮐러의 세계 지도는 자신이 발견한 대륙이 신대륙임을 깨달은 아메리고 베스푸치의 의견을 수용하여 '아메리카'라는 이름을 나타낸 최초의 세계 지도이다. 발트제뮐러는 프톨레마이오스의 지도 형식에 아메리고 베스푸치가 발견한 아메리카 대륙을 표현하여 세계 지도를 제작하였다.

정답 찾기 ㄱ. 발트제뮐러의 세계 지도를 보면 경선과 위선이 모두 표현되어 있음을 알 수 있다.
ㄷ. 발트제뮐러의 세계 지도는 지구가 둥글다는 것을 인식하고 신항로 개척이 진행되어 아메리카를 발견한 이후 제작된 지도이다. 따라서 해당 지도는 지구 구체설(球體說)을 바탕으로 제작되었다.

오답 피하기 ㄴ. 발트제뮐러의 세계 지도에는 대서양이 지도의 왼쪽에 위치하며, 인도양이 지도의 중앙부에 위치한다.
ㄹ. 발트제뮐러의 세계 지도를 보면 남아메리카보다 아프리카가 넓게 표현되어 있음을 알 수 있다.

5 메르카토르의 세계 지도, 프톨레마이오스의 세계 지도, 혼일강리역대국도지도의 특징 이해

문제 분석 A는 메르카토르의 세계 지도, B는 프톨레마이오스의 세계 지도, C는 혼일강리역대국도지도이다. 벤다이어그램에서 (가)에는 A만 해당되며, B와 C는 해당되지 않는 조건이 들어가야 한다. (나)에는 A와 B만 해당되며, C는 해당되지 않는 조건이 들어가야 한다.

정답 찾기 ② (가)에는 메르카토르의 세계 지도(A)에만 해당하는 조건이 들어가야 하며, 이에 해당하는 진술은 아메리카가 표현된 지도(ㄱ)이다. 제시된 지도 중 메르카토르의 세계 지도(A)에는 아메리카가 표현되어 있지만, 프톨레마이오스의 세계 지도(B)와 혼일강리역대국도지도(C)에는 아메리카 대륙이 표현되어 있지 않다. (나)에는 메르카토르의 세계 지도(A)와 프톨레마이오스의 세계 지도(B)에만 해당하는 조건이 들어가야 하며, 이에 해당하는 진술은 경선과 위선의 개념이 적용된 지도(ㄹ)이다. 제시된 지도 중 메르카토르의 세계 지도(A)와 프톨레마이오스의 세계 지도(B)는 경선과 위선의 개념이 적용되었지만, 혼일강리역대국도지도(C)에는 경선과 위선의 개념이 적용되지 않았다.

6 지리 정보의 종류와 수집 이해

문제 분석 지리 정보에는 장소의 위치와 형태를 나타내는 공간 정보, 장소가 가진 자연적·인문적 특성을 나타내는 속성 정보, 한 장소와 다른 장소 간의 인접성이나 계층성 등의 관계를 나타내는 관계 정보가 있다. 제시된 자료는 2023년 2월 발생한 튀르키예(터키) 남부 지진에 관한 것이다.

정답 찾기 ㄱ. 북위 37°14′, 동경 37°01′(㉠)은 장소의 위치를 위도와 경도로 나타낸 공간 정보이다.
ㄷ. 인공위성(㉣)을 통한 지리 정보 수집 방법은 접근이 어려운 지역의 지리 정보를 주기적으로 얻기에 유리한 원격 탐사에 해당한다.

오답 피하기 ㄴ. 7.8 규모의 지진(㉡)은 장소에서 벌어진 현상의 특성을 나타낸 속성 정보이다.
ㄹ. 사망자 수(㉢)는 주로 인공위성(㉣)을 통해 수집되는 정보로 볼 수 없다.

7 지리 정보 시스템의 중첩 분석 이해

문제 분석 지리 정보 시스템의 중첩 분석을 이용하여 위생 시설 개선 사업을 지원할 국가를 선정하는 문항이다. 지도의 A는 차드, B는 중앙아프리카 공화국, C는 콩고 민주 공화국, D는 잠비아, E는 보츠와나이다.

정답 찾기 ① 〈점수 산정 기준〉을 토대로 각 국가의 점수를 계산하면 다음 표와 같다.

정답과 해설 **3**

(단위: 점)

국가	최소한의 기본적인 식수 서비스를 제공받는 인구 비율	최소한의 기본 위생 서비스를 제공받는 인구 비율	노상에서 배변을 보는 인구 비율	합산 점수
A	3	3	3	9
B	3	3	2	8
C	3	3	1	7
D	2	2	1	5
E	1	1	1	3

합산 점수가 가장 높은 A(차드)가 위생 시설 개선 사업 지원 대상으로 가장 적합한 국가이다.

8 주요 국가의 지리 정보 분석

문제 분석 표에 제시된 자료를 통해 (가)는 가나, (나)는 우루과이, (다)는 포르투갈임을 알 수 있다.

정답 찾기 ⑤ 가나(가)는 아프리카, 우루과이(나)는 남아메리카, 포르투갈(다)은 유럽에 위치한다.

오답 피하기 ① 국토 중심의 위도, 경도(㉠)는 위치를 나타낸 공간 정보이며, 인구(㉡)는 속성 정보이다.

② 국토 중심의 위도가 적도에 가까운 (가)는 중위도에 위치한 (나)보다 기온의 연교차가 작다.

③ (나)는 (다)보다 인구는 적지만, 국토 면적은 넓다. 인구 밀도는 단위 면적당 인구수를 나타내는 지표로, (나)는 (다)보다 인구 밀도가 낮다.

④ (다)는 (가)보다 인구는 적지만, 국내 총생산은 많다. 따라서 1인당 국내 총생산은 (다)가 (가)보다 많다.

02 세계 기후 구분과 열대 기후

수능 기본 문제 본문 22~23쪽

01 ④ **02** ④ **03** ③ **04** ③
05 ① **06** ① **07** ④ **08** ⑤

01 대기 대순환의 특성 이해

문제 분석 (가)는 적도(열대) 수렴대가 적도 이북에 위치하는 6월, (나)는 적도(열대) 수렴대가 적도 이남에 위치하는 12월이다.

정답 찾기 ④ (나) 시기인 12월에 B는 적도(열대) 수렴대의 영향으로 우기가 나타나므로, (나) 시기 B는 A보다 대류성 강수의 발생 빈도가 높다.

오답 피하기 ① (가) 시기인 6월에는 적도(열대) 수렴대가 적도 이북으로 북상한 시기이므로 적도에서는 북동 무역풍보다 남동 무역풍이 우세하다. 따라서 (가) 시기 적도에서는 북풍 계열보다 남풍 계열의 바람이 우세하다.

② (나) 시기인 12월에는 남극권에서 북극권으로 갈수록 낮의 길이가 짧아진다.

③ (가) 시기인 6월에 B는 아열대 고압대의 영향을 받아 건기가 되므로, (가) 시기에 B는 A보다 아열대 고압대의 영향을 크게 받는다.

⑤ 북반구에 위치한 A는 (가) 시기인 6월이 (나) 시기인 12월보다 강수량이 많다.

02 기후 요소와 기후 요인 이해

문제 분석 특정한 지역에서 오랜 기간에 걸쳐 나타나는 대기의 평균적인 상태를 기후라 하며, 기온, 강수, 바람 등을 기후 요소라고 한다. 그리고 기후 요소의 지역적 차이를 가져오는 위도, 해발 고도, 지형, 해류 등을 기후 요인이라 한다.

정답 찾기 ④ 피스코와 쿠스코는 거의 동위도에 위치하지만, 피스코는 강수량이 매우 적은 사막 기후가 나타난다. 이는 피스코 주변으로 연중 한류가 흘러 상승 기류가 잘 형성되지 않기 때문이다. 따라서 피스코가 쿠스코보다 연 강수량이 적은 것에 영향을 미친 주된 기후 요인(㉠)은 해류이다. 또한 쿠스코는 연중 봄과 같은 상춘(常春) 기후가 나타나는데, 이는 쿠스코가 해발 고도가 높은 고산 도시이기 때문이다. 따라서 쿠스코가 피스코보다 연평균 기온이 낮은 것에 영향을 미친 주된 기후 요인(㉡)은 해발 고도이다.

03 기후 구분과 해당 기후 지역의 특징 이해

문제 분석 제시된 조건으로 기후형을 판별해 보면 연 강수량이 연 증발량보다 적은 (가)는 건조 기후이다. 연 강수량이 연 증발량보다 많으며 최한월 평균 기온이 18℃ 이상인 (마)는 열대 기후, 최한월 평균 기온이 −3℃ 이상~18℃ 미만인 (라)는 온대 기후이다. 연 강수량이 연 증발량보다 많고 최한월 평균 기온이 −3℃ 미만이며 최난월 평균 기온이 10℃ 이상인 (다)는 냉대 기후, 최난월 평균 기온이 10℃ 미만인 (나)는 한대 기후이다.

정답 찾기 ③ 냉대 기후는 열대 기후보다 고위도에서 나타나며, 기온의 연교차가 크다.

오답 피하기 ① 건조 기후는 사막 기후와 스텝 기후로 구분된다.
② 한대 기후는 건조 기후보다 아프리카 내에서 분포하는 면적이 좁다.
④ 온대 기후는 열대 기후보다 대체로 고위도에서 나타난다.
⑤ 건조 기후와 한대 기후는 무수목 기후이며, 열대 기후, 온대 기후, 냉대 기후는 수목 기후이다.

04 열대 우림 기후와 사바나 기후의 특징 이해

문제 분석 A는 아프리카의 콩고 분지, 동남아시아의 적도 부근, 남아메리카의 아마존 분지 등에 분포하는 열대 우림 기후 지역이다. B는 열대 우림 기후 지역 주변에 분포하는 사바나 기후 지역이다.

정답 찾기 ③ 열대 우림 기후 지역(A)은 연중 적도(열대) 수렴대의 영향을 받으며, 사바나 기후 지역(B)은 우기에만 적도(열대) 수렴대의 영향을 받는다. 따라서 열대 우림 기후 지역(A)은 사바나 기후 지역(B)보다 적도(열대) 수렴대의 영향을 많이 받는다.

오답 피하기 ① 열대 우림 기후 지역(A)은 연 증발량보다 연 강수량이 많다.
② 연중 우리나라의 봄과 같은 기후가 나타나는 지역은 열대 고산 기후 지역으로, 안데스 산지, 아비시니아고원 등지에 분포한다.
④ 열대 우림 기후 지역(A)은 사바나 기후 지역(B)보다 우기와 건기의 구분이 뚜렷하지 않다. 사바나 기후 지역은 우기에는 적도(열대) 수렴대의 영향을 받아 강수량이 많으며, 건기에는 아열대 고압대의 영향을 받아 강수량이 적다.
⑤ 사바나 기후 지역(B)은 열대 우림 기후 지역(A)보다 대체로 연 강수량이 적다. 열대 우림 기후 지역(A)은 연중 적도(열대) 수렴대의 영향으로 일 년 내내 비가 많이 내린다.

05 열대 기후와 열대 고산 기후의 특징 이해

문제 분석 열대 우림 기후는 연중 적도(열대) 수렴대의 영향으로 연 강수량이 많은 편이며, 사바나 기후는 우기와 건기의 구분이 뚜렷하다. 열대 고산 기후는 해발 고도의 영향으로 기온이 낮아 연중 우리나라의 봄과 같은 기후가 나타난다. 지도의 A는 열대 고산 기후가 나타나는 아디스아바바, B는 열대 우림 기후가 나타나는 싱가포르, C는 사바나 기후가 나타나는 다윈이다.

정답 찾기 ① (가)는 연중 월평균 기온이 15~20℃이며, 6~8월에 우기가 나타나는 북반구의 열대 고산 기후 지역(A)이다. (나)는 최한월 평균 기온이 18℃ 이상이며, 연중 고르게 비가 많이 내리는 열대 우림 기후 지역(B)이다. (다)는 최한월 평균 기온이 18℃ 이상이며, 12~2월에 우기가 나타나는 남반구의 사바나 기후 지역(C)이다.

06 열대 우림 기후와 사바나 기후의 강수 특징 이해

문제 분석 (가)는 11~3월에 우기가 나타나고, 6~8월에 건기가 나타나는 남반구의 사바나 기후 지역이다. (나)는 연중 강수량이 많은 열대 우림 기후 지역이다. (다)는 11~3월에 건기가 나타나고, 6~8월에 우기가 나타나는 북반구의 사바나 기후 지역이다.

정답 찾기 ㄱ. (가)는 남반구의 사바나 기후 지역, (다)는 북반구의 사바나 기후 지역이다.
ㄴ. 남반구의 사바나 기후 지역은 6~8월에 아열대 고압대의 영향으로 건기가 나타난다. 따라서 (가)는 (나)보다 6~8월에 아열대 고압대의 영향을 크게 받는다.

오답 피하기 ㄷ. 열대 우림 기후 지역(나)은 사바나 기후 지역(다)보다 건기와 우기의 구분이 뚜렷하지 않다.
ㄹ. 북반구에 위치한 (다)는 남반구에 위치한 (가)보다 1월 낮 길이가 짧다.

07 열대 기후 지역의 전통 가옥 특징 이해

문제 분석 열대 우림 기후 지역이나 열대 계절풍(몬순) 기후 지역에서는 많은 강수에 대비하여 지붕의 경사가 급하고, 지면에서 올라오는 열기와 습기를 차단하기 위해 가옥의 바닥을 지면에서 띄워 짓는 고상(高床) 가옥이 발달하였다.

정답 찾기 ④ 지붕의 경사가 급한 고상 가옥이 발달한 열대 기후 지역에서는 전통적으로 이동식 화전 농업을 통해 카사바, 얌 등을 재배한다.

오답 피하기 ① 지중해성 기후 지역에서는 주로 수목 농업을 통해 올리브, 포도 등을 재배한다.
② 툰드라 기후 지역에서는 전통적으로 순록의 먹이를 찾아 이동하는 유목이 행해진다.
③ 사막 기후 지역에서는 오아시스 농업을 통해 대추야자, 밀 등을 재배한다.
⑤ 서안 해양성 기후 지역에서는 곡물 재배와 가축 사육을 함께 하는 혼합 농업이 발달하였다.

08 플랜테이션 작물의 특징 이해

문제 분석 씨앗을 발효시켜서 말려 초콜릿의 원료로 사용하는 작물은 카카오이다. 카카오는 주로 열대 기후 지역에서 플랜테이션의 형태로 재배된다.

정답 찾기 ⑤ 카카오는 코트디부아르, 가나, 인도네시아, 브라질 등 적도 주변 열대 기후가 나타나는 국가에서 생산량이 많다.

오답 피하기 ① 이집트, 사우디아라비아, 이란, 알제리 등 건조 기후가 나타나는 국가에서 생산량이 많은데, 이는 대추야자의 국가별 생산 비율을 나타낸 것이다.
② 독일, 폴란드, 러시아, 벨라루스 등의 온대 및 냉대 기후가 나타나는 국가에서 생산량이 많은데, 이는 호밀의 국가별 생산 비율을 나타낸 것이다.

③ 중국, 인도, 방글라데시, 인도네시아 등의 계절풍 기후가 나타나는 국가에서 생산량이 많은데, 이는 쌀의 국가별 생산 비율을 나타낸 것이다.

④ 에스파냐, 이탈리아, 튀르키예(터키), 모로코 등의 지중해성 기후가 나타나는 국가에서 생산량이 많은데, 이는 올리브의 국가별 생산 비율을 나타낸 것이다.

수능 실전 문제　　　　　　　　　　　　　　본문 24~27쪽

| 1 ④ | 2 ④ | 3 ④ | 4 ③ |
| 5 ⑤ | 6 ③ | 7 ④ | 8 ⑤ |

1 기후 요소와 기후 요인 이해

문제 분석 특정한 지역에서 오랜 기간에 걸쳐 나타나는 대기의 평균적인 상태를 기후라 하며, 기온, 강수, 바람 등을 기후 요소라고 한다. 그리고 기후 요소의 지역적 차이를 가져오는 위도, 수륙 분포, 해발 고도, 지형, 해류, 대기 대순환 등을 기후 요인이라 한다.

정답 찾기 ④ (가) 동위도에서 해안 지역은 내륙 지역보다 대체로 기온의 연교차가 작다. 따라서 A가 B보다 기온의 연교차가 작은 것에 영향을 준 주된 기후 요인은 수륙 분포이다.

(나) C는 D보다 저위도에 위치함에도 불구하고 연평균 기온이 낮다. 이는 C가 아비시니아고원 일대에 위치하기 때문이다. 따라서 C가 D보다 연평균 기온이 낮은데 영향을 준 주된 기후 요인은 해발 고도이다.

(다) E는 대기 대순환에 따라 적도(열대) 수렴대가 형성되는 적도 주변에 위치하며, F는 하강 기류가 발생하는 아열대 고압대에 위치한다. 따라서 E가 F보다 연 강수량이 많은 것에 영향을 준 주된 기후 요인은 대기 대순환이다.

2 지역 간 기후 요소의 차이와 기후 요인 이해

문제 분석 체 게바라의 남아메리카 대륙 종단 여행 경로를 따라가면서 지역 간 기후 요소의 차이와 이에 영향을 준 기후 요인을 찾는 문항이다.

정답 찾기 ㄴ. 한류의 영향으로 사막 기후가 나타나는 C는 B보다 연 강수량이 적다.

ㄹ. 해발 고도가 높아 열대 고산 기후가 나타나는 D는 E보다 연평균 기온이 낮다.

오답 피하기 ㄱ. A는 편서풍의 비그늘 지역으로 건조 기후가 나타나며, 편서풍의 바람받이 지역인 B보다 연 강수일수가 적다.

ㄷ. C는 해발 고도가 높아 열대 고산 기후가 나타나는 D보다 1월 평균 기온이 높다.

3 각 기후의 대륙별 분포 특징 이해

문제 분석 (가)는 유라시아와 아프리카에서 넓게 분포하며, 오세아니아 내에서 가장 높은 비율을 차지하는 건조 기후이다. (나)는 유라시아와 북아메리카에 넓게 분포하는 냉대 기후이며, (다)는 아프리카와 남아메리카에 넓게 분포하는 열대 기후이다. (라)는 유라시아, 아프리카, 북아메리카, 남아메리카, 오세아니아에 상대적으로 고르게 분포하는 온대 기후이다. (마)는 유라시아와 북아메리카에 넓게 분포하며, 남극에서의 분포 범위가 상대적으로 넓은 한대 기후이다.

정답 찾기 ④ 온대 기후(라) 지역은 한대 기후(마) 지역보다 인간이 거주하기에 유리하며, 인구 밀도 또한 높다.

오답 피하기 ① 적도를 포함한 저위도 지역에 주로 분포하는 기후 지역은 열대 기후(다)이다.

② 연 강수량보다 연 증발량이 많은 기후 지역은 건조 기후(가)이다.

③ 열대 기후(다)는 기온의 연교차가 기온의 일교차보다 작다.

⑤ 한대 기후(마)는 열대 기후(다)보다 대체로 고위도에서 나타난다.

4 열대 기후와 열대 고산 기후의 특징 이해

문제 분석 (가)는 연중 우리나라의 봄과 같은 상춘(常春) 기후가 나타나는 열대 고산 기후 지역이다. (나)는 최한월 평균 기온이 18℃ 이상이며, 6~8월에 건기가 나타나는 남반구의 사바나 기후 지역이다. (다)는 최한월 평균 기온이 18℃ 이상이며, 연중 고온 다습한 열대 우림 기후 지역이다.

정답 찾기 ㄴ. (나)는 12~2월에 우기가 나타나며, 6~8월에 건기가 나타나는 남반구의 사바나 기후 지역이다.

ㄷ. 열대 고산 기후가 나타나는 (가)는 열대 우림 기후가 나타나는 (다)보다 해발 고도가 높다.

오답 피하기 ㄱ. (가)는 열대 고산 기후 지역이며, 계절풍의 영향이 크지 않아 벼농사가 활발히 이루어지지 않는다.

ㄹ. (가)~(다)는 모두 기온의 연교차가 기온의 일교차보다 작다.

5 누적 강수량을 통한 열대 기후 지역의 구분 이해

문제 분석 (가)는 12~2월에 건기가 나타나며, 6~8월에 우기가 나타나는 북반구의 열대 계절풍(몬순) 기후 지역이다. (나)는 연중 강수가 많은 열대 우림 기후 지역이다. (다)는 12~2월에 우기가 나타나며, 6~8월에 건기가 나타나는 남반구의 사바나 기후 지역이다.

정답 찾기 ⑤ (가)는 북반구에 위치한 열대 계절풍(몬순) 기후 지역이며, (다)는 남반구에 위치한 사바나 기후 지역이다.

오답 피하기 ① (가)는 열대 계절풍(몬순) 기후 지역이다.

② (다)는 남반구의 사바나 기후 지역으로, 벼농사가 활발히 이루어지지 않는다.

③ (가)는 (나)보다 적도(열대) 수렴대의 영향을 받는 기간이 짧다.

④ 연중 고온 다습한 열대 우림 기후가 나타나는 (나)는 사바나 기후가 나타나는 (다)보다 건기와 우기의 구분이 뚜렷하지 않다.

6 적도(열대) 수렴대의 이동과 저위도 지역의 강수 특색 이해

문제 분석 (가)는 적도 이북 지역의 강수량이 많고 적도 이남 지역의 강수량이 적은 7월, (나)는 적도 이남 지역의 강수량이 많고 적도 이북 지역의 강수량이 적은 1월이다. A는 사막 기후 지역, B는 북반구의 사바나 기후 지역, C는 남반구의 사바나 기후 지역이다.

정답 찾기 ③ C는 남반구의 사바나 기후 지역이며, 적도(열대) 수렴대가 북상한 7월에 남동 무역풍이 우세하게 나타난다.

오답 피하기 ① A는 사막 기후 지역으로, 연중 아열대 고압대의 영향을 크게 받는다.
② 북반구에 위치하며 사바나 기후가 나타나는 B에서는 1월에 건기, 7월에 우기가 나타난다.
④ 북반구 사바나 기후 지역에 해당하는 B는 남반구 사바나 기후 지역에 해당하는 C보다 7월에 아열대 고압대의 영향을 적게 받는다.
⑤ A는 B보다 북쪽에 위치하므로, A는 B보다 1월에 낮 길이가 짧다.

7 열대 기후 지역의 주민 생활 이해

문제 분석 자료에 제시된 캄보디아의 톤레사프 호수는 인도차이나반도에서 가장 규모가 크며, 계절풍의 영향으로 수위 변화가 크다.

정답 찾기 ④ 계절풍의 영향으로 12~2월에 건기가 나타나고, 6~8월에 우기가 나타나는 지역은 지도의 D이다.

오답 피하기 ① A는 동아프리카에 위치한 탕가니카호의 주변 지역이다. 탕가니카호는 단층호이며, 호수 주변은 대부분 남반구의 사바나 기후 지역에 속해 12~2월에 우기, 6~8월에 건기가 나타난다.
② B는 중앙아시아의 건조 기후 지역에 위치한 아랄해 주변 지역이다. 아랄해는 염호이며, 지나친 관개 농업으로 사막화가 진행되면서 호수 면적이 크게 감소하였다.
③ C는 냉대 기후 지역에 속한 바이칼호의 주변 지역이다. 바이칼호는 세계에서 담수량이 가장 많은 호수로 알려져 있다.
⑤ E는 오스트레일리아 내륙의 건조 기후 지역에 위치한 에어호 주변 지역이며, 에어호는 염호이다.

8 사하라 이남 아프리카의 시기별 산불(들불) 발생 면적 이해

문제 분석 사하라 이남 아프리카에서 산불(들불)은 사바나 기후 지역의 건기에 주로 발생한다. 따라서 12~2월에 산불(들불) 면적이 넓은 (가)는 사하라 이남 아프리카의 적도 이북 지역, 6~8월에 산불(들불) 면적이 넓은 (나)는 사하라 이남 아프리카의 적도 이남 지역이다.

정답 찾기 ㄷ. (나)는 (가)보다 1월에 우기가 나타나는 면적이 넓어 1월의 산불(들불)의 발생 면적이 좁다.
ㄹ. 적도(열대) 수렴대는 1~6월에 대체로 (나)에서 (가) 방향으로 북상하고, 7~12월에 대체로 (가)에서 (나) 방향으로 남하한다.

오답 피하기 ㄱ. (가)는 북반구, (나)는 남반구에 속한다.
ㄴ. (가)는 대체로 7월에 적도(열대) 수렴대의 영향을 받아 우기가 나타나며, 산불(들불) 발생 면적이 좁다.

03 온대 기후

01 유라시아 대륙 서안과 대륙 동안의 기후 특성 비교

문제 분석 위도와 경도 정보를 통해 (가)는 북반구 대륙 서안, (나)는 북반구 대륙 동안에 위치한 지역임을 알 수 있다. (가)는 (나)보다 1월 평균 기온이 높고, 연 강수량 대비 6~8월 강수량이 적어 여름 강수 집중률이 낮다.

정답 찾기 ㄱ. (가)는 지중해성 기후가 나타나 여름이 고온 건조하다.
ㄴ. 겨울에는 대륙이 해양보다 빨리 냉각된다. 따라서 대륙 동안에 위치한 (나)는 겨울에 대륙에서 해양으로 부는 한랭 건조한 계절풍의 영향을 받는다.

오답 피하기 ㄷ. 대륙 서안에 위치하여 편서풍의 영향을 강하게 받는 (가)는 계절풍의 영향을 강하게 받는 (나)보다 기온의 연교차가 작다.
ㄹ. 경엽수는 건조한 기후에 적응한 단단한 잎을 가진 수종이다. 지중해성 기후가 나타나는 (가)가 온대 계절 건조 기후가 나타나는 (나)보다 경엽수림 분포 면적 비율이 높다.

02 온대 기후 지역의 농업 특성 이해

문제 분석 온대 기후 지역은 대체로 기온이 온화하고 연 강수량이 500mm 이상으로, 지역에 따라 수목 농업, 이목, 혼합 농업, 벼농사 등 다양한 형태의 농목업 활동이 이루어진다.

정답 찾기 ㄴ. 이목(ⓒ)은 여름에는 서늘한 고지대의 초지에서 가축을 방목하고, 겨울에는 온난한 저지대로 이동하여 가축을 사육하는 목축 방식이다.
ㄹ. 여름철에 강수가 집중(ⓜ)되면 계절별 하천의 유량 변동이 커서 내륙 수운 교통 발달에 불리하다.

오답 피하기 ㄱ. ⑤은 올리브, 오렌지, 포도 등 고온 건조한 여름 기후에 대한 적응력이 높은 작물을 재배하는 수목 농업이다. ⓔ은 가축 사육과 식량 작물 및 사료용 작물 재배가 함께 이루어지는 혼합 농업이다.
ㄷ. 서안 해양성 기후 지역은 연중 바다에서 불어오는 편서풍의 영향을 받아 계절별 강수량이 고른 편이다.

03 지형성 강수가 많은 지역의 특성 이해

문제 분석 지도에 표시된 A, C 지역은 각각 노르웨이 스칸디나

정답과 해설

비아산맥의 바람받이 사면과 뉴질랜드 남알프스산맥의 바람받이 사면에 위치한 곳으로, 공통적으로 지형성 강수가 많다.

정답 찾기 ⑤ 지형성 강수는 산지에서 바람이 불어 올라가는 사면에 내리는 강수로, A, C 지역 모두 편서풍과 지형의 영향을 받는 곳이다.

04 지중해성 기후 지역의 기후 특성 파악

문제 분석 밑줄 친 '이 지역'은 여름에 고온 건조하고 올리브 재배 등 수목 농업이 이루어지고 있는 지중해성 기후가 나타난다.

정답 찾기 ④ 지중해성 기후 지역은 여름에 아열대 고압대의 영향을 받아 기온이 높고 강수량이 적어 건조하다.

오답 피하기 ① 열대 기후 지역의 기온 특성이다.
② 연중 고온 다습한 아시아 일부 지역에서 가능하다.
③ 서안 해양성 기후 지역의 강수 특성이다.
⑤ 대륙 동안이 대륙 서안보다 열대 저기압의 영향을 빈번하게 받는다.

05 서안 해양성 기후, 온대 겨울 건조 기후, 지중해성 기후의 기온과 강수 특성 비교

문제 분석 지도에 표시된 A는 서안 해양성 기후, B는 지중해성 기후, C는 온대 겨울 건조 기후가 나타난다.

정답 찾기 ⑤ (가)는 북반구가 여름인 6~8월에 누적 강수량의 증가가 많으므로 여름에 고온 다습하고 겨울에 건조한 온대 겨울 건조 기후가 나타나는 C에 해당한다. (나)는 북반구가 여름인 6~8월의 누적 강수량 증가가 적으므로 여름에 건조한 지중해성 기후가 나타나는 B에 해당한다. (다)는 최난월 평균 기온이 22℃ 미만이며 연중 월별 누적 강수량이 고르게 증가하므로 서안 해양성 기후가 나타나는 A에 해당한다.

06 온대 기후의 분포 특성 이해

문제 분석 지도에 표시된 (가)는 온대 겨울 건조 기후, (나)는 온난 습윤 기후, (다)는 지중해성 기후, (라)는 서안 해양성 기후가 나타나는 지역이다.

정답 찾기 ㄷ. 온난 습윤 기후(나)는 최난월 평균 기온이 22℃ 미만인 서안 해양성 기후(라)보다 최난월 평균 기온이 높다.
ㄹ. 여름이 건조한 지중해성 기후(다)는 연중 습윤한 온난 습윤 기후(나)보다 여름 강수 집중률이 낮다.

오답 피하기 ㄱ. 혼합 농업은 곡물 재배와 가축 사육을 함께하는 농업 형태로, 서안 해양성 기후(라) 지역에서 활발하게 이루어진다.
ㄴ. 지중해 연안에 널리 분포하는 기후는 지중해성 기후(다)이다.

07 서안 해양성 기후 지역과 지중해성 기후 지역의 기온 및 강수 특성 비교

문제 분석 (가) 시기는 북회귀선 부근이 남회귀선 부근보다 태

양 고도가 높은 6월이다. 지도에 표시된 A는 북반구 서안 해양성 기후, B는 남반구 지중해성 기후가 나타난다.

정답 찾기 ① 6월에 A는 평균 기온이 22℃ 미만이고, 강수량이 45mm 이상으로 건기가 나타나지 않는다. B는 A보다 기온이 낮고 강수량이 약 90mm 정도로 강수량이 많다. 따라서 6월 기준으로 A는 북반구 서안 해양성 기후, B는 남반구 지중해성 기후의 특징이 나타난다.

오답 피하기 ② A는 12월의 북반구 서안 해양성 기후, B는 12월의 남반구 지중해성 기후의 특징이 나타난다.
③ A는 6월의 북반구 지중해성 기후, B는 6월의 남반구 지중해성 기후의 특징이 나타난다.
④ A는 6월의 북반구 서안 해양성 기후, B는 6월의 북반구 지중해성 기후의 특징이 나타난다.
⑤ A는 6월에 평균 기온은 22℃ 미만이지만 강수량이 약 12mm로 건기가 나타난다. B는 6월의 북반구 서안 해양성 기후의 특징이 나타난다.

08 서안 해양성 기후, 온난 습윤 기후, 온대 겨울 건조 기후, 지중해성 기후의 기온 및 강수 특성 파악

문제 분석 지도에 표시된 A는 북반구 서안 해양성 기후, B는 북반구 온대 겨울 건조 기후, C는 남반구 지중해성 기후, D는 남반구 온난 습윤 기후가 나타난다.

정답 찾기 ② 1월 평균 기온이 7월 평균 기온보다 높은 (나), (다)는 남반구, 7월 평균 기온이 1월 평균 기온보다 높은 (가), (라)는 북반구에 위치한다. (가)는 12~2월과 6~8월의 강수량 차이가 작고 7월 평균 기온이 22℃ 미만이므로 연중 강수가 고른 서안 해양성 기후가 나타나며, A에 해당한다. (나)는 12~2월과 6~8월의 강수량 차이가 비교적 작고 1월 평균 기온이 22℃ 이상이므로 강수량의 계절 분포가 비교적 고른 온난 습윤 기후가 나타나며, D에 해당한다. (다)는 남반구가 여름인 12~2월 강수량이 겨울인 6~8월 강수량보다 적으므로 지중해성 기후가 나타나며, C에 해당한다. (라)는 북반구가 여름인 6~8월 강수량이 겨울인 12~2월보다 많으므로 겨울이 건조한 온대 겨울 건조 기후가 나타나며, B에 해당한다.

수능 실전 문제 본문 34~36쪽

1 ② 2 ④ 3 ③ 4 ①
5 ② 6 ③

1 서안 해양성 기후, 지중해성 기후, 온난 습윤 기후 지역의 특성 이해

문제 분석 (가)는 상대적으로 여름이 무더운 특성이 나타나는 온난 습윤 기후 지역, (나)는 연중 비가 자주 내리는 특성이 나타

나는 서안 해양성 기후 지역, (다)는 여름이 덥고 건조한 특성이 나타나는 지중해성 기후 지역이다.

정답 찾기 갑 – 지중해성 기후 지역(다)은 아열대 고압대의 영향을 받는 여름이 겨울보다 고온 건조한 특성이 나타난다.
병 – 혼합 농업은 가축 사육과 식량 작물 및 사료용 작물 재배가 함께 이루어지는 형태의 농업이다. 서안 해양성 기후 지역(나)은 서늘한 여름 기후로 인해 목초지 조성이 유리하여 지중해성 기후 지역(다)보다 혼합 농업이 활발하게 이루어진다.

오답 피하기 을 – 대륙 서안에 주로 분포하는 서안 해양성 기후 지역(나)은 대륙 동안에 주로 분포하는 온난 습윤 기후 지역(가)보다 편서풍의 영향을 크게 받는다.
정 – 온난 습윤 기후 지역(가)은 주로 대륙 동안에 분포하고, 지중해성 기후 지역(다)은 주로 대륙 서안에 분포한다.

2 서안 해양성 기후, 온대 겨울 건조 기후, 지중해성 기후의 기온과 강수 특성 비교

문제 분석 지도에 표시된 A는 북반구 서안 해양성 기후, B는 북반구 온대 겨울 건조 기후, C는 남반구 지중해성 기후가 나타난다.

정답 찾기 ㄱ. 7월 낮 길이는 남극권에서 북극권으로 갈수록 대체로 길어진다. 따라서 7월 낮 길이는 A>B>C 순으로 길다.
ㄴ. 1월 평균 기온은 남반구에 위치한 C가 가장 높고, A, B 중 대륙 서안에 위치한 A가 B보다 높다.
ㄷ. 여름 강수량 비율은 겨울이 건조한 B, 연중 강수가 고른 A, 여름이 건조한 C 순으로 높다.

오답 피하기 ㄹ. 기온의 연교차는 대륙 동안에 위치한 B가 가장 크고, A, C 중 상대적으로 고위도에 위치한 A가 C보다 크다.

3 온난 습윤 기후, 지중해성 기후의 기온 및 강수 특성 파악

문제 분석 지도에 표시된 세 지역은 북반구 지중해성 기후가 나타나는 메시나, 남반구 온난 습윤 기후가 나타나는 로차, 남반구 지중해성 기후가 나타나는 케이프타운이다. (가)~(다) 중 7월 평균 기온이 1월 평균 기온보다 높은 (나)는 북반구에 위치하고, 1월 평균 기온이 7월 평균 기온보다 높은 (가), (다)는 남반구에 위치한다. (가)는 일 년 내내 강수량이 비교적 고르게 증가하므로 로차, (나)는 북반구가 여름인 6~8월의 강수량 증가가 적으므로 메시나, (다)는 남반구가 여름인 12~2월의 강수량 증가가 적으므로 케이프타운이다.

정답 찾기 ㄴ. 남반구 지중해성 기후가 나타나는 (다)는 여름(12~2월)보다 겨울(6~8월)에 강수량이 많다.
ㄷ. 약 38°11′N에 위치한 (나)는 약 34°29′S에 위치한 (가)보다 남회귀선(약 23°26′S)과의 최단 거리가 멀다.

오답 피하기 ㄱ. (가)는 남아메리카에 위치한다.
ㄹ. (가)~(다) 중 7월에 아열대 고압대의 영향을 가장 많이 받는 지역은 북반구 지중해성 기후가 나타나는 (나)이다.

4 서안 해양성 기후, 온난 습윤 기후, 지중해성 기후의 기온 및 강수 특성 파악

문제 분석 지도에 표시된 A는 북반구 지중해성 기후, B는 북반구 온난 습윤 기후, C는 남반구 서안 해양성 기후가 나타난다. (가)~(다) 중 7월 기온 편차 값이 1월 기온 편차 값보다 큰 (가), (나)는 북반구에 위치하고, 1월 기온 편차 값이 7월 기온 편차 값보다 큰 (다)는 남반구에 위치한다.

정답 찾기 ① (가)는 북반구가 여름인 7월의 강수량 편차 값이 약 –42mm이고 겨울인 1월의 강수량 편차 값이 약 57mm로, 여름에 건조한 A에 해당한다. (나)는 연중 월 강수 편차 값의 차이가 40mm 이내로 비교적 강수가 고르고, (가)에 비해 7월과 1월의 월 기온 편차 값 차이가 크므로 B에 해당한다. (다)는 연중 월 강수 편차 값의 차이가 40mm 이내로 비교적 강수가 고르므로 C에 해당한다.

5 서안 해양성 기후, 온대 겨울 건조 기후, 지중해성 기후의 위치에 따른 낮 길이 및 강수 특성 이해

문제 분석 지도에 표시된 세 지역은 북반구 서안 해양성 기후가 나타나는 런던, 북반구 온대 겨울 건조 기후가 나타나는 칭다오, 남반구 지중해성 기후가 나타나는 케이프타운이다. A~C 중 1월과 7월의 강수량 차이가 가장 작은 B는 런던이고, 런던의 낮 길이가 긴 (가) 시기는 7월, 짧은 (나) 시기는 1월이다. 북반구가 여름인 7월(가) 강수량이 1월(나)보다 많은 A는 칭다오, 남반구가 여름인 1월(나) 강수량이 7월(가)보다 적은 C는 케이프타운이다.

정답 찾기 ② 남반구에 위치한 C는 7월(가)보다 1월(나)의 평균 기온이 높다.

오답 피하기 ① 수목 농업은 지중해성 기후 지역에서 활발하다.
③ 대륙 서안에 위치한 B는 대륙 동안에 위치한 A보다 열대 저기압으로 인한 풍수해의 빈도가 낮다.
④ 대륙 동안에 위치한 A는 아프리카 남서단에 위치한 C보다 계절풍의 영향을 많이 받는다.
⑤ 1월 낮 길이는 C>A>B 순으로 길다.

6 서안 해양성 기후, 온대 겨울 건조 기후, 지중해성 기후의 기온 및 강수 특성 파악

문제 분석 지도에 표시된 네 지역은 북반구 서안 해양성 기후가 나타나는 파리, 북반구 온대 겨울 건조 기후가 나타나는 칭다오, 북반구 지중해성 기후가 나타나는 샌프란시스코, 남반구 지중해성 기후가 나타나는 퍼스이다. (가)는 기온의 연교차가 가장 크고, 6~8월 강수량 비율이 가장 높으므로 대륙 동안에 위치한 칭다오이다. (나)는 일 년 내내 강수량이 비교적 고르므로 대륙 서안에 위치한 파리이다. (다)는 북반구가 여름인 6~8월의 강수량 비율이 매우 낮으므로 샌프란시스코이다. (라)는 남반구가 여름인 12~2월의 강수량 비율이 매우 낮으므로 퍼스이다.

③ 약 37°37′N에 위치한 (다)는 약 31°55′S에 위치한 (라)보다 북회귀선(약 23°26′N)과의 최단 거리가 가깝다.

오답 피하기 ① 온대 겨울 건조 기후가 나타나는 (가)는 지중해성 기후가 나타나는 (라)보다 겨울 강수 집중률이 낮다.

② 서안 해양성 기후가 나타나는 (나)는 온대 겨울 건조 기후가 나타나는 (가)보다 계절별 강수 분포가 고르기 때문에 계절에 따른 하천 수위의 변동 폭이 작다.

④ (가)와 (다)는 모두 북반구에 위치하기 때문에 1월이 7월보다 평균 기온이 낮다.

⑤ (나)는 유라시아 대륙에 위치하지만, (라)는 오세아니아 대륙에 위치한다.

04 건조 및 냉·한대 기후와 지형

수능 기본 문제 본문 42~43쪽

| 01 ④ | 02 ⑤ | 03 ② | 04 ③ |
| 05 ② | 06 ① | 07 ⑤ | 08 ② |

01 사막 기후 및 툰드라 기후 지역의 분포 특성 이해

문제 분석 A는 툰드라 기후 지역, B는 사막 기후 지역이다. 툰드라 기후는 최난월 평균 기온이 0~10℃로, 북극해 주변 및 일부 고산 지역에 나타난다. 사막 기후는 연 강수량보다 연 증발량이 많으며, 연 강수량이 250mm 미만이다. 바다로부터 멀리 떨어진 중위도 대륙 내부, 아열대 고압대의 영향을 많이 받는 남·북회귀선 부근, 한류의 영향을 받는 아프리카 남서부 및 남아메리카 서부 등은 사막 기후가 나타난다.

정답 찾기 ④ 사막 기후는 연 강수량보다 연 증발량이 많으나, 툰드라 기후는 연 강수량이 연 증발량보다 많다.

오답 피하기 ① 복합 선상지인 바하다는 건조 기후 지역에 발달하는 대표적인 지형이다.

② 순록의 유목은 툰드라 기후 지역에서 활발하게 이루어진다. 아시아와 아프리카의 스텝 기후 지역에서는 양, 염소 등의 유목이 이루어진다.

③ 외래 하천은 다른 기후 지역에서 발원하여 사막 등 건조한 지역을 통과해 흐르는 하천으로, 외래 하천을 이용한 관개 농업은 건조 기후 지역에서 활발하게 이루어진다.

⑤ 한대 기후와 건조 기후는 무수목 기후이다.

02 건조 기후 지역에 발달하는 주요 지형 특성 이해

문제 분석 A는 사구, B는 플라야호, C는 선상지, D는 버섯바위이다. 건조 기후 지역은 바람에 의한 침식·운반·퇴적 작용이 활발하게 일어나며, 간헐적으로 내리는 비에 의해 포상홍수 침식 및 퇴적 작용이 일어난다. 사구와 버섯바위는 바람에 의해, 플라야호와 선상지는 유수(流水)에 의해 형성된 지형이다.

정답 찾기 ㄷ. 바람의 퇴적 작용으로 형성된 사구보다 유수(流水)의 퇴적 작용으로 형성된 선상지가 구성 물질의 평균 입자 크기가 크다.

ㄹ. 사구는 바람에 날린 모래가 쌓여 형성된 모래 언덕이며, 버섯바위는 바람에 날린 모래가 바위의 아랫부분을 깎아서 형성된 버섯 모양의 바위이다.

오답 피하기 ㄱ. 플라야호의 물은 염도가 높아서 농업용수로 사용하기 어렵다.

ㄴ. 바르한은 초승달 모양의 사구이다.

03 건조 기후 지역의 주민 생활 이해

문제 분석 건조 아시아와 북부 아프리카의 건조 기후 지역에서는 지하 관개 수로를 이용하여 필요한 물을 확보하였으며, 풀과 물을 찾아 이동하면서 양·염소 등의 가축을 키우는 유목이 이루어졌다. 그리고 건조 기후 지역의 주민들은 소량의 물로 만들 수 있고 저장하기 유리한 납작한 빵을 주로 먹는다.

정답 찾기 ② 건조 기후 지역은 기온의 일교차가 매우 크고 일사가 강하기 때문에 전통 가옥은 창문이 작고 벽이 두껍다.

오답 피하기 ① 강수량이 적은 건조 기후 지역의 전통 가옥은 지붕이 평평하다.
③ 건조 기후는 나무가 자라기 어려운 무수목 기후로, 건조 기후 지역의 전통 가옥은 나무를 주요 재료로 사용하여 만들지 않는다. 침엽수는 주로 냉대 기후 지역에서 자란다.
④ 바닥을 지면에서 높이 띄운 고상 가옥은 열대 기후 및 툰드라 기후 지역에서 볼 수 있다.
⑤ 라테라이트는 열대 기후 지역에 주로 분포하는 붉은색의 토양으로, 이것으로 만든 벽돌로 지은 집은 열대 기후 지역에서 볼 수 있다.

04 사막의 형성 원인 이해

문제 분석 사막은 여러 가지 원인에 의해서 형성된다. 한류의 영향으로 지표면 기온이 낮아 상승 기류가 발달하기 어려운 경우 구름이 잘 형성되지 못하고, 연 강수량이 적어 사막이 발달하기도 한다.

정답 찾기 ③ B는 아프리카 남서부 해안의 나미브 사막, C는 남아메리카 서부의 아타카마 사막이다. 나미브 사막과 아타카마 사막은 한류의 영향으로 대기가 안정되어 상승 기류가 발달하기 어려운 지역에 발달한 사막이다.

오답 피하기 A는 아열대 고압대의 영향으로 형성된 사하라 사막이고, D는 탁월풍이 부는 안데스 산지의 비그늘에 위치한 파타고니아 사막이다.

05 스텝 기후와 툰드라 기후의 기온 및 강수 특성 파악

문제 분석 (가)는 툰드라 기후, (나)는 스텝 기후가 나타난다. 툰드라 기후도 스텝 기후처럼 연 강수량이 적은데, (가), (나)는 모두 연 강수량이 500mm 미만이다. 그리고 (가)는 최난월 평균 기온이 약 6℃이며, 최한월 평균 기온이 약 −24℃이다. (나)는 최난월 평균 기온이 약 25℃이며, 최한월 평균 기온이 약 15℃이다.

정답 찾기 ② 북극해 주변에 위치해 있는 A는 툰드라 기후가, 아프리카 남서부 해안의 나미브 사막 주변에 위치한 C는 스텝 기후가 나타난다.

오답 피하기 B는 냉대 습윤 기후가, D는 온난 습윤 기후가 나타난다.

06 툰드라 기후 지역의 지형 및 주민 생활 특성 이해

문제 분석 촬영 내용의 지형은 구조토이다. 구조토는 토양의 동결과 융해에 따라 지표면에서 물질의 분급이 일어나 형성된 다각

형의 지형으로, 툰드라 기후 지역 및 고산 지역에 주로 발달해 있다. 촬영 내용의 가옥은 고상 가옥이다. 툰드라 기후 지역에서는 기온이 0℃ 이상으로 상승하는 여름에 토양층의 융해로 건축물이 붕괴되는 것을 막기 위해 기둥을 세워 지표면으로부터 일정한 높이로 띄워 가옥을 짓는다.

정답 찾기 ① 툰드라 기후 지역에서는 순록 유목이나 수렵·어업 활동이 이루어진다.

오답 피하기 ② 벼농사는 주로 계절풍의 영향을 받는 아시아에서 이루어지며, 툰드라 기후 지역은 기온이 낮아 농업이 거의 불가능하다.
③ 불을 질러 밭을 만들어 농작물을 재배하는 농업은 이동식 경작이다. 이동식 경작은 주로 열대 기후 지역에서 이루어진다.
④ 상록 활엽수는 주로 열대 기후 지역 및 겨울 기온이 높은 지역에 분포한다. 툰드라 기후는 나무가 자라기 어려운 무수목 기후이다.
⑤ 관개 시설로 밀을 재배하는 모습은 주로 건조 기후 지역에서 볼 수 있다.

07 주요 빙하 지형의 특성 이해

문제 분석 〈설명 1〉은 피오르로, 빙하의 침식으로 형성된 U자 모양의 골짜기가 해수면 상승으로 바닷물에 잠겨 형성된 좁고 긴 만이다. 〈설명 2〉는 에스커로, 빙하 밑을 흐르는 융빙수에 의해 운반되던 물질이 퇴적되어 형성된 제방 모양의 지형이다.

정답 찾기 ⑤ 피오르와 에스커를 〈글자판〉에서 지운 후 남은 글자는 드럼린이다. 드럼린은 빙하 운반 물질이 쌓여 형성된 지형으로, 숟가락을 엎어 놓은 모양의 언덕이다.

오답 피하기 ① 본류 빙식곡에 합류하는 지류 빙식곡은 현곡이다.
② 빙식곡 상류부에 형성된 반원형의 와지는 권곡이다.
③ 빙하의 침식으로 형성된 뾰족한 봉우리는 호른이다.
④ 빙하의 후퇴로 빙퇴석이 남아 형성된 평원은 빙력토 평원이다.

08 냉대 기후의 특성 이해

문제 분석 냉대 기후는 강수 특성에 따라 냉대 습윤 기후와 냉대 겨울 건조 기후로 구분할 수 있는데, ⓒ은 냉대 습윤 기후, ⓔ은 냉대 겨울 건조 기후이다.

정답 찾기 ㄱ. 냉대 기후는 최한월 평균 기온이 −3℃ 미만이고, 최난월 평균 기온이 10℃ 이상이다.
ㄹ. 냉대 습윤 기후는 동부 유럽~시베리아 중·서부, 캐나다 등에 분포하며, 냉대 겨울 건조 기후는 시베리아 동부, 중국 북동부 등에 분포한다. 북아메리카에서의 분포 면적은 냉대 습윤 기후가 냉대 겨울 건조 기후보다 넓다.

오답 피하기 ㄴ. 포드졸은 유기물이 적은 척박한 토양이다. 유기물이 풍부하여 비옥한 대표적인 토양으로 체르노젬이 있다.
ㄷ. 경엽수림은 주로 지중해성 기후 지역에 분포한다. 냉대 습윤 기후 지역에는 침엽수림이 넓게 분포하며, 일부 냉대 습윤 기후 지역에서는 혼합림이 분포하기도 한다.

정답과 해설

본문 44~47쪽

1 ④	**2** ②	**3** ③	**4** ①
5 ①	**6** ⑤	**7** ④	**8** ④

1 냉대 및 한대 기후 지역의 특성 파악

문제 분석 A는 냉대 겨울 건조 기후, B는 냉대 습윤 기후, C는 툰드라 기후, D는 빙설 기후이다. 냉대 겨울 건조 기후는 시베리아 동부와 중국 북동부 등에, 냉대 습윤 기후는 동부 유럽과 시베리아 중·서부 등에, 툰드라 기후는 북극해 주변과 일부 고산 지대에, 빙설 기후는 그린란드 내륙과 남극 대륙 등에 나타난다.

정답 찾기 ④ 유라시아 대륙 동안의 냉대 겨울 건조 기후는 유라시아 대륙 서안의 냉대 습윤 기후보다 기온의 연교차가 크다.

오답 피하기 ① A는 유라시아 대륙 동안에 위치한다. B가 유라시아 대륙 서안에 위치한다.
② 포드졸은 주로 냉대 기후 지역에 분포하며, 툰드라 기후 지역에 분포하지 않는다.
③ 빙하로 덮여 있는 그린란드 내륙에는 빙력토 평원이 넓게 분포하지 않는다.
⑤ 지도에 표시된 네 지역 중 가장 고위도에 위치한 그린란드 내륙이 7월 낮 길이가 가장 길다.

2 주요 사막의 특성 이해

문제 분석 (가)는 타커라마간(타클라마칸) 사막으로, 바다로부터 멀리 떨어진 대륙 내부에 위치하여 습윤한 바람이 미치지 못해 발달한 사막이다. (나)는 나미브 사막으로, 한류의 영향으로 대기가 안정되어 발달한 사막이다. (다)는 사하라 사막으로, 아열대 고압대의 영향으로 발달한 사막이다.

정답 찾기 ㄱ. 타커라마간(타클라마칸) 사막은 북반구 중위도에 있으므로 1월보다 7월 낮 길이가 길다.
ㄷ. 나미브 사막은 대륙 내부에 위치한 타커라마간(타클라마칸) 사막보다 사막 형성에 한류가 끼친 영향이 크다.

오답 피하기 ㄴ. 오스트레일리아의 대찬정 분지에서는 찬정 개발로 목양 지역이 확대되었다.
ㄹ. 세 사막 중 총면적은 사하라 사막이 가장 넓다.

3 건조 기후, 냉대 기후, 한대 기후의 특성 파악

문제 분석 (가)는 냉대 습윤 기후가 나타나는 캐나다 동부, (나)는 스텝 기후가 나타나는 아시아 대륙 내부, (다)는 툰드라 기후가 나타나는 북극해 연안이다. (가)는 최난월 평균 기온이 약 21℃이고, 최한월 평균 기온이 약 -10℃이다. (나)는 최난월 평균 기온이 약 19℃이고, 최한월 평균 기온이 약 -21℃이다. (다)는 최난월 평균 기온이 약 6℃이고, 최한월 평균 기온이 약 -24℃이다. 세 지역 중 기온의 연교차는 대륙 내부에 위치한 (나)가 가장 크고, 최한월 평균 기온은 고위도에 위치한 (다)가 가장 낮다. (가)는 (나)와 (다)보다 최한월 평균 기온이 높다.

정답 찾기 ③ A는 툰드라 기후가 나타나는 (다), B는 냉대 습윤 기후가 나타나는 (가), C는 스텝 기후가 나타나는 (나)의 연 강수량과 시기별 강수량 비율을 나타낸 것이다. 냉대 습윤 기후가 나타나는 B는 툰드라 기후가 나타나는 A와 스텝 기후가 나타나는 C보다 연 강수량이 많다. C는 A보다 6~8월 강수량 비율이 높고, 12~2월 강수량 비율이 낮다.

4 주요 지역의 월별 낮 길이 특성 파악

문제 분석 A는 남반구 고위도, B는 적도 부근, C는 북반구 고위도에 위치해 있다. 적도 부근에 위치한 B는 1~12월 낮 길이가 비슷하다. 남반구 고위도에 위치한 A는 6월보다 12월 낮 길이가 길며, 북반구 고위도에 위치한 C는 12월보다 6월 낮 길이가 길다.

정답 찾기 ㄱ. A는 편서풍이 안데스 산지를 넘어 불어 내려가는 비그늘에 위치하여 연 강수량이 적다.
ㄴ. C는 툰드라 기후가 나타나며, 툰드라 기후 지역에서는 여름철에 수분을 많이 포함하고 있는 활동층이 경사면을 따라 흘러내리는 솔리플럭션 현상이 나타난다.

오답 피하기 ㄷ. 고위도에 위치한 A는 적도 부근에 위치한 B보다 기온의 연교차가 크다.
ㄹ. 북반구 고위도에 위치한 C는 적도 부근에 위치한 B보다 남회귀선과의 최단 거리가 멀다.

5 건조 및 한대 기후 특성 이해

문제 분석 A는 연 강수량이 적은 지역으로 사막 기후가, B는 고위도에 위치하여 툰드라 기후가 나타난다. 남극 대륙에 위치한 C는 일 년 내내 지표면이 눈과 얼음으로 덮여 있는 빙설 기후가 나타나고, D는 일 년 내내 기온이 높은 사바나 기후가 나타난다.

정답 찾기 ① 아프리카 남서부 해안에 위치한 A는 한류의 영향으로 연 강수량이 적어 사막 기후가 나타난다.

오답 피하기 ② B는 툰드라 기후가 나타나며, 툰드라 기후는 수목 성장이 어려운 무수목 기후이다. 냉대 기후 지역에 침엽수림이 넓게 분포한다.
③ 남극 대륙에 위치한 C는 1월에 백야 현상이 나타난다.
④ 오스트레일리아에 위치한 D는 사바나 기후가 나타난다. 서안 해양성 기후 지역이 일 년 내내 편서풍의 영향을 받는다.
⑤ 한류의 영향을 많이 받는 A는 D보다 최난월 평균 기온이 낮다.

6 툰드라 기후 지역의 특성 이해

문제 분석 ㉠은 활동층, ㉡는 영구 동토층이다. 네네츠족이 순록을 유목하는 지역은 툰드라 기후가 나타난다. 툰드라 기후는 최난월 평균 기온이 0~10℃로, 짧은 여름에 지의류 등의 식생이 자란다. 툰드라 기후 지역의 토양은 활동층과 영구 동토층으로 이루어져 있다.

정답 찾기 ㄴ. 솔리플럭션 현상은 기온이 0℃ 이상으로 올라가는 여름에 수분을 많이 포함한 활동층이 녹아서 경사면을 따라 흘러내리는 현상이다.

ㄷ. 툰드라 기후 지역에서는 활동층의 동결과 융해에 따라 지표면의 분급이 일어나 다각형 모양의 구조토가 형성된다.

ㄹ. 툰드라 기후 지역은 활동층 아래에 영구 동토층이 있기 때문에 활동층이 녹는 여름에 곳곳에 습지가 나타난다.

오답 피하기 ㄱ. 활동층의 평균 두께는 북극해로 갈수록 얇다.

7 건조 및 빙하 지형 특성 이해

문제 분석 바르한(A)은 바람의 퇴적 작용으로 형성된 초승달 모양의 사구이다. 플라야호(B)는 비가 내릴 때만 일시적으로 형성되는 호수이다. 메사(C)는 경암과 연암의 차별적인 풍화 및 침식 작용으로 형성된 탁자 모양의 지형이다. 드럼린(D)은 빙하의 퇴적 작용으로 형성된 숟가락을 엎어 놓은 모양의 언덕이다. 빙하호(E)는 빙하의 침식 및 퇴적 작용으로 형성된 호수이다. 피오르(F)는 빙식곡이 해수면 상승으로 바닷물에 잠겨 형성된 좁고 긴 만이다.

정답 찾기 ④ 빙하의 퇴적 작용으로 형성된 드럼린은 바람의 퇴적 작용으로 형성된 바르한보다 구성 물질의 평균 입자 크기가 크다.

오답 피하기 ① 바하다는 여러 개의 선상지가 연속적으로 분포하는 복합 선상지이다.

② 메사가 지속적으로 풍화와 침식 작용을 받으면 정상부가 좁아져 고립 구릉으로 변하는데, 이러한 지형을 뷰트라 한다. 에스커는 융빙수에 의해 형성된 제방 모양의 퇴적 지형이다.

③ 오스트레일리아 북동부에는 대보초 해안이 발달해 있다. 오스트레일리아 북동부는 과거에 빙하가 발달해 있지 않았으며, 피오르가 발달해 있지 않다.

⑤ 빙하호의 물은 플라야호의 물보다 염도가 낮다.

8 주요 건조 및 빙하 지형 특성 이해

문제 분석 A는 바하다, B는 에스커, C는 드럼린, D는 호른이다. 바하다는 건조 기후 지역에, 에스커, 드럼린, 호른은 빙하의 영향을 받았던 지역에 발달해 있다. 바하다, 에스커, 드럼린은 퇴적 작용으로, 호른은 침식 작용으로 형성된다. 바하다와 에스커는 유수(流水)가 지형 형성에 끼친 영향이 크다.

정답 찾기 ㄱ. 바하다는 여러 개의 선상지가 연속적으로 분포하는 복합 선상지이다.

ㄴ. 드럼린의 형태로 빙하의 이동 방향을 알 수 있다. 대체로 빙하는 드럼린의 급경사 방향에서 완경사 방향으로 이동한다.

ㄹ. 빙하 퇴적 지형인 드럼린보다 융빙수의 퇴적 지형인 에스커가 구성 물질의 분급이 양호하다.

오답 피하기 ㄷ. 바르한은 초승달 모양의 사구로, 바람에 의한 퇴적 작용으로 형성된다.

05 세계의 주요 대지형과 독특한 지형들

수능 기본 문제 본문 54~55쪽

01 ①	02 ④	03 ②	04 ②
05 ②	06 ③	07 ①	08 ④

01 판의 경계 유형 이해

문제 분석 판의 경계 유형은 두 판이 서로 충돌하는 경계, 두 판이 서로 갈라지는 경계, 두 판이 서로 어긋나서 미끄러지는 경계로 구분할 수 있다. (가)는 두 판이 어긋나서 미끄러지는 경계에 해당한다. 바다에서 두 판이 서로 갈라지는 경계에서는 지각이 확장되고 해령이 형성되는데, (나)가 이에 해당한다. (다)는 두 판이 서로 충돌하는 경계에 해당한다.

정답 찾기 ① A는 샌안드레아스 단층으로, 이곳에서는 두 판이 서로 어긋나 미끄러진다. B는 아이슬란드로, 이곳에서는 두 판이 서로 갈라져 지각이 확장되고 해령이 형성된다. C는 히말라야산맥으로, 이곳에서는 두 판이 서로 충돌한다.

02 세계의 주요 대지형 이해

문제 분석 A는 고기 조산대, B는 안정육괴, C는 신기 조산대이다. 안정육괴는 시·원생대에 조산 운동을 받은 후 오랜 기간 동안 침식 작용을 받아 형성된 평탄한 지형이다. 고기 조산대는 고생대에, 신기 조산대는 중생대 말~신생대에 조산 운동으로 형성되었다.

정답 찾기 ④ 신기 조산대는 고기 조산대보다 평균 해발 고도가 높다.

오답 피하기 ① 신기 조산대가 판의 경계부에 위치한다.

② 구리는 신기 조산대에 많이 매장되어 있다. 안정육괴에는 철광석이 많이 매장되어 있다.

③ 고기 조산대는 고생대에, 안정육괴는 시·원생대에 조산 운동을 받았다.

⑤ 지열 발전 잠재력은 신기 조산대가 가장 높다.

03 고기 습곡 산지와 신기 습곡 산지의 특징 비교

문제 분석 (가)는 고기 습곡 산지, (나)는 신기 습곡 산지이다. 고기 습곡 산지는 고생대에 조산 운동으로 형성된 산지로, 스칸디나비아산맥, 우랄산맥, 드라켄즈버그산맥, 그레이트디바이딩산맥, 애팔래치아산맥 등이 해당한다. 신기 습곡 산지는 중생대 말~신생대에 조산 운동으로 형성된 산지로, 알프스산맥, 아틀라스산맥, 히말라야산맥, 로키산맥, 안데스산맥 등이 해당한다.

정답 찾기 ② 고기 습곡 산지보다 신기 습곡 산지는 평균 해발 고도가 높으며, 조산 운동을 받은 시기가 늦다. 또한 고기 습곡 산지보다 신기 습곡 산지는 판의 경계에 위치해 있어 지진 발생 빈도가 높다.

04 아프리카의 주요 지형 이해

문제 분석 동부 아프리카 대륙 내부에서 판이 갈라지는 경계에 동아프리카 지구대가 발달해 있다. 동아프리카 지구대에는 성층 화산, 칼데라호 등 다양한 화산 지형이 발달해 있다. 성층 화산은 화산 쇄설물이 교대로 쌓여 만들어진 화산이며, 칼데라호는 화구가 함몰되어 형성된 칼데라에 물이 고여 형성된 호수이다.

정답 찾기 ㄷ. 화구가 함몰되어 본래의 화구보다 지름이 큰 분지가 형성되는데 이를 칼데라라 하며, 칼데라에 물이 고여 호수가 형성되면 칼데라호라 한다. 뉴질랜드의 로토루아호, 미국의 크레이터호가 대표적인 칼데라호이다.

오답 피하기 ㄱ. 동아프리카 지구대에서는 판이 갈라져 대규모 지구대가 형성되어 있다. 동아프리카 지구대에 의해 아프리카판은 둘로 쪼개지고 있다.

ㄴ. 유동성이 큰 현무암질 용암의 열하 분출로 용암 대지가 형성된다. 성층 화산은 화산 쇄설물이 교대로 쌓여 만들어진 원뿔 모양의 화산이다.

05 화산 지대의 주민 생활 이해

문제 분석 화산 지대는 화산 폭발로 인한 인명 및 재산 피해가 발생할 수 있음에도 불구하고, 여러 가지 인간 생활에 유리한 점이 있어 사람들이 거주하고 있다. 예를 들어 화산재 토양은 비옥하여 농경에 유리하며, 화산 지대에는 구리 · 유황 등의 광물 자원이 많이 매장되어 있다. 또한 온천 및 독특한 지형을 이용한 관광 산업이 발달해 있으며, 지열 발전을 하기에 유리하다.

정답 찾기 A - 아이슬란드는 판이 갈라지는 경계에 위치하여 뜨거운 지하수를 이용해 전기를 생산하는 지열 발전이 활발하게 이루어진다.

C - 판의 경계에 위치한 뉴질랜드 북섬은 온천과 간헐천이 많은데, 이를 이용한 관광 산업이 발달해 있다.

오답 피하기 B - 미국 동부에는 비옥한 화산재 토양이 분포해 있지 않으며, 벼농사가 활발하게 이루어지지 않는다.

D - 브라질고원은 안정육괴로 철광석이 많이 매장되어 있는데, 이는 화산 지대의 주민 생활과는 관계없다.

06 주요 카르스트 지형의 형성 과정 이해

문제 분석 마다가스카르에는 그랑 칭기가 있다. '칭기(Tsingy)'는 뾰족한 암석 기둥인데, 마다가스카르 원주민인 바짐바족이 칭기 위를 발끝으로 걷는 모양에서 이름이 유래되었다고 한다. 마다가스카르에 있는 그랑 칭기는 대표적인 카르스트 지형 중 하나인 카렌이다.

정답 찾기 ③ 카렌은 용식되지 않고 남은 석회암이 지표로 드러난 임식 기둥 모양의 지형이다.

오답 피하기 ① 빙하의 퇴적 작용으로 형성된 지형에는 모레인, 드럼린 등이 있다.

② 바람의 침식 작용으로 형성된 지형에는 삼릉석, 버섯바위 등이 있다.

④ 점성이 큰 용암이 분출하여 용암 돔 등이 형성된다.

⑤ 암석 속 수분의 동결과 융해로 암석이 쪼개지기도 하는데, 이를 얼음의 쐐기 작용이라 한다. 얼음의 쐐기 작용은 물리적 풍화 작용의 일종이다.

07 주요 해안 지형 이해

문제 분석 A는 석호, B는 사주, C는 파식대, D는 해식애, E는 시 스택이다. 석호는 만의 입구에 사주가 발달하여 형성된 호수이며, 사주는 파랑과 연안류에 의해 운반된 모래가 둑처럼 길게 퇴적된 지형이다. 해식애는 파랑의 침식 작용으로 형성된 해안 절벽이고, 파식대는 해식애 앞쪽에 발달하는 평탄면이다. 시 스택은 해식애가 침식으로 후퇴할 때 단단한 암석 부분이 남아 형성된 바위 기둥이다.

정답 찾기 ① 석호는 후빙기 해수면 상승으로 만이 형성되고 만 입구에 사주가 발달하여 형성된 호수이다.

오답 피하기 ② 사주에는 주로 모래가, 갯벌에는 주로 점토가 퇴적되어 있다.

③ 파식대는 주로 파랑의 침식 작용으로 형성된다.

④ 해식애가 육지 쪽으로 후퇴할수록 파식대의 면적은 넓어진다.

⑤ 사주는 파랑 에너지가 분산되는 만에, 시 스택은 파랑 에너지가 집중되는 곳에 잘 발달한다.

08 산호초 해안과 갯벌 해안의 분포 특성 이해

문제 분석 (가)는 산호초 해안, (나)는 갯벌 해안이다. 산호초 해안은 석회질의 산호충 유해가 퇴적되어 형성된다. 갯벌은 밀물 때는 바닷물에 잠기고 썰물 때는 드러나는 평탄한 지형으로, 점토와 같은 미립 물질이 주로 퇴적되어 있다.

정답 찾기 ④ 산호초 해안은 남 · 북위 30° 사이의 열대 및 아열대의 수심이 얕은 바다에 발달한다. 산호초 해안이 발달한 대표적인 지역은 오스트레일리아의 대보초(C)이다.

갯벌 해안은 토사 공급량이 많고, 조수 간만의 차가 큰 지역에 발달한다. 갯벌 해안이 발달한 대표적인 지역은 우리나라 서해안, 유럽의 북해(A), 캐나다 펀디만 등이다.

오답 피하기 그린란드 일대(B)는 수온이 낮아 산호충이 서식하기 어려우며, 갯벌이 대규모로 발달하기 어렵다.

용으로 형성된 뾰족한 봉우리인 '호른'이다.

ㄷ. 히말라야산맥은 대륙판과 대륙판의 충돌로 형성되었다.

오답 피하기 ㄴ. 에베레스트산은 네팔과 중국에 걸쳐 있으며, 인도, 방글라데시와 국경을 접하고 있지 않다.

ㄹ. 알프스산맥과 히말라야산맥은 모두 알프스-히말라야 조산대에 속한다. 환태평양 조산대는 태평양 주변의 로키산맥, 안데스산맥, 뉴질랜드, 필리핀, 일본 등 지진과 화산 활동이 자주 일어나는 지역이다.

4 세계의 대지형과 자원 분포 특성 파악

문제 분석 (가)는 철광석, (나)는 구리, A는 오스트레일리아, B는 칠레이다. 철광석은 안정육괴에, 구리는 신기 조산대에 많이 매장되어 있다. 브라질, 중국, 인도, 러시아에는 안정육괴가 넓게 분포해 있으며, 철광석의 세계 최대 생산 국가는 오스트레일리아이다. 구리의 세계 최대 생산 국가는 칠레이며, 안데스산맥의 페루, 그리고 아프리카의 코퍼 벨트(콩고 민주 공화국, 잠비아)에 구리가 많이 매장되어 있다.

정답 찾기 ㄱ. 철광석은 신기 조산대보다 안정육괴에 많이 매장되어 있다.

ㄹ. 오스트레일리아는 칠레보다 국토 면적이 넓다.

오답 피하기 ㄴ. 세계 금속 광물 자원 생산량의 대부분을 차지하는 철광석은 여러 산업 분야에 이용된다고 하여 '산업의 쌀'이라 불리기도 한다. 철광석은 구리보다 세계 생산량이 많다.

ㄷ. 오스트레일리아는 고기 조산대에 속하는 그레이트디바이딩산맥을 제외하면 대부분 안정육괴에 속한다.

5 아시아와 아메리카의 대지형 이해

문제 분석 (가)는 B, (나)는 A의 지형 단면을 나타낸 것이다. ㉠은 애팔래치아산맥, ㉡은 로키산맥, ㉢은 데칸고원, ㉣는 히말라야산맥 일대이다. 신기 습곡 산지인 로키산맥은 고기 습곡 산지인 애팔래치아산맥보다 해발 고도가 높고 험준하다. 히말라야산맥과 티베트고원에는 해발 고도 4,000m 이상의 험준한 산지와 고원이 넓게 분포해 있으며, 인도의 데칸고원에는 용암 대지가 발달해 있다.

정답 찾기 ② 인도의 데칸고원에는 용암 대지가 발달해 있다. 용암 대지는 유동성이 큰 현무암질 용암이 열하 분출하여 형성된 평탄한 지형이다.

오답 피하기 ① 애팔래치아산맥은 고기 습곡 산지이다. 환태평양 조산대는 지진과 화산 활동이 자주 일어나서 '불의 고리'로 불린다.

③ 히말라야산맥은 대륙판과 대륙판의 충돌로 형성되었다.

④ 로키산맥은 중생대 말~신생대에, 애팔래치아산맥은 고생대에 조산 운동을 받아 형성되었다.

⑤ (가)는 북아메리카의 B, (나)는 아시아의 A 지형 단면을 나타낸 것이다.

---

1 ⑤	2 ④	3 ②	4 ②
5 ②	6 ④	7 ⑤	8 ④
9 ③	10 ②		

1 판 구조 운동의 유형 이해

문제 분석 판 운동의 유형은 두 판이 어긋나서 미끄러지는 경계, 두 판이 충돌하는 경계, 두 판이 서로 갈라지는 경계로 구분할 수 있다. ㉡에는 해구가, ㉣에는 해령이 들어갈 수 있다. 대륙판과 해양판이 충돌하는 경계에는 해구가, 해양에서 두 판이 갈라지는 경계에는 해령이 형성된다.

정답 찾기 ⑤ 아이슬란드는 두 판이 갈라지는 경계에 위치해 있다.

오답 피하기 ① 두 판이 어긋나서 미끄러지는 경계에서는 지진이 활발하게 일어나지만, 새로운 지각이 활발하게 형성되지는 않는다. 두 판이 갈라지는 경계에서 새로운 지각이 형성된다.

② 대륙판과 해양판이 충돌하는 경계에서는 해구가, 바다에서 두 판이 갈라지는 경계에서는 해령이 형성된다.

③ 안데스산맥은 중생대 말~신생대에 조산 운동으로 형성되었다.

④ 대륙판과 해양판이 충돌하여 형성된 안데스산맥은 대륙판과 대륙판이 충돌하여 형성된 히말라야산맥보다 화산 활동이 활발하다.

2 세계의 주요 대지형 이해

문제 분석 (가)는 안정육괴, (나)는 신기 조산대, (다)는 고기 조산대이며, A는 신기 조산대, B는 안정육괴, C는 고기 조산대이다. 안정육괴는 시·원생대에, 고기 조산대는 고생대에, 신기 조산대는 중생대 말~신생대에 조산 운동을 받았다. 안정육괴는 주로 대륙 내부에 위치하며, 신기 조산대는 판의 경계에 위치한다.

정답 찾기 ④ 고기 조산대는 신기 조산대보다 석탄이 많이 매장되어 있다.

오답 피하기 ① 판의 경계에 있는 신기 조산대는 안정육괴보다 지열 발전 잠재력이 크다.

② 안정육괴는 신기 조산대보다 판의 경계에서 멀리 떨어져 있다.

③ 신기 조산대는 중생대 말~신생대에, 안정육괴는 시·원생대에 조산 운동을 받았다.

⑤ B는 안정육괴, (다)는 고기 조산대이다.

3 주요 산의 특성 이해

문제 분석 (가)는 마터호른, (나)는 에베레스트산, ㉠은 알프스산맥, ㉡은 히말라야산맥이다. 알프스산맥의 마터호른은 스위스와 이탈리아의 국경에 위치해 있다. 히말라야산맥의 에베레스트산은 세계에서 가장 높은 산이다.

정답 찾기 ㄱ. 알프스산맥에 위치한 마터호른은 빙하의 침식 작

6 세계의 주요 화산 지형 이해

문제 분석 필리핀의 마욘산은 성층 화산이다. 성층 화산은 화산 쇄설물이 쌓여 형성된 원뿔 모양의 화산이다. 칼데라는 화구가 함몰되어 형성된 분지이며, 미국의 크레이터호는 칼데라에 물이 고여 형성된 칼데라호이다. 크레이터호 안쪽의 위저드섬은 소규모 화산 폭발로 만들어진 화산체이다.

정답 찾기 ㄴ. 크레이터호는 칼데라호이다. 칼데라호는 화구가 함몰되어 형성된 칼데라에 물이 고여 형성된 호수이다.
ㄹ. 위저드섬은 칼데라가 형성된 이후 소규모 화산 폭발로 만들어진 화산체이다.

오답 피하기 ㄱ. 필리핀의 마욘산은 환태평양 조산대에 위치한다. 유럽의 알프스산맥에서 아시아의 히말라야산맥으로 이어지는 조산대를 알프스-히말라야 조산대라 한다.
ㄷ. 용암의 열하 분출로 형성되는 지형은 용암 대지이다. 열하 분출은 주로 현무암질 용암과 관련 있으며, 지각의 갈라진 틈을 따라 용암이 천천히 분출하는 것이다.

7 주요 카르스트 지형의 특성 이해

문제 분석 석회암이 용식 작용을 받아 형성된 지형을 카르스트 지형이라 한다. ㉡은 돌리네, ㉢은 카렌, ㉣은 탑 카르스트로, 대표적인 카르스트 지형이다. 용식 작용으로 형성된 소규모의 와지를 돌리네라 하며, 용식되지 않고 남은 석회암이 지표로 드러난 암석 기둥을 카렌이라 한다. 탑 카르스트는 석회암이 빗물, 하천, 해수의 차별적인 용식 및 침식 작용을 받는 과정에서 남게 된 탑 모양의 봉우리이다. 그리고 석회 동굴 내부에는 종유석, 석순, 석주 등의 다양한 지형이 발달해 있다.

정답 찾기 ⑤ ㉡은 돌리네, ㉢은 카렌이다.

오답 피하기 ① 용식 작용은 화학적 풍화 작용에 해당한다. 용식 작용은 석회암이 물과 화학적으로 반응하여 녹는 과정을 말한다.
② 돌리네에는 석회암이 풍화 작용을 받아 형성된 붉은색의 테라로사가 분포해 있다.
③ 탑 카르스트는 베트남의 할롱 베이, 중국의 구이린 등에 잘 발달해 있다.
④ 석회암의 주요 구성 성분은 탄산 칼슘이다. 석회 동굴 천장에 고드름같이 달려 있는 종유석은 물에 용해되어 있던 탄산 칼슘이 집적되어 형성된다.

8 주요 화산 지형 및 카르스트 지형 특성 이해

문제 분석 A는 칼데라, B는 탑 카르스트, C는 우발레(우발라), D는 용암 돔이다. 칼데라와 용암 돔은 화산 지형이며, 탑 카르스트와 우발레(우발라)는 카르스트 지형이다. 칼데라는 화구가 함몰되어 형성되며, 용암 돔은 점성이 큰 용암이 화구에서 멀리 흐르지 못하고 돔 형태로 굳어져 형성된다. 중국의 구이린, 베트남의 할롱 베이 등에 발달해 있는 탑 카르스트는 탑 모양의 봉우리이며, 우발레(우발

라)는 작은 돌리네가 두 개 이상 이어져 형성된 규모가 큰 와지이다.

정답 찾기 ㄴ. 탑 가르스트는 대표적인 카르스트 지형으로, 석회암이 빗물, 하천, 해수 등의 용식 및 침식 작용을 받는 과정에서 남게 된 탑 모양의 봉우리이다.
ㄹ. 외적 작용은 지구 외부의 태양 에너지에서 비롯된 작용으로, 하천, 바람 등에 의한 풍화·침식·운반·퇴적 작용이 이에 해당한다. 용암 돔은 화산 폭발로 형성된 지형이고 우발레(우발라)는 석회암의 용식 작용으로 형성된 지형이므로, 우발레(우발라)가 용암 돔보다 외적 작용이 지형 형성에 끼친 영향이 크다.

오답 피하기 ㄱ. 테라로사는 석회암의 풍화 작용으로 형성된 토양이다.
ㄷ. 현무암질 용암은 유동성이 크며, 용암 돔은 주로 점성이 큰 유문암이나 안산암질 용암 분출로 형성된다.

9 주요 해안 지형의 특성 이해

문제 분석 A는 갯벌, B는 사빈, C는 해안 단구, D는 시 스택이다. 갯벌과 사빈은 파랑 에너지가 분산되는 만에, 해안 단구와 시 스택은 파랑 에너지가 집중되는 곳에 잘 발달한다. 해안 단구는 다른 지형과는 달리 지반 융기가 지형 형성에 끼친 영향이 크며, 갯벌은 사빈보다 구성 물질 중 점토의 비율이 높다.

정답 찾기 ③ 해안 단구는 과거 파식대 또는 해안 퇴적 지형이 지반의 융기나 해수면 변동으로 현재의 해수면보다 높은 곳에 위치하게 된 계단 모양의 지형이다.

오답 피하기 ① 갯벌은 주로 조류의 퇴적 작용으로 형성된다. 주로 파랑과 연안류의 퇴적 작용으로 형성되는 지형은 사빈이다.
② 밀물 때 바닷물에 잠기는 지형은 갯벌이다.
④ 갯벌은 다양한 생물들이 서식하는 생태계의 보고로, 오염 물질을 정화하는 기능이 뛰어나다.
⑤ C는 해안 단구, D는 시 스택이다. 해안 단구는 바닷가에 나타나는 계단 모양의 지형이고, 시 스택은 해식애가 침식으로 후퇴할 때 차별 침식의 결과로 단단한 암석 부분이 남아 형성된 바위 기둥이다.

10 세계 주요 호수의 특성 이해

문제 분석 A는 빙하호, B는 석호, C는 단층호이다. 과거 빙하로 덮여 있던 북부 유럽에는 빙하호가 발달해 있으며, 동아프리카 지구대에는 단층 작용으로 형성된 단층호가 발달해 있다. 이탈리아 북부의 베네치아에는 석호가 발달해 있다.

정답 찾기 ② 석호는 후빙기 해수면 상승으로 만이 형성된 후 만 입구에 사주가 발달하여 형성된 호수이다.

오답 피하기 ① 북부 유럽에 있는 호수는 빙하 침식 및 퇴적 작용으로 형성된 빙하호이다. 동아프리카 지구대에 위치한 호수는 주로 단층 작용으로 형성되었다.
③ 바닷물이 드나드는 석호는 빙하호보다 물의 염도가 높다.
④ 사바나 기후 지역에 분포하는 호수는 바닷물이 드나드는 석호보다 계절에 따른 수위 변동 폭이 크다.
⑤ 세 호수 중 평균 수심은 단층호가 가장 깊다.

06 주요 종교의 전파와 종교 경관

수능 기본 문제
본문 64쪽

01 ⑤   02 ④   03 ③   04 ②

01 이슬람교의 특징 이해

문제 분석 왼쪽 그림은 이슬람 교리상 먹어도 되는 음식임을 인증하는 할랄 마크이다. 오른쪽 그림은 이슬람교 성지인 메카 방향으로 무덤이 조성된 공동묘지이다. 두 자료에서 공통적으로 관련 있는 종교는 이슬람교이다.

정답 찾기 ㄷ. 이슬람교는 서남아시아의 메카에서 발생하였다. 이슬람교의 주요 성지는 무함마드의 탄생지이자 신자에게 순례의 의무가 있는 메카와 무함마드의 묘지가 위치한 메디나가 대표적이다.

ㄹ. 이슬람교 신자들은 돼지고기와 술을 금기시한다.

오답 피하기 ㄱ. 이슬람교는 전 세계를 대상으로 포교하는 보편 종교이다. 민족 종교로는 유대교, 힌두교 등이 있다.

ㄴ. 이슬람교의 대표적 경관으로 둥근 지붕과 아라베스크 문양으로 장식된 모스크가 있다. 불상과 불탑은 불교의 대표적인 경관이다.

02 세계 주요 종교의 경관 이해

문제 분석 (가)의 십자가와 종탑은 크리스트교의 전형적인 경관이다. (나)의 다양한 신들이 조각된 벽은 다신교인 힌두교의 사원 경관이다. (다)의 돔형 지붕과 첨탑은 이슬람교 사원의 특징이다.

정답 찾기 ④ 세 종교 중 다신교인 종교는 힌두교뿐이므로 A는 힌두교이다. 신자들이 라마단 기간 낮 시간에 금식하는 종교는 이슬람교이므로 B는 이슬람교, C는 크리스트교이다. 따라서 (가)는 C, (나)는 A, (다)는 B에 해당한다.

03 세계 주요 종교의 성지와 분포 이해

문제 분석 A는 크리스트교와 이슬람교, 유대교의 성지인 예루살렘이다. B는 이슬람교 최대의 성지인 메카이다. C는 불교의 성지인 부다가야이다. 세계 신자 비율이 가장 높은 (가)는 크리스트교이다. 2위인 (나)는 이슬람교이고, 힌두교보다 신자 비율이 낮은 (다)는 불교이다.

정답 찾기 ㄱ. 예루살렘(A)은 크리스트교(가)의 대표적 성지이지만, 동시에 유대교와 이슬람교(나)의 성지이기도 하다.

ㄴ. 이슬람교(나) 신자는 메카를 순례할 의무가 있다.

오답 피하기 ㄷ. C가 위치한 국가는 인도이다. 인도는 불교(다)의 기원지이지만, 국가 내 신자가 가장 많은 종교는 힌두교이다.

04 세계 주요 종교의 특징 이해

문제 분석 A~D 중 A는 전 세계에서 신자가 가장 많은 크리스트교이고, 두 번째로 신자가 많은 B는 이슬람교이다. 세 번째로 신자가 많은 C는 힌두교, D는 신자가 가장 적은 불교이다.

정답 찾기 ② 불교(D)는 세계 모든 사람을 포교 대상으로 삼는 보편 종교이다. 민족 종교로 카스트 제도와 관련이 깊은 종교는 힌두교(C)이다.

오답 피하기 ① 크리스트교(A)는 주로 유럽 국가의 식민지 확대 과정에서 아메리카, 오세아니아 등으로 전파되었다.

③ 크리스트교 문화권인 유럽은 이슬람교(B) 신자보다 크리스트교(A) 신자가 더 많다.

④ 힌두교(C)는 이슬람교(B)보다 기원한 시기가 이르다.

⑤ 힌두교(C)와 불교(D)는 모두 남부 아시아에 속한 인도에서 기원하였다.

수능 실전 문제
본문 65~66쪽

1 ②   2 ③   3 ②   4 ⑤

1 북부 아프리카와 사하라 이남 아프리카의 종교 분포 이해

문제 분석 사하라 이남 아프리카는 북부 아프리카보다 인구가 많으므로 (가), (나) 종교 신자의 합이 큰 A가 사하라 이남 아프리카이고, 나머지 B가 북부 아프리카이다. 한편, 북부 아프리카(B)는 이슬람교 신자 비율이 압도적으로 높으므로 (나)는 이슬람교이며, 사하라 이남 아프리카에서 비율이 상대적으로 높게 나타나는 (가)는 크리스트교이다.

정답 찾기 ② 이슬람교(나)는 아메리카보다 아시아에 신자가 더 많다.

오답 피하기 ① 여성 신자들이 히잡, 차도르 등의 의복을 착용하는 종교는 이슬람교(나)이다.

③ 크리스트교(가)는 이슬람교(나)보다 기원 시기가 이르다.

④ 전 세계 신자는 크리스트교(가)가 이슬람교(나)보다 많다.

⑤ A는 사하라 이남 아프리카, B는 북부 아프리카이다.

2 말레이시아, 인도, 필리핀의 종교 분포 이해

문제 분석 지도에 표시된 국가는 각각 말레이시아, 인도, 필리핀이다. 표의 A는 아시아·오세아니아 지역이 차지하는 비율이 가장 낮으므로 유럽과 아메리카에서 신자가 많은 크리스트교이다. B는 인도에 전 세계 대부분의 신자가 있는 힌두교이다. C는 인도(인구의 약 15%), 인도네시아, 방글라데시, 말레이시아 등 남부 및 동남아시아에서 신자가 많은 이슬람교이다.

표에서 힌두교 신자가 1위인 (가)는 인도, 크리스트교 신자가 1위인 (나)는 필리핀, 이슬람교 신자가 1위인 (다)는 말레이시아이다.

정답 찾기 ③ 세 종교의 기원 시기는 힌두교(B), 크리스트교(A), 이슬람교(C) 순이다.

오답 피하기 ① 크리스트교(A)와 이슬람교(C)는 유일신교이며, 힌두교(B)는 다신교이다.

② 세계에서 가장 신자가 많은 종교는 크리스트교(A)이다.

④ 불교는 인도(가)에서 기원하였다.

⑤ 2020년 인도(가)의 이슬람교 신자 비율은 약 15.4%, 말레이시아(다)의 이슬람교 신자 비율은 약 66.2%이다.

3 보편 종교의 특징 이해

문제 분석 인도네시아의 공휴일 중 부처님 오신 날은 불교, 예수의 부활을 기념하는 주님 승천 대축일은 크리스트교, 라마단의 종료를 기념하는 이드 알피트르는 이슬람교와 관련이 깊다. 따라서 (가)는 불교, (나)는 크리스트교, (다)는 이슬람교이다.

정답 찾기 ② 신자들이 할랄 음식을 먹으며, 술과 돼지고기 섭취를 금기시하는 종교는 이슬람교(다)이다.

오답 피하기 ① 불교(가)는 개인의 수양과 해탈을 강조한다.

③ 이슬람교(다) 신자에게는 하루 5번 기도, 신앙 고백, 자카트(기부), 라마단 기간 낮 시간의 금식과 함께 메카로의 성지 순례가 의무이다.

④ 기원 시기는 불교(가) → 크리스트교(나) → 이슬람교(다) 순이다.

⑤ 크리스트교(나)와 이슬람교(다)는 유일신교에 속한다.

4 보편 종교의 특징 이해

문제 분석 인도네시아가 신자 1위 국가인 (가)는 이슬람교이다. 인도에서 가장 많은 사람들이 믿는 (나)는 힌두교이다. 에스파냐의 사그라다 파밀리아 성당은 크리스트교의 사원이므로 (다)는 크리스트교이다.

정답 찾기 ㄷ. 크리스트교(다)는 세계에서 가장 신자가 많은 종교이다.

ㄹ. 이슬람교(가)와 크리스트교(다)는 서남아시아, 힌두교(나)는 남부 아시아에서 기원하였다.

오답 피하기 ㄱ. 윤회 사상을 중시하는 종교는 불교와 힌두교이다.

ㄴ. 힌두교(나)는 민족 종교로 분류된다.

07 세계의 인구 변천과 인구 이주

수능 기본 문제 본문 71~72쪽

01 ⑤	02 ①	03 ⑤	04 ②
05 ④	06 ④	07 ⑤	08 ②

01 인구 변천 모형의 단계별 특징 이해

문제 분석 제시된 자료는 경제 발전 수준에 따른 출생률과 사망률의 변화를 단계별로 표현한 모형이다. (가) 단계는 출생률과 사망률이 모두 높아 인구 성장이 정체되며, (나) 단계는 의학의 발달, 생활 환경 개선 등으로 사망률이 감소한다. (다) 단계는 여성의 사회 진출 증가 등으로 출생률도 감소하며, (라) 단계는 출생률과 사망률이 모두 낮다. (마) 단계는 일부 선진국에서 나타나며, 출생률보다 사망률이 높아져 인구의 자연 감소가 나타난다.

정답 찾기 ⑤ (라) 단계는 (다) 단계보다 출생률이 낮지만 여전히 출생률이 사망률보다 높으므로, 총인구는 (다) 단계보다 많다.

오답 피하기 ① 인구 증가율은 '출생률－사망률'로 나타내므로, 출생률이 높지만 질병, 자연재해, 식량 부족 등으로 사망률도 높은 (가) 단계는 (나) 단계보다 인구 증가율이 낮다.

② (마) 단계는 사망률이 출생률보다 높아지므로 인구가 자연적으로 감소한다.

③ (나) 단계는 출생률은 높은 상태를 유지하지만 의학의 발달, 생활 환경 개선 등으로 사망률이 빠르게 감소하여 인구의 자연 증가율이 높다. (라) 단계는 출산에 대한 가치관 및 인식 변화 등으로 출생률이 낮으며, 사망률도 낮다. 따라서 출산 장려 정책의 필요성은 (나) 단계보다 (라) 단계에서 더 크다.

④ (다) 단계는 경제 수준의 발달, 사회적 인식 변화 등으로 (가) 단계보다 여성의 취학률이 증가하는 경향을 보인다.

02 선진국과 개발 도상국의 인구 구조 특징 이해

문제 분석 제시된 그래프는 짐바브웨(개발 도상국)와 캐나다(선진국)의 인구 구조를 나타낸 것이다. 그래프에는 노년층 인구 및 유소년층 인구 비율만 제시되어 있으나, 100에서 노년층과 유소년층 인구 비율을 빼서 청장년층 인구 비율도 알 수 있다. A는 B보다 노년층 인구 비율이 높고 유소년층 인구 비율이 낮으므로 선진국인 캐나다이고, B는 개발 도상국인 짐바브웨이다.

정답 찾기 ① 총부양비는 '(유소년층 인구＋노년층 인구)/청장년층 인구 × 100'으로 구할 수 있다. 서로 다른 두 지역의 총부양비를 비교할 때 항상 청장년층 인구 비율이 낮은 쪽이 총부양비가 더 크다는 점을 알아두면 도움이 된다. 캐나다(A)는 짐바브웨(B)보다 청장년층 비율이 높아서 총부양비가 낮다.

오답 피하기 ② 캐나다(A)는 짐바브웨(B)보다 영아 사망률이 낮다.

③ 선진국인 캐나다(A)는 개발 도상국인 짐바브웨(B)보다 인구 천 명당 의사 수가 많다.

④ 짐바브웨(B)는 캐나다(A)보다 기대 수명이 짧다.

⑤ 개발 도상국인 짐바브웨(B)는 선진국인 캐나다(A)보다 1인당 국내 총생산이 적다.

03 니제르, 일본의 인구 문제 이해

문제 분석 니제르(A)는 합계 출산율이 6.6명에 달할 정도로 아이를 많이 낳고 있으므로 인구 급증이 문제이고, 일본(B)은 인구의 자연 감소가 나타나고 있으므로 저출산 및 고령화 현상이 문제임을 알 수 있다.

정답 찾기 ⓒ 일본(B)은 인구의 자연 감소가 나타날 정도로 저출산이 나타나고 있으므로 니제르(A)보다 출산 장려 정책의 필요성이 크다.

② 선진국인 일본(B)은 개발 도상국인 니제르(A)보다 여성의 사회 진출이 활발하다.

오답 피하기 ⊙ 개발 도상국인 니제르(A)는 선진국인 일본(B)보다 절대 빈곤층의 비율이 높다.

ⓛ 선진국인 일본(B)은 개발 도상국인 니제르(A)보다 3차 산업 종사자 비율이 높다.

04 인도와 프랑스의 인구 특징 이해

문제 분석 제시된 자료는 인도(⊙)가 여러 가지 이유로 출산율이 높아 중국을 제치고 세계 1위의 인구 대국이 되었다는 것과 프랑스(ⓛ)가 저출산 문제를 해결하기 위해 어떠한 대책을 시행했는지를 설명하고 있다.

정답 찾기 ② 인도(⊙)는 프랑스(ⓛ)보다 출산율이 높으므로, 전체 인구에서 유소년층이 차지하는 비율도 높다. 따라서 인도는 프랑스보다 유소년 부양비가 높다.

오답 피하기 ① 인도(⊙)는 노년층 인구보다 유소년층 인구가 많아, 저출산 및 고령화 현상이 나타나는 프랑스(ⓛ)보다 중위 연령이 낮다.

③ 인도(⊙)는 세계 1위의 인구 대국이면서 출산율도 높으므로 노동력 부족 문제를 겪을 가능성이 프랑스(ⓛ)보다 낮다.

④ 프랑스(ⓛ)가 적극적인 정책으로 합계 출산율을 끌어올렸지만, 개발 도상국인 인도(⊙)의 합계 출산율이 더 높다.

⑤ 선진국인 프랑스(ⓛ)는 개발 도상국인 인도(⊙)보다 평균 임금 수준이 높고 노동력 부족 문제가 나타나 인구의 순 유입이 나타나고 있다. 반면, 인구에 비해 일자리가 부족한 인도는 인구의 순 유출이 나타나고 있다.

05 미숙련 노동자와 숙련 노동자의 이동 특징 파악

문제 분석 사례를 통해 미숙련 노동자와 숙련 노동자의 이동 특징을 파악하는 문제이다. (가)는 자국인 멕시코에 일자리가 부족해 선진국인 미국의 농장으로 떠날 준비를 하는 것으로 보아 미숙련 노동자의 이동, (나)는 선진국인 싱가포르를 떠나 또 다른 선진국인 영국의 금융회사에서 일하는 것으로 보아 숙련 노동자의 이동 사례이다.

정답 찾기 ㄴ. (가)는 미숙련 노동자의 이동이므로, 인구 유입국에서는 저임금 노동력 확보가 가능하다.

ㄹ. 미숙련 노동자는 상대적으로 단순한 직무에 종사하므로, 숙련 노동자보다 시간당 평균 임금 수준이 낮다.

오답 피하기 ㄱ. 미숙련 노동자는 상대적으로 단순하고 전문 기술이 불필요한 직무에 종사한다. 전문 기술직에 종사하는 비율은 숙련 노동자가 더 높다.

ㄷ. 숙련 노동자는 주로 선진국 혹은 신흥 공업국에서 선진국으로 이동한다.

06 해외 이주자의 모국 송금액 유입국과 유출국의 특징 파악

문제 분석 그래프의 A 국가군은 해외 이주자의 모국 송금 유출액이 거의 없는 반면 유입액이 높게 나타나므로, 경제적 목적으로 외국에 이주한 자국민이 많음을 알 수 있다. B 국가군은 해외 이주자의 모국 송금 유입액보다 유출액이 많으므로, 경제적 목적으로 이주한 외국인 노동자가 많음을 알 수 있다.

정답 찾기 ④ B는 선진국 또는 산유국으로, 모국 송금 유출액이 많고 외국인 노동자 비율이 높다. 따라서 인구의 유출보다 유입이 많은 순 유입이 나타나 A보다 인구의 사회적 증가율이 높다.

오답 피하기 ① 선진국 또는 산유국인 B가 개발 도상국인 A보다 1인당 국내 총생산이 많다.

② A는 B보다 경제적 목적의 인구 유출 규모가 크다.

③ 상대적으로 일자리가 부족하여 인구의 순 유출이 나타나는 A는 B보다 총인구 대비 외국인 노동자 비율이 낮다.

⑤ 선진국 또는 산유국인 B가 개발 도상국인 A보다 1차 산업 종사자 비율이 낮다. 특히 아랍 에미리트와 사우디아라비아는 국토 상당 부분이 농업에 불리한 건조 기후이다.

07 국가별 인구 이주 특징 파악

문제 분석 (가)는 러시아, 폴란드, 튀르키예(터키), 시리아, 카자흐스탄에서 유입이 많으므로 유럽에 위치한 독일이다. (나)는 이슬람교 신자 비율이 높은 이집트, 파키스탄, 인도, 방글라데시, 인도네시아에서 유입이 많으므로 사우디아라비아이다. 최근 서남아시아 지역으로 유입되는 외국인 노동자는 같은 문화를 공유하는 이슬람 문화권 출신이 많다.

정답 찾기 ㄷ. 사우디아라비아(나)는 석유와 천연가스 생산량이 많으므로 독일(가)보다 천연가스 수입량이 적다.

ㄹ. 독일(가)은 사우디아라비아(나)보다 자동차를 포함한 다양한 제조업이 발달한 국가이므로, 수출액 중 자동차가 차지하는 비율

이 높다.

오답 피하기 ㄱ. 석유 산업 및 건설업 일자리가 많은 사우디아라비아(나)는 남성 노동자의 유입이 많아 청장년층 성비가 독일(가)보다 높다.

ㄴ. 독일(가)은 사우디아라비아(나)보다 국가 내 이슬람교 신자 비율이 낮다.

08 국가별 인구 특징 파악

문제 분석 지도에 표시된 두 국가는 프랑스와 카타르이다. (가)는 청장년층 인구의 성비가 400에 달할 정도로 남초 현상이 나타나므로 중화학 공업 및 건설업의 발달로 외국인 노동자의 유입이 많은 카타르이다. (나)는 (가)보다 연령층별 성비 차이가 크지 않으므로 프랑스이다.

정답 찾기 ② 카타르(가)는 이슬람 문화권에 속하기 때문에 프랑스(나)보다 이슬람교 신자의 비율이 높다. 또한 원주민의 인구가 적지만 천연자원 개발 및 건설업 등에서 외국인 노동자의 유입이 활발하므로, 인구에서 외국인이 차지하는 비율과 총수출액에서 천연가스가 차지하는 비율 또한 높다. 따라서 그림의 B에 해당한다.

수능 실전 문제 본문 73~75쪽

1 ③	**2** ④	**3** ①	**4** ①
5 ②	**6** ③		

1 지역(대륙)별 인구 특징 이해

문제 분석 D는 중위 연령이 가장 높으므로 유럽이고, C는 중위 연령과 총인구 중 국제 이주자 비율이 높으므로 앵글로아메리카이다. A는 중위 연령과 총인구 중 국제 이주자 비율이 가장 낮으므로, 출산율이 높고 저개발국이 많은 아프리카이다. B는 중위 연령이 A 다음으로 낮고 총인구 중 국제 이주자 비율이 낮으므로, 개발 도상국이 많은 라틴 아메리카이다.

정답 찾기 ③ 유럽(D)은 산업 혁명이 발생한 대륙으로, 라틴 아메리카(B)보다 산업화의 시작 시기가 이르다.

오답 피하기 ① 앵글로아메리카(C)의 국가 중 미국은 영어를, 캐나다는 영어와 프랑스어를 주요 언어로 사용한다.

② 아프리카(A)는 앵글로아메리카(C)보다 개발 도상국이 많아 인구의 자연 증가율이 높다.

④ 앵글로아메리카(C)는 라틴 아메리카(B)보다 국가 수가 적다.

⑤ 선진국이 많은 유럽(D)은 아프리카(A)보다 시간당 평균 임금 수준이 높다.

2 국가별 인구와 산업 구조 특징 이해

문제 분석 인구의 자연 증가율이 높은 수준을 유지하고 있으며, 1차 산업 종사자 비율이 가장 높은 (가)는 니제르이다. 인구의 자연 증가율이 증가하였다가 시간이 지나면서 감소하고, 니제르보다 2차 산업 종사자 비율이 높은 (나)는 공업이 발달한 중국이다. 인구의 자연 증가율이 계속 낮은 수준을 유지하고 있으며, 3차 산업 종사자 비율이 가장 높은 (다)는 프랑스이다.

정답 찾기 ④ 노년층 인구 비율이 높은 프랑스(다)는 유소년층 인구 비율이 높은 니제르(가)보다 노년 부양비가 높다.

오답 피하기 ① 니제르(가)는 아프리카, 중국(나)은 아시아, 프랑스(다)는 유럽에 위치한다.

② 니제르(가)는 중국(나)보다 인구의 자연 증가율이 높으므로 산아 제한 정책의 필요성이 높다.

③ 중국(나)은 니제르(가)보다 1차 산업 종사자 비율은 1/3 정도로 낮지만 인구가 니제르의 약 50배 이상이므로, 1차 산업 종사자 수는 중국이 더 많다.

⑤ 프랑스(다)는 중국(나)보다 도시화율이 높지만 중국의 인구가 더 많으므로, 도시 인구는 중국이 더 많다.

3 국가별 인구 특성 이해

문제 분석 A는 가장 높은 수치가 50 정도지만, B는 250을 넘는 수치가 나타난다. 따라서 A는 노년 부양비, B는 청장년층 성비임을 알 수 있다. (가)는 노년 부양비가 가장 높으므로 세 국가 중 고령화 현상이 가장 뚜렷한 일본이다. (나)는 청장년층 성비가 자연적 성비(105)와 가깝고 노년 부양비가 낮은 콩고 민주 공화국이다. (다)는 인구가 가장 적고 청장년층 성비가 높으므로 남성 외국인 노동자 유입이 많은 아랍 에미리트이다.

정답 찾기 ① 일본(가)과 아랍 에미리트(다)는 아시아, 콩고 민주 공화국(나)은 아프리카에 위치한다.

오답 피하기 ② 선진국으로 생활 여건 및 의료 환경이 좋은 일본(가)이 콩고 민주 공화국(나)보다 기대 수명이 길다.

③ 콩고 민주 공화국(나)은 석유 관련 산업이 발달한 산유국인 아랍 에미리트(다)보다 2차 산업 종사자 비율이 낮다.

④ 서남아시아에 위치한 아랍 에미리트(다)는 동아시아에 위치한 일본(가)보다 유입된 이주자 중 이슬람 문화권 출신이 차지하는 비율이 높다.

⑤ A는 노년 부양비, B는 청장년층 성비이다.

4 지역별 인구 이주 특징 파악

문제 분석 A는 미국과 가까운 멕시코뿐 아니라 중국에서도 장거리 이동이 나타나므로 경제적 이동이다. B는 수단, 소말리아, 시리아 등 내전이 발생하고 있는 국가에서 인근 국가로 단거리 이동이 나타나므로 정치적 이동(난민)이다.

ㄱ. 경제적 이동(A)은 자발적 이동, 정치적 이동(B)은 강제적 이동의 성격이 강하다.

ㄴ. 경제적 이동은 주로 높은 임금과 고용 기회를 추구하기 때문에 원 거주민보다 이주민의 경제적 지위가 대체로 낮다.

오답 피하기 ㄷ. 수단, 소말리아, 시리아 등에서 정치적 이동에 해당하는 이주민(난민)은 전문 기술 보유자 비율이 낮다.

ㄹ. 인구가 유입되는 지역은 잠재적 구직자가 증가하기 때문에 노동력 부족 문제가 발생할 가능성이 낮아진다.

5 지역(대륙) 간 인구 이주 특징 파악

문제 분석 유출보다 유입이 많은 (가)와 (나)는 선진국이 많은 유럽과 앵글로아메리카 중 하나이고, 유입보다 유출이 많은 (다)와 (라)는 라틴 아메리카와 아프리카 중 하나이다.

정답 찾기 ② (가), (나) 중 유입 규모가 더 큰 (가)는 앵글로아메리카이고, 나머지 (나)는 유럽이다. 앵글로아메리카로의 유출이 대다수인 (다)는 라틴 아메리카이고, 유럽으로 유출이 대다수인 (라)는 아프리카이다.

6 국가별 인구 이주 특징 파악

문제 분석 (가)는 과거 영국의 식민지였던 인도와 파키스탄, 영어가 공용어인 아일랜드 출신 이주자가 많으므로 영국이다. (나)는 과거 프랑스의 식민지였던 알제리, 모로코, 튀니지 출신 이주자가 많으므로 프랑스이다. (다)는 국경을 마주하고 있는 멕시코 출신 이주자가 가장 많으므로 미국이다.

정답 찾기 ㄴ. 영국(가)과 미국(다)은 영어를 주요 언어로 사용한다.

ㄷ. 1950년 이후 미국(다)은 프랑스(나)보다 유입된 이주민이 많다.

오답 피하기 ㄱ. 영국(가)과 프랑스(나)는 선진국이므로 상대적으로 높은 임금과 고용 기회를 찾아 경제적 목적으로 이주하는 개발도상국 출신 이주민이 많다.

ㄹ. 2023년 기준 유럽 연합의 회원국은 프랑스(나)이고, 미국·멕시코·캐나다 협정의 가입국은 미국(다)이다. 영국(가)은 2020년 유럽 연합을 탈퇴하였다.

08 세계의 도시화와 세계 도시 체계

수능 기본 문제 본문 79쪽

01 ③   **02** ⑤   **03** ③   **04** ③

01 지역(대륙)별 도시화율 및 연평균 도시 인구 증가율과 촌락 인구 특성 파악

문제 분석 도시화의 역사가 짧은 지역(대륙)은 대체로 연평균 도시 인구 증가율이 높게 나타나고, 촌락 인구는 총인구가 많고 도시화율이 낮은 지역(대륙)일수록 많은 경향이 있다.

정답 찾기 ③ (가)는 도시화율이 가장 낮고 연평균 도시 인구 증가율이 가장 높은 아프리카이고, (라)는 도시화의 역사가 가장 길어 연평균 도시 인구 증가율이 가장 낮은 유럽이다. (나)는 전체 인구가 많아 촌락 인구도 가장 많은 아시아이고, 나머지 (다)는 라틴 아메리카이다. 라틴 아메리카는 도시화율이 앵글로아메리카 다음으로 높다. 한편, 유럽은 라틴 아메리카보다 총인구가 많고 도시화율이 낮으므로 촌락 인구가 많다.

02 국가별 도시 및 촌락 인구 비교

문제 분석 지도에 표시된 국가는 탄자니아, 타이, 프랑스이다. C는 1960~2020년에 모두 도시 인구가 촌락 인구보다 많으므로 세 국가 중 도시화의 역사가 가장 긴 프랑스이다. B는 1960년에 도시 인구가 매우 적어 도시화가 거의 진행되지 않은 것으로 보이며 1960~2020년에 인구 증가율이 가장 높으므로 세 국가 중 도시화의 역사가 가장 짧고 경제 발전 수준이 낮은 탄자니아이고, 나머지 A는 타이이다.

정답 찾기 ⑤ 프랑스(C)는 탄자니아(B)보다 노년층 인구 비율이 높다.

오답 피하기 ① 타이(A)는 아시아에 위치한다.

② 탄자니아(B)는 1990년에 촌락 인구와 도시 인구의 비율이 약 4:1이므로 도시화율은 약 20%이다. 따라서 초기 단계에서 가속화 단계로 이행하는 과정에 해당한다.

③ 타이(A)는 프랑스(C)보다 2020년에 1인당 국내 총생산이 적다.

④ 도시 인구와 촌락 인구의 합은 총인구이다. 그래프에서 1990년 도시 인구와 촌락 인구의 합은 타이(A)가 탄자니아(B)보다 많다.

03 주요 세계 도시의 특징 및 위치 파악

문제 분석 (가)는 '에펠탑, 루브르 박물관' 등의 랜드마크를 통해 프랑스의 파리, (나)는 '도비 가트, 게이트웨이 오브 인디아' 등을 통해 인도의 뭄바이, (다)는 '할리우드 간판, 월트 디즈니 콘서트홀' 등을 통해 미국의 로스앤젤레스임을 알 수 있다.

정답 찾기 ③ 지도의 A는 런던, B는 파리, C는 뭄바이, D는 방콕, E는 로스앤젤레스, F는 시애틀이다. 따라서 (가)는 파리(B), (나)는 뭄바이(C), (나)는 로스앤젤레스(E)이다.

04 세계 도시의 계층 비교

문제 분석 (가)는 뉴욕, 런던, 도쿄 세 도시가 속한 최상위 세계 도시이다. (나)는 마드리드, 뭄바이, 상하이, 시드니, 토론토 등이 포함된 하위 세계 도시이다.

정답 찾기 ③ 하위 세계 도시는 생산자 서비스업이 발달한 상위 세계 도시에 비해 금융 기관 평균 종사자 수가 적고, 해당 도시 수가 많아 동일 계층의 도시 간 평균 거리는 가깝다. 또한 영향력의 범위가 넓고 교통 허브 기능이 발달하여 외국인들의 출입이 잦은 최상위 세계 도시에 비해 영향력의 범위가 좁은 하위 세계 도시는 공항 이용객 중 내국인 비율이 상대적으로 높다. 따라서 C에 해당한다.

수능 실전 문제			본문 80~81쪽
1 ④	2 ①	3 ①	4 ②

1 지역(대륙)별 도시화율 및 도시 인구와 연령층별 인구 비율 파악

문제 분석 도시 인구가 가장 많은 (라)는 총인구가 가장 많은 아시아이다. 도시화율이 가장 낮은 (마)는 도시화의 역사가 가장 짧은 아프리카이다. 모든 대륙에서 가장 높은 비율을 보이는 B는 청장년층이고, A와 C 중 아프리카(마)에서 높은 비율을 보이는 A는 유소년층, 나머지 C는 노년층이다. 도시화율이 가장 높고, 오세아니아에 이어 도시 인구가 적은 (가)는 앵글로아메리카이다. (나)와 (다)는 라틴 아메리카와 유럽 중 하나인데, 도시화율이 높은 (나)는 라틴 아메리카이고, 상대적으로 노년층의 인구 비율이 높은 (다)는 유럽이다.

정답 찾기 ④ 세계 총인구의 절반 이상이 거주하고 있는 아시아(라)는 앵글로아메리카(가)보다 인구 밀도가 높다.

오답 피하기 ① 앵글로아메리카(가)는 라틴 아메리카(나)보다 총인구가 적고 도시화율이 높으므로 촌락 인구는 적다.
② 라틴 아메리카(나)는 유럽(다)보다 노년층 인구 비율이 낮고 유소년층 인구 비율이 높아 중위 연령이 낮다.
③ 유럽(다)은 아프리카(마)보다 청장년층 인구 비율이 높아 총부양비는 낮다.
⑤ A는 유소년층, C는 노년층이다.

2 국가별 연평균 도시 인구와 촌락 인구 증가율 파악

문제 분석 지도에 표시된 국가는 나이지리아, 브라질, 영국이다. 두 시기 모두 세 국가에서 증가하는 수치를 보이는 (가)는 연평균 도시 인구 증가율이고, 2015~2020년에 감소하는 수치를 보이는 국가가 있는 (나)는 연평균 촌락 인구 증가율이다. 두 시기 연평균 도시 인구 증가율의 차이가 크지 않은 B는 영국이다. A와 C 중

2020년에 촌락 인구가 여전히 증가하고 있는 A는 인구 성장률이 높은 나이지리아이고, 2020년에 촌락 인구가 감소로 돌아선 C는 브라질이다.

정답 찾기 ㄱ. (가)는 연평균 도시 인구 증가율, (나)는 연평균 촌락 인구 증가율이다.
ㄷ. 영국(B)은 나이지리아(A)보다 1인당 국내 총생산이 많다.

오답 피하기 ㄴ. 나이지리아(A)는 브라질(C)보다 도시화율이 낮다.
ㄹ. 영국은 2015~2020년 연평균 도시 인구 증가율이 약 1%이고 연평균 촌락 인구 증가율이 약 −1%로, 도시 인구가 증가한 비율과 촌락 인구가 감소한 비율이 비슷하다. 하지만 도시화율이 80% 이상으로 도시 인구가 촌락 인구보다 4배 이상 많아서, 1% 증가한 도시 인구가 1% 감소한 촌락 인구보다 많아 총인구는 증가하였다.

3 세계 도시 체계의 의미 이해

문제 분석 세계 도시는 국경을 넘어 전 세계의 경제 활동을 조절하고 통제할 수 있는 중심지이며, 세계적 교통·통신망의 핵심적인 결절지 역할을 하고 세계의 자본이 집적되고 축적되는 장소이다. 도시의 규모와 기능 및 영향력에 따라 세계 도시 간 계층성이 형성되어 세계 도시 체계를 이루고, 세계 도시를 비롯한 수많은 지역이 다차원적으로 연결됨으로써 계층성이 강화된다.

정답 찾기 ㄱ. 경제적 측면에서 다국적 기업의 본사 수, 금융 기관 수, 법률 회사 수 등을, 정치적 측면에서 국제회의 개최 수, 국제기구의 본부 수 등을, 문화적 측면에서 세계적인 문화·예술 기관, 영향력 있는 대중 매체, 스포츠 경기 및 시설, 교육 기관 등을, 도시 기반 시설 측면에서 국제공항, 첨단 정보 통신 시스템의 구비 정도 등을 주요 지표로 사용한다.

오답 피하기 ㄴ. 세계 도시 체계가 형성되면 계층성이 강화되면서 선진국과 개발 도상국의 세계 도시 간 불균형이 심화되는 양상을 보인다.
ㄷ. 최상위 세계 도시보다 하위 세계 도시의 수가 많다.

4 세계 도시 체계 이해

문제 분석 세계 도시의 순위는 조사에서 사용하는 선정 지표에 따라 다르게 나타날 수 있지만, 여러 지표를 종합하여 나타낸 조사 기관별 순위에서 뉴욕, 런던, 도쿄는 대체로 최상위권에 속하며, 뉴욕은 도쿄에 비해 세계 도시 순위가 높다. 따라서 A는 뉴욕, B는 도쿄이다. (가) 도시군은 최상위 및 상위 세계 도시, (나) 도시군은 하위 세계 도시이다.

정답 찾기 갑–상위 세계 도시는 하위 세계 도시보다 생산자 서비스업 종사자 수가 많다.
병–뉴욕(A)에는 국제 연합(UN) 본부가 위치한다.

오답 피하기 을–상위 세계 도시는 하위 세계 도시에 비해 도시당 다국적 기업의 본사 수가 많다.
정–아시아에서 도쿄(B)보다 인구 규모가 큰 도시는 델리, 상하이, 뭄바이, 베이징 등이 있다.

09 주요 식량 자원과 국제 이동

수능 기본 문제   본문 86~87쪽

01 ⑤   02 ④   03 ④   04 ②
05 ②   06 ②   07 ④   08 ③

01 밀과 쌀의 특징 비교

문제 분석 세계 3대 식량 작물 중 파스타의 주재료가 되는 (가)는 밀이고, 베트남의 주식이며 '퍼'의 주재료가 되는 (나)는 쌀이다.

정답 찾기 ⑤ 쌀(나)은 밀(가)에 비해 국제 이동량이 적고, 단위 면적당 생산량이 많으며, 세계 재배 면적이 좁다. 이러한 조건을 만족하는 것은 그림의 E이다.

02 아시아 대륙의 식량 작물 생산량 비율 및 특징 파악

문제 분석 동남아시아에서 생산량 비율이 매우 낮고 건조한 서아시아와 중앙아시아에서 생산량 비율이 높은 (가)는 밀, 고온 다습한 동남아시아에서 생산량 비율이 가장 높고 남아시아와 동아시아에서 생산량 비율이 높은 (나)는 쌀이다. 아시아 대륙 내에서 밀, 쌀에 비해 전체 생산량이 적고, 중국이 포함된 동아시아가 다른 지역에 비해 생산량 비율이 가장 높은 (다)는 옥수수이다.

정답 찾기 ④ 밀(가)은 쌀(나)보다 비교적 기온이 낮고 건조한 기후 조건에서도 잘 자란다.

오답 피하기 ① 밀(가)의 1인당 소비량은 밀을 주식으로 하는 국가가 많은 아메리카가 아시아보다 많다.
② 쌀(나)은 사료용보다 식용으로 소비되는 양이 많다. 사료용으로 소비되는 비율이 가장 높은 작물은 옥수수이다.
③ 옥수수(다)의 세계 최대 생산국은 미국이다.
⑤ 옥수수(다)는 쌀(나)보다 기후 적응력이 커서 다양한 기후 지역에서 재배된다.

03 주요 국가의 식량 작물 생산 특징 파악

문제 분석 지도에 표시된 (가)는 중국(타이완 포함)과 인도, (나)는 미국과 캐나다이다. (가)의 식량 작물 생산량 총합에서 가장 높은 비율을 차지하는 A는 쌀, (나)의 식량 작물 생산량 총합에서 가장 높은 비율을 차지하는 C는 옥수수, 나머지 B는 밀이다.

정답 찾기 ④ 옥수수(C)는 쌀(A)보다 세계에서 바이오에탄올 등 바이오 연료로 이용되는 양이 많다.

오답 피하기 ① 육류 소비 증대로 사료용으로의 수요가 급증한 대표적인 식량 작물은 옥수수(C)이다.
② 밀(B)의 기원지는 서남아시아의 건조 기후 지역이다.
③ A~C 중 세계 생산량은 옥수수(C)가 가장 많다.
⑤ 오세아니아는 옥수수(C)보다 밀(B)의 수출량이 많다.

04 주요 식량 작물의 특징 비교

문제 분석 밀, 쌀, 옥수수 중 옥수수는 사료용으로 소비되는 양이 가장 많고, 밀은 세계 재배 면적이 가장 넓다.

정답 찾기 ② (가)~(다) 중 사료용으로 소비되는 비율이 가장 높은 (나)는 옥수수이고, 식용으로 소비되는 비율이 높은 (가), (다)는 각각 밀, 쌀 중 하나이다. 이 중 세계의 재배 면적이 넓은 (가)는 밀이고, 나머지 (다)는 쌀이다.

05 주요 식량 작물의 생산과 소비 특성 및 재배 면적 비교

문제 분석 (가)~(다) 중 생산량이 가장 많은 (가)는 옥수수, 재배 면적이 가장 넓은 (다)는 밀, 재배 면적이 가장 좁은 (나)는 쌀이다. A~C 중 앵글로아메리카에서 1인당 소비량이 가장 많은 B는 밀, 사료용과 바이오 연료로 소비되어 총소비량이 가장 많은 A는 옥수수, 나머지 C는 쌀이다.

정답 찾기 ② 옥수수(가)는 A, 쌀(나)은 C, 밀(다)은 B이다.

06 주요 식량 자원의 특징 파악

문제 분석 파에야의 주재료는 쌀(㉠), 하몽의 주재료는 돼지(㉡) 고기, 추로스의 주재료는 밀(㉢)이다.

정답 찾기 ㄱ. 쌀의 세계 최대 생산국은 아시아에 위치한 중국이다.
ㄹ. 쌀(㉠)은 밀(㉢)보다 세계 재배 면적이 좁지만, 세계 생산량이 많아 단위 면적당 생산량이 많다.

오답 피하기 ㄴ. 돼지(㉡)는 유목 생활에 적합하지 않아 서남아시아와 북부 아프리카에서는 거의 사육되지 않는다.
ㄷ. 주로 논에서 재배되는 작물은 쌀(㉠)이다.

07 주요 국가의 육류 자원 소비 특성 파악

문제 분석 브라질에서 육류 소비량 비율이 가장 높은 (가)는 소, 중국에서 육류 소비량 비율이 가장 높은 (나)는 돼지, (다)는 양이다.

정답 찾기 ④ 양(다)은 돼지(나)보다 건조한 기후에 대한 적응력이 높다.

오답 피하기 ① 이슬람 문화권에서 식용을 금기시하는 가축은 돼지(나)이다.
② 전통 농업 사회의 벼농사 지역에서 노동력 대체 효과가 큰 가축은 소(가)이다.
③ 양(다)의 사육 두수는 아메리카보다 아시아가 많다.
⑤ 세계 총 사육 두수는 소(가)>양(다)>돼지(나) 순으로 많다.

08 주요 가축의 사육 두수 및 특성 비교

문제 분석 가축 사육 두수 1~5위 국가가 중국, 인도, 오스트레일리아, 나이지리아, 이란인 (가)는 양이고, 브라질, 인도, 미국, 에티오피아, 중국인 (나)는 소이며, 중국, 미국, 브라질, 에스파냐, 러시아인 (다)는 돼지이다.

정답 찾기 ③ 힌두교 문화권에서 신성시하는 A는 소, 가축의 털이 모직 공업의 주원료로 이용되는 B는 양, 나머지 C는 돼지이다. 따라서 양(가)은 B, 소(나)는 A, 돼지(다)는 C이다.

수능 실전 문제

본문 88~90쪽

1 ③	**2** ⑤	**3** ④	**4** ⑤
5 ④	**6** ④		

1 주요 식량 작물의 이용 및 국가별 수출 현황 파악

문제 분석 (가)는 나시고렝의 주재료인 쌀, (나)는 피자의 주재료인 밀, (다)는 타코의 주재료인 옥수수이다.

정답 찾기 ③ A는 러시아, 오스트레일리아, 미국, 캐나다, 우크라이나 등의 수출량 비율이 높으므로 밀이다. B는 인도, 타이, 베트남, 파키스탄, 중국 등의 수출량 비율이 높으므로 쌀이다. C는 미국, 아르헨티나, 우크라이나, 브라질, 루마니아 등에서 수출량 비율이 높으므로 옥수수이다. 따라서 (가)는 쌀(B), (나)는 밀(A), (다)는 옥수수(C)에 해당한다.

2 주요 식량 작물의 국가별 1인당 소비량 특성 파악

문제 분석 지도에 표시된 (가)는 러시아, (나)는 인도, (다)는 멕시코이다. 러시아(가)의 1인당 소비량이 가장 많지만 인도(나), 멕시코(다)와 상대적으로 차이가 크지 않은 A는 밀, 멕시코(다)의 1인당 소비량이 압도적으로 많은 B는 옥수수, 인도(나)의 1인당 소비량이 압도적으로 많은 C는 쌀이다.

정답 찾기 ⑤ 그래프를 통해 1인당 밀(A) 소비량은 인도(나)가 멕시코(다)보다 많음을 알 수 있다.

오답 피하기 ① 밀(A)의 세계 최대 생산국은 아시아에 있다.
② 밀(A)은 옥수수(B)보다 세계 생산량이 적고 세계 재배 면적은 넓으므로, 단위 면적당 생산량이 적다.
③ 옥수수(B)는 쌀(C)보다 식용으로 이용되는 비율이 낮고, 식용 이외인 사료용이나 바이오 연료 등으로 이용되는 비율은 높다.
④ 쌀(C)은 밀(A)보다 내한성 및 내건성이 약하고 성장기에 고온다습한 기후가 필요하다.

3 아시아의 주요 식량 작물의 생산 특성 파악

문제 분석 (가)~(다) 중 아시아 내 생산량이 가장 많은 (다)는 쌀이다. (가)는 A와 인도의 생산량 비율이 상당히 높고 파키스탄, 튀르키예(터키), 카자흐스탄 등의 생산량 비율도 높으므로 밀이고, A는 중국이다. 나머지 (나)는 옥수수이다.

정답 찾기 ㄱ. 밀(가)은 쌀(다)보다 생산지에서 소비되는 비율이 낮으며, 세계 생산량 대비 수출량이 많다.
ㄴ. 옥수수(나)는 밀(가)보다 세계 수출량에서 미국, 아르헨티나 등이 포함된 아메리카가 차지하는 비율이 높다.

ㄷ. 옥수수(나)는 쌀(다)보다 바이오에탄올 등 바이오 연료로 이용되는 비율이 높다.

오답 피하기 ㄹ. 옥수수(나)의 세계 최대 생산국은 미국이다.

4 주요 식량 작물의 지역(대륙)별 생산 및 수출·수입 특성 파악

문제 분석 주요 곡물의 수입량이 수출량보다 많은 (가), (라) 중 A~C의 총생산량이 세계에서 가장 많은 (가)는 아시아, 가장 적은 (라)는 아프리카이다. 주요 곡물의 수출량이 수입량보다 많은 (나), (다) 중 A~C의 총생산량이 더 많은 (다)는 아메리카, (나)는 유럽이다. 아시아(가) 내에서 생산량 비율이 가장 높은 A는 쌀, 아메리카(다)와 아프리카(라) 내에서 생산량 비율이 가장 높은 C는 옥수수, 유럽(나) 내에서 생산량 비율이 가장 높은 B는 밀이다.

정답 찾기 ⑤ 그래프를 통해 유럽(나)의 옥수수(C) 생산량은 아프리카(라)의 쌀(A) 생산량보다 많음을 알 수 있다.

오답 피하기 ① 밀(B)의 기원지는 아시아(가)이다.
② 쌀(A)은 옥수수(C)보다 가축의 사료로 이용되는 비율이 낮다.
③ 밀(B)은 쌀(A)보다 생산량 대비 수출량이 많아 국제 이동량이 많다.
④ 그래프를 통해 아메리카(다)는 아시아(가)보다 밀(B) 생산량이 적음을 알 수 있다.

5 주요 국가의 육류별 수출량과 소비량 비교

문제 분석 미국과 오스트레일리아의 육류 수출량이 많은 (가)는 소, 중국의 육류 소비량이 압도적으로 많은 (나)는 돼지, (가)와 (나)에 비해 육류 소비량과 수출량이 대체로 적지만 오스트레일리아의 육류 수출량이 가장 많은 (다)는 양이다.

정답 찾기 ④ 양(다)은 돼지(나)보다 건조한 기후에 대한 적응력이 높아 유목에 적합하다.

오답 피하기 ① 털이 모직 공업의 주원료로 이용되는 가축은 양(다)이다.
② 젖이 주로 치즈, 버터 등의 유제품 원료로 활용되는 대표적인 가축은 소(가)이다.
③ 전통 농업 사회의 벼농사 지역에서 노동력 대체 효과가 큰 가축은 소(가)이다.
⑤ 전 세계 총 사육 두수는 소(가)>양(다)>돼지(나) 순으로 많다.

6 주요 가축의 특성과 지역(대륙)별 사육 두수 현황 파악

문제 분석 힌두교 문화권에서 식용이 금기시되는 (가)는 소, 이슬람교 문화권에서 식용이 금기시되는 (나)는 돼지, 힌두교 및 이슬람교 문화권에서 특별히 식용이 금기시되지 않는 (다)는 양이다.

정답 찾기 ④ 아시아의 사육 두수가 압도적으로 많고 유럽과 아메리카에서도 널리 사육되는 A는 돼지, 모든 지역(대륙)에서 비교적 널리 사육되고 오세아니아에서 인구 규모 대비 사육 두수가 많은 B는 양, 아메리카의 사육 두수가 가장 많은 C는 소이다. 따라서 (가)는 소(C), (나)는 돼지(A), (다)는 양(B)이다.

10 주요 에너지 자원과 국제 이동

01 ②	**02** ③	**03** ②	**04** ①
05 ③	**06** ⑤	**07** ④	**08** ③

01 국가군별 1차 에너지원 소비 구조 이해

문제 분석 (가)는 OECD 회원국의 소비량 비율이 비OECD 회원국의 소비량 비율에 비해 크게 낮으므로 중국을 비롯한 개발 도상국에서 소비량이 많은 석탄이다. (나)와 (다) 중 OECD 회원국의 소비량 비율과 비OECD 회원국의 소비량 비율이 모두 높아 전체 소비량이 많은 (나)는 석유이고, 나머지 (다)는 천연가스이다.

정답 찾기 ㄱ. 석탄(가)은 산업 혁명 초기에 증기 기관의 연료로 이용된 주요 에너지 자원이었다.

ㄹ. 석탄(가)은 석유(나)와 천연가스(다)에 비해 편재성이 작은 편이므로 생산량 대비 국제 이동량이 화석 에너지 중 가장 적다.

오답 피하기 ㄴ. 주로 고기 조산대 주변에 매장되어 있는 자원은 석탄(가)이다.

ㄷ. 천연가스(다)는 주로 산업용과 가정용으로 이용된다.

02 지역(대륙)별 1차 에너지 소비 구조 이해

문제 분석 아시아 및 오세아니아에서 소비량이 가장 많은 (가)는 석탄으로, 중국에서 세계 소비량의 절반 이상을 사용한다. (나)와 (다) 중 아시아 및 오세아니아와 라틴 아메리카 등에서 상대적으로 사용량이 많은 (나)는 석유이고, 나머지 (다)는 천연가스이다.

정답 찾기 ③ 석탄(가)은 천연가스(다)보다 연소 시 대기 오염 물질의 배출량이 많다.

오답 피하기 ① 석탄(가)의 세계 최대 생산국이자 소비국은 중국이다.

② 냉동 액화 기술의 발달로 수요가 급증한 자원은 천연가스(다)이다.

④ 석유(나)는 천연가스(다)보다 세계 1차 에너지 소비 구조에서 차지하는 비율이 높다.

⑤ 발전용 연료로 사용되는 양은 석탄(가) > 천연가스(다) > 석유(나) 순으로 많다.

03 화석 에너지 자원의 특징 이해

문제 분석 러시아가 최대 수출 국가이고, 파이프라인을 통해 유럽으로 공급되며, 유럽 국가들이 사용량의 70%를 러시아에 의존하고 있는 (가) 에너지 자원은 천연가스이다. 천연가스를 대신하여 전력 생산에 주로 이용되는 (나) 에너지 자원은 석탄이며, 유럽 연합 국가들은 2030년까지 '탈석탄'을 선언하였다.

정답 찾기 ② 미국, 러시아, 이란, 중국, 캐나다 등이 주요 생산국인 A는 천연가스이다. 미국, 사우디아라비아, 러시아의 생산량이 뚜렷하게 많은 B는 석유이다. 중국의 생산량이 뚜렷하게 많은 C는 석탄이다. 따라서 (가)는 천연가스(A), (나)는 석탄(C)이다.

04 화석 에너지의 용도별 소비 비율 특성 이해

문제 분석 화석 에너지는 각 자원의 물리적 상태(성상)와 에너지 생산에 필요한 원료 단가, 대기 오염 물질 배출량 등의 차이에 따라 주로 이용되는 용도가 각각 다르다.

정답 찾기 ① (가)는 내연 기관의 연료로 쓰이면서 수송용으로 가장 많이 이용되는 석유이다. (나)는 에너지 생산에 필요한 원료 단가가 저렴하여 산업용으로 가장 많이 이용되는 석탄이다. (다)는 연소 시 대기 오염 물질 배출량이 적어 가정용과 인구 밀집 지역에서 산업용으로 많이 이용되는 천연가스이다. 따라서 (가)는 석유, (나)는 석탄, (다)는 천연가스이다.

05 국가별 1차 에너지원별 소비량 특성 파악

문제 분석 (라)는 프랑스에서 뚜렷하게 소비량이 많고 인도네시아에서는 소비량이 없으므로 원자력이다. 이란에서 뚜렷하게 소비량이 많은 (나)는 천연가스, 네 나라에서 소비량이 비교적 고르게 많은 편인 (가)는 석유이다. 인도네시아에서 소비량이 가장 많은 (다)는 석탄이다.

정답 찾기 ③ 발전용 연료로 사용되는 비율은 석탄(다) > 천연가스(나) > 석유(가) 순으로 높다.

오답 피하기 ① 석탄(다)은 세계 소비량의 절반 이상을 중국이 차지하고 있어 석탄(다)의 소비량은 아시아가 유럽보다 많다.

② 중국은 석탄(다) 생산량이 세계 생산량의 절반에 가깝지만 석유(가) 생산량은 주요 생산국에 비해 매우 적은 편이므로, 석유(가)는 석탄(다)보다 세계 생산에서 중국이 차지하는 비율이 낮다.

④ 원자력(라)은 석유(가)보다 본격적으로 상용화된 시기가 늦다.

⑤ 그래프에서 보면 독일이 이란보다 석유(가) 소비량이 많다.

06 1차 에너지원별 발전량의 변화 이해

문제 분석 1차 에너지원별 발전량이 가장 많은 (가)는 석탄이다. 2019년 기준 석탄(가) 다음으로 발전량이 많고, 1990년에 비해 2019년에 발전량이 크게 증가한 (나)는 천연가스이다. 2010년대 이후 발전량이 정체되어 1차 에너지원별 발전량 비율이 크게 감소한 (다)는 원자력이다. 1990년에는 발전량이 매우 미미한 수준이었지만, 이후 발전량이 급격히 증가한 (라)는 신·재생 에너지이다.

정답 찾기 ⑤ 1990년에 발전량이 매우 미미한 수준이었던 신·재생 에너지(라)는 2019년에 발전량이 원자력과 대등한 수준으로 증가하여 1차 에너지원별 발전량 증가율이 가장 높다.

오답 피하기 ① 석탄(가)의 최대 소비 국가는 중국이다.

② 방사성 폐기물 처리에 어려움이 큰 에너지 자원은 원자력(다)이다.

③ 석탄(가)은 고체여서 파이프라인을 이용한 수송이 거의 이루어지지 않는다. 반면, 천연가스(나)는 파이프라인을 이용한 수송 비율이 높은 편이다.

④ 원자력(다)을 발전원으로 활용하는 국가는 비교적 소수이지만, 다양한 형태의 신·재생 에너지(라)는 대부분의 국가에서 발전원으로 활용되고 있다.

07 국가별 신·재생 에너지원별 발전 설비 용량 현황 파악

문제 분석 (다)는 판의 경계 주변에 위치한 국가들에서 발전 설비 용량이 크므로 지열이고, B는 판의 경계 주변에 위치한 미국, 나머지 A는 중국이다. (나)는 대하천이 발달하여 하천 유량이 풍부한 중국과 브라질, 빙하 지형이 발달하여 물의 낙차를 얻기 유리한 캐나다, 러시아 등에서 발전 설비 용량이 크므로 수력이다. 나머지 (가)는 태양광·태양열이다.

정답 찾기 ㄴ. 수력(나)은 지열(다)보다 전 세계 발전량에서 차지하는 비율이 높다.

ㄹ. 선진국인 미국(B)은 개발 도상국인 중국(A)보다 1인당 에너지 소비량이 많다.

오답 피하기 ㄱ. 낙차가 크고 유량이 풍부한 지역에서 생산에 유리한 것은 수력(나)이다.

ㄷ. 태양광·태양열(가)은 발전 시 기상 조건의 영향을 많이 받지만, 지열(다)은 기상 조건의 영향을 거의 받지 않는다.

08 국가별 신·재생 에너지원별 발전량 특성 파악

문제 분석 열대 기후 지역에 위치한 인도네시아와 빙하 지형이 발달한 캐나다에서 발전량 비율이 높은 A는 수력이다. 대서양 연안에 위치한 영국에서 발전량 비율이 높은 B는 풍력이다. 판의 경계부 주변에 위치한 인도네시아에서만 비교적 높은 발전량 비율을 보이는 D는 지열이고, 나머지 C는 태양광이다.

정답 찾기 ③ 태양광(C)은 일사량이 많은 지역이 개발에 유리하다.

오답 피하기 ① 풍력(B)은 바람이 많이 부는 산지나 해안 지역이 발전에 유리하다.

② 지열(D)은 판의 경계 부근에서 개발 잠재력이 높다.

④ 수력(A)은 유량이 풍부하고 낙차가 큰 곳이 발전에 유리하다.

⑤ 지열(D)은 태양광(C)보다 발전 시 기상 조건의 영향을 덜 받는다.

수능 실전 문제 본문 97~99쪽

1 ④	**2** ①	**3** ③	**4** ③
5 ⑤	**6** ③		

---

1 주요 국가의 화석 에너지 매장량과 생산량 특성 이해

문제 분석 (나)는 중국이 A에서 50% 이상의 값을 가지는 것으로 보아 석탄이고, A는 생산량 비율이다. 중국은 석탄의 생산과 소비에서 절반 정도를 차지하고 있는 반면, 매장량은 그에 미치지 못한다. 따라서 B는 매장량이다. (가)는 러시아, 이란, 카타르 등에서 매장량이 많으므로 천연가스이다. (다)는 베네수엘라 볼리바르, 사우디아라비아 등에서 매장량이 많은 석유이다.

정답 찾기 ④ 매장량 상위 5개국 외에는 모두 '기타'에 포함되어 있으므로 '기타'의 매장량이 차지하는 비율이 낮을수록 상위 5개국의 매장량이 차지하는 비율이 높다. 따라서 총매장량에서 상위 5개국의 매장량이 차지하는 비율은 석탄(나)이 가장 높다.

오답 피하기 ① 천연가스(가)는 석탄(나)보다 연소 시 대기 오염 물질의 배출량이 적다.

② 석탄(나)은 석유(다)보다 신생대 제3기층 배사 구조에 매장되어 있는 비율이 낮다.

③ 석유(다)는 천연가스(가)보다 상용화된 시기가 이르다.

⑤ A는 생산량, B는 매장량이다.

2 에스파냐, 인도네시아의 1차 에너지 소비 구조 변화 파악

문제 분석 (가)는 (나)보다 1980년에서 2020년 사이에 총에너지 소비량이 더 많이 증가하였고, 원자력 소비량이 없는 것을 통해 (가)는 인도네시아, (나)는 에스파냐임을 알 수 있다. C는 2000년에서 2020년 사이에 인도네시아에서는 소비량이 크게 증가하였지만, 에스파냐에서는 오히려 감소한 것을 통해 석탄임을 알 수 있다. A와 B는 석유와 천연가스 중 하나인데, 두 나라에서 모두 상대적으로 소비량이 많은 B는 석유이고, A는 천연가스이다.

정답 찾기 ① 그래프에서 인도네시아(가)는 2000년에 석탄(C)보다 천연가스(A) 소비량이 많다.

오답 피하기 ② 개발 도상국인 인도네시아(가)는 선진국인 에스파냐(나)보다 2020년 1인당 국내 총생산이 적다.

③ 그래프에서 보면 인도네시아(가)는 에스파냐(나)보다 2020년 1차 에너지 총소비량이 많다.

④ 고기 조산대 주변에 주로 매장되어 있는 것은 석탄(C)이다.

⑤ 석탄(C)은 석유(B)보다 에너지원으로 본격적으로 상용화된 시기가 이르다.

3 국가별 1차 에너지 소비량 비율과 1인당 1차 에너지 소비량 변화 특성 파악

문제 분석 지도에 표시된 국가는 미국, 브라질, 영국, 중국이다. 1990년 1인당 1차 에너지 소비량이 많은 (가)와 (나)는 선진국인 미국과 영국 중 하나인데, 자원이 풍부하고 경제 규모가 큰 미국이 영국보다 1인당 1차 에너지 소비량이 많으므로 (가)는 미국, (나)는 영국이다. (다)는 2000년대 이후 1인당 1차 에너지 소비량이 지속적으로 증가하고 있는 것으로 보아 빠른 경제 성장을 보인 중국이다. 나머지 (라)는 브라질이다. 중국(다)에서 소비량 비율이 뚜렷하게 높은 B는 석탄, 네 국가에서 비교적 고르게 소비량 비율이 높은 A는 석유이다. 브라질(라)에서 소비량 비율이 뚜렷하게 높고 중국(다)에서도 높은 편인 E는 수력이다. 미국(가)과 영국(나)에서 다른 두 나라에 비해 상대적으로 소비량 비율이 높은 C와 D 중 소비량 비율이 높은 C는 천연가스이고, 나머지 D는 원자력이다.

정답 찾기 ③ 미국(가)은 2020년에 세계에서 석유(A) 생산량이 가장 많은 국가이다.

오답 피하기 ① 중국(다)은 세계 에너지 소비량 1위 국가이다. 따라서 미국(가)은 중국(다)보다 2020년에 총에너지 소비량이 적다.
② 영국(나)은 브라질(라)보다 수력 소비량 비율이 크게 낮고, 1인당 1차 에너지 소비량과 두 나라의 인구를 통해 추론해 볼 수 있는 총에너지 소비량도 적으므로 수력 소비량도 적다.
④ 화석 에너지인 석탄(B)은 원자력(D)보다 발전 시 온실가스 배출량이 많다.
⑤ 화석 에너지인 천연가스(C)는 수력(E)보다 고갈 가능성이 높다.

4 지역(대륙)별 1차 에너지 소비 구조 이해

문제 분석 A~C 중 (다)에서만 소비량 비율이 뚜렷하게 높은 C는 석탄이고, 석탄 소비량 비율이 높은 (다)는 아시아 및 오세아니아이다. 열대 기후가 나타나는 면적이 넓어 수력 발전에 유리하고 총에너지 소비량이 다른 두 대륙에 비해 적어 상대적으로 수력 소비량 비율이 높으며, (가)~(다) 중 원자력 소비량 비율이 가장 낮은 (가)는 라틴 아메리카이다. 나머지 (나)는 유럽이다. 유럽(나)은 천연가스 소비량이 석유보다 많은 대륙이므로 B는 천연가스, A는 석유이다.

정답 찾기 ③ 석유(A)는 산업용보다 수송용으로 소비되는 비율이 높다.

오답 피하기 ① 세계 최대 석탄 생산국인 중국은 아시아 및 오세아니아(다)에 위치한다.
② 유럽(나)은 아시아 및 오세아니아(다)보다 석유 소비량 비율은 높지만 아시아 및 오세아니아의 총에너지 소비량이 유럽의 두 배 이상이므로, 석유 소비량은 유럽(나)이 아시아 및 오세아니아(다)보다 적다.
④ 세계 1차 에너지 소비량 비율은 석유(A)>석탄(C)>천연가스(B) 순이다.
⑤ 화석 에너지 중 발전 시 대기 오염 물질 배출량은 석탄(C)이 가장 많다.

5 국가별 신·재생 에너지원별 발전량 비율 파악

문제 분석 지도에 표시된 국가는 노르웨이, 덴마크, 아이슬란드, 이탈리아이다. 노르웨이, 아이슬란드, 이탈리아는 빙하 지형이 발달하여 수력 발전 비율이 높다. (가)~(다)에서 가장 높은 발전량 비율을 보이는 A는 수력이고, 수력 발전 비율이 매우 낮은

(라)는 덴마크이다. 덴마크는 판의 경계와 비교적 멀리 떨어져 있어 지열 발전이 거의 이루어지지 않으므로 B는 태양광이고, 나머지 C는 지열이다. 아이슬란드는 판의 경계에 위치하여 지열(C) 발전의 비율이 수력 발전 다음으로 높고, 지중해성 기후 지역에 위치하여 여름에 일사량이 많은 이탈리아는 태양광(B) 발전 비율이 높다. 따라서 태양광(B) 발전 비율이 높은 (나)는 이탈리아이고, 지열(C) 발전 비율이 높은 (다)는 아이슬란드, 나머지 (가)는 노르웨이이다.

정답 찾기 ⑤ 지열(C)은 태양광(B)보다 상업적 발전의 잠재력이 높은 지역이 제한적이기 때문에 태양광(B)이 지열(C)보다 세계에서 상업적 발전에 이용하는 국가 수가 많다.

오답 피하기 ① 노르웨이(가)는 피오르를 비롯한 빙하 지형이 발달하여 수력(A) 발전에 유리한 조건을 갖추고 있다.
② 아이슬란드(다)는 대서양 중앙 해령에 위치하여 화산 활동과 지진의 발생 빈도가 높고, 지열(C) 발전에 유리한 조건을 갖추고 있다.
③ 덴마크(라)는 이탈리아(나)보다 고위도에 위치한다.
④ 수력(A)은 태양광(B)보다 세계 총발전량에서 차지하는 비율이 높다.

6 주요 국가의 에너지원별 발전량 비율 이해

문제 분석 중국, 인도 등에서 발전량 비율이 높은 (다)는 석탄이다. 프랑스, 미국, 러시아 등에서 상대적으로 발전량 비율이 높은 (라)는 원자력이다. 프랑스는 원자력 발전량 비율이 가장 높은 국가이다. 빙하 지형이 발달한 캐나다와 열대 우림 지역을 지나는 아마존강의 유량이 풍부한 브라질에서 발전량 비율이 높은 (마)는 수력이다. (가)는 세계적인 석유 생산국인 사우디아라비아를 제외하고는 발전량 비율이 매우 낮은 것으로 보아 석유이고, 나머지 (나)는 천연가스이다.

정답 찾기 ③ 석탄(다)은 원자력(라)보다 세계 전력 생산에서 이용되는 양이 많다. 2021년 기준 에너지원별 발전량은 석탄>천연가스>수력>신·재생 에너지 및 기타>원자력>석유 순으로 많다.

오답 피하기 ① 유량이 풍부하고 낙차를 확보하기 쉬운 곳에 입지하는 발전소는 수력(마) 발전소이다.
② 천연가스(나)는 석탄(다)보다 발전 시 이산화 탄소 배출량이 적다.
④ 원자력(라)은 거의 기후 조건의 영향을 받지 않는 반면, 수력(마)은 기후 조건의 영향을 크게 받는다.
⑤ 화력 발전에 이용되는 에너지원은 석유(가), 천연가스(나), 석탄(다)이다.

11 몬순 아시아와 오세아니아 (1)

01 ⑤   **02** ②   **03** ③   **04** ⑤

01 몬순 아시아의 지형 특징 이해

문제 분석 지도의 A 지역은 인도 북부 지역의 히말라야산맥 일대, B 지역은 필리핀과 일본, C 지역은 오스트레일리아의 그레이트디바이딩산맥 일대, D 지역은 뉴질랜드의 북섬, E 지역은 뉴질랜드의 남섬 서남부 피오르 해안 지역을 나타내고 있다.

정답 찾기 ⑤ A 지역에 위치한 히말라야산맥은 아메리카 대륙의 로키산맥과 안데스산맥, 유라시아 대륙의 알프스산맥과 같은 신기 조산대에 위치한 습곡 산지이고, C 지역에 위치한 그레이트디바이딩산맥은 아메리카 대륙의 애팔래치아산맥, 유라시아 대륙의 스칸디나비아산맥과 우랄산맥 같은 고기 조산대에 위치한 습곡 산지이다. 신기 습곡 산지는 중생대 말~신생대에 조산 운동을 받았으며, 고기 습곡 산지는 고생대에 조산 운동을 받았다. 따라서 A 지역의 대표적 산지인 히말라야산맥은 C 지역의 대표적 산지인 그레이트디바이딩산맥보다 형성 시기가 늦다.

02 필리핀과 베트남의 전통 의복 이해

문제 분석 (가)는 필리핀, (나)는 베트남이다. 필리핀(가)은 '바롱', 베트남(나)은 '아오자이'가 대표적인 전통 의복으로, 모두 덥고 습한 기후의 영향으로 통풍에 유리하도록 만들었다.

정답 찾기 ㄱ. 필리핀(가)의 2020년 기준 국가 내 종교별 신자 비율은 크리스트교>이슬람교 순으로 높다.
ㄷ. 베트남(나)은 인도차이나 반도부에 위치한 반면, 필리핀(가)은 7천여 개의 섬으로 이루어진 국가이다.

오답 피하기 ㄴ. 베트남(나)의 수도는 하노이로, 북반구에 위치한다.
ㄹ. 국제 하천인 메콩강은 중국, 미얀마, 라오스, 타이, 캄보디아, 베트남을 거쳐 바다에 이르는 강이다. 필리핀(가)은 메콩강 유역에 위치하지 않는다.

03 몬순 아시아의 기후 환경과 주민 생활 이해

문제 분석 (가)는 건기, (나)는 우기이다. 제시된 자료는 캄보디아의 톤레사프호의 건기와 우기 때 호수의 최대 면적과 건기 때 호수 주변 마을의 수상 가옥 모습이다. 호수의 최대 면적이 상대적으로 좁은 (가)는 건기이고, 넓은 (나)는 우기이며, 호수면에서 가옥의 기둥이 많이 드러난 수상 가옥 사진을 볼 때 (가)는 건기라는 것을 한 번 더 확인할 수 있다.

정답 찾기 ㄴ. 우기(나)에 비해 건기(가)의 수상 가옥은 호수의

수위가 낮아짐에 따라 호수면에서 가옥의 기둥이 더욱 많이 드러난다.
ㄷ. 우기(나)는 건기(가)보다 적도(열대) 수렴대의 영향을 크게 받아 상대적으로 강수량이 많다.

오답 피하기 ㄱ. 건기(가)에는 주로 대륙 내부에서 저위도 해양으로 북풍 계열의 계절풍이 분다.
ㄹ. (가)의 호수 최대 면적이 (나)의 호수 최대 면적보다 상대적으로 좁은 것으로 보아 (가)는 건기, (나)는 우기이다.

04 몬순 아시아에 위치한 국가의 주요 작물 생산 현황 파악

문제 분석 (가)는 인도, (나)는 인도네시아, (다)는 베트남이다. 자료는 제시된 주요 작물(쌀, 차, 커피, 기름야자, 천연고무)의 세계 생산량 상위 5개국을 나타낸 것으로, 이를 통해 해당 작물의 세계 생산량 1~5위에 해당되는 몬순 아시아에 위치한 국가를 유추할 수 있다. 먼저 쌀 생산량을 통해 중국>인도(가)>방글라데시>인도네시아(나)>베트남(다)인 것을 파악할 수 있다. 또는 베트남(다)은 커피 생산량 세계 2위, 인도네시아(나)는 기름야자 생산량 세계 1위인 자료를 통해 먼저 (나), (다)를 파악하고, 쌀과 차에서 중국에 이어 세계 2위인 국가는 인도(가)인 것을 알 수 있다.

정답 찾기 ⑤ 인도네시아의 수도인 자카르타는 남위 약 6°에 위치하고 베트남의 수도인 하노이는 북위 약 21°에 위치하므로, 자카르타가 하노이보다 적도와 더 가깝다.

오답 피하기 ① 나시고렝은 인도네시아(나)의 대표적인 음식으로, 찰기가 적은 쌀로 만든 볶음밥이다.
② 히말라야산맥은 중국, 네팔, 인도 등지에 위치하므로 인도네시아(나)와는 관련이 없다.
③ 사리와 도티는 인도(가)의 전통 의상이고, 베트남(다)의 전통 의상으로는 아오자이가 있다.
④ 인도(가)는 인도네시아(나)보다 총인구가 많다. 2021년 국제연합(UN) 통계에 의하면 인도(가)는 대략 14억 명, 인도네시아(나)는 2.7억 명 정도이다.

1 ②   **2** ④   **3** ④   **4** ①

1 몬순 아시아의 기후 환경 이해

문제 분석 (가)는 7월, (나)는 1월이다. 적도 부근 지역을 제외한 몬순 아시아의 강수량 분포를 보면, 대부분 지역에서 강수량이 많은 (가)는 7월, 상대적으로 적은 (나)는 1월이다. 지도에 표시된 인도 북부 아삼(A) 지역과 캄보디아 수도 프놈펜(B) 지역을 보면 (가)가 우기인 7월이고, (나)가 건기인 1월임을 알 수 있다.

정답 찾기 갑 – (가)는 7월, (나)는 1월이다.

병 – 7월(가)에 아삼(A) 지역은 해양에서 불어오는 계절풍의 바람받이에 해당하여 지형성 강수가 자주 발생해 월 강수량이 많다.

오답 피하기 을 – 건기에 해당하는 1월(나)에는 적도(열대) 수렴대가 주로 남반구 쪽에 치우쳐 있다.

정 – 건기인 1월(나)보다 우기인 7월(가)에 아삼(A), 프놈펜(B) 지역에서는 화재 발생 빈도가 낮다.

2 인도네시아, 일본, 중국의 전통 가옥 이해

문제 분석 (가)는 인도네시아의 고상 가옥, (나)는 중국의 사합원, (다)는 일본의 합장 가옥에 대한 설명을 워드 클라우드로 표현한 것이다. A는 중앙에 마당을 두고 건물로 둘러싼 배치를 통해 외부 침입에 대비하고, 차고 건조한 계절풍을 막는 폐쇄적인 구조의 사합원이다. B는 세계 유산으로 등재되었으며, 폭설에 대비한 경사진 지붕이 특징인 합장 가옥이다. C는 인도네시아에 위치한 통코난이라는 고상 가옥으로, 지면의 열기를 피하고 해충의 피해를 줄이기 위해 바닥을 지면에서 띄웠으며, 통풍을 위해 개방적인 구조가 나타난다. 많은 비로 인해 지붕의 경사를 급하게 한 특징도 잘 드러난다.

정답 찾기 ④ 인도네시아 고상 가옥(가)은 C, 중국 사합원(나)은 A, 일본 합장 가옥(다)은 B이다.

3 베트남, 인도네시아, 타이의 전통 음식 이해

문제 분석 자료는 세 국가의 대표적인 음식 이름을 통해 알 수 있는 재료, 조리법 등을 소개하고 있다. 찰기가 적은 쌀로 지은 밥을 볶아 만든 음식인 '나시고렝'은 인도네시아, 새우가 들어간 현지식 수프인 '똠얌꿍'은 타이, 쌀국수인 '퍼'와 바게트 샌드위치인 '바인 미'는 베트남의 대표적인 음식이다. 따라서 (가)는 인도네시아, (나)는 타이, (다)는 베트남이다.

정답 찾기 ㄱ. 타이(나)는 국가 내 불교 신자의 비율이 가장 높다.

ㄴ. 베트남(다)은 중국, 라오스, 캄보디아와 국경을 접하고 있다.

ㄷ. 인도네시아(가)는 판의 경계부에 위치하여 판의 경계부에서 멀리 떨어진 곳에 위치한 타이(나)보다 활화산의 수가 많다.

오답 피하기 ㄹ. 베트남(다)의 2021년 세계 커피 생산량은 브라질에 이어 2위이다. 몬순 아시아에서는 커피 생산량 1위가 베트남, 2위는 인도네시아이다.

4 몬순 아시아의 지형 특징 이해

문제 분석 (가)는 카르스트 지형이다. 자료 속 경관은 중국 구이린과 베트남 할롱 베이에서 볼 수 있는 탑 카르스트로, 용식과 침식 작용을 견디고 남은 탑 모양의 봉우리이다. 주로 고온 다습한 지역에서 석회암이 빗물, 하천, 해수 등의 차별적인 용식과 침식 작용을 받아 형성되었다. (나)는 화산 지형이다. 자료 속 경관은 인도네시아에서 볼 수 있는 화산체로, 주로 판의 경계부에서 지하의 마그마가 용암, 화산재 등의 형태로 지표로 분출되면서 형성되었다.

정답 찾기 ㄱ. 카르스트 지형(가)은 기반암인 석회암이 용식 작용(화학적 풍화 작용)을 받아 형성되었다.

ㄴ. 화산 지형(나)은 주로 판의 경계부(해양판과 대륙판이 충돌하는 경계, 판이 갈라지는 경계 등)에서 지하의 마그마가 용암, 화산재 등의 형태로 지표로 분출되면서 형성된다.

오답 피하기 ㄷ. 화산 지형(나)의 기반암은 신생대 화산 활동으로 형성된 현무암이고, 카르스트 지형(가)의 기반암은 주로 고생대에 형성된 석회암이다. 현무암은 석회암보다 형성 시기가 늦다.

ㄹ. 카르스트 지형(가)은 화학적 풍화 작용이 활발한 기온이 높고 강수량이 풍부한 습윤한 기후 지역에서 주로 발달한다. 화산 지형(나)은 지하의 마그마가 용암, 화산재 등의 형태로 지표로 분출되면서 형성된 지형으로, 카르스트 지형(가)에 비해 상대적으로 기후 조건이 지형 형성 작용에 미치는 영향이 작다.

12 몬순 아시아와 오세아니아 (2), (3)

수능 기본 문제   본문 110~111쪽

01 ②   **02** ①   **03** ③   **04** ③
05 ⑤   **06** ⑤   **07** ③   **08** ④

01 스리랑카, 오스트레일리아, 일본의 상품별 수출액 비율 이해

문제 분석 (가)는 공업 제품의 수출액 비율이 높은 일본이다. 일본은 높은 기술력을 바탕으로 전자 제품, 로봇, 정밀 기계 및 자동차 등 자본·기술 집약적인 제조업이 발달하여 공업 제품 수출액 비율이 높다. (나)는 광물 및 에너지 자원의 수출액 비율이 높은 오스트레일리아이다. (다)는 농림축수산물의 수출액 비율이 다른 두 국가보다 높은 스리랑카이다.

정답 찾기 ㄱ. 일본(가)은 역내포괄적경제동반자협정(RCEP) 가입국이다. 역내포괄적경제동반자협정(RCEP) 가입국(2022년)은 동남아시아 국가 연합(ASEAN) 10개국과 대한민국, 중국, 일본, 오스트레일리아, 뉴질랜드 5개국으로 총 15개국이다.
ㄷ. 1인당 국내 총생산(2021년)은 일본이 약 3만 9천 달러이고 스리랑카는 약 3천 달러로, 일본(가)이 스리랑카(다)보다 많다.

오답 피하기 ㄴ. 오스트레일리아(나)의 수도는 캔버라로, 최상위 계층의 세계 도시가 아니다. 일본(가)의 수도인 도쿄가 최상위 계층의 세계 도시에 해당한다.
ㄹ. 일본(가)과 스리랑카(다)는 북반구, 오스트레일리아(나)는 남반구에 위치한다.

02 몬순 아시아와 오세아니아 주요 국가의 산업 구조 이해

문제 분석 (가)의 ㉠은 네팔, ㉡은 부탄, (나)의 ㉢은 캄보디아, ㉣은 베트남, (다)의 ㉤은 뉴질랜드, ㉥은 오스트레일리아이다. 전체 고용에서 농업·어업·임업 고용 비율의 연도별 변화를 살펴보면 (가)에 속한 두 국가는 대체로 2000년에 약 70%에서 2021년 약 56~62%를 나타내어 (나), (다)에 속한 국가들에 비해 상대적으로 변화가 작으므로, 최근까지도 농업·어업·임업 고용 의존도가 높은 저개발 국가임을 알 수 있다. 반면에 (나)에 속한 국가는 농업·어업·임업 고용이 차지하는 비율이 2000년에 비해 2021년 크게 감소된 것으로 볼 때, 최근 제조업이 발달하고 있는 개발도상국임을 알 수 있다. (다)는 2000년과 2021년 모두 전체 고용에서 농업·어업·임업 고용 비율이 10% 미만인 것을 볼 때, 서비스업 고용 비율이 상대적으로 높은 선진국임을 알 수 있다.

정답 찾기 ① A는 네팔(㉠)과 부탄(㉡), B는 캄보디아(㉢)와 베트남(㉣), C는 뉴질랜드(㉤)와 오스트레일리아(㉥)이므로 (가)는 A, (나)는 B, (다)는 C이다.

03 베트남, 오스트레일리아, 인도네시아의 주요 수출 품목 파악

문제 분석 (가)는 오스트레일리아, (나)는 베트남, (다)는 인도네시아이다. 오스트레일리아(가)의 남서부 지역은 와인 벨트에 해당하여 포도 재배에 적합한 기후 지역으로 포도 생산이 활발하며, 이를 통해 와인 산업이 발달하였다. 베트남(나)의 커피 생산량은 2021년 기준 세계 2위이며, 몬순 아시아에서는 1위이다. 2021년 기준 팜유 생산량과 수출량은 모두 인도네시아(다)와 말레이시아가 세계 절반 이상의 비율을 차지한다. 인도네시아(다)가 세계 1위, 말레이시아가 세계 2위이다.

정답 찾기 ㄴ. 베트남(나)의 전통 의복으로 아오자이가 있다.
ㄷ. 인도네시아(다)의 2020년 기준 국가 내 종교별 신자 비율은 이슬람교>크리스트교>힌두교 순으로 높다.

오답 피하기 ㄱ. 오스트레일리아(가)는 판의 경계부에서 멀리 떨어진 곳에 위치한다. 판의 경계부에 위치한 대부분의 국가에서 지진 및 화산 활동이 활발하게 일어나는 것과는 달리 오스트레일리아는 순상지와 고기 습곡 산지로 이루어져 있어 지진 및 화산 활동이 활발하지 않다.
ㄹ. 베트남(나)은 중국과 국경을 접하고 있으나, 많은 섬으로 이루어진 인도네시아(다)는 중국과 국경을 접하고 있지 않다.

04 몬순 아시아의 민족(인종) 및 종교 갈등 이해

문제 분석 (가)는 미얀마의 라카인주로, 이곳에서는 이슬람교를 믿고 있는 로힝야족에 대한 탄압이 있다. (나)는 신할리즈족과 타밀족이 갈등을 빚고 있는 스리랑카이다. 영국은 식민 정책에 따라 플랜테이션 작물인 차 생산을 위한 노동력 확보를 위해 다수의 타밀족을 스리랑카(나)로 이주시켰다. 지도에 표시된 A는 인도와 파키스탄 간 분쟁 지역인 카슈미르, B는 스리랑카, C는 미얀마의 라카인주, D는 필리핀의 민다나오섬이다.

정답 찾기 ③ 미얀마 라카인주(가)는 지도의 C, 스리랑카(나)는 지도의 B이다.

05 오세아니아 주요 국가의 민족 다양성 이해

문제 분석 (가)는 뉴질랜드, (나)는 오스트레일리아이다. 왼쪽 자료에서는 뉴질랜드(가) 마오리족의 전통 인사법(홍이)과 마오리어가 공용어로 채택되어 있다는 것이 사진과 글로 소개되고 있다. 오른쪽 자료에서는 오스트레일리아(나) 원주민 중 하나인 애버리지니의 전통 악기 연주와 울루루 카타추타 국립 공원이 사진과 글로 소개되고 있다.

정답 찾기 ⑤ 지도의 A는 중국, B는 오스트레일리아, C는 뉴질랜드이다. 따라서 뉴질랜드(가)는 C, 오스트레일리아(나)는 B이다.

06 몬순 아시아 각국의 종교 분포 이해

문제 분석 제시된 자료에서 국영 항공사가 할랄 인증을 받은 기내식을 제공하는 것으로 볼 때, (가)는 대다수 주민의 종교가 이슬람교인 국가라는 것을 알 수 있다. 몬순 아시아에 위치한 국가 중 말레이시아, 인도네시아, 방글라데시, 브루나이 등이 다른 종교에 비해 이슬람교 신자 비율이 높다. 지도의 A는 스리랑카, B는 미얀마, C는 타이, D는 캄보디아, E는 말레이시아이다.

정답 찾기 ⑤ (가)는 말레이시아이다. 말레이시아(E)의 2020년 기준 국가 내 종교별 신자 비율은 이슬람교>불교>크리스트교>힌두교 순으로 높다.

오답 피하기 스리랑카(A), 미얀마(B), 타이(C), 캄보디아(D)의 2020년 기준 국가 내 종교별 신자 비율은 모두 불교가 가장 높다.

07 필리핀의 민족 다양성 이해

문제 분석 (가)는 필리핀이다. 환태평양 조산대의 일부인 신기 습곡 산지로 이루어진 산비탈면에 계단식 경작을 하고 있는 경관, 민다나오섬에서 발생하고 있는 크리스트교를 믿는 주민과 이슬람교를 믿는 주민 간 종교 갈등, 이슬람교를 믿는 소수 민족의 모스크 역할을 하는 랑갈 등을 통해 필리핀에 대한 설명이라는 것을 유추할 수 있다.

정답 찾기 ③ 필리핀(가)은 종교 신자별 분포에서 다수의 크리스트교 신자와 소수의 이슬람교 신자로 구성되어 있고, 대부분의 이슬람교 신자들은 민다나오섬과 주변의 작은 섬에 거주한다. 따라서 필리핀에서 이슬람교 신자 거주 비율이 높은 민다나오섬에는 이슬람교 사원인 모스크의 역할을 하는 랑갈이 주로 분포하며, 크리스트교 신자와 이슬람교 신자 간 종교 갈등이 발생하고 있다.

오답 피하기 ① (가)는 필리핀이다.
② 바나우에 계단식 경작지에서는 주로 쌀을 재배한다.
④ 다수의 크리스트교를 믿는 신자와 소수의 이슬람교를 믿는 신자 간 갈등이다.
⑤ 티베트족과 위구르족은 중국 내 소수 민족이다.

08 인도네시아의 다양한 종교 이해

문제 분석 (가)는 인도네시아이다. A는 이슬람교, B는 힌두교, C는 불교이다. 프람바난 힌두교(B) 사원과 보로부두르 불교(C) 사원은 유네스코 세계 유산으로 등재되어 있다. 벽면에 다양한 신이 화려하게 조각되어 있다는 것을 통해 프람바난 사원은 힌두교(B) 사원, 불상과 불탑이 있는 것을 통해 보로부두르 사원은 불교(C) 사원임을 알 수 있다.

정답 찾기 ④ 힌두교(B)와 불교(C)는 모두 윤회 사상을 중시한다.

오답 피하기 ① 인도네시아는 판의 경계부에 위치하여 지진 및 화산 활동이 활발하며, 신기 조산대에 해당한다.
② 이슬람교(A)는 보편 종교이다.
③ 쿠란의 가르침을 따르는 종교는 이슬람교(A)이다.
⑤ 전 세계 신자는 크리스트교>이슬람교(A)>힌두교(B)>불교(C) 순으로 많다.

본문 112~113쪽

수능 실전 문제

1 ④	2 ①	3 ③	4 ②

1 중국과 베트남의 경제 협력 및 외교 갈등 이해

문제 분석 (가)는 베트남, (나)는 중국이다. 서로 밀접한 경제 협력 관계이면서 난사(스프래틀리, 쯔엉사) 군도를 둘러싼 영유권 분쟁을 벌이고 있는 것, 중국(나)에서 베트남(가)을 거쳐 바다로 유입되는 메콩강 개발에 따른 갈등을 통해 두 국가 (가), (나)를 파악할 수 있다.

정답 찾기 ④ 지도의 A는 중국, B는 타이, C는 베트남이다. 따라서 베트남(가)은 C, 중국(나)은 A이다.

2 몬순 아시아와 오세아니아 주요 국가 현황 파악

문제 분석 지도에는 방글라데시, 오스트레일리아, 일본, 중국이 표시되어 있다. 제시된 현황을 볼 때 국토 면적과 온실가스 배출량은 중국, 인구 밀도는 방글라데시의 값을 최댓값 100으로 하여 다른 국가들의 상댓값을 그래프로 나타낸 것이다. 따라서 두 현황에서 최댓값인 A는 중국이며, D는 방글라데시, (나)는 인구 밀도이다. 그리고 (가)에서 최대인 중국(A)과 큰 차이가 없는 B는 오스트레일리아로, (가)는 국토 면적이다. (다)는 온실가스 배출량으로, C는 일본이다.

정답 찾기 ① (가)는 국토 면적, (나)는 인구 밀도, (다)는 온실가스 배출량이다.

3 몬순 아시아의 민족(인종) 및 종교 갈등 이해

문제 분석 (가)는 이슬람교, (나)는 불교이다. 지도에서 A는 카슈미르, B는 스리랑카, C는 미얀마 라카인주, D는 필리핀 민다나오섬이다. 카슈미르(A)에서는 이슬람교와 힌두교의 갈등, 스리랑카(B)에서는 힌두교와 불교의 갈등, 미얀마 라카인주(C)에서는 이슬람교와 불교의 갈등, 필리핀 민다나오섬(D)에서는 크리스트교와 이슬람교의 갈등이 있다.

정답 찾기 ㄷ. 이슬람교(가)와 불교(나) 신자 간 갈등이 발생하고 있는 지역은 미얀마의 라카인주(C)이다.
ㄹ. 중국 내 이슬람교(가) 신자의 주요 분포 지역은 소수 민족인 위구르족이 주로 거주하는 신장웨이우얼(신장 위구르) 자치구와 대체로 일치한다.

오답 피하기 ㄱ. 이슬람교(가)는 보편 종교이다.
ㄴ. 세계에서 신자가 가장 많은 종교는 크리스트교이다.

4 몬순 아시아와 오세아니아 국가의 경제 협력 이해

문제 분석 (가)는 중국, (나)는 베트남, (다)는 인도, (라)는 오스트레일리아이다. 경제특구를 설치했고 최근 중관춘, 푸동 등을 중심으로 첨단 산업이 발달하고 있는 국가는 중국(가)이다. 최근 2차 산업이 빠르게 발전하고 있으며 중국(가)과 국경을 접하고 있는 국가는 베트남(나)이다. 벵갈루루와 하이데라바드를 중심으로 IT 산업이 발달하는 국가는 인도(다)이고, 지하자원은 풍부하지만 제조업 경쟁력이 낮은 국가는 오스트레일리아(라)이다.

정답 찾기 ② 메콩강 삼각주 일대의 충적 평야에서 벼농사가 활발하게 이루어지는 국가는 베트남(나)이다. 인도와 오스트레일리아는 메콩강이 영토를 통과하지 않으며, 중국은 메콩강의 상류에 해당하여 삼각주가 형성될 수 없다.

오답 피하기 ① 2023년 기준 동남아시아 국가 연합(ASEAN) 회원국은 말레이시아, 필리핀, 싱가포르, 인도네시아, 타이, 브루나이, 베트남, 라오스, 미얀마, 캄보디아 10개국이다.
③ 인도(다)의 수도는 뉴델리로, 북반구에 위치한다. 오스트레일리아의 수도인 캔버라가 남반구에 위치한다.
④ 오스트레일리아(라)는 신기 습곡 산지 지역인 알프스-히말라야 조산대에 위치하지 않는다. 오스트레일리아의 내륙 중앙부에는 순상지, 동부에는 고기 습곡 산지가 위치한다.
⑤ (가)~(라) 중 1인당 국내 총생산이 가장 많은 국가는 오스트레일리아(라)이다.

13 건조 아시아와 북부 아프리카

수능 기본 문제 본문 119~120쪽

01 ③ 02 ③ 03 ④ 04 ①
05 ② 06 ① 07 ⑤ 08 ③

01 건조 아시아와 북부 아프리카의 기후 특징 이해

문제 분석 건조 아시아와 북부 아프리카에는 대체로 건조 기후가 나타나며, 지중해 및 흑해 연안 등지에는 지중해성 기후가 나타난다. 건조 기후 중 사막 기후는 북부 아프리카 일대를 비롯하여 아라비아반도, 중앙아시아에서 주로 나타나며, 스텝 기후는 사막 주변에 주로 분포하는데 튀르키예(터키)와 이란의 고원 지대, 중앙아시아 북쪽 등지에서 주로 나타난다. 따라서 지도의 A는 지중해성 기후 지역, B는 사막 기후 지역, C는 스텝 기후 지역이다.

정답 찾기 ③ 연 강수량이 250mm 미만으로 세 지역 중 연 강수량이 가장 적은 (가)는 B(사막 기후 지역)이고, 연 강수량이 250~500mm에 해당하는 (나)는 C(스텝 기후 지역)이다. 연 강수량이 500mm 이상으로 세 지역 중 연 강수량이 가장 많은 데다 여름인 6~8월의 강수량이 적어 건조한 (다)는 A(지중해성 기후 지역)이다.

02 건조 아시아와 북부 아프리카의 지형 특징 이해

문제 분석 A는 아틀라스산맥, B는 사하라 사막 일대, C는 나일강 하구의 삼각주 일대, D는 티그리스·유프라테스강, E는 카자흐스탄의 초원 일대이다.

정답 찾기 ㄴ. C(나일강 하구)에는 하천에 의해 운반된 물질이 퇴적되어 삼각주가 넓게 발달해 있다.
ㄷ. D(티그리스·유프라테스강)는 튀르키예(터키) 동부 산지에서 발원하여 페르시아만으로 유입하는 하천으로, 기후 환경이 다른 지역에서 발원한 외래 하천이다.

오답 피하기 ㄱ. A(아틀라스산맥)는 중생대 말~신생대에 조산 운동으로 형성된 신기 습곡 산지에 속한다.
ㄹ. E(카자흐스탄의 초원 일대)는 B(사하라 사막 일대)보다 초원이 넓게 분포한다.

03 건조 기후 지역의 농업 특징 이해

문제 분석 제시된 자료는 건조 기후 지역의 외래 하천과 오아시스 주변에서 이루어지는 농업과 지하 관개 수로인 카나트를 활용한 농업에 대한 것이다.

정답 찾기 ㄱ. 외래 하천이나 오아시스 주변을 제외하면 농경에 불리한 ㉠ 지역은 연 강수량이 적어 농업용수를 확보하기 어려운 사막 기후 지역이다.

ㄴ. 외래 하천의 사례로는 나일강이 있다. 나일강은 동아프리카 고원 지대에서 발원하여 사막을 지나 지중해로 유입하는 외래 하천이다.

ㄹ. 카나트는 지표수의 이용이 어려운 건조 기후 지역에서 건설한 지하 관개 수로를 말한다.

오답 피하기 ㄷ. 오아시스 주변에서는 밀, 대추야자 등을 재배한다. 벼의 2기작이 활발한 지역으로는 동남아시아, 남부 아시아의 열대 계절풍(몬순) 기후 지역을 들 수 있다.

04 건조 아시아와 북부 아프리카의 전통 가옥 구조 특징 이해

문제 분석 제시된 전통 가옥과 구조물은 키르기스스탄의 초원 지대에서 볼 수 있는 이동식 가옥인 유르트, 사막 기후 지역에서 볼 수 있는 흙벽돌집, 서남아시아 지역의 전통 가옥에 설치된 탑 모양의 환풍구인 바드기르(윈드타워)이다. 세 지역 모두 건조 기후 지역이라는 공통점이 있다.

정답 찾기 ① 이동식 가옥인 유르트, 흙벽돌집, 탑 모양의 환풍구인 바드기르(윈드타워)는 건조 기후 지역에서 볼 수 있는 전통 가옥과 구조물이다. 건조 기후 지역은 연 강수량보다 연 증발량이 많아 건조하다.

오답 피하기 ② 회백색의 토양인 포드졸은 한랭 습윤한 환경이 나타나는 냉대 기후의 침엽수림 분포 지역에서 잘 발달한다.
③ 상록 활엽수가 다층의 숲을 이루는 지역은 주로 열대 우림 기후 지역이다.
④ 여름철에 열대 저기압의 영향으로 풍수해가 자주 발생하는 지역으로는 몬순 아시아가 있다.
⑤ 가축 사육과 작물 재배가 함께 이루어지는 혼합 농업은 유럽의 서양 해양성 기후 지역에서 활발하다.

05 건조 아시아와 북부 아프리카의 농업 특징 이해

문제 분석 건조 기후가 나타나는 국가에서 생산량이 많은 (가)는 대추야자이며, 대추야자의 생산량이 많은 A는 이집트이다. 지중해성 기후가 나타나는 국가에서 생산량이 많은 (나)는 올리브이며, 올리브의 생산량이 많은 B는 튀르키예(터키)이다.

정답 찾기 ㄱ. (가)는 대추야자이다.
ㄷ. 이집트와 튀르키예(터키)는 모두 지중해 연안에 위치한 국가이다.

오답 피하기 ㄴ. 올리브는 여름이 고온 건조한 지중해성 기후 지역에서 널리 재배된다.
ㄹ. 이집트는 북부 아프리카, 튀르키예(터키)는 건조 아시아에 속한다.

06 건조 아시아와 북부 아프리카의 사막화 이해

문제 분석 지도는 건조 아시아와 북부 아프리카의 스텝 기후 지역에서 발생하고 있는 사막화의 위험도를 표현한 것이다. 사막화는 건조 또는 반건조 지역에서 식생이 감소하고 토양이 황폐화되는 현상을 말한다.

정답 찾기 갑 - 사막화의 대표적인 발생 지역으로 아프리카의 사헬 지대를 들 수 있다. 사헬 지대는 사하라 사막 남쪽의 가장자리 지역으로, 세계에서 사막화가 광범위하게 진행되고 있는 지역 중 하나이다.
을 - 사막화는 주로 사막 주변의 스텝 기후 지역에서 나타난다.

오답 피하기 병 - 자외선 투과량을 증가시켜 식물 성장이 저해되는 피해를 유발하는 현상은 오존층 파괴이다.
정 - 경작지 및 관개용수 사용량 확대는 삼림 파괴와 함께 사막화를 심화시키는 인위적 요인 중 하나이다.

07 건조 아시아의 주요 국가별 산업 구조 특징 이해

문제 분석 지도에 표시된 세 국가는 이스라엘, 키르기스스탄, 사우디아라비아이다. 세 국가 중 1차 산업 생산액 비율이 가장 높은 (가)는 중앙아시아의 개발 도상국이며, 유목을 하는 주민의 비율이 높은 키르기스스탄이다. 세 국가 중 2차 산업의 생산액 비율이 가장 높은 (나)는 석유와 천연가스 생산이 활발한 사우디아라비아이다. 세 국가 중 3차 산업의 생산액 비율이 가장 높은 (다)는 경제 발달 수준이 높은 이스라엘이다.

정답 찾기 ⑤ 이스라엘은 키르기스스탄보다 경제 발달 수준이 높으므로 1인당 국내 총생산이 많다.

오답 피하기 ① 세 국가 중에서 국토 면적이 가장 넓은 국가는 사우디아라비아이다.
② 사우디아라비아는 이슬람교 수니파보다 시아파 신자가 적다. 이슬람교 수니파보다 시아파가 많은 국가로는 이란이 대표적이다.
③ 사우디아라비아는 석유와 천연가스 개발 및 생산, 기반 시설 건설 등에 필요한 외국인 남성 노동력의 유입이 활발하여 청장년층 인구의 성비가 매우 높게 나타난다. 따라서 키르기스스탄은 사우디아라비아보다 청장년층 인구의 성비가 낮다.
④ 건조 아시아의 대표적인 산유국인 사우디아라비아는 이스라엘보다 석유 수출량이 많다.

08 건조 아시아와 북부 아프리카의 주요 국가별 특징 이해

문제 분석 지도의 A는 우크라이나, B는 카자흐스탄, C는 알제리, D는 사우디아라비아이다.

정답 찾기 ③ (가)는 베르베르족이 아틀라스산맥 부근에서 유목 생활을 한 역사가 있고, 1950년대 사하라 사막에서 대규모 유전이 발견되어 산유국이 되었으며, 현재는 석유 수출국 기구(OPEC)의 회원국이다. 따라서 (가)는 알제리(C)이다. (나)는 구소련의 해체 이후 독립한 국가이고, 남부 지역에 사막과 초원 지대가 형성되어 있으며, 강제 이주된 고려인들의 후손들이 현재 약 10만 명 거주하고 있다. 따라서 (나)는 중앙아시아에 위치한 카자흐스탄(B)이다.

1 건조 아시아와 북부 아프리카의 기후 특징 이해

문제 분석 지중해 연안에 위치한 A는 지중해성 기후가 나타나는 다르엘베이다, B는 사막 기후가 나타나는 리야드, 중앙아시아의 초원 지대에 위치한 C는 내륙에 위치하여 연 강수량이 적은 타슈켄트이다. 연 강수량(=12월의 누적 강수량)이 500mm를 넘고 여름인 6~8월에 강수량이 적어 건조한 (가)는 지중해성 기후 지역인 A(다르엘베이다)이다. 연 강수량이 250~500mm에 해당하는 (나)는 C(타슈켄트)이고, 연 강수량이 250mm 미만으로 매우 적은 (다)는 사막 기후 지역인 B(리야드)이다.

정답 찾기 ④ (가)와 A는 다르엘베이다, (나)와 C는 타슈켄트, (다)와 B는 리야드이다.

오답 피하기 ① 지중해성 기후 지역인 다르엘베이다는 여름에 아열대 고압대의 영향을 받아 건조하고, 겨울에 전선대와 편서풍의 영향을 받아 습윤하다. 따라서 다르엘베이다는 겨울 강수량보다 여름 강수량이 적다.

② 사막 기후 지역인 리야드는 연 증발량보다 연 강수량이 적어 건조하다.

③ 올리브, 오렌지 등을 재배하는 수목 농업은 지중해성 기후 지역에서 활발하다. 따라서 사막 기후 지역인 리야드는 지중해성 기후 지역인 다르엘베이다보다 올리브, 오렌지 등을 재배하는 수목 농업 발달에 불리하다.

⑤ 연 강수량은 12월의 누적 강수량과 동일하다. 그래프를 보면 연 강수량은 다르엘베이다(A)>타슈켄트(C)>리야드(B) 순으로 많다.

2 건조 아시아와 북부 아프리카의 주요 국가별 특징 이해

문제 분석 (가)는 수도가 테헤란이고, 카나트가 있으며, 석유 수출국 기구(OPEC) 회원국이므로 이란이다. (나)는 수도가 알제이고, 북부 아프리카에서 국토 면적이 가장 넓으며, 국토의 북서부에 아틀라스산맥이 위치하므로 알제리이다. (다)는 수도가 카이로이고, 인구가 1억 명이 넘는 인구 대국이며, 외래 하천인 나일강이 있고 피라미드, 스핑크스 등 고대 유적이 있으므로 이집트이다.

정답 찾기 ① 이란은 이슬람교 시아파가 다수를 이루고 있다. 따라서 이란은 이슬람교 수니파보다 시아파가 많다.

오답 피하기 ② 제시된 국가 중 국제 하천인 나일강이 흐르는 국가는 이집트이다.

③ 이란은 건조 아시아와 북부 아프리카에서 2021년 천연가스 생산량이 가장 많다.

④ 제시된 국가 중 지중해 연안에 위치한 국가는 알제리와 이집트이다.

⑤ 이란은 건조 아시아, 이집트는 북부 아프리카에 위치한다.

3 건조 아시아와 북부 아프리카의 농업 특징 이해

문제 분석 지도에 표시된 세 국가는 모로코, 튀르키예(터키), 사우디아라비아이다. 세 국가 중 밀 생산량이 가장 많은 A는 튀르키예(터키)이다. (가)는 (나)보다 튀르키예(터키)의 생산량 비율이 높게 나타나므로 (가)는 올리브, (나)는 대추야자이다. 지중해 연안에 위치한 튀르키예(터키)는 올리브 생산량이 많은 편이다. 나머지 (나)는 대추야자이고, 튀르키예(터키) 다음으로 올리브 생산량이 많은 B는 모로코이며, 세 국가 중 대추야자 생산량이 가장 많은 C는 사우디아라비아이다.

정답 찾기 ⑤ 사우디아라비아는 튀르키예(터키)보다 국토 면적이 넓고 인구가 적으므로 인구 밀도가 낮다.

오답 피하기 ① 올리브는 지중해성 기후 지역, 대추야자는 사막 기후 지역에서 널리 재배된다.

② 세 국가 중 국토 면적이 가장 넓은 국가는 사우디아라비아이다.

③ 이슬람교의 최대 성지인 메카는 사우디아라비아에 있다.

④ 그래프를 보면 모로코는 사우디아라비아보다 대추야자 생산량이 적다.

4 건조 아시아와 북부 아프리카 주요 국가의 인구 및 산업 구조 이해

문제 분석 지도에 표시된 두 국가는 튀니지, 아랍 에미리트이다. (가)는 출생 성비와 청장년층 인구 성비가 큰 차이가 없는 반면, (나)는 출생 성비보다 청장년층 인구 성비가 훨씬 더 높게 나타난다. 따라서 (가)는 튀니지이고, (나)는 자원 개발, 기반 시설 건설 등에 필요한 외국인 남성 노동력의 유입이 활발하여 청장년층 인구 성비가 매우 높게 나타나는 아랍 에미리트이다. A는 B보다 국가 내 2차 산업 생산액 비율이 높은 반면, 1차 산업 생산액 비율이 낮다. 따라서 A는 석유, 천연가스 등의 개발과 생산이 활발한 아랍 에미리트이고, B는 튀니지이다.

정답 찾기 ② 아랍 에미리트는 인구 규모가 작지만 석유 및 천연가스 개발과 수출을 통해 많은 이익을 얻어 1인당 국내 총생산이 크게 증가하였다. 따라서 아랍 에미리트는 튀니지보다 1인당 국내 총생산이 많다.

오답 피하기 ① 튀니지는 건조 아시아이 대표저인 산유국 중 하나인 아랍 에미리트보다 석유 생산량이 적다.

③ 그래프를 보면 아랍 에미리트는 청장년층 인구 성비가 100을 넘으므로 청장년층 남성 인구보다 여성 인구가 적다.

④ 아랍 에미리트는 자원 개발, 기반 시설 건설 등에 필요한 외국인 남성 노동력의 유입이 활발하여 총인구 중 외국인의 비율이 높은 편이다. 따라서 튀니지는 아랍 에미리트보다 총인구 중 외국인의 비율이 낮다.

⑤ (가)와 B는 튀니지이고, (나)와 A는 아랍 에미리트이다.

5 건조 아시아와 북부 아프리카의 자원 분포 파악

문제 분석 건조 아시아와 북부 아프리카에서 세계 매장량의 약 54.3%와 약 53.6%를 차지하는 (가), (나)는 각각 석유, 천연가스 중 하나이다. 건조 아시아와 북부 아프리카 내에서 A, B 외에 이라크, 쿠웨이트, 아랍 에미리트의 매장량 비율이 높은 (가)는 석유이고, 석유의 매장량 비율이 가장 높은 A는 사우디아라비아이다. B 외에 카타르, 투르크메니스탄의 매장량 비율이 높은 (나)는 천연가스이고, 천연가스의 매장량 비율이 가장 높은 B는 이란이다.

정답 찾기 ③ 석유는 세계 1차 에너지 소비 구조에서 차지하는 비율이 가장 높다.

오답 피하기 ① 냉동 액화 기술의 발달로 소비량이 급증한 에너지는 천연가스이다.

② 18세기 산업 혁명기의 주요 에너지원은 석탄이었다.

④ 천연가스는 석유보다 수송용으로 이용되는 비율이 낮다.

⑤ A는 사우디아라비아, B는 이란이다.

6 건조 아시아 주요 국가의 수출 구조 이해

문제 분석 지도에 표시된 네 국가는 튀르키예(터키), 이스라엘, 카타르, 우즈베키스탄이다. 네 국가 중 총수출액이 가장 적고 농림축수산물의 수출액 비율이 상대적으로 높은 (가)는 우즈베키스탄이다. 네 국가 중 광물 및 에너지 자원의 수출액 비율이 가장 높은 (다)는 천연가스 수출을 많이 하는 카타르이다. 공업 제품의 수출액 비율이 높은 (나), (라)는 이스라엘, 튀르키예(터키) 중 하나인데, (라)는 (나)보다 총수출액이 많고 농림축수산물의 수출액 비율도 높다. 따라서 (나)는 이스라엘이고, (라)는 튀르키예(터키)이다.

정답 찾기 ㄴ. 이스라엘은 국가 내 유대교 신자 비율이 높고, 튀르키예(터키)는 국가 내 이슬람교 신자 비율이 높다. 따라서 이스라엘은 튀르키예(터키)보다 국가 내 이슬람교 신자 비율이 낮다.

ㄷ. 카타르는 석유, 천연가스 개발과 기반 시설 건설에 필요한 외국인 남성 노동력의 유입이 활발하여 청장년층 인구의 성비가 높다. 따라서 카타르는 튀르키예(터키)보다 청장년층 인구의 성비가 높다.

오답 피하기 ㄱ. 우즈베키스탄은 이스라엘보다 경제 발달 수준이 낮으므로 1인당 국내 총생산이 적다.

ㄹ. 네 국가 중에서 총인구는 카타르가 가장 적다.

7 건조 아시아와 북부 아프리카의 주요 국가별 특징 이해

문제 분석 (가)는 백나일강과 청나일강이 합류하는 하르툼이 수

도이고, 다르푸르 분쟁이 발생하였으며, 2011년 남부 지역(남수단)이 독립 국가를 수립하면서 유전 지대의 상당 부분을 상실하였다. 따라서 (가)는 수단이다. (나)는 수도가 아스타나이고, 내륙국이지만 카스피해와 인접해 있으며, 국가명에 카즈, 스탄이라는 단어가 들어간다. 따라서 (나)는 카자흐스탄이다.

정답 찾기 ㄱ. 수단은 이슬람교 신자가 다수를 차지하고 있으므로 크리스트교 신자보다 이슬람교 신자가 많다.

ㄷ. 카자흐스탄은 수단보다 고위도 내륙에 위치하여 수도의 겨울 평균 기온이 낮다.

ㄹ. 수단은 북부 아프리카, 카자흐스탄은 건조 아시아에 위치한다.

오답 피하기 ㄴ. 메소포타미아 문명의 발상지는 티그리스·유프라테스강 유역에 해당한다.

8 건조 아시아와 북부 아프리카의 사막화 이해

문제 분석 (가)는 아랄해이고, (나)는 차드호이다. 제시된 자료를 보면 아랄해와 차드호 모두 과거보다 최근에 면적이 크게 축소되었음을 알 수 있다. 이는 아랄해와 차드호의 사막화로 인해 나타난 변화이다.

정답 찾기 ㄱ. 아랄해 주변에서 관개 농업이 확대되면서 아랄해로 유입되는 아무다리야강과 시르다리야강의 유량이 감소하였고, 이로 인해 아랄해의 면적이 축소되었다.

ㄴ. 차드호 주변 국가의 인구가 급격히 증가하면서 가축의 사육 두수도 크게 증가하였으며, 이러한 가축의 과도한 방목은 토양 침식, 초원 황폐화의 원인이 되고 있다.

ㄹ. 아랄해와 차드호 모두 면적이 축소되고 있으며, 주변 지역에서 사막화가 진행되고 있다.

오답 피하기 ㄷ. 아랄해와 차드호 모두 면적이 축소되면서 육지로 드러나게 된 면적은 증가했으나, 이러한 지역은 토양이 황폐화되어 농경지로 이용하기 어렵다.

14 유럽과 북부 아메리카

수능 기본 문제 본문 131~132쪽

| 01 ⑤ | 02 ④ | 03 ④ | 04 ④ |
| 05 ⑤ | 06 ③ | 07 ① | 08 ① |

01 유럽의 주요 공업 지역 특징 이해

문제 분석 영국의 랭커셔·요크셔 지방, 독일의 루르·자르 지방 등이 속해 있는 (가)는 유럽의 전통 공업 지역이다. 영국의 뉴캐슬과 미들즈브러 일대, 네덜란드의 로테르담 일대 등이 속해 있는 (나)는 유럽의 해운·하운 교통 발달 지역이다.

정답 찾기 ㄷ. 유럽 공업의 중심지는 내륙의 원료 산지에서 원료의 수입과 제품의 수출에 유리한 해운·하운 교통 발달 지역으로 이동하였다. 따라서 유럽의 전통 공업 지역은 유럽의 해운·하운 교통 발달 지역보다 공업 발달의 역사가 길다.
ㄹ. 해안이나 운하 주변에 위치한 유럽의 해운·하운 교통 발달 지역은 석탄 및 철광석 산지 주변에 위치한 유럽의 전통 공업 지역보다 원료의 수입과 제품의 수출에 유리하다.

오답 피하기 ㄱ. 실리콘 글렌, 시스타 사이언스 시티는 유럽의 첨단 기술 산업 지역에 위치한다.
ㄴ. 유럽의 전통 공업 지역에 대한 설명이다.

02 미국의 주요 공업 지역 특징 이해

문제 분석 A는 태평양 연안 공업 지역, B는 오대호 연안 공업 지역, C는 뉴잉글랜드 공업 지역, D는 멕시코만 연안 공업 지역이다.

정답 찾기 ④ 텍사스주의 멕시코만에서는 석유 생산이 활발하게 이루어지고 있으며, 멕시코만 연안 공업 지역에서는 텍사스주의 풍부한 석유를 바탕으로 석유 화학 공업이 발달해 있다.

오답 피하기 ① 유럽과의 지리적 인접성을 바탕으로 공업이 발달한 지역으로는 뉴잉글랜드 공업 지역, 중부 대서양 연안 공업 지역이 있다. 편리한 운하를 바탕으로 공업이 발달한 지역으로는 오대호 연안 공업 지역이 있다.
② 첨단 산업 클러스터인 실리콘 밸리는 태평양 연안 공업 지역에 속한 샌프란시스코 인근에 위치한다.
③ 영화 산업이 발달한 할리우드는 태평양 연안 공업 지역에 속한 로스앤젤레스에 위치한다.
⑤ 네 지역 중에서 공업 발달의 역사는 대서양 연안에 위치한 뉴잉글랜드 공업 지역이 가장 길다. 대서양 연안에 위치한 뉴잉글랜드 공업 지역은 산업화 초기부터 보스턴을 중심으로 경공업이 발달하였다.

03 캘리포니아주와 미시간주의 공업 특징 이해

문제 분석 지도의 A는 캘리포니아주, B는 미시간주이다. (가)는 (나)보다 컴퓨터 및 전자 제품 제조업의 출하액이 많은 반면, 운송 장비 제조업의 출하액이 적다. 따라서 (가)는 캘리포니아주, (나)는 미시간주이다.

정답 찾기 ㄴ. 미국 남서부에 위치한 캘리포니아주는 선벨트에 속하고, 오대호 연안에 위치한 미시간주는 러스트 벨트에 속한다.
ㄹ. (가)와 A는 캘리포니아주이고, (나)와 B는 미시간주이다.

오답 피하기 ㄱ. 디트로이트는 미시간주의 주요 도시 중 하나이다.
ㄷ. 그래프를 보면 캘리포니아주는 미시간주보다 운송 장비 제조업의 출하액이 적다.

04 런던과 파리의 특징 이해

문제 분석 지도의 A는 시애틀, B는 뉴욕, C는 런던, D는 파리, E는 로마이다.

정답 찾기 ④ (가)는 템스강을 끼고 발달한 도시이고, 최상위 계층의 세계 도시 중 하나이며, 도시의 대표적인 상징으로 빅 벤, 타워 브리지 등이 있으므로 런던(C)이다. (나)는 예술과 패션 및 유행의 도시이고, 대표적인 랜드마크인 에펠탑, 루브르 박물관, 노트르담 대성당, 에투알 개선문 등이 있으므로 파리(D)이다.

05 미국 뉴욕의 도시 내부 구조 특징 이해

문제 분석 토지 이용을 보면 A는 중심 업무 지구가 형성되어 있고 은행·법률 회사·보험 회사 등이 입지해 있으므로 도심에 해당한다는 것을 알 수 있으며, B는 주로 주거 지역으로 이용되고 있으므로 주변 지역에 해당한다는 것을 알 수 있다.

정답 찾기 ㄷ. 인구 공동화 현상은 도심에서 상주인구 감소로 나타난다. 따라서 뉴욕의 도심이 위치한 A는 주변 지역에 위치한 B보다 인구 공동화 현상이 뚜렷하게 나타난다.
ㄹ. 지가가 비싼 도심에서는 고층 건물이 들어서 토지 이용이 집약적으로 이루어진다. 따라서 뉴욕의 주변 지역에 위치한 B는 도심이 위치한 A보다 고층 건물의 수가 적으므로 상업용 건물의 평균 층수도 적다.

오답 피하기 ㄱ. 뉴욕의 도심이 위치한 A에는 출근 시간대에 통근·통학 유출 인구보다 유입 인구가 많아 통근·통학 인구의 순유입이 발생한다.
ㄴ. 뉴욕의 주변 지역에 위치한 B는 출근 시간대에 통근·통학 인구의 순 유출이 발생하므로 상주인구보다 주간 인구가 적다.

06 미국·멕시코·캐나다 협정(USMCA)과 유럽 연합(EU)의 특징 비교

문제 분석 미국, 멕시코, 캐나다가 회원국으로 소속되어 있는 (가)는 미국·멕시코·캐나다 협정(USMCA)이고, 유럽의 27개국이 회원국으로 소속되어 있는 (나)는 유럽 연합(EU)이다.

정답 찾기 ③ 완전 경제 통합에 해당하는 유럽 연합(EU)은 현존하는 경제 블록 중에서 정치·경제적 통합의 수준이 가장 높다. 따라서 미국·멕시코·캐나다 협정(USMCA)은 유럽 연합(EU)보다 정치·경제적 통합의 수준이 낮다.

오답 피하기 ① 미국·멕시코·캐나다 협정(USMCA)은 자유 무역 협정 단계의 경제 블록에 해당하므로 회원국 간에는 노동력과 자본의 자유로운 이동이 보장되지 않는다.

② 유로화를 사용하는 국가를 유로존이라고 하는데, (나)의 국가들 중에서 스웨덴, 덴마크, 폴란드 등은 유로화를 사용하지 않고 있다. 따라서 (나)의 모든 국가가 유로화를 사용하고 있다고 볼 수 없다.

④ 유럽 연합(EU)은 미국이 속한 미국·멕시코·캐나다 협정(USMCA)보다 역내 총생산이 적다.

⑤ 유럽 연합(EU)은 다른 경제 블록에 비해 총무역액 중 역내 무역액의 비율이 높고 역외 무역액의 비율이 낮은 편이다. 따라서 유럽 연합(EU)은 미국·멕시코·캐나다 협정(USMCA)보다 총무역액 중 역외 무역액의 비율이 낮다.

07 캐나다 퀘벡주와 유럽 주요 지역의 분리주의 운동 이해

문제 분석 지도의 (가)는 캐나다의 퀘벡주이다. 유럽 지도의 (나)는 북아일랜드이고, (다)는 스코틀랜드이며, (라)는 벨기에 북부의 플랑드르 지역이다.

정답 찾기 ㄴ. 벨기에 북부의 플랑드르 지역은 고부가 가치의 지식 산업이 발달하여 소득 수준이 높은 편인 반면, 농업과 광공업 중심의 벨기에 남부 왈로니아 지역은 상대적으로 소득 수준이 낮다.

오답 피하기 ㄱ. 북아일랜드는 현재 영국의 실효 지배를 받고 있다. ㄷ. 캐나다 퀘벡주는 과거 프랑스인들의 이주가 활발했던 지역으로, 그 영향을 받아 프랑스어만 공용어로 사용하고 있다. 영국에 속한 스코틀랜드는 영어를 사실상 공용어로 사용한다.

08 미국, 멕시코, 캐나다의 국가별 특징 이해

문제 분석 모든 시기에 수출액이 가장 많은 (다)는 미국이다. (가), (나)는 멕시코, 캐나다 중 하나인데, (나)는 (가)보다 1990~2021년의 수출액 증가율이 높고 2021년의 총수출액 중 공업 제품의 수출액 비율이 높은 반면 광물 및 에너지 자원의 수출액 비율이 낮다. 따라서 (가)는 석유, 천연가스 등을 많이 수출하는 캐나다이고, (나)는 미국으로부터 원료와 부품을 수입한 후 이를 가공하여 만든 완제품을 수출하는 산업이 발달한 멕시코이다.

정답 찾기 ① 캐나다는 영어와 프랑스어를 공용어로 사용하고, 멕시코는 에스파냐어를 사실상 공용어로 사용한다. 따라서 캐나다는 멕시코보다 에스파냐어 사용자의 비율이 낮다.

오답 피하기 ② 개발 도상국인 멕시코는 선진국인 미국보다 국가 내 1차 산업 종사자의 비율이 높다.

③ 미국은 세계에서 국내 총생산이 가장 많은 국가이다. 따라서 미국은 캐나다보다 국내 총생산이 많다.

④ 멕시코는 미국과의 국경 지대에 마킬라도라가 형성되어 있다.

⑤ 미국에는 캐나다 출신의 이주자보다 멕시코 출신의 이주자가 많다. 멕시코에 비해 미국은 일자리가 풍부하고 소득 수준이 높아 멕시코에서 미국으로 많은 이주자가 유입되고 있다.

수능 실전 문제   본문 133~137쪽

1 ④	**2** ②	**3** ④	**4** ⑤
5 ②	**6** ①	**7** ③	**8** ③
9 ④	**10** ②		

1 유럽의 주요 공업 지역 특징 이해

문제 분석 A는 해운·하운 교통이 발달한 로테르담 일대의 지역이고, B는 쇠퇴하는 공업 지역인 로렌·자르 공업 지역이다. C는 프랑스의 첨단 산업 클러스터인 소피아 앙티폴리스가 있는 지역이고, D는 이탈리아의 첨단 산업 클러스터인 제3 이탈리아 지역의 일부이다.

정답 찾기 ㄱ. 프랑스 남부의 C에는 첨단 산업 클러스터인 소피아 앙티폴리스가 있다.

ㄷ. 해안 지역에 위치해 있고 항만이 발달한 A는 내륙에 위치한 B보다 원료의 수입과 제품의 수출에 유리하다.

ㄹ. 유럽의 쇠퇴하는 공업 지역인 B는 첨단 산업 클러스터인 C보다 공업 지역이 형성된 시기가 이르다.

오답 피하기 ㄴ. 이탈리아 북부에 위치한 D는 일찍부터 공업이 발달하여 이탈리아 내에서도 소득 수준이 높은 편이다. 반면, 농업에 대한 의존도가 상대적으로 높은 이탈리아 남부는 소득 수준이 낮은 편이다.

2 영국과 미국의 주요 공업 지역 특징 이해

문제 분석 요크셔, 랭커셔 지방이 속해 있는 A는 영국의 쇠퇴하는 공업 지역이고, 런던이 속해 있는 B는 영국의 첨단 기술 산업 지역이다. 미국의 오대호 연안에 위치한 C는 오대호 연안 공업 지역이고, 미국 북동부의 대서양 연안에 위치한 D는 뉴잉글랜드 공업 지역과 중부 대서양 연안 공업 지역이며, 미국 남부의 멕시코만 연안에 위치한 E는 멕시코만 연안 공업 지역이다.

정답 찾기 ② 오대호 연안 공업 지역은 오대호의 편리한 수운 교통, 풍부한 석탄·철광석 등의 지하자원을 바탕으로 철강, 자동차 제조업과 같은 중화학 공업이 발달하였다.

오답 피하기 ① 실리콘 글렌은 영국 북부의 에든버러 일대에 위치한다. B에 위치한 첨단 산업 클러스터로는 케임브리지 사이언스

파크가 있다.

③ 영국의 쇠퇴하는 공업 지역은 산업 혁명 초기부터 공업 발달이 시작되었으므로 선벨트 지역에 속한 멕시코만 연안 공업 지역보다 공업 발달의 역사가 길다.

④ 멕시코만 연안 공업 지역은 멕시코만에서 석유가 많이 생산되어 이를 바탕으로 석유 화학 공업이 발달해 있다. 따라서 뉴잉글랜드 공업 지역과 중부 대서양 연안 공업 지역은 멕시코만 연안 공업 지역보다 석유 화학 공업의 생산액이 적다.

⑤ 영국의 첨단 기술 산업 지역에는 최상위 세계 도시인 런던이 위치한다. 미국에 위치한 최상위 세계 도시인 뉴욕은 중부 대서양 연안 공업 지역에 위치한다.

3 미국 캘리포니아주, 펜실베이니아주, 루이지애나주의 제조업 특징 이해

문제 분석 지도에 표시된 세 주(州)는 캘리포니아주, 펜실베이니아주, 루이지애나주이다. 세 주(州) 중에서 컴퓨터 및 전자 제품 제조업의 출하액 비율이 가장 높은 (가)는 미국 남서부에 위치한 캘리포니아주이다. 음식료품 제조업의 출하액 비율이 가장 높은 (나)는 미국 북동부에 위치한 펜실베이니아주이다. 석유 및 석탄 제품 제조업의 출하액 비율이 가장 높은 (다)는 석유 생산이 활발한 멕시코만 연안에 위치한 루이지애나주이다.

정답 찾기 ④ 미국 북동부에 위치한 펜실베이니아주는 러스트 벨트에 속하고, 미국 남부에 위치한 루이지애나주는 선벨트에 속한다.

오답 피하기 ① 세 주(州) 중에서 멕시코만에 인접해 있는 지역은 루이지애나주이다.

② 실리콘 밸리는 캘리포니아주에 위치한다.

③ 선벨트에 속한 미국 남서부의 캘리포니아주는 러스트 벨트에 속한 미국 북동부의 펜실베이니아주보다 제조업 발달의 역사가 짧다.

⑤ 세 주(州) 중에서 제조업 총출하액은 캘리포니아주가 가장 많다. 캘리포니아주는 미국의 모든 주(州) 중에서 제조업 총출하액이 최상위권이다.

4 메갈로폴리스의 특징 이해

문제 분석 미국 북동부에 위치한 (가)는 보스턴~뉴욕~필라델피아~볼티모어~워싱턴 D.C.로 이어지는 대도시권이고, (나)는 네덜란드의 란트슈타트 지역이다.

정답 찾기 ⓒ 유럽에 위치한 (나)는 미국에 위치한 (가)보다 도시 발달의 역사가 길다.

ⓔ (가), (나) 두 지역 모두 거대 도시를 잇는 도시화 지역이 서로 연속되어 메갈로폴리스를 이루고 있다.

오답 피하기 ㉠ (가)는 선진국인 미국의 대도시권에 해당하므로 도시 인구의 대부분이 슬럼에 거주하고 있다고 볼 수 없다.

ⓛ 세계 도시 체계에서 최상위 계층에 해당하는 도시로는 뉴욕,

런던, 도쿄를 들 수 있다. 네덜란드의 란트슈타트 지역인 (나)에 속한 도시 중에는 세계 도시 체계에서 최상위 계층에 해당하는 도시가 없다.

5 미국의 주요 도시 특징 이해

문제 분석 지도에 표시된 두 도시는 디트로이트와 샌프란시스코이다. 1990년 이후 인구가 증가 추세에 있는 (가)는 샌프란시스코이고, 인구가 크게 감소한 (나)는 디트로이트이다. A는 B보다 모든 시기에 중위 소득이 높다. 따라서 A는 샌프란시스코이고, B는 디트로이트이다.

정답 찾기 ② 디트로이트는 미국의 주요 자동차 회사의 본사와 생산 공장이 위치해 있어 미국 자동차 산업의 중심지로 불린다. 따라서 디트로이트는 샌프란시스코보다 자동차 산업이 발달하였다.

오답 피하기 ① 디트로이트에 대한 설명이다.

③ 그래프를 보면 샌프란시스코는 디트로이트보다 1990~2020년의 인구 증가율이 높다.

④ 뉴욕은 미국 동부 대서양 연안에 위치해 있다. 따라서 디트로이트는 태평양 연안에 위치한 샌프란시스코보다 뉴욕까지의 최단 거리가 가깝다.

⑤ (가)와 A는 샌프란시스코이고, (나)와 B는 디트로이트이다.

6 뉴욕의 도심과 주변 지역 특징 이해

문제 분석 지도에 표시된 두 지역은 뉴욕의 도심이 위치한 맨해튼, 주변 지역에 위치한 퀸스이다. (가)는 (나)보다 인구가 많다. 또한 (가)는 (나)보다 미국 출생 인구의 비율이 낮은 반면, 귀화를 통해 시민권을 획득한 인구와 시민권자가 아닌 인구의 비율이 높다. 따라서 (가)는 주변 지역에 위치하여 주거 기능이 발달했으며 주거 비용이 저렴하여 해외 이주자가 많이 거주하는 퀸스이고, (나)는 도심이 위치한 맨해튼이다.

정답 찾기 ㄱ. 주변 지역에 위치한 퀸스는 출근 시간대에 통근 유입 인구보다 통근 유출 인구가 많아 통근 인구의 순 유출이 나타난다.

ㄴ. 맨해튼에는 금융 산업이 발달한 월가(Wall Street)가 있다.

오답 피하기 ㄷ. 주변 지역에 위치한 퀸스는 도심이 위치한 맨해튼보다 접근성과 지대가 낮으므로 주택의 평균 가격도 낮다.

ㄹ. 도심이 위치한 맨해튼은 상주인구보다 주간 인구가 많은 반면, 주변 지역에 위치한 퀸스는 상주인구보다 주간 인구가 적다. 따라서 맨해튼은 퀸스보다 상주인구 대비 주간 인구 비율이 높다.

7 런던의 도심과 주변 지역 특징 이해

문제 분석 지도에 표시된 두 구(區)는 각각 도심이 위치한 웨스트민스터(가)와 주변 지역에 위치한 헤이버링(나)이다. (가)는 런던의 중심부에 위치하며 모든 시기에 (나)보다 총인구가 적어 주거 기능이 미약하다. 그래프를 보면 두 구(區) 모두 A의 인구 비율

이 B의 인구 비율보다 높게 나타나고, 1991~2021년에 A의 인구 비율이 크게 낮아진 것을 알 수 있다. 따라서 A는 유럽계이고, B는 아프리카계이다.

정답 찾기 ③ 도심이 위치한 (가)는 주변 지역에 위치한 (나)보다 접근성과 지대가 높다.

오답 피하기 ① 도심이 위치한 (가)는 상업·업무 기능이 발달하여 통근 인구의 순 유입이 나타나므로 주간 인구보다 상주인구가 적다.

② 젠트리피케이션은 도심의 쇠락한 공업 지역이나 저소득층이 거주하던 낙후된 지역이 재개발되어 새로운 생활 공간으로 변화되는 현상을 말한다.

④ 그래프를 보면 두 구(區) 모두 1991년보다 2021년에 지역 내 총인구 중 유럽계(A) 인구의 비율이 낮아진 것을 알 수 있다. 이는 아프리카계와 아시아계의 유입이 증가한 결과이다.

⑤ 유럽계(A)는 아프리카계(B)보다 영국 런던에 최초로 정착한 시기가 이르다.

8 미국, 멕시코, 캐나다의 특징 이해

문제 분석 세 국가 중 국내 총생산이 가장 많은 (가)는 미국이다. (나), (다)는 캐나다, 멕시코 중 하나인데, (나)는 (다)보다 1인당 국내 총생산이 많으므로 선진국인 캐나다이고, (다)는 개발 도상국인 멕시코이다. 세 국가 중 2000년과 2021년 모두 총수출액이 가장 많고 총수출액 중 역외 수출액의 비율이 가장 높은 C는 미국이다. 총수출액 중 역내 수출액 비율이 높은 A, B는 캐나다, 멕시코 중 하나인데, B는 A보다 2000~2021년의 총수출액 증가율이 높으므로 멕시코이고, A는 캐나다이다.

정답 찾기 ③ 그래프를 보면 멕시코는 캐나다보다 2000~2021년의 총수출액 증가율이 높다.

오답 피하기 ① 선진국인 미국은 개발 도상국인 멕시코보다 우주·항공 산업의 발달 수준이 높다.

② 캐나다는 미국보다 2021년에 총수출액 중 역내 수출액 비율이 높은 반면, 역외 수출액 비율이 낮다.

④ 캐나다는 멕시코보다 국토 면적이 넓은 반면 총인구가 적으므로, 인구 밀도가 낮다.

⑤ (가)와 C는 미국이다. (나)는 캐나다이고, B는 멕시코이다.

9 캐나다와 벨기에의 분리주의 운동 특징 이해

문제 분석 (가)는 캐나다의 퀘벡주이고, 벨기에 북부의 (나)는 플랑드르 지역이며, 벨기에 남부의 (다)는 왈로니아 지역이다.

정답 찾기 ㄱ. 캐나다 퀘벡주는 과거 프랑스의 식민 지배를 받았던 지역으로, 프랑스어 사용자의 비율이 높게 나타난다. 벨기에 북부의 플랑드르 지역은 네덜란드어 사용자의 비율이 높게 나타난다. 따라서 캐나다 퀘벡주는 벨기에의 플랑드르 지역보다 프랑스어 사용자의 비율이 높다.

ㄴ. 벨기에 북부의 플랑드르 지역은 고부가 가치의 지식 산업이

발달해 있고, 남부의 왈로니아 지역은 농업과 광공업이 발달하였다. 따라서 플랑드르 지역은 왈로니아 지역보다 고부가 가치 지식 산업의 발달 수준이 높다.

ㄹ. 캐나다 퀘벡주와 벨기에 북부의 플랑드르 지역은 모두 해당 국가로부터 분리주의 운동이 나타났다.

오답 피하기 ㄷ. 플랑드르 지역이 왈로니아 지역보다 1인당 지역 내 총생산이 많다.

10 유럽에서 분리주의 운동이 나타나는 지역 이해

문제 분석 지도의 (가)는 영국의 스코틀랜드이고, (나)는 이탈리아 북부의 파다니아 지역이며, (다)는 에스파냐의 바스크 지역이다.

정답 찾기 ② 이탈리아 북부의 파다니아 지역은 일찍부터 상공업이 발달하여 농업 중심의 남부 지역에 비해 소득 수준이 높으므로 1인당 지역 내 총생산도 많다.

오답 피하기 ① 스코틀랜드는 현재 영국에 속해 있으며, 영국은 2023년 기준 유럽 연합(EU)의 회원국이 아니다.

③ 에스파냐의 바스크 지역은 중심 도시가 빌바오이다. 바르셀로나는 카탈루냐 지역에 위치해 있다.

④ 스코틀랜드의 주민은 영어, 바스크 지역의 주민은 에스파냐어, 바스크어 등을 주로 사용한다. 카탈루냐어는 카탈루냐 지역의 전통 언어이다.

⑤ 프랑스계가 다수를 이루고 있는 지역은 캐나다 퀘벡주가 대표적이다.

15 사하라 이남 아프리카와 중·남부 아메리카

수능 기본 문제 본문 143~144쪽

01 ④	**02** ③	**03** ④	**04** ④
05 ②	**06** ④	**07** ③	**08** ③

01 중·남부 아메리카의 주요 특성 파악

문제 분석 (가)는 인구 규모 1위(수위) 도시의 인구 규모가 2위 도시 인구 규모의 두 배 이상인 종주 도시화 현상이 나타나는 멕시코이고, (나)는 상파울루와 리우데자네이루가 있는 브라질이다. (나)는 인구 규모 천만 명 이상의 대도시가 두 개인 것을 통해서도 브라질임을 알 수 있다.

정답 찾기 ④ 브라질(나)은 멕시코(가)보다 국토 면적이 넓다. 브라질은 중·남부 아메리카에서 국토 면적이 가장 넓다.

오답 피하기 ① 멕시코(가)는 북반구에 위치한다.
② 브라질(나)의 인구 규모 1위 도시는 상파울루이고, 브라질의 수도는 브라질리아이다.
③ 중·남부 아메리카에서 인구가 가장 많은 브라질(나)이 멕시코(가)보다 2020년에 총인구가 많다.
⑤ 멕시코(가)는 에스파냐어, 브라질(나)은 포르투갈어를 주요 언어로 사용한다.

02 중·남부 아메리카 주요 국가의 민족(인종) 구성 비율 특성 파악

문제 분석 지도에 표시된 국가는 자메이카, 콜롬비아, 페루, 우루과이이다. 콜롬비아에서 민족(인종) 구성 비율이 가장 높은 A는 혼혈이다. 우루과이에서 민족(인종) 구성 비율이 가장 높은 B는 유럽계이다. 페루에서 민족(인종) 구성 비율이 가장 높은 C는 원주민이다. 자메이카에서 민족(인종) 구성 비율이 가장 높은 D는 아프리카계이다.

정답 찾기 ㄴ. 원주민(C)의 조상들은 잉카, 아스테카 등 고대 문명을 발달시켰다.
ㄷ. 원주민(C)은 아프리카계(D)보다 중·남부 아메리카에 정착한 시기가 이르다.

오답 피하기 ㄱ. 과거 플랜테이션 농업을 위해 강제 이주된 민족(인종)은 아프리카계(D)이다.
ㄹ. A는 혼혈이고, B는 유럽계이다.

03 중·남부 아메리카 주요 국가의 특징 파악

문제 분석 지도의 A는 브라질, B는 볼리비아, C는 아르헨티나이다.

정답 찾기 ④ (가)는 우유니 소금 사막, 라파스 등과 관련 있으

므로 지도의 B(볼리비아)이다. (나)는 탱고의 도시, 부에노스아이레스, 우수아이아 등과 관련 있으므로 지도의 C(아르헨티나)이다.

04 사하라 이남 아프리카 주요 국가별 종교 구성 비율 특성 파악

문제 분석 지도의 (가)는 나이지리아, (나)는 남수단, (다)는 소말리아, (라)는 남아프리카 공화국이다. 남수단(나)과 남아프리카 공화국(라)에서 신자 비율이 높은 A는 크리스트교이다. 소말리아(다)에서 신자 비율이 높은 B는 이슬람교이다.

정답 찾기 ④ 나이지리아(가)에서는 남부 지역에 주로 거주하는 크리스트교(A) 신자와 북부 지역에 주로 거주하는 이슬람교(B) 신자 간에 갈등이 있다.

오답 피하기 ① 소말리아(다)는 주민 대부분이 이슬람교(B) 신자이다.
② 이슬람교(B)와 관련된 설명이다.
③ 크리스트교(A)가 이슬람교(B)보다 세계 신자가 많다.
⑤ 네 국가 중 독립 시기는 2011년 수단에서 분리, 독립한 남수단(나)이 가장 늦다.

05 사하라 이남 아프리카 주요 국가의 특징 파악

문제 분석 지도의 A는 에티오피아, B는 케냐, C는 콩고 민주 공화국, D는 마다가스카르, E는 나미비아이다.

정답 찾기 ② 국장(國章)에 이곳의 주요 농산물인 차(茶), 커피 등이 그려져 있고, 아프리카에서 차 생산량이 가장 많으며, 사파리 관광으로도 유명한 국가는 지도의 B(케냐)이다.

06 아프리카 주요 국가의 상품별 수출 구조 및 특징 파악

문제 분석 지도에 표시된 국가는 나이지리아, 에티오피아, 남아프리카 공화국이다. (가)는 공업 제품의 수출액 비율이 상대적으로 높으므로 남아프리카 공화국이다. (나)는 광물 및 에너지 자원의 수출액 비율이 매우 높으므로 아프리카에서 석유 수출량이 가장 많은 나이지리아이다. (다)는 농림축수산물의 수출액 비율이 높으므로 커피 수출량이 많은 에티오피아이다.

정답 찾기 ㄱ. 남아프리카 공화국(가)에서는 현재 폐지된 인종 차별 정책인 아파르트헤이트가 과거에 시행되었다.
ㄴ. 나이지리아(나)는 2021년에 아프리카에서 석유 수출량이 가장 많다.

오답 피하기 ㄷ. 남아프리카 공화국(가)은 대서양, 인도양과 접해 있지만, 에티오피아(다)는 대서양과 접해 있지 않다.

07 아프리카의 주요 자원 분포 특성 파악

문제 분석 A는 기니만 연안의 국가와 수단, 남수단 등에 주로 분포하므로 석유이다. B는 고기 습곡 산지가 있는 드라켄즈버그 산맥 부근에 주로 분포하므로 석탄이다. C는 콩고 민주 공화국, 잠비아 등에 주로 분포하므로 구리이다.

정답 찾기 ③ 구리(C)의 세계 최대 생산 국가는 칠레로, 칠레는 중·남부 아메리카에 위치한다.

오답 피하기 ① 석유(A)는 화석 연료이고, 구리(C)가 금속 광물 자원이다.

② 석탄(B)은 주로 고기 습곡 산지에 매장되어 있다.

④ 나이지리아는 구리(C)보다 석유(A)의 수출량이 많다.

⑤ 석유(A)가 석탄(B)보다 국제 이동량이 많다.

08 중·남부 아메리카 주요 국가의 자원 생산 현황 파악

문제 분석 지도에 표시된 국가는 멕시코, 칠레, 브라질이다. 철광석의 생산량이 가장 많은 (가)는 브라질이고, 구리의 생산량이 가장 많은 (나)는 칠레이며, 은의 생산량이 가장 많은 (다)는 멕시코이다.

정답 찾기 ③ 2020년 기준 브라질(가)은 칠레(나)보다 총인구가 많다.

오답 피하기 ① 브라질(가)은 대서양에는 접해 있지만, 태평양에는 접해 있지 않다.

② 멕시코(다)와 관련된 설명이다.

④ 멕시코(다)는 브라질(가)보다 국토 면적이 좁다.

⑤ 그래프를 보면 2020년 구리 생산량은 멕시코(다)가 브라질(가)보다 많다.

수능 실전 문제   본문 145~148쪽

| 1 ② | 2 ② | 3 ④ | 4 ④ |
| 5 ④ | 6 ① | 7 ④ | 8 ④ |

---

1 중·남부 아메리카 주요 국가의 특징 및 민족(인종) 구성 파악

문제 분석 (가)는 중·남부 아메리카에서 국토 면적이 가장 넓고, 삼바 축제 등과 관련 있으므로 브라질이다. (나)는 탱고 등과 관련 있으므로 아르헨티나이다. (다)는 브라질과 국경을 접하고, 쿠스코, 마추픽추 등과 관련 있으므로 페루이다. A는 아르헨티나(나)에서 민족(인종) 비율이 가장 높으므로 유럽계이다. B는 페루(다)에서 민족(인종) 비율이 가장 높으므로 원주민이다. C는 브라질(가), 페루(다)에서 두 번째로 민족(인종) 비율이 높으므로 혼혈이다.

정답 찾기 ② 브라질(가)은 페루(다)보다 2019년에 혼혈(C) 비율이 높고 총인구 또한 많으므로, 혼혈 인구가 많다.

오답 피하기 ① 브라질(가)은 대서양과 접해 있으며, 세 국가 중 태평양과 접해 있는 국가는 페루(다)이다.

③ 아르헨티나(나)는 페루(다)보다 민족(인종) 구성에서 원주민(B) 비율이 낮다.

④ 2021년 세계에서 소 사육 두수가 가장 많은 브라질(가)이 페루(다)보다 소 사육 두수가 많다.

⑤ 유럽계(A), 원주민(B), 혼혈(C) 중 중·남부 아메리카에 정착한 시기는 원주민(B)이 가장 이르다.

2 중·남부 아메리카의 도시 구조 특징 파악

문제 분석 중·남부 아메리카의 경우 역사가 오래된 도시에서는 원주민의 전통문화 요소와 유럽인이 전파한 문화 요소가 혼합된 이중적 도시 경관이 나타나는 경우가 많다.

정답 찾기 ② 중·남부 아메리카 대부분의 도시에서 고급 주택 지구는 주로 도심에 입지하고, 도시 주변부로 갈수록 주로 원주민과 아프리카계 주민이 거주하는 저급 주택 지구가 발달한다.

오답 피하기 ① ⊙은 유럽의 식민 통치 영향으로 도시가 계획적으로 건설된 것과 관련 있다.

③ 중·남부 아메리카의 도시 문제는 급속한 도시화 과정에서 발생하였는데, 도시 문제로는 교통 혼잡, 주택 부족, 심각한 환경 오염 등이 있다.

④ 종주 도시화 현상은 수위 도시의 인구 규모가 2위 도시 인구 규모의 두 배 이상인 현상을 말한다.

⑤ 불량 주택 지구는 위생, 사회 기반 시설 등이 부족한 슬럼 지역으로, 브라질의 '파벨라'가 대표적이다.

3 사하라 이남 아프리카 주요 국가의 특징 파악

문제 분석 (가)는 국토 모양과 국기, 나일강 등의 정보를 종합해 볼 때 남수단이다. (나)는 아프리카에서 석유 수출량이 가장 많으므로 나이지리아이다. (다)는 탄자니아, 콩고 민주 공화국, 우간다 등과 접해 있고, 상대적으로 국토 면적이 좁으므로 르완다이다.

정답 찾기 ㄴ. 나이지리아(나)에서는 북부의 이슬람교 신자와 남부의 크리스트교 신자 간 종교 갈등이 있다.

ㄹ. 세 국가 중 2021년에 총인구는 나이지리아(나)가 가장 많다.

오답 피하기 ㄱ. 소수의 투치족과 다수의 후투족 간 내전이 있었던 곳은 르완다(다)이다.

ㄷ. 1962년 벨기에로부터 독립한 르완다(다)는 2011년 독립한 남수단(가)보다 독립 시기가 이르다.

4 중·남부 아메리카의 국가별 특징 파악

문제 분석 지도에 표시된 국가는 멕시코, 칠레, 브라질이다. (가)는 국내 총생산이 가장 적고, 광물 및 에너지 자원의 수출액 비율이 높으므로 구리 수출량이 많은 칠레이다. (나)는 국내 총생산이 가장 많고, 농림축수산물의 수출액 비율이 상대적으로 높으므로 브라질이다. (다)는 총수출액이 가장 많고, 공업 제품 수출액 비율이 높으므로 멕시코이다.

정답 찾기 ④ 브라질(나)은 칠레(가)보다 주민 중 유럽계 주민 비율이 높고 총인구가 많으므로 유럽계 주민이 많다.

오답 피하기 ① 마킬라도라를 중심으로 공업이 발달한 국가는 멕시코(다)이다.

② 브라질(나)의 주민들은 대부분 포르투갈어를 사용한다.

③ 아마존 분지에서 농장 조성과 자원 개발로 열대림 파괴 문제가 심각한 국가는 브라질(나)이다.

⑤ 칠레(가)는 브라질(나)보다 광물 및 에너지 자원 수출액 비율이 높지만 브라질(나)이 칠레(가)보다 총수출액이 약 3배 많으므로, 광물 및 에너지 자원 수출액은 브라질(나)이 칠레(가)보다 많다.

5 사하라 이남 아프리카와 중·남부 아메리카의 주요 도시 및 국가 특징 파악

문제 분석 경도를 통해 서반구에 위치하는지 동반구에 위치하는지를 파악할 수 있고, 7월 1일 낮 길이를 통해 북반구에 위치하는지 남반구에 위치하는지를 파악할 수 있다. (가)는 아메리카의 북반구에 있고 아스테카 문명, 소칼로 광장 등과 관련 있으므로 멕시코시티이다. (나)는 아메리카의 남반구에 있고, 리우 카니발, 코르코바두 예수상 등과 관련 있으므로 리우데자네이루이다. (다)는 아프리카의 남반구에 있고, 희망봉, 테이블 마운틴 등과 관련 있으므로 케이프타운이다. (라)는 7월 1일의 낮 길이가 12시간 35분이므로 북반구에 있고, 경도상의 위치, 해발 고도 등을 종합해 볼 때 아디스아바바이다.

정답 찾기 ④ 멕시코시티(가)가 속한 멕시코는 리우데자네이루(나)가 속한 브라질보다 민족(인종) 구성에서 혼혈 비율이 높다.

오답 피하기 ① 멕시코시티(가)는 북반구에 위치한다.

② 리우데자네이루(나)는 브라질의 수도가 아니다. 브라질의 수도는 브라질리아이다.

③ 케이프타운(다)이 속한 남아프리카 공화국에는 고기 습곡 산지인 드라켄즈버그산맥이 있다.

⑤ 아디스아바바(라)는 사하라 이남 아프리카에 위치한다.

6 사하라 이남 아프리카 국가의 주요 수출품 파악

문제 분석 지도에 표시된 A는 케냐, B는 잠비아, C는 남아프리카 공화국이다.

정답 찾기 ① (가)는 차, 화훼, 채소와 과실 등 농산물의 수출액 비율이 상대적으로 높으므로 지도의 A인 케냐이다. (나)는 구리의 수출액 비율이 가장 높으므로 지도의 B인 잠비아이다. (다)는 백금, 금, 철광석 등 지하자원과 자동차, 기계류 등 공업 제품의 수출액 비율이 높으므로 지도의 C인 남아프리카 공화국이다.

7 사하라 이남 아프리카와 중·남부 아메리카 주요 국가의 특징 파악

문제 분석 지도에 표시된 국가는 멕시코, 브라질, 나이지리아, 에티오피아이다. (가)는 네 국가 중 국내 총생산이 가장 적고 농림어업 생산액 비율이 높으므로 에티오피아이다. (나)는 에티오피아

다음으로 농림어업 생산액 비율이 높으므로 나이지리아이다. (다)는 네 국가 중 국내 총생산이 가장 많으므로 브라질이고, (라)는 네 국가 중 제조업 생산액 비율이 가장 높으므로 멕시코이다.

정답 찾기 ㄴ. 멕시코(라)는 미국·멕시코·캐나다 협정 회원국이다.

ㄹ. 에티오피아(가)는 사하라 이남 아프리카, 브라질(다)은 중·남부 아메리카에 위치한다.

오답 피하기 ㄱ. 에티오피아(가)는 대서양에 접해 있지 않다.

ㄷ. 나이지리아(나)는 브라질(다)보다 2020년에 도시화율이 낮고 총인구 또한 적으므로 도시 거주 인구가 적다.

8 사하라 이남 아프리카와 중·남부 아메리카 주요 국가의 특징 파악

문제 분석 지도에 표시된 국가는 칠레, 코트디부아르, 콩고 민주 공화국, 보츠와나이다. (가)는 카카오의 생산량 비율이 가장 높은 국가이므로 코트디부아르이다. (나)는 다이아몬드의 생산량 비율이 높은 국가이므로 보츠와나이다. (다)는 코발트의 생산량 비율이 가장 높은 국가이므로 콩고 민주 공화국이다. (라)는 구리의 생산량 비율이 가장 높은 국가이므로 칠레이다.

정답 찾기 ④ 열대림이 넓게 분포한 콩고 분지가 있는 콩고 민주 공화국(다)이 보츠와나(나)보다 열대림 면적이 넓다.

오답 피하기 ① 칠레(라)와 관련된 설명이다.

② 코퍼 벨트는 제시된 국가 중 콩고 민주 공화국(다)에 있다.

③ 태평양과 접해 있는 칠레(라)가 내륙국인 보츠와나(나)보다 해안선의 길이가 길다.

⑤ 콩고 민주 공화국(다)은 콩고 공화국, 중앙아프리카 공화국, 남수단, 우간다, 르완다, 부룬디, 탄자니아, 잠비아, 앙골라 등과 국경을 접하고 있고, 칠레(라)는 페루, 볼리비아, 아르헨티나와 국경을 접하고 있다.

16 평화와 공존의 세계

본문 154~155쪽

수능 기본 문제

| 01 ④ | 02 ② | 03 ② | 04 ④ |
| 05 ⑤ | 06 ⑤ | 07 ③ | 08 ① |

01 경제의 세계화와 경제 블록의 특성 이해

문제 분석 경제의 세계화는 세계가 단일 시장으로 통합되는 과정으로, 유통·금융 등 다양한 측면에서 경제의 세계화가 진행되고 있다. 경제의 세계화로 무역 장벽이 완화되고, 국제 거래량이 증가하고 있다.

정답 찾기 ④ 세계 무역 기구(WTO)는 무역 자유화를 통한 전 세계적인 경제 발전을 목적으로 하는 국제기구로, 비정부 기구에 해당하지 않는다.

오답 피하기 ① 교통과 정보 통신 기술의 발달로 시·공간 제약이 줄어들어 인적·물적 교류가 활발해졌다.
② 다국적 기업은 노동, 기술, 경영 등 생산 요소를 고려하여 기업의 관리, 연구, 생산 기능을 분리 배치함으로써 시장을 확대하고 이윤을 극대화하려는데, 이러한 과정에서 공간적 분업이 확대되었다.
③ ©은 세계가 하나의 시장으로 통합되어 가는 과정과 관련 있으므로 '경제의 세계화'라고 한다.
⑤ ⑩은 경제 블록에 대한 설명인데, 경제 블록에는 유럽 연합, 동남아시아 국가 연합 등이 있다.

02 세계 주요 경제 블록의 특성 이해

문제 분석 (가)는 유럽 연합, (나)는 동남아시아 국가 연합, (다)는 미국·멕시코·캐나다 협정이다.

정답 찾기 ② 유럽 연합(가)은 단일 통화를 만들어 여러 국가가 사용하므로 그림의 A에 해당한다. 미국·멕시코·캐나다 협정(다)은 단일 통화를 사용하지 않고, 세 경제 블록 중 역내 총생산이 가장 많으므로 그림의 B에 해당한다. 동남아시아 국가 연합(나)은 단일 통화를 사용하지 않고, 세 경제 블록 중 역내 총생산이 가장 적으므로 그림의 C에 해당한다.

03 세계 주요 경제 블록의 무역 특성 이해

문제 분석 (가)는 세 경제 블록 중 역내 무역액과 역외 무역액을 더한 총무역액이 가장 적으므로 동남아시아 국가 연합이다. (다)는 (나)보다 총무역액이 많으므로 유럽 연합이고, (나)는 미국·멕시코·캐나다 협정이다.

정답 찾기 ② 미국·멕시코·캐나다 협정(나) 회원국 중 인구가

가장 많은 국가는 미국이다.

오답 피하기 ① 역내 생산 요소의 자유로운 이동이 보장되는 경제 블록은 유럽 연합(다)이다.
③ 회원국 수가 3개인 미국·멕시코·캐나다 협정(나)은 회원국 수가 10개인 동남아시아 국가 연합(가)보다 회원국 수가 적다.
④ 유럽 연합(다)은 미국·멕시코·캐나다 협정(나)보다 1인당 역내 총생산이 적다.
⑤ 세 경제 블록 중 정치·경제적 통합 수준은 유럽 연합(다)이 가장 높다.

04 세계 주요 환경 문제의 원인 및 영향 이해

문제 분석 (가)는 해수면 상승, 만년설 감소 등과 관련 있으므로 지구 온난화이다.

정답 찾기 ④ 지구 온난화의 주된 원인 중 하나로는 산업화·도시화로 인한 화석 연료의 사용량 증가가 있다.

오답 피하기 ① 런던 협약은 폐기물의 해양 투기로 인한 해양 오염을 방지하기 위한 환경 협약으로, 지구 온난화와는 관련이 적다.
② 지구 온난화는 영구 동토층의 분포 범위 축소를 가져왔다.
③ 피부암, 백내장 발병률 증가의 직접적인 원인이 되는 환경 문제는 오존층 파괴이다.
⑤ 황산화물과 질소 산화물 등이 강수와 결합하여 발생한 환경 문제는 산성비이다.

05 세계 주요 환경 문제의 특징 파악

문제 분석 (가)는 지구 온난화, (나)는 열대림 파괴, (다)는 오존층 파괴이다. (라)는 (나)와 원인이 유사하지만 황사 현상의 심화와 관련 있으므로 사막화이다.

정답 찾기 ⑤ 열대림 파괴(나)로 수목이 감소하면 대기 중 이산화 탄소 농도가 높아져 지구 온난화(가)가 심화될 수 있다. 따라서 열대림 파괴는 지구 온난화를 심화시키는 요인 중 하나이다.

오답 피하기 ① 지구 온난화(가)를 해결하기 위해 국제 사회는 파리 협정을 체결하였다. 바젤 협약은 유해 폐기물의 국가 간 이동에 관한 규제를 목적으로 한다.
② 열대림 파괴(나)는 열대 우림 기후 지역에서 주로 발생한다.
③ 사막화(라)와 관련된 설명이다.
④ 오존층 파괴(다)와 관련된 설명이다.

06 세계 주요 환경 문제의 분포 지역과 특징 파악

문제 분석 A는 공업이 발달한 유럽, 미국 오대호 연안 등이 주요 피해 지역이므로 산성비이다. B는 열대 기후가 나타나는 지역이 주요 피해 지역이므로 열대림 파괴이다. C는 사막 주변이 주요 피해 지역이므로 사막화이다.

정답 찾기 ⑤ 국제 사회는 산성비(A) 문제 해결을 위해 제네바 협약을 체결하였고, 사막화(C) 문제 해결을 위해 사막화 방지 협

약을 체결하였다.

오답 피하기 ① 산성비(A)는 선물 부식과 호수 산성화 등을 조래한다.
② 열대림 파괴(B)로 식생이 사라지면서 토양 침식이 심화되고 있다.
③ 사막화(C)의 주요 원인에는 기후 변화로 인한 장기간의 가뭄, 과도한 방목 및 개간, 삼림 벌채 등이 있다.
④ 사막 주변이 주요 피해 지역인 사막화(C)는 열대림 파괴(B)보다 강수량이 적은 지역에서 발생할 가능성이 높다.

07 세계의 주요 분쟁 지역 이해

문제 분석 A는 카탈루냐 지역으로, 민족·언어 등 문화의 차이로 분리 독립 움직임이 있다. B는 팔레스타인 지역으로, 민족·종교의 차이로 인한 갈등이 있다. C는 남수단으로, 2011년에 민족·종교 차이로 수단으로부터 분리·독립하였다.

정답 찾기 ③ (가)는 유대인과 아랍인 간의 문화적 차이로 인해 갈등이 나타나는 곳이므로 지도의 B이다. (나)는 2011년에 독립하였으므로 지도의 C이다.

08 세계의 주요 분쟁 지역 이해

문제 분석 A는 쿠르드족 분포 지역, B는 카슈미르 지역, C는 스리랑카, D는 로힝야족 분포 지역, E는 필리핀의 민다나오섬이다.

정답 찾기 ① 쿠르드족 분포 지역(A)에서는 쿠르드족의 자치권 확대 독립 운동이 있다.

오답 피하기 ② 미얀마 정부의 로힝야족에 대한 탄압으로 대규모 난민이 발생한 곳은 D이다.
③ 스리랑카(C)에서 분쟁 당사자는 주로 불교를 믿는 신할리즈족과 힌두교를 믿는 타밀족이다.
④ 로힝야족 분포 지역(D)에서 주요 분쟁 원인은 민족·종교 차이이다.
⑤ 필리핀의 민다나오섬(E)에서는 다수의 크리스트교도와 소수의 이슬람교도 간 분쟁이 나타난다.

수능	실전 문제		본문 156~159쪽
1 ③	2 ③	3 ④	4 ③
5 ②	6 ④	7 ⑤	8 ②

1 세계 주요 경제 블록의 특성 이해

문제 분석 (라)는 3차 산업 생산액 비율이 가장 높고 역내 총생산 또한 가장 많으므로 미국·멕시코·캐나다 협정이다. (라) 다음으로 역내 총생산이 많은 (다)는 유럽 연합이다. (가)는 (나)보다 역내 총생산이 많고 2차 산업 생산액 비율이 높으므로 동남아시

아 국가 연합이고, (나)는 남아메리카 공동 시장이다.

정답 찾기 ③ 경제적 통합 수준이 높은 유럽 연합(다)은 미국·멕시코·캐나다 협정(라)보다 역내 무역 비율이 높다.

오답 피하기 ① 남아메리카 공동 시장(나)과 관련된 설명이다.
② 유럽 연합(다)과 관련된 설명이다.
④ 동남아시아 국가 연합(가)이 미국·멕시코·캐나다 협정(라)보다 총인구가 많다.
⑤ 동남아시아 국가 연합(가)은 미국·멕시코·캐나다 협정(라)보다 2차 산업 생산액 비율은 높지만, 미국·멕시코·캐나다 협정(라)이 동남아시아 국가 연합(가)보다 역내 총생산이 약 8배 많다. 따라서 2차 산업 생산액은 미국·멕시코·캐나다 협정(라)이 동남아시아 국가 연합(가)보다 많다.

2 세계 주요 경제 블록의 특성 파악

문제 분석 (가)는 총인구가 가장 많으므로 동남아시아 국가 연합이고, 노년층 인구 비율이 가장 높은 (다)는 유럽 연합이다. (나)는 (라)보다 총인구가 많고 노년층 인구 비율이 높으므로 미국·멕시코·캐나다 협정이고, (라)는 남아메리카 공동 시장이다.
A는 1인당 역내 총생산이 가장 많으므로 미국·멕시코·캐나다 협정이다. B는 A 다음으로 1인당 역내 총생산이 많으므로 유럽 연합이다. C는 D보다 도시화율이 높으므로 남아메리카 공동 시장이고, D는 동남아시아 국가 연합이다.

정답 찾기 ③ 미국·멕시코·캐나다 협정(A, (나))은 남아메리카 공동 시장(C, (라))보다 도시화율이 낮고 총인구는 많으므로 촌락 인구가 많다.

오답 피하기 ① 동남아시아 국가 연합((가), D)은 미국·멕시코·캐나다 협정((나), A)보다 1인당 역내 총생산이 적다.
② 유럽 연합((다), B)은 남아메리카 공동 시장((라), C)보다 도시화율이 낮다.
④ 유럽 연합(B, (다))은 동남아시아 국가 연합(D, (가))보다 유소년층 인구 대비 노년층 인구 비율이 높으므로 노령화 지수가 높다.
⑤ 동남아시아 국가 연합(가)은 D, 미국·멕시코·캐나다 협정(나)은 A, 유럽 연합(다)은 B, 남아메리카 공동 시장(라)은 C에 해당한다.

3 지구 온난화의 영향 이해

문제 분석 (가)는 알프스산맥의 눈이 녹고 기후가 점점 따뜻해지는 현상 등과 관련 있으므로 지구 온난화이다.

정답 찾기 을 – 인도양에 있는 섬들은 지구 온난화로 해수면이 상승하면서 해안 저지대가 침수될 것이다.
정 – 시베리아 지역에서는 영구 동토층의 분포 범위가 축소될 것이다.

오답 피하기 갑 – 킬리만자로산에서는 평균 기온이 상승하면서 고산 식물 분포 고도 하한선이 높아질 것이다.

병 – 동해에서는 수온 상승으로 한류성 어족보다 난류성 어족의 어획량이 증가할 것이다.

4 세계의 주요 환경 문제 이해

문제 분석 국제 사회는 지구적 환경 문제에 대응하기 위해 여러 환경의 날을 지정하였는데, 이에 대해 파악하는 문항이다.

정답 찾기 ㄴ. 폐기물의 해양 투기로 인한 해양 오염을 방지하기 위해 국제 사회는 런던 협약을 체결하였다.
ㄷ. 오존층 파괴 물질에는 염화 플루오린화 탄소(CFCs)가 있다.

오답 피하기 ㄱ. ㉠은 해빙(海氷)과 북극곰 개체 수 감소 등과 관련 있으므로 지구 온난화이다. 지구 온난화로 빙하가 녹으면서 북극해 일대의 해수 염도가 낮아졌다.
ㄹ. ㉢은 사막화를 막기 위한 국제 환경 협약이므로 사막화 방지 협약이다. ㉣은 오존층 파괴 물질의 사용 규제를 명시한 환경 협약이므로 몬트리올 의정서이다.

5 세계의 주요 환경 문제 이해

문제 분석 ㉠은 해양으로 유입된 쓰레기가 해류를 따라 이동하면서 형성된 쓰레기 섬이다.

정답 찾기 ㄱ. 쓰레기 섬은 바다에 버려진 쓰레기들이 바람과 해류의 순환으로 한 곳에 모이면서 형성되었다.
ㄷ. 플라스틱 쓰레기는 해양 오염 및 해양 생물 폐사의 원인이 되기도 한다.

오답 피하기 ㄴ. 몬트리올 의정서는 오존층 파괴 물질의 사용 규제를 명시한 환경 협약이다.
ㄹ. 해양 플라스틱 쓰레기는 필리핀, 인도, 말레이시아, 중국, 인도네시아 등 아시아에 있는 국가에서의 배출 비율이 높으므로, 아프리카보다 아시아에서 배출량이 많다.

6 세계의 주요 분쟁 지역 이해

문제 분석 (가)에는 민족·종교 분쟁이 아니라 자원을 둘러싸고 아시아 지역에서 발생한 분쟁이면서, 러시아 혹은 일본이 실효 지배하지 않고 분쟁 당사국 수가 세 국가 이하인 지역과 관련된 질문이어야 한다.

정답 찾기 ④ 남중국해에 있는 시사(파라셀, 호앙사) 군도를 둘러싼 갈등은 자원을 둘러싼 영역 분쟁의 성격이 강하고, 중국이 실효 지배하고 있으며, 분쟁 당사국은 중국, 베트남, 타이완이다.

오답 피하기 ① 스리랑카의 분쟁은 신할리즈족과 타밀족 간 민족 및 종교 차이로 인한 갈등에 해당한다.
② 이슬람교와 힌두교 신자 간의 갈등은 종교 갈등에 해당한다.
③ 카탈루냐어라는 고유 언어를 사용하는 곳은 에스파냐의 카탈루냐 지역과 관련 있는데, 이곳의 분리주의 운동은 자원을 둘러싼 갈등과 관련이 적다.
⑤ 세계 최대의 내해(內海)에서 석유와 천연가스 확보를 둘러싼 영역 갈등이 있는 곳은 카스피해로, 이를 둘러싼 분쟁 당사국은 러시아, 카자흐스탄, 투르크메니스탄, 이란, 아제르바이잔으로 5개국이다.

7 세계의 주요 분쟁 지역 이해

문제 분석 (가)는 벨기에의 플랑드르 지역이고, (나)는 캐나다의 퀘벡주이다. (다)에는 쿠릴 열도, (라)에는 센카쿠 열도(댜오위다오), (마)에는 난사(스프래틀리, 쯔엉사) 군도가 있다.

정답 찾기 ⑤ 쿠릴 열도(다)는 러시아가, 센카쿠 열도(라)는 일본이 실효 지배하고 있다.

오답 피하기 ① 벨기에의 플랑드르 지역(가)은 남부의 왈로니아 지역보다 1인당 지역 내 총생산이 많다.
② (나)는 주변 지역과 언어 차이 등으로 인해 분리 독립을 요구하고 있다.
③ 센카쿠 열도(라)는 분쟁 당사국이 중국, 타이완, 일본이고, 난사 군도(마)는 분쟁 당사국이 중국, 필리핀, 브루나이, 말레이시아, 베트남, 타이완이다.
④ (가)는 네덜란드어, (나)는 프랑스어를 사용하는 주민의 비율이 높다.

8 평화를 위한 노력 이해

문제 분석 (가)는 국제 연합 산하 기관인 국제 연합 평화 유지군이다.

정답 찾기 ② 국제 연합 평화 유지군은 분쟁 지역의 무력 충돌 감시와 건설, 의료 지원 등 주민을 보호하는 역할을 한다.

오답 피하기 ① 국가 간 무역 분쟁을 법적으로 해결하는 기구는 세계 무역 기구(WTO)이다.
③ 세계의 식량 안보 및 농촌 개발에 중추적인 역할을 하는 기구는 유엔 식량 농업 기구(FAO)이다.
④ 노동 조건 개선 및 노동자의 생활 수준 향상을 목적으로 하는 기구는 국제 노동 기구(ILO)이다.
⑤ 비정부 기구로 중대한 인권 침해의 종식 및 예방을 위해 활동하는 기구는 국제 사면 위원회(국제 앰네스티)이다.

출처

인용 사진 출처

서울대학교 규장각 한국학연구원 8쪽, 12쪽 5번 (가), 15쪽 5번 ⓒ(혼일강리역대국도지도)

서울대학교 규장각 한국학연구원 8쪽(지구전후도)

국토교통부 12쪽 7번(차세대 중형 위성 1호가 촬영한 이집트 피라미드와 미국 후버댐 위성 사진)

Album / Alamy Stock Photo 14쪽 4번(발트제뮐러의 세계 지도)

Historic Images / Alamy Stock Photo 34쪽 1번 (가)(쇼노, '우타가와 히로시게')

몬순 아시아와 오세아니아

몽골
대한민국 동해
중국 황해 일본
파키스탄 네팔 부탄
인도 미얀마 라오스 태 평 양
방글라데시 타이 베트남 필리핀
캄보디아
몰디브 스리랑카 말레이시아 브루나이
0° 싱가포르 파푸아뉴기니
인 도 양 인도네시아
동티모르
오스트레일리아
뉴질랜드
0 1000km

건조 아시아와 북부 아프리카

아제르바이잔 카자흐스탄
조지아
아르메니아 카스피해 우즈베키스탄 아랄해
튀르키예(터키) 키르기스스탄
레바논 투르크메니스탄 타지키스탄
키프로스 시리아
이스라엘 이라크 아프가니스탄
30°N 모로코 튀니지 요르단 이란
알제리 리비아 이집트 쿠웨이트
바레인 아랍 에미리트
카타르
사우디아라비아
오만
예멘 페르시아만
0 500km

유럽

0 500km
아이슬란드
스웨덴
노르웨이 핀란드
북 해 에스토니아
덴마크 리투아니아 라트비아
아일랜드 영국 벨기에 네덜란드 러시아
독일 폴란드 벨라루스
룩셈부르크 체코 우크라이나
리히텐슈타인 오스트리아 슬로바키아 몰도바
대 서 양 프랑스 스위스 슬로베니아 헝가리 루마니아
45°N 모나코 크로아티아 세르비아
에스파냐 보스니아 이탈리아 불가리아 흑 해
포르투갈 헤르체고비나 몬테네그로 북마케도니아
코소보 그리스
몰타 지 중 해
알바니아

북부 아메리카

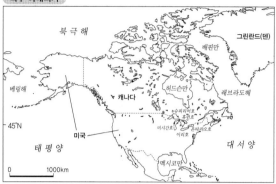

북 극 해 그린란드(덴)
배핀만
베링해 허드슨만 래브라도해
캐나다
45°N 슈피리어호 휴런호
태 평 양 미국 미시간호 온타리오호 대 서 양
이리호
멕시코만
0 1000km

사하라 이남 아프리카

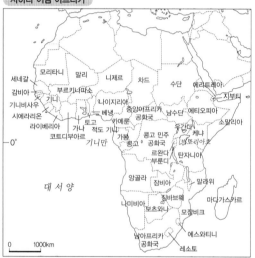

세네갈 모리타니 말리 니제르 차드 수단 에리트레아
감비아 부르키나파소 지부티
기니비사우 기니 나이지리아
시에라리온 베냉 중앙아프리카 남수단 에티오피아
토고 카메룬 공화국 소말리아
라이베리아 가나 적도 기니 우간다
코트디부아르 기니만 콩고 민주 케냐
콩고 공화국 빅토리아호
0° 가봉 르완다 탄자니아
부룬디
앙골라 잠비아 말라위
대 서 양 짐바브웨 마다가스카르
나미비아 모잠비크
보츠와나
남아프리카 에스와티니
공화국
레소토
0 1000km

중·남부 아메리카

멕시코만 바하마 대 서 양
멕시코 벨리즈 아이티
쿠바 도미니카 공화국
온두라스
과테말라 자메이카 카리브해 베네수엘라 볼리바르
엘살바도르 파나마
니카라과 수리남
코스타리카 콜롬비아 기아나(프)
0° 에콰도르 가이아나
페루 브라질
태 평 양 볼리비아
파라과이
칠레
우루과이
아르헨티나
0 1000km

고2~N수 수능 집중 로드맵

수능 입문	→	기출 / 연습	→	연계+연계 보완	→	심화 / 발전	→	모의고사

수능 입문

윤혜정의 개념/패턴의 나비효과

하루 6개 1등급 영어독해

수능 감(感)잡기

수능특강 Light

강의노트
수능개념

기출 / 연습

윤혜정의 기출의 나비효과

수능 기출의 미래

수능 기출의 미래 미니모의고사

수능특강Q 미니모의고사

연계+연계 보완

수능연계교재의 VOCA 1800

수능연계 기출 Vaccine VOCA 2200

연계
감수 수능특강
감수 수능완성

수능특강 사용설명서

수능특강 연계 기출

수능 영어 간접연계 서치라이트

수능완성 사용설명서

심화 / 발전

수능연계완성 3주 특강

박봄의 사회 · 문화 표 분석의 패턴

모의고사

FINAL 실전모의고사

만점마무리 봉투모의고사

만점마무리 봉투모의고사 시즌2

구분	시리즈명	특징	수준	영역
수능 입문	윤혜정의 개념/패턴의 나비효과	윤혜정 선생님과 함께하는 수능 국어 개념/패턴 학습	●	국어
	하루 6개 1등급 영어독해	매일 꾸준한 기출문제 학습으로 완성하는 1등급 영어 독해	●	영어
	수능 감(感) 잡기	동일 소재 · 유형의 내신과 수능 문항 비교로 수능 입문	●	국/수/영
	수능특강 Light	수능 연계교재 학습 전 연계교재 입문서	●	영어
	수능개념	EBSi 대표 강사들과 함께하는 수능 개념 다지기	●	전 영역
기출/연습	윤혜정의 기출의 나비효과	윤혜정 선생님과 함께하는 까다로운 국어 기출 완전 정복	●	국어
	수능 기출의 미래	올해 수능에 딱 필요한 문제만 선별한 기출문제집	●	전 영역
	수능 기출의 미래 미니모의고사	부담없는 실전 훈련, 고품질 기출 미니모의고사	●	국/수/영
	수능특강Q 미니모의고사	매일 15분으로 연습하는 고품격 미니모의고사	●	전 영역
연계 + 연계 보완	수능특강	최신 수능 경향과 기출 유형을 분석한 종합 개념서	●	전 영역
	수능특강 사용설명서	수능 연계교재 수능특강의 지문 · 자료 · 문항 분석	●	국/영
	수능특강 연계 기출	수능특강 수록 작품 · 지문과 연결된 기출문제 학습	●	국어
	수능완성	유형 분석과 실전모의고사로 단련하는 문항 연습	●	전 영역
	수능완성 사용설명서	수능 연계교재 수능완성의 국어 · 영어 지문 분석	●	국/영
	수능 영어 간접연계 서치라이트	출제 가능성이 높은 핵심만 모아 구성한 간접연계 대비 교재	●	영어
	수능연계교재의 VOCA 1800	수능특강과 수능완성의 필수 중요 어휘 1800개 수록	●	영어
	수능연계 기출 Vaccine VOCA 2200	수능-EBS 연계 및 평가원 최다 빈출 어휘 선별 수록	●	영어
심화/발전	수능연계완성 3주 특강	단기간에 끝내는 수능 1등급 변별 문항 대비서	●	국/수/영
	박봄의 사회 · 문화 표 분석의 패턴	박봄 선생님과 사회 · 문화 표 분석 문항의 패턴 연습	●	사회탐구
모의고사	FINAL 실전모의고사	EBS 모의고사 중 최다 분량, 최다 과목 모의고사	●	전 영역
	만점마무리 봉투모의고사	실제 시험지 형태와 OMR 카드로 실전 훈련 모의고사	●	전 영역
	만점마무리 봉투모의고사 시즌2	수능 완벽대비 최종 봉투모의고사	●	국/수/영

나를 더 특별하게!
서울지역 9개 전문대학교

등록률 전국 1위
특급 성과

지하철 통학권의
특급 교통

실력에서 취업까지
특급 비전

특특특

배화여자대학교　서일대학교　명지전문대학　서울여자간호대학교　동양미래대학교

삼육보건대학교　숭의여자대학교　인덕대학교　한양여자대학교

QR코드로 바로 접속

QR코드로 접속하면 서울지역 9개 전문대학의
보다 자세한 입시정보를 확인할 수 있습니다.

SMU 세명대학교
SEMYUNG UNIVERSITY

아버지의 사원증

유니폼을 깨끗이 차려 입은
아버지의 가슴 위에
반듯이 달린 이름표, KD운송그룹 임남규

아버지는 출근 때마다 이 이름표를 매만지고
또 매만지신다. 마치 훈장을 다루듯이...

아버지는 동서울에서 지방을 오가는 긴 여정을 운행하신다
때론 밤바람을 묻히고 퇴근하실 때도 있고
때론 새벽 여명을 뚫고 출근 하시지만
아버지의 유니폼은 언제나 흐트러짐이 없다

동양에서 가장 큰 여객운송그룹에 다니는 남편이 자랑스러워
평생을 얼룩 한 점 없이 깨끗이 세탁하고
구김하나 없이 반듯하게 다려주시는 어머니 덕분이다
출근하시는 아버지의 뒷모습을 지켜보는 어머니의 얼굴엔
언제난 흐뭇한 미소가 번진다
나는 부모님께 행복한 가정을 선물한 회사와
자매 재단의 세명대학교에 다닌다
우리가정의 든든한 울타리인 회사에 대한 자부심과 믿음은
세명대학교를 선택함에 있어 조금의 주저도 없도록 했다
아버지가 나의 든든한 후원자이듯
KD운송그룹은 우리대학의 든든한 후원자다
요즘 어머니는 출근하는 아버지를 지켜보듯 등교하는 나를 지켜보신다
든든한 기업에 다니는 아버지가 자랑스럽듯
든든한 기업이 세운 대학교에 다니는 내가 자랑스럽다고
몇 번이고 몇 번이고 말씀하신다

세명대학교

[법인자매회사]
KD KD 운송그룹

대원여객, 대원관광, 경기고속, 대원고속, 대원교통, 대원운수, 대원버스, 평안운수, 경기여객
명진여객, 진명여객, 경기버스, 경기운수, 경기상운, 화성여객, 삼흥고속, 평택버스, 이천시내버스

자매교육기관 대원대학교, 성희여자고등학교,
세명고등학교, 세명컴퓨터고등학교

• 주소 : (27136) 충북 제천시 세명로 65(신월동) • 입학문의 : 입학관리본부(☎ 043-649-1170~4) • 홈페이지 : www.semyung.ac.kr

* 본 교재 광고의 수익금은 콘텐츠 품질개선과 공익사업에 사용됩니다. * 모두의 요강(mdipsi.com)을 통해 세명대학교의 입시정보를 확인하실 수 있습니다.

원서접수 2024. 09. 09(월)~10. 02(수)

수시1차	**24. 09. 09**월 — **10. 02**수
수시2차	**24. 11. 08**금 — **11. 22**금
정시	**24. 12. 31**화 — **25. 01. 14**화

취업성공대학
연성대학교

14011 경기도 안양시 만안구 양화로 37번길 34 연성대학교
TEL 031)441-1100 **FAX** 031)442-4400

연성대학교   연성대학교   연성대학교   연성대학교
입학안내 홈페이지   입학안내 카카오톡   인스타그램   페이스북